流程工业能源和工艺优化

[美]弗兰克·朱(Frank Zhu)　著
李　鹏　李璐婕　译

中国石化出版社
·北京·

内 容 提 要

本书系统介绍了过程工业中能源优化的基本概念、理论和实践方法，涵盖了从设备评估到系统优化的多个层面。主要内容包括能源强度的定义与基准测试、关键指标的设定与监控、设备（如加热炉、换热器）的性能评估与改进、过程热回收与集成、蒸馏系统的优化、蒸汽与动力系统的建模与优化等。书中还详细讨论了如何通过技术改造和能源管理系统实现持续的能源效率提升。

本书适合过程工业中的管理者、工程师和操作人员，尤其是那些希望提高能源效率、降低运营成本的专业人士参考阅读。

图书在版编目（CIP）数据

流程工业能源和工艺优化 /（美）弗兰克·朱（Frank Zhu）著；李鹏，李璐婕译．—北京：中国石化出版社，2025. 3. —ISBN 978-7-5114-7703-3

Ⅰ. TE62

中国国家版本馆 CIP 数据核字第 2025UB6146 号

中国石化出版社出版发行

地址：北京市东城区安定门外大街 58 号

邮编：100011 电话：（010）57512500

发行部电话：（010）57512575

http://www.sinopec-press.com

E-mail:press@sinopec.com

北京科信印刷有限公司印刷

全国各地新华书店经销

*

787 毫米×1092 毫米 16 开本 21 印张 518 千字

2025 年 3 月第 1 版 2025 年 3 月第 1 次印刷

定价：148.00 元

译者序

流程工业是支撑国民经济发展的重要基石，能源是流程工业运行的“血液”，如何实现流程工业的能源高效利用和工艺优化，是摆在我们面前的一大挑战。

《流程工业能源和工艺优化》的作者在美国 UOP 公司工作多年，一直从事节能方面工作，该书也是英国曼彻斯特大学化学工程专业研究生必修课教材。中国石化出版社适时引入该书版权，旨在为广大流程工业从业者提供一本全面、系统、实用的工具书。通过分析流程工业的能源利用现状和存在的问题，结合国外先进理念和技术，探讨能源高效利用和工艺优化的途径和方法。本书不仅注重理论层面的探讨，更强调实践应用，力求为读者提供一套切实可行的优化方案。

在能源优化方面，本书从能源利用现状出发，分析了流程工业在能源管理、能源结构、能源效率等方面存在的问题，提出了能源优化的目标和原则。在此基础上，详细介绍了节能技术、可再生能源利用、能源管理系统等方面的内容，为流程工业实现能源高效利用提供了有力支持。

在工艺优化方面，本书从工艺流程、设备选型、操作控制等多个维度入手，分析了影响流程工业效率的关键因素。通过引入先进的设计理念、优化算法和智能控制技术，实现了工艺流程的简化、设备性能的提升和操作控制的精准化，为流程工业的工艺优化提供了有力支撑。

此外，本书还结合具体案例，深入剖析了能源和工艺优化在实际应用中的效果和挑战，为读者提供了宝贵的经验和启示。希望本书能为广大读者在流程工业的能源高效利用和工艺优化方面提供有益的参考和借鉴，共同推动流程工业向更加绿色、高效、可持续的方向发展。

参与本书翻译的有中国石化化工销售有限公司的李璐婕；中石化石油化工科学研究院有限公司的杨轶男、徐珂忻、李明洋、任晔。

中石化石油化工科学研究院有限公司科研管理部为本书的翻译出版提供了有力支持，在此一并表示感谢。

李鹏

2024 年 4 月 15 日

序　言

近年来，工业领域能源优化越发受到重视。然而，目前尚无专业书籍可以用来讨论基本概念、提供实际的解决方案和阐述工业应用程序。本书为填补此空白而主要面向以下受众：在流程工业中工作的管理人员、工程师和操作人员。本书旨在为那些面临挑战并希望找到机会提高能源加工效率的人提供一种可用的思路。我希望本书能够以直接和实际的方式传达概念、理论和方法。

为此，本书的重点集中在能源优化的五个方面。第一是最小化热量损失。实际上，锅炉产生的蒸汽通过蒸汽管网分配给最终用户。蒸汽分配损失可能占锅炉燃烧燃料的10%~20%。因此，从用户的角度来看，锅炉效率可能会降低10%~20%。第二是操作优化思路，这是由于工艺的老化和操作变化产生的，通常涉及实现最佳操作和优化工艺条件。第三种思路来自工艺装置内部和整个工艺装置之间的热回收，这需要工艺方案和换热方案的设计变更。第四是使用最先进的工艺和设备提高效率。第五也是最后一个思路来自更好的运营以及能源供应系统的规划。在本书中，将讨论以上五个方面并介绍机会识别、评估和实施的方法。

由于本书涵盖的主题广泛，我尝试以如下方式来组织，从而帮助读者快速找到相关内容，并能够容易地理解它们。此外，这本书的结构经过精心设计，以帮助读者避免“只见树木，不见森林”的问题。本书首先讲解了流程能源优化的总体背景，其次是概念和理论，以获得对能源指标的基本理解，从基于设备的评估逐步过渡到基于系统的评估，并最终建立了一个有效的能源管理系统来提升效益。

第一部分的第1章是工艺能量优化概述。第2~4章介绍了工艺能效的基本概念，用于确定工艺特定能源使用的能量强度、设定能源基准和确定改进差距的能源基准，以及确定要监测的操作参数及其操作目标的关键能源指标。

能量系统评估方法在第二部分中阐述。第5章重点探讨工艺加热炉的可靠高效运行，第6章则分析工艺过程中的能量损耗问题。第7章和第8章专门研究换热器性能评估及结垢防治技术。第9章和第10章详细介绍了热回收目标设定与改造设计方法，而第11章系统阐述了工艺集成技术的应用方案。

第三部分专门讨论流程评估。第12章介绍了蒸馏操作窗口的概念，解释了确定操作窗口的计算方法。第13章和第14章讨论了蒸馏系统的评估和优化。

第四部分提供了蒸汽和电力系统评估和优化的方法。若要实现整个工厂的高能效，蒸汽和电力系统必须以高效的方式提供能源。第15章对蒸汽动力系统建模进行了阐述。第16章介绍了蒸汽平衡。第17章讨论了实用的蒸汽定价方法。第18章通过建模，侧重于蒸汽系统基准测试。第 19 章讨论了如何建立蒸汽和动力优化的数学模型。

第五部分致力于能源改造的技术经济分析以及建立有效的能源管理系统。为了避免不当投资，必须考虑通过界区外的条件和工艺变化来确定真正的效益，这在第 20 章和第 21 章中进行了讨论。投资项目评估的目标是实现最低投资成本，实现的关键是探索每种优化思路的备选设计方案，并找到突破工艺或设备限制的经济解决方案(详见第 22 章)。第 23 章，通过案例研究阐述了如何建立一个有效的能源管理系统来提升效益，并总结了其他章节中提出的方案。

我真诚地希望读者能从本书所讨论的方法和技术中对分析、优化、工程设计和监测有所收获，这些方法和技术是识别、评估、实施能源改进所必需的。更重要的是，希望此书能帮助读者建立关键参数及其限制模型。然后，学有所用。

虽然著书不易，但是人们对提高工业能源效率实用方法的强烈需求促使我开始写作。在这一过程中，我非常感谢 UOP 和霍尼韦尔许多同事的慷慨支持。首先感谢的是 UOP 副总裁杰夫·米勒，他给予了我鼓励和支持。我非常感谢许多同事对本书所载材料提出的建设性建议和意见，如果没有提及他们的名字，我将深表歉意。我要特别感谢约翰·佩特里对第 4 章的批阅，达伦·勒盖特和丹尼斯·克莱里对第 5 章的批阅，菲尔·戴利和莉莲·惠普尔对第 6 章的批阅，徐占平对第 12 章的批阅，查克·韦尔奇对第 15 章的批阅；他们的建议使这些章节得到改进。汤姆·金对整个初稿进行了细致的审查核定、查缺补漏。我也衷心感谢查尔斯·格里斯沃尔德、玛格丽特·斯蒂恩和马克·詹姆斯对这本书的评论。我要感谢我所有的同事对这本书的帮助，我非常感谢他们，但我想强调的是，任何不足之处都是我的责任。这本书反映了我自己的观点，而不是 UOP 和霍尼韦尔的观点。

我还要感谢我的合作出版商，AIChE 和约翰·威利的帮助。特别感谢 AIChE 的史蒂夫·史密斯和约翰·威利的迈克尔·利文斯的指导。汤姆森数码公司的 Vibhu Dubey 的文案编辑和排版对此书的润色助力颇多。

最后，我真的很感谢我的家人：我的妻子简和我的孩子凯西、约书亚，在写这本书的过程中，他们的理解、坚定的支持和慷慨的精神，包容缺失的陪伴。简，我深爱的妻子，用她的平面设计技巧为书中绘制了精美的插图，凯西用她的语言技巧帮助完善了这本书。我非常感谢你们对此书和我的生活所作的贡献。

弗兰克·朱

朗格罗夫，伊利诺伊州，美国

2013 年 5 月 7 日

目　　录

第一部分　基本概念和原理

第二部分　能量系统评估方法

第三部分　流程系统测算和优化

第四部分　公用工程系统评估与优化

第五部分 改造项目的评估和实施

第一部分　基本概念和原理

1　概述

1.1　简介

能源管理是当今的流行语。流程工业的能源管理目标是什么？目标不仅仅是能量最小化。能源管理的最终目标是以最有效的方式控制能源使用，使生产更加经济高效。为此，必须以与产品产量和工艺安全管理相同的严格性来优化能源使用。

“让工厂工程师做他们的技术工作”的时代已经一去不复返了。由于自动化和技术进步，技术劳动力的减少提高了工厂运营的企业管理水平，但往往导致承担更多任务的工人减少。此外，工厂经理和工程师往往没有做好承担广泛责任的准备，尤其是在时间紧迫的情况下工作时。这反过来又导致他们在工厂运营、设备可靠性和维护方面投入的时间减少。因此，当前能源优化面临的挑战是：我们如何开发有效的工具来支持工程师和管理层。

此外，本书还向工厂管理人员和工程师介绍了现代管理理念和技术。但需注意这些方法并非都易于转化或适用于任何特定的公司，其中一些方法需要量身定制，以适应特定的情况，如此挑战就变成了：应该选择哪些方法，以及如何在特定情况下实施这些方法。

这让我想起了 2000 年前领导的一个项目。我的公司承担了一个为大型炼油厂提供技术支持的项目，我的任务是领导一个工程师团队来指导这项工作。当我会见工厂总经理时，他的话很简短：“我的工厂在运营成本上花费了巨额资金，每年大约数亿美元。”总经理在简短介绍后说，“我知道有人可以帮助我的工厂将能源成本降低 10%以上。我希望是你。”用户需求使我肩负使命。我接受了挑战，并与我的团队和工厂员工一起实现了目标。到第 6 年年底，一个来自企业管理层的调查小组来到了现场。在审查了数据和各种公用工程成本后，该团队声明工厂已经实现了节省 10%能源成本的企业目标。我们的努力成功了，成果得到了工厂和企业管理层的认可。

过去 10 年中，我将自己在职业生涯中发现的方法和工具应用于参与的其他项目，这些方法和经验的理论与实践成为本书的基础。本书将介绍系统方法的核心，包括能源优化战略、解决方案方法、支持结构和评估方法。简言之，它将描述如何大幅降低加工厂的能源运营成本，以及如何保持节能效益。这种有效方法的优点包括通过应用评估方法识别大型节能项目，通过使用关键能源指标捕捉过程运行中的隐藏机会，通过良好的蒸汽平衡关闭蒸汽系统和场外公用工程中的各种松散环节，通过设定适当的蒸汽价格优化公用工程系统的运行，通过定期审查和绩效矩阵保持持续改进。

本书中介绍的概念、方法和工具提供了基于过程和能源考虑的同时优化的能源利用技术的最新进展的一瞥。案例研究表明，不仅在新的投资项目中，而且在现有工厂中应用这些方法和工具，都可以大大提高能源利用率。

1.2 受众读者

本书主要的受众读者包括在流程行业工作的管理人员、工程师和操作员，他们面临诸多挑战，希望找到提高能源效率的机会，并正在寻找更好的能源管理工具。

我希望读者能够掌握分析、优化、工程设计和监测的方法和技术，这些方法和技术是识别、评估、实施和维持能源改进机会所必需的。分析方法用于能源基准测试和差距评估，而优化方法用于操作改进、热集成、工艺改变和公用工程系统优化。工程设计方法适用于制定能源改造项目，同时采用监测方法建立能源管理系统。更重要的是，有助于读者在关键参数及其限制和相互作用方面为关键设备和过程建立模型。然后，在需要时使用这些模型。

1.3 提高能源效率的五种方法

本文将详细讨论以下五种在工厂内实现提高能源效率的方法：

1）最大限度地减少浪费和损失。

2）优化流程操作。

3）实现更好的热回收。

4）确定流程优化。

5）优化能源供应系统。

1.3.1 最大限度地减少浪费和损失

事实上，锅炉产生的蒸汽通过广泛的蒸汽管道网络分配给最终用户。蒸汽分配的损失可能是锅炉燃烧燃料的10%~20%。因此，从用户的角度来看，锅炉的效率可能会降低10%~20%。

损耗不是单一原因，而是多种原因综合作用的结果。由疏水器故障和冷凝水排放问题引起的主要蒸汽损失比较常见。蒸汽管道绝缘不良、法兰和阀门密封泄漏、旁通阀或放气阀打开等也可能导致蒸汽损失。简单的措施，如维护疏水阀和监测蒸汽分布，以确定产生的蒸汽是否与消耗的蒸汽一致，可以带来显著的成本节约效益。

除分配损耗外，其他形式的能量损耗也可能是由绝缘不良、排放冷凝水损失、蒸汽通过阀门排放的压力损失、泵泄漏等引起的。要检测损失，必须知道在各个过程中产生了多少能量、使用了多少能量。第3章中的基准方法可用于确定能源性能的总体差距，并使用不同的方法识别单个损失。过程能量损失可以使用第8章中讨论的能量损失评估方法进行检测，而蒸汽损失的识别和克服蒸汽系统损失的方法在第18章中进行了讨论。

1.3.2 优化流程操作

开发能源管理解决方案以优化流程的最重要步骤是能够根据一组合理的基准来衡量流程性能，包括采集与流程相关的能源数据，并以一种方式进行整理，使得操作员能够快速确定主要的能源消耗点在哪里，以及对照反映当前操作的消耗目标表现如何。只有这样，才能确定偏离目标的原因，并采取适当的补救措施。因此，第4章介绍了关键能源指标的概念。

运营绩效差距主要是由运营可变性造成的。在行业中常见两种操作可变性。第一种是所谓运营不一致，主要是由于运营商的经验不同，所采用的运营政策和做法不同。第二种操作低效是指一种一致但非最优的操作。当进料条件和产品产量变化时，若没有可用的工具向班组操作员指示运行工艺和设备最佳方法，就会发生这种情况。

一旦确定了运营差距，就应使用评估方法(第5~8章用于能源运营，第12章和第13章用于过程运营，第16章用于公用工程系统运营)来确定根本原因——潜在原因包括低效的过程运营，维护不足，操作实践、程序和控制不足，低效的能源系统设计，以及过时的技术。通过手动调整、最佳实践或自动控制系统，将评估结果转化为具体的纠正措施，以实现目标。最后，对结果进行跟踪，以衡量改进效果。

1.3.3 实现更好的热回收

使用设备和优化工具来提高能源效率通常会导致流程拥有多个物理约束。要达到更高的能效水平，需要对资本成本进行修改，以增加热回收。它可以清楚地凸显流程中存在的物理约束，是实现可操作的解决方案的关键之一。

一旦确定了改进热集成的特定工艺单元，就可以应用夹点技术来有效筛选潜在的优化选项，详见第9章。进行实际评估(第10章)，不仅要考虑改进热回收的价值和成本，还要考虑操作灵活性方面的影响，特别是在开工、停工、检维修、操作控制和安全方面。

1.3.4 确定流程优化

改善热回收是为提高能源效率而实施的最常见的资本项目类型。然而，使用先进的工艺/设备技术可能会提供重大机遇。其中许多领域使用了先进的工艺技术，如增强型热交换器、高容量分馏塔内部构件、分隔壁柱、新型反应器内部构件、动力回收涡轮机、改进的催化剂和其他设计特征。

可以应用的先进技术有很多，所有这些技术在实施成本和投资回报方面都有所不同。需要对这些解决方案进行仔细评估，选择能提供最高资本回报的解决方案。第11章提供了进行流程优化的方向和原则。

1.3.5 优化能源供应系统

在此过程中除了更有效地使用能源，常见的策略是更有效地生产能源。许多工厂都有自己的发电厂，主要为工艺装置提供蒸汽和电力，但也可能在电价高时向电网供电。

能源供应优化是通过优化锅炉和涡轮机的配置和运行状况来实现的，以满足能源需求，同时考虑电力和天然气的分级定价，与电网签订电力合同，满足NO_x和CO_2排放的环境限制。第19章讨论了能源供应优化。

1.4 持续提升的四个关键

有效的能源优化包括四个关键：目标设定、测量、差距识别和实施。只有当这四个要素都正常工作时，才能实现持续的能源改进，如图1.1所示。

能量目标意味着建立基线能量性能，实际能量性能可以与该基线能量性能进行比较。基线能量性能应考虑生产率和加工苛刻度。实际能量性能与基线能量性能之比是工艺区域和整个工厂的能源性能指标。基线能源性能成为运营的能源指南或目标。为了使能源目标切实可行，必须基于设备完整性、技术能力、所需工具的可用性和技能来实现。

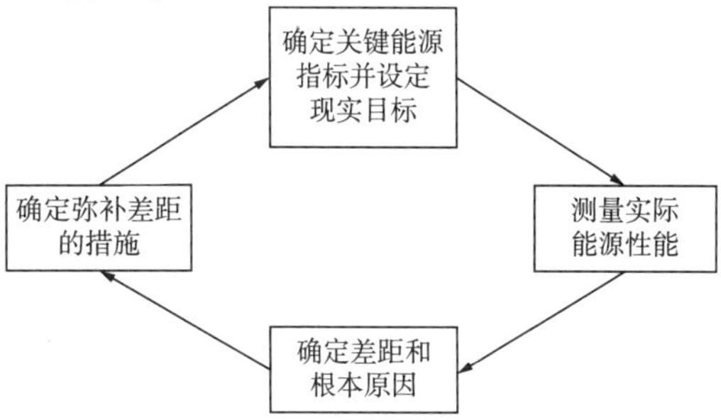

图1.1 能源管理系统的四个要素

1.5 促进提升的思路

作为一名技术经理、工艺工程师或操作员，可能已经形成了一些改进工厂和工艺装置的好方案。然而，说服技术委员会考虑接受并最终实施这些想法并不是一件容易的事。实际上，许多好想法因无法通过评估在初始期就夭折了，这种失败通常是由于缺乏技术经济评估和沟通。请记住，始终有必要向关键利益相关者推销你的想法。

首先，需要开发技术和经济优势来构建商业案例。因此，在早期阶段，必须确定你的想法的优势，即对利益相关者的价值。其次，应该在流程专家的帮助下，确定实现该想法所需条件。需要做必要的功课，对实现想法所需的资本成本进行粗略估计。

如果收益明显大于成本，则有必要征求操作、工程、维护和控制领域技术专家的意见。他们的建议将为实施你的想法的可行性提供更多的见解。在想法开发和评估过程中，可能需要召开几次审查会议。尽量限制这些会议的范围，让高度选择性的与会者参加，因为有重点的会议可以进行深入的讨论，从而扩大和改进想法。最后，彻底的安全审查是至关重要的。

通过基于技术优势的评审后，需要推动方案获得管理层的认可。尽管管理层支持提高能源效率的意愿很强，但他们能提供的资金支持是有限的。应该记住，工厂的商业目标是生产人们所需要的产品，并实现一定的经济效益。为了成功说服管理层，需要将你的想法与核心商业驱动力联系起来。

在接下来的章节中，将通过清晰、循序渐进的方式提供所有基本工具以及应用程序示例。希望通过在工作中一步一个脚印应用这些方法，无论技术经理、工艺工程师还是操作员——它将促进思路形成，对其进行评估，最终对其进行优先排序。这样将获得机会在组织内成功沟通和实施。

2 能量强度理论

管理层的愿景和意图不足以实现能源改善。技术概念和目标必须作为测量和提高工艺能效的基础。能量强度是关键技术概念之一，因为它为过程能量基准奠定了基础。

2.1 简介

一些工厂能源优化工作缺失。工艺工程师、主管和操作员认为他们已经尽了一切努力使工艺装置节能。技术人员为自己努力做好本职工作而感到自豪，这是可以理解的。如果你问工厂经理，他们可能会告诉你一切都很正常。

事实上，能源效率还有很大的提高空间。问题是，用什么指标来衡量过程能效？关键设备定义了哪些能源指标？如何为这些指标设定目标的？

这三个问题的答案将表明，工厂管理是否只是有意愿但没有采取适当的措施。如果没有使用能源指标来衡量性能水平，也没有对主要设备设定应用指标，更没有使用目标来识别改进，那么能源管理计划只能基于良好的意图。有可能会受良好的意愿激励。然而，如果不知道该做什么，也没有方向，意愿就会逐渐下降。

为此引入了两个关键概念，即能量强度和关键能源指标。能量强度的概念为衡量能源绩效奠定了基础，而关键能源指标的概念为做什么和如何做提供了指导。能量强度和关键能源指标都是有效和可持续能源管理系统的基础。本章介绍了能量强度，第 3 章给出了能量强度的示例计算。关键能源指标的概念将在第 4 章中讨论。

2.2 流程能量强度的定义

意义必须转化为正确的概念，然后概念必须以数学形式表达，才能在工业应用中精确和可衡量。形容词，如优秀、好和坏，在技术应用中没有可量化的价值，因为它们无法被衡量。因此，需要从管理意图出发，对纯粹的语言术语进行明确的定义，以提高可持续能源绩效。换言之，需要有一个过程能量性能的操作定义，统一规范，与之相关并采取行动。

例如：如何定义流程的能源性能？可能会首先想到能源效率。尽管众所周知的能源效率是一个很好的衡量标准，但它与能源使用与工艺进料速率和产量无关，因此很难将能源的概念与工厂经理和工程师的效率联系起来。

为此采用了将过程能量使用和生产活动联系起来的能量强度概念。能量强度源于 Schipper 等(1992a，1992b)，意图通过美国、挪威、丹麦、德国和日本五个国家的能源使用历史，将能源使用和经济活动相结合来解决能源使用强度问题。能量强度的概念能够更好地研究能源价格上涨和下跌期间的趋势。

根据定义，能量强度(I)由式(2.1)得出：

$$I=\frac{\text{使用的总能量}}{\text{活跃度}}=\frac{E}{A} \tag{2.1}$$

使用的总能量(E)为分子，而活跃度(A)为分母。例如，常用的活跃度指标分别是运输中客车的车辆里程、电力行业的发电量和加工业的生产单位。

生产单位可以为总进料(或产品)的 t/h 或 m^3/h。因此，工业能量强度可以定义为：

$$I=\frac{\text{能量强度}}{\text{总进料或产品的数量}} \tag{2.2}$$

式(2.2)中定义的能量强度将能量使用与生产直接联系起来，因为它将生产作为基础(分母)。能源使用是以生产为基础来衡量的，这是正确的思路：意味着生产有能源支持的产品过程。对于给定的过程，能量强度与能量效率有很强的相关性。从定性上看，工艺和设备的效率提高有助于体现能量强度变化。

因此可以认为，能量强度是间接测量过程能量效率的一个更通用的概念。

在采用能量强度的概念之前，问题是原料率或产品率，哪一个应该用作活动的衡量标准？对于具有单一最理想产品的工厂，动态的衡量标准应该是产品。对于生产多种产品的工厂，最好使用进料速率作为活动的衡量标准。原因是，一个过程可能会生产多种产品，就市场价值而言，某些产品比其他产品更受欢迎。此外，有些产品比其他产品需要更多的能源。因此，区分能源使用产品可能非常困难。如果简单地将所有乘积相加，使总和出现在式(2.2)的分母中，就会遇到所讨论的乘积的相异性问题，然而，如果在分母中使用进料，则对于具有单个进料的情况不存在相异性问题，并且与多个产品相比，多个进料情况下的相异性问题要小得多，因为通常，进料在成分上与产品相似得多。

上述讨论使我们将基于进料的过程能量强度定义为：

$$I_{\text{流程}}=\frac{\text{能量强度}}{\text{进料量}}=\frac{E}{F} \tag{2.3}$$

使用式(2.3)计算过程的能量强度是简单的，其中 E 是净能量使用总额，F 是进入工艺的总新鲜进料。净能量使用量是总能源使用量和总发电量的差值。工艺能量使用主要包括熔炉中燃烧的燃料、塔器汽提和再沸过程中消耗的蒸汽，以及作为工艺驱动器的蒸汽轮机和电机用电。工艺能量的产生主要来自工艺蒸汽的产生和发电。在许多情况下，一种工艺生产燃料气和/或燃料油，这些燃料气和/或燃料油被送到其他工艺中进行燃烧或出售到市场。这种类型的燃料不算作能源生产，因为它被视为产品链条的一部分。

2.3 燃料当量的概念

式(2.3)中定义的能量强度还有一个问题需要解决。一个流程的净能量使用总额(E)由燃料、蒸汽和电力组成。因其在能量形式和质量上不同，它们不是相加的关系。然而，如果这些能量形式可以追溯到发电燃烧的燃料，这就是燃料当量(FE)的含义，那么它们可以在相同的基础上进行比较，即燃料。换言之，它们可以在转换为燃料当量后相加或相减。为了简化讨论，这里给出了不同能量形式的有限元定义，而第 3 章提供了有限元计算的例子。

通常，FE 可以定义为在源头处燃烧的燃料量($Q_{\text{燃料}}$)，以产生一定的能量效用(G_i)：

$$FE_i=\frac{Q_{\text{燃料}}}{G_i},\ i\in(\text{燃料、水蒸气、能量}) \tag{2.4}$$

在大多数情况下，$Q_{\text{燃料}}$是根据燃料的低热值计算的。G_i 根据市场上的规范以不同的单位量化，即燃料为 Btu/h，蒸汽为 lb/h，电力为 kW · h。因此，基于燃料当量的一般定义，可以确定具体的 FE 系数。制造锅炉给水、冷凝水和冷却水都需要能源。这些公用介质的 FE 因素将在第 3 章中讨论。

2.3.1 燃料的 *FE* 系数

默认情况下，燃料是能源。无论使用何种燃料，追溯其本身使“燃料当量”等于单位 1：

$$FE_{燃料}=\frac{Q_{燃料@源头}}{G_{燃料}}=(1\text{Btu/Btu}) \tag{2.5}$$

2.3.2 蒸汽的 *FE* 系数

一般典型的工艺装置具有多个蒸汽集管，通常指定为高压、中压和低压蒸汽集管。在某些情况下，锅炉会产生非常高压力的蒸汽，主要用于发电。为了计算蒸汽的燃料当量，从蒸汽发生器开始采用自上而下的方法。每个蒸汽集管的总 *FE* 是通过不同蒸汽流路进入蒸汽集管中的所有 *FE* 的总和，包括专用锅炉和废热锅炉产生的蒸汽、汽轮机排气管产生的蒸汽和减压阀产生的蒸汽等。每个蒸汽集管的 *FE* 是总 *FE* 除以该集管产生的蒸汽总量：

$$FE=\frac{FE\ 总消耗量}{产生的蒸汽总量}\mid i,\ i\in(高压、中压、低压)(\text{kBtu/lb}) \tag{2.6}$$

2.3.3 *FE* 功率因数

对于功率，*FE* 表示为：

$$FE_{功率}=\frac{Q_{燃料}(\text{Btu/h})}{Q_{功率}(\text{Btu/h})}=\frac{1}{\eta_{周期}}(\text{Btu/Btu}) \tag{2.7}$$

式中，$\eta_{周期}$为发电的周期效率；$Q_{功率}$表示与功率相关的热量，Btu/h。

通过使用 1kW＝3414Btu/h 的转换系数，将式(2.7)转换为：

$$FE_{功率}=\frac{1}{\eta_{周期}}(\text{Btu/Btu})\times3414[\text{Btu/(kW}\cdot\text{h)}]=\frac{3414}{\eta_{周期}}\text{Btu/(kW}\cdot\text{h)} \tag{2.8}$$

式(2.8)通常适用于不同的供电场景，如电力输入、背压和冷凝式蒸汽轮机以及燃气轮机的现场发电，第 3 章对此进行了详细讨论。

2.3.4 基于 *FE* 的能量密集度

通过将不同的能量形式转换为其燃料当量，可以修正式(2.3)中的流程能量强度，得出：

$$I_{流程}=\frac{FE}{F}(\text{Btu/单位燃料}) \tag{2.9}$$

其中，*FE* 是总燃料当量，作为单位燃料当量的总和在整个工艺界区内形成不同的能量形式。

2.4 全站点的能量强度

能量强度指标的结构可以按层次方式进行组织，即强度指标首先是为过程制定的，并针对一个总节点。为什么能量强度的概念不适用于过程工业的工艺部分(如反应部分、产物分馏部分)？原因是工艺单元的各部分之间存在强烈的热集成，各部分的能量强度不能代表部分的能量性能。可能会发生跨工艺装置的能量转移，但与工艺界区之间相比，这种可能性要小得多。在过程之间发生热传递的情况下，必须进行一些调整以说明这一点。

为计算全站点的能量强度指数，总能量强度可以简单地定义为燃料当量中的总能量占总强度的比率：

$$I_{站点}=\frac{\sum_i FE_i}{\sum_i F_i} \tag{2.10}$$

式中，FE_i为过程 i 的总燃料当量。

然而，这种简单的聚合方法存在一个问题：尽管燃料当量中的能量是可添加的，但原料（F_i）不是，因为加工过程通常有不同的原料，其成分不同。换言之，式(2.10)的问题是原料的相异性，如果不进行处理，就无法添加。

为了解决原料中的这种差异性问题，可以考虑一个具有先前已知的每个过程的能量强度的参考站点。因此，可以计算参考站点的能源使用总量，作为参考流程的能量强度的总和，从这个思路推导出数学表达式。

当参考流程的能量强度已知或可以计算时，应用式(2.9)得出参考流程的能源使用为：

$$FE_{i,参考流程}=I_{i,参考流程}F_{i,参考流程} \tag{2.11}$$

由于 FE 是相加的，因此参考站点的总能量使用为：

$$FE_{站点,ref}=\sum_i FE_{i,ref}=\sum_i I_{i,ref}F_{i,ref} \tag{2.12}$$

然后，目标站点的强度指数可以定义为实际能量使用和参考能量使用的比率：

$$I_{站点}=\frac{FE_{实际站点}}{FE_{参考站点}} \tag{2.13}$$

$FE_{实际站点}$可以很容易地从单个能源用户（包括燃料、电力、蒸汽、锅炉给水和冷却水）计算出实际值，并跨越现场界区。

一个关键问题是实际工艺可能在进料速率和工艺条件方面与参考工艺不同。如何处理能量强度指数计算中的这些差异？这个问题可以通过将强度定义为三个主要因素的函数来解决：

$$I_{i,ref}=f_{i,ref(设计、条件、天气)} \tag{2.14}$$

其中，设计、条件和天气反映了实际过程。通过这种方式，式(2.14)描述了与实际过程具有相同属性的参考流程的能量性能，但能量强度可能不同。这是因为参考流程的[式(2.14)]的能量强度是基于已运行数据制定的，而实际流程的能量强度则是基于实时数据计算的。

最简单的形式是线性表达式。例如，考虑两个操作参数，则线性形式变为：

$$I_{i,ref}=a+bx_1+cx_2+d(T_{环境}) \tag{2.15}$$

式中，a 为反映设计性能的结构项；b 和 c 分别为 x_1（工艺流程条件 1）和 x_2（工艺流程条件 2）的灵敏度因子；d 为天气的修正系数；$T_{环境}$为当地的环境温度。

2.5 结语

能量强度的下降是效率提高的一个指标；然而，能量强度反映了生产情况，因此在整个加工行业中更具普遍性和可实施性。

显然，为提高工艺和设备的效率而进行的结构和操作变化可以在很大程度上助力工艺流程能量强度降低。最先进的工艺是通过设计提供低能量强度。然而，如果工艺流程操作不当，最终可能会导致高能量强度。此外，一个设计拙劣的流程如果精细运行，可能会发挥其最大潜力。然而，良好的操作可能达到设计极限，因为固有的低效设计，性能受到阻碍。为了改进工艺，使其超出设计限制，必须进行结构优化。

符号对照表

A　加工原料或生产产品等活动

E　能源使用

F　进料速率

FE　燃料当量；能源来源处的燃料量，以形成一个单位的能源效用(电力、蒸汽)

G　能源效用

I　能量强度；能量单位/进料或产品单位

Q　焓

T　温度

希腊字母

$\eta_{循环}$　发电效率；构成一个功率单位的燃料量之比

下标

ref　参考流程或总站点

参考文献

Schipper L, Howarth RB, Carlassare E (1992a) Energy intensity, sector activity, and structural changes in the Norwegian economy, *Energy: The International Journal*, 17, 215-233.

Schipper L, Meyers S, Howarth RB, Steiner RL(1992b) *Energy Efficiency and Human Activity: Past Trends, Future Prospects*, pp. 250-285, Cambridge University Press, Cambridge.

3 基准能量强度

能源基准测试定义了过程能源性能的强度度量。它可用于确定能量性能的基线，以便与同行进行比较并通过操作和过程变化来衡量效果。

3.1 简介

当面临提高整个现场或工艺装置的能源性能的任务时，首要反应是，应该从哪里开始？答案是明确工艺装置在能源性能方面的地位。换言之，需要确定当前的能源使用和能源消耗目标。如此才能建立基线，并通过将当前性能与目标进行比较来了解工艺单元的性能。我们把建立一个基准的做法称为能源基准。

能源基准测试最重要的目的是指示单个过程的能量强度。如果绩效目标可以根据企业目标、行业同行绩效或每个流程的最佳技术绩效来定义，那么基准审计可以确定与目标绩效相比的流程能源绩效。一般来说，基准点评估可以确定以下几种情况。

① 进行全面的能源优化工作的必要性：如果大多数工艺装置都有很大的缺口，可能意味着有很多优化机会，需要整个现场团队人员的协同努力。可能需要建立一个专门的能源团队，以整体协调识别和捕捉机会。

② 重点领域：一些单元装置被确定存在较大的绩效差距，可以被选为重点领域集中攻坚，可能需要召集专家组成一个项目团队。

③ 更新目标：如果所有主要工艺装置相对于目标表现良好，则工厂可以通过设定更积极的目标，集中精力进行持续改进。

3.2 数据提炼

为了对工艺装置进行能源基准测试，重要的是确定主要的能源消耗者，并对缺失的数据给出合理的估计。在这个阶段，应该避免过度收集微小的细节和追求最高的精度。这样做实际上可能会浪费精力，因为在基准计算中很可能不需要这些微小的细节，也不会对能源优化产生影响。

表 3.1 举例说明了能源基准测试所需的相关数据。尽管表中的所有数据看起来都很熟悉，但是否需要将机组中产生的燃料作为发电的一部分值得怀疑。一般的操作指南指出，工艺装置生产的燃料，以燃气、液化石油气和燃料油的形式，被视为工艺产品的一部分，因此不应包括在装置的能量平衡中。

为了清楚地表明进出该流程的能量流，根据表 3.1 中的数据得出了图 3.1。图的左侧显示了该过程的能量输入。同时，放热反应为该过程提供了额外的热量。在图的右侧显示了能量离开工艺的过程，包括输出和损失的热量。此外，基于 100℉ 的假定参考温度，原料水和锅炉给水(BFW)将一定量的能量带入该过程。可以使用不同的参考温度，并且应根据所选择的参考温度进行燃料当量计算。参考温度的选择是基于以下考虑：低于参考温度的任何热量在经济上都不可回收。

表 3.1 能源使用和发电示例数据集

项目	正常负载/kW	电功率/kW	610lb 压力的高压蒸汽/(klb/h)	150lb 压力的中压蒸汽/(klb/h)	60lb 压力的低压蒸汽/(klb/h)	3lb 压力的冷凝水/(klb/h)	燃料/(MMBtu/h)
从蒸汽集管导入蒸汽			−188.6				
泵和驱动器							
加料泵		−2101.0					
精胺泵		−53.3					
富胺泵	−798.8			−18.9		18.9	
汽提泵		−101.8					
汽提塔顶泵		−68.4					
产品分馏塔底泵	−512.2			−12.1		12.1	
柴油产品泵		−43.0					
煤油产品泵		−28.5					
产品分馏泵		−89.6					
洗涤水泵		−80.4					
RX 空气冷却器		−175.2					
分离冷却器		−405.8					
水冷却器							
重质石脑油产品	6.0						
煤油产品	4.5						
柴油产品	11.4						
反应馏出物	27.5						
分馏仪煤油泵	39.4						
H_2 补充器	30.0						
H_2 补充压缩机中间冷却器	6.4						
贫胺液	1.4						
空气冷却器							
反应器馏出物	192.0						
脱丁烷塔塔顶冷却器	21.3						
分馏塔塔顶冷却器	73.3						
石脑油分离塔塔顶冷却器	12.9						
压缩机							
循环气压缩机	−2610.0		−86.6	86.6			
加氢压缩机	−5936.0		−70.5			70.5	
火焰加热器							
进料炉系列 1	−29.5						−53.5
进料炉系列 2	−29.5						−53.9

续表

项目	正常负载/kW	电功率/kW	610lb 压力的高压蒸汽/(klb/h)	150lb 压力的中压蒸汽/(klb/h)	60lb 压力的低压蒸汽/(klb/h)	3lb 压力的冷凝水/(klb/h)	燃料/(MMBtu/h)
产品分馏进料加热器	-95.0						-111.8
脱丁烷塔再沸器	-80.0						-94.1
柴油汽提器再沸器	-12.0						-21.8
工业锅炉							
产品分馏塔底部锅炉				16.50			
能量输出							
蒸汽回流至锅炉						129.4	
蒸汽损失						-10.0	
中压蒸汽进入管网				50.0			
能量输入		3147.0	188.6				337.1
能量输出				50.0		129.4	

注：正值表示产生的数量，负值表示消耗的数量。

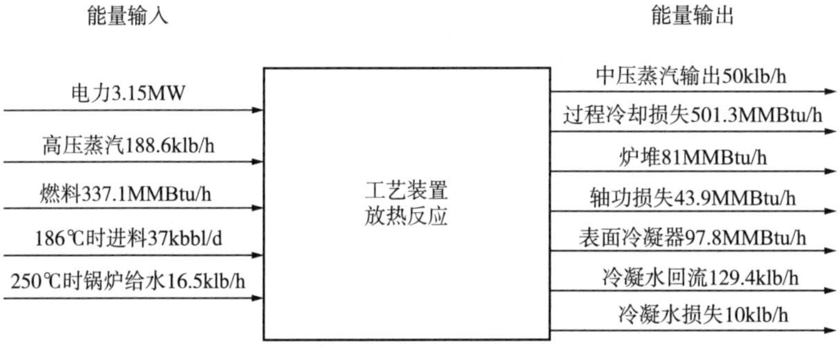

图 3.1　能量输入和输出工艺装置

3.3　将所有能源使用量转换为燃料当量

在工业中，蒸汽以质量流量计量，燃料以体积流量计量，电力以电流计量。为了在相同的基础上进行比较，所有的能源使用和发电都需要追溯到能源发电源燃烧的燃料，以获得 *FE*，这是能源平衡计算的基本规则。根据图 3.1 进行有限元计算，示例如下。

假设，首先，需要对相关燃料当量系数进行假设，推导这些假设的依据将在后面解释。假设的 *FE* 系数如下：

购买电力的 *FE* 系数=9.09MMBtu/(MW·h)

高压蒸汽的 *FE* 系数=1550Btu/lb

中压蒸汽的 *FE* 系数=1320Btu/lb

冷凝水的 *FE* 系数=94.6Btu/lb

250℃时锅炉给水的 *FE* 系数=177Btu/lb

将能量输入和输出转换为燃料当量：

功率的 *FE* 系数=3.15MW×9.09MMBtu/(MW·h)=28.6MMBtu/h

高压蒸汽的 *FE* 系数=188.6klb/h×1.55MMBtu/klb=292.3MMBtu/h

燃料加热器的 *FE* 系数=337.1MMBtu/h

中压蒸汽输出的 *FE* 系数=50klb/h×1.32MMBtu/klb=66MMBtu/h

冷凝水回流的 *FE* 系数=129.4klb/h×94.6Btu/lb×10^3lb/klb×1MMBtu/10^6Btu=12.2MMBtu/h

冷凝水损失的 *FE* 系数=10klb/h×94.6Btu/lb×10^3lb/klb×1MMBtu/10^6Btu=0.9MMBtu/h

为了揭示有限元计算的重要性，假设过程接收 20klb/h 的高压蒸汽，其中 10klb/h 来自效率为 75%的锅炉，另 10klb/h 来自效率为 85%的锅炉。显然，两台锅炉对于相同数量的高压蒸汽(即 10klb/h)所需的燃料或燃料当量大相径庭：效率为 85%的锅炉的燃料当量为 15.35MMBtu/h，因此 *FE* 系数为 1.535MMBtu/klb；75%效率的锅炉的燃料当量为 16.38MMBtu/h，*FE* 系数为 1.638MMBtu/klb。可以想象另一个通过联合循环(燃气轮机和蒸汽轮机)热电联产设施与燃煤蒸汽轮机发电厂现场发电的例子。来自这两个来源的相同功率的燃料当量可能大相径庭。因此，我们不能夸大将任何能源追溯到燃料当量的重要性。

3.4 能量平衡

在将所有能量形式转换为燃料当量后，这些能量形式具备可比性，从而准备进行能量平衡。对于化学反应过程，能量平衡定义为：

$$能量供应+反应热=能量输出+能量损失 \tag{3.1}$$

能量供应和能量产生(反应热)之和形成总能量输入，而能量输出和能量损失形成总能量输出。能量供应意味着进入工艺界区的能量。化学反应过程的能量产生意味着反应热。如果一个反应是放热的，那么能量产生就取正号，因为它对总能量输入有贡献。吸热反应带有负号，因为它从能量供应中带走能量，并需要能量输入来弥补差异。能量输出是指工艺过程中被其他工艺使用的能量。能量损失表示离开过程但损失到环境中的能量流。

在获得所有能量流的燃料当量值后，可以将图 3.1 转换为图 3.2，给出该过程的可视化能量平衡单元，包括能量供应、反应热产生的能量以及能量输出和能量损失。基于本例进料组成和反应条件，计算出放热反应的热量为 141MMBtu/h，将 100℉以上的进料和锅炉给水作为能量输入进行处理。同时，该图显示了能量外输，包括能量输出和能量损失。可见，在此能量分析中仅涉及进出工艺区边界。

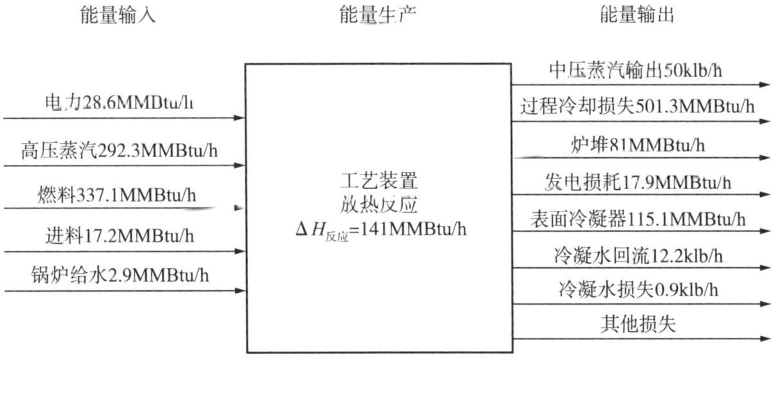

图 3.2 可视化形式的能量平衡

详细的能量平衡如表 3.2 所示。当前运行的工艺装置的总能量输入为 819.2MMBtu/h。放热反应的热量对总能量输入有积极贡献。工艺加热器中燃烧的燃料为 337.1MMBtu/h，这是最主要的，约占总能量输入的40%。第二大主要能源使用是工艺轴功需求。292.3MMBtu/h的高压蒸汽用于蒸汽轮机，而28.6MMBtu/h的购买电力用于运行电机。满足工艺轴功需求的总燃料当量为320.9(28.6+292.3)MMBtu/h，占总能量输入的40%。反应热占能量输入的很大一部分(占17%)。对能量输入的剩余较小贡献来自给水和锅炉给水。

表3.2　平面能量平衡举例

能量输入	FE系数/(MMBtu/h)(高于100℉)	能量输出	FE系数/(MMBtu/h)(高于100℉)
电力	28.6	能量外输	
燃料	337.1	中压蒸汽输出	65.5
高压蒸汽	292.3	141℉下冷凝水返回	12.2
反应热	141.1	合计	77.7
170℉下的进料	17.2	能量损失	
250℉下的锅炉给水	2.9	发电损耗	17.9
合计	819.2	空气冷却器	352.4
净能量输入	741.5	水冷却器	148.9
		熔炉烟囱损耗	89.0
特定能量使用	480.9kBtu/bbl	泵和电机(机械损耗)	2.8
		表面冷凝器	115.0
		冷凝水损耗	0.9
		未计算的损耗	14.6
		合计	741.5

注：平衡检查：能量输入-能量输出=819.2-(77.7+741.5)=0。

能量输出分为两类，即能量出口和能量损失。能量出口包括任何从过程中流出并用于有意义目的的能量流。在本例中，能量出口为77.7MMBtu/h，其中包括流向蒸汽集管的中压蒸汽和返回锅炉的冷凝物。还可以包括作为进料直接发送到下游工艺的热产品，这在本例中不存在。

能量损失主要由工艺用水和空气冷却引起。为了得出燃料当量，假设过程冷却中可用的低温热量可用于锅炉给水预热，用过程冷却负荷除以锅炉效率(本例为85%)。总冷却负荷占总能量损失的68%。因此，提高工艺能效的一个关键领域是确定减少工艺冷却中热量损失，尽管热量通常在低温下可用。

假设购买电力的燃料当量为9090Btu/(kW·h)，而正常换算系数为3414Btu/(kW·h)。此假设意味着每进口1kW·h的发电损失为5676(9090-3414)Btu。因此，购买3.15MW的发电量损失为17.9MMBtu/h。此假设的基本原理将在后面与式(3.7)中给出的有限元计算一起讨论。

根据实际加热器效率计算炉堆损失。此例中，假设进料加热器和柴油汽提塔加热器的炉效率为55%，这两个加热器仅具有辐射段。产品分馏塔加热器和脱丁烷塔再沸器加热器采用85%的炉效率，这两个加热器都有辐射段和对流段。

泵和电机的机械损耗是根据电机效率计算的，本例中假设电机效率为90%。

净能量输入表示为：

$$净能量输入=能量输入-能量输出 \tag{3.2}$$

此例，净能量输入=819.2−77.7=741.5(MMBtu/h)。

定义与能量强度相同的特定能量使用：

$$特定能量=\frac{净能量输入}{进料速度} \tag{3.3}$$

应用式(3.3)得出：

特定能量=741.5MMBtu/h×1000kBtu/MMBtu/37000bbl/d×24h/d=480.9kBtu/bbl，其中37000bbl/d是本流程进料速度。

如第2章所示，比能量使用是一个大有见地的概念，因为它代表了加工一单位进料所需的能量所表示的生产能量强度。

3.5 蒸汽和功率的燃料当量

在之前的讨论中，对功率和蒸汽的燃料当量系数进行了一些假设。做出这些假设的依据是什么？如何确定工厂中动力和蒸汽的燃料当量值？首先考虑动力的燃料当量计算。

3.5.1 功率的 *FE* 系数($FE_{功率}$)

$$FE_{功率}=\frac{Q_{燃料}}{Q_{功率}}=\frac{1}{\eta_{循环}}(\mathrm{Btu/Btu}) \tag{3.4}$$

式中，$\eta_{循环}$是发电的循环效率，因此 $\eta_{循环}=Q_{功率}/Q_{燃料}$，其中 $Q_{功率}$(以Btu/h为单位)表示与转换因子为3414Btu/(kW·h)的功率相关的热含量。

通过使用1kW=3414Btu/h的转换系数，式(3.4)可以转换为：

$$FE_{功率}=\frac{1}{\eta_{循环}}(\mathrm{Btu/Btu})\times3414[\mathrm{Btu/(kW\cdot h)}]=\frac{3414}{\eta_{循环}}[\mathrm{Btu/(kW\cdot h)}] \tag{3.5}$$

重新排列式(3.5)得出：

$$FE_{功率}=\frac{3414}{\eta_{循环}}=\frac{3414}{Q_{功率}/Q_{燃料}}=\frac{Q_{燃料}}{Q_{功率}/3414}=\frac{Q_{燃料}}{W}[\mathrm{Btu/(kW\cdot h)}] \tag{3.6}$$

式中，$W=Q_{功率}/3414$(kW)表示功率量。通过将 $FE_{功率}$的单位从式(3.4)中的Btu/Btu转换为式(3.6)中的Btu/(kW·h)，式(3.6)中的 $FE_{功率}$的表达式变得与用于发电的热耗率的表达式完全相同。应用式(3.6)的三种情况如下。

案例1：从燃煤电厂进口电力

当今全球燃煤电厂的平均效率为33%，而基于净低热值(LHV)，煤粉燃烧的效率可达到45%(国际能源署，2012年)。因此，购买的煤电的燃料当量系数$FE_{功率}^{ST}$在7.58MMBtu/MW(功率效率的45%)和10.34MMBtu/MW(33%)的范围内。例如，假设蒸汽循环效率为37.56%，则应用式(3.5)得出：

$$FE_{功率}=\frac{3414}{\eta_{循环}}=\frac{3414}{0.3756}=9090[\mathrm{Btu/(kW\cdot h)}] \tag{3.7}$$

请注意，9090Btu/(kW·h)是先前功率假设中使用的 $FE_{功率}$系数。

案例2：汽轮机现场发电

对于现场发电，通常热效率是已知的，应将其用作 $FE_{功率}$。如果未知，可用30%的典型冷凝式汽轮机循环效率。

$$FE_{\text{功率}}=\frac{3414}{\eta_{\text{循环}}}=\frac{3414}{0.3}=11380[\text{Btu}/(\text{kW}\cdot\text{h})] \tag{3.8}$$

背压式汽轮机的 $FE_{\text{功率}}$ 系数可能远高于 11380Btu/(kW·h)。现场发电的 $FE_{\text{功率}}$ 高于购买电力的 $FE_{\text{功率}}$，意味着如果不涉及热电联产，商业发电厂可以比加工厂更有效地发电。这是否意味着使用电机比使用现场冷凝式涡轮机作为过程驱动器更节能，答案是肯定的。你可能会想：背压涡轮机作为工艺驱动因素是否可能会更糟。答案取决于蒸汽平衡。如果背压涡轮机的排气蒸汽用于工艺，背压涡轮机具有高得多的热电联产效率(功率加蒸汽)。

案例 3：燃气轮机和蒸汽轮机联合发电

当燃气轮机(GT)发电时，燃气轮机排气通常被送往热回收蒸汽发生器以产生蒸汽。然后，蒸汽通过蒸汽轮机用于进一步发电，此配置称为燃气轮机-蒸汽联合循环。

联合循环效率可以表示为：

$$\eta_{CC}=\eta_{GT}+\eta_{ST}-\eta_{GT}\times\eta_{ST} \tag{3.9}$$

通过应用式(3.5)，联合循环发电的燃料当量系数为：

$$FE_{\text{功率}}^{CC}=\frac{3414}{\eta_{CC}} \tag{3.10}$$

假设燃气轮机循环的效率为42%，这是燃气轮机的典型值，而蒸汽轮机的效率为30%。基于式(3.9)，联合循环效率(η_{CC})为 59.4%，基于式(3.10)，FE 系数为 5747Btu/(kW·h)。总而言之，联合循环的发电效率远高于单独的蒸汽循环。

3.5.2 蒸汽、冷凝水和水的 *FE* 系数

蒸汽集管是蒸汽从不同来源进入每个集管并分配到不同蒸汽用户的中央收集点。每个蒸汽集管的总 FE 是通过不同流路进入蒸汽集管中的所有 FE 的总和。每个蒸汽集管的 FE 是总 FE 除以该集管产生的蒸汽量：

$$FE_{\text{首标}i}=\frac{\sum FE\ \text{消耗}}{\sum\ \text{产生的蒸汽}}\bigg|\text{首标}\ i,\ i=(\text{高压、中压、低压})\ \text{MMBtu/klb} \tag{3.11}$$

有限元计算采用自上而下的方法。首先，计算高压蒸汽的 FE；其次，按照压力水平的顺序向下级联，确定其他蒸汽集管的 FE。见示例 3.1。

示例 3.1

计算图 3.3 中蒸汽集管的燃料当量值。

解：为了确定蒸汽集管的燃料当量，必须确定不同的蒸汽流动路径，这可能会对蒸汽的燃料当量产生影响。

3.5.2.1 高压蒸汽的 *FE* 系数

产生高压蒸汽有两条路径，即热效率为 75%的 1 号锅炉和热效率为 85%的 2 号锅炉。两种高压蒸汽产生源的 FE 系数可计算为：

$$FE_{\text{高压蒸汽,锅炉1}}=\frac{Q_{B1}}{M_{B1}}=\frac{179}{108}=1.66(\text{MMBtu/klb})$$

$$FE_{\text{高压蒸汽,锅炉2}}=\frac{Q_{B2}}{M_{B2}}=\frac{158}{108}=1.46(\text{MMBtu/klb})$$

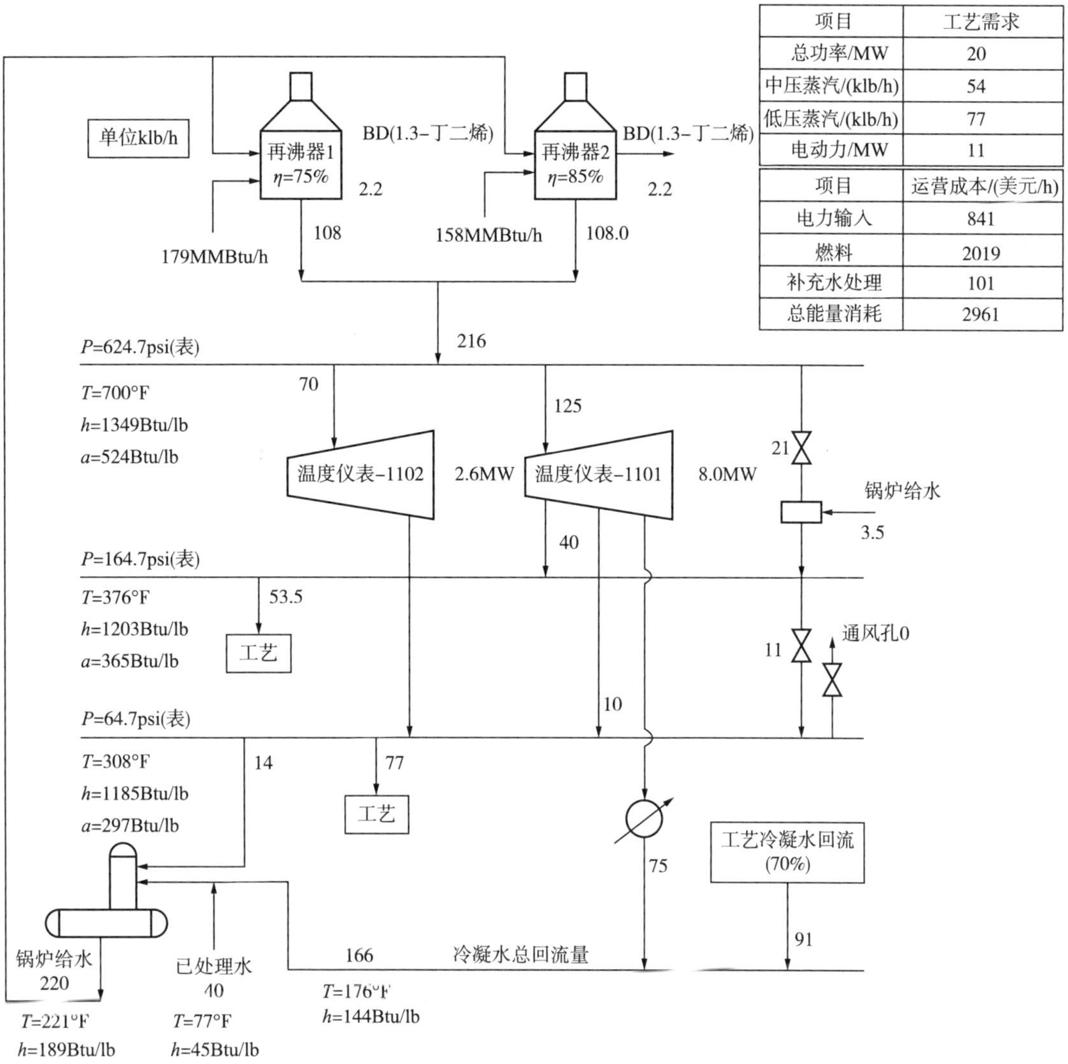

项目	工艺需求
总功率/MW	20
中压蒸汽/(klb/h)	54
低压蒸汽/(klb/h)	77
电动力/MW	11

项目	运营成本/(美元/h)
电力输入	841
燃料	2019
补充水处理	101
总能量消耗	2961

图 3.3　示例 3.1 的蒸汽系统

高压蒸汽的平均 FE 可计算为：

$$FE_{高压蒸汽}=\frac{Q_{B1}+Q_{B2}}{M_{B1}+M_{B2}}=\frac{179+158}{108+108}=1.56(\text{MMBtu/klb})$$

为了评估基本情况，应使用高压蒸汽的平均 FE 系数。在探索节省蒸汽或额外使用蒸汽的优化方案的情况下，必须考虑基于蒸汽流动路径的有限元因素。此例，一方面，当获得蒸汽节省方案时，应该减少效率较低的锅炉 1 的蒸汽产生；另一方面，当工艺需要额外的高压蒸汽时，它应该由效率更高的锅炉 2 产生。

一般来说，高压蒸汽是指蒸汽发生器（主要是锅炉）产生的蒸汽。高压蒸汽的燃料当量可以推导为：

$$FE_{高压蒸汽}=\frac{Q_{燃料}}{M_{高压蒸汽}}\Big|_{锅炉i}(\text{MMBtu/klb}) \tag{3.12}$$

式中，$M_{高压蒸汽}$是从锅炉 i 产生的高压蒸汽的量。

在大多数情况下，使用多个锅炉。在这种情况下，式(3.11)可用于推导进入高压蒸汽集管的组合高压蒸汽的燃料当量加权平均值：

$$FE_{高压蒸汽}=\frac{\sum_{i}^{锅炉}M_{i,高压蒸汽}FE_{i,高压蒸汽}}{\sum_{i}^{锅炉}M_{i,高压蒸汽}}(\text{MMBtu/klb}) \tag{3.13}$$

3.5.2.2 中压蒸汽的 *FE* 系数

中压蒸汽生成的三条路径如下所示。

路径 1：从 TG-1001 中提取 40klb/h 的中压蒸汽，比蒸汽速率（$m_{高压-中压}$）为 35.6klb/(MW·h)。中压蒸汽排放的燃料当量可计算如下：

$$FE_{中压蒸汽}=FE_{高压蒸汽}-\frac{FE_{进入功率}}{m_{高压-中压}} \tag{3.14}$$

在式(3.14)中使用功率输入的 *FE* 因子的原因是功率输入是边际功率源。换言之，如果用电动机代替蒸汽轮机，将使用购买的电力。

假设购买功率的燃料当量系数为 9.09MMBtu/(MW·h)，则

$$FE_{中压蒸汽}^{P1}=1.56-\frac{9.09}{35.6}=1.30(\text{MMBtu/klb})$$

路径 2：21klb/h 的下泄阀，$FE_{中压蒸汽}^{P2}=FE_{高压蒸汽}=1.56$MMBtu/klb，因为下泄是绝热过程，因此 *FE* 不会通过下泄阀而改变。

路径 3：3.5klb/h 用于减温的锅炉给水添加，$FE_{中压蒸汽}^{P3}=FE_{锅炉给水}=177$Btu/lb。锅炉给水的有限元系数是根据式(3.15)计算的，该方程假设低压蒸汽用于锅炉给水预热。必须指出的是，泵送功率的 *FE* 被忽略，因为它非常低(约 10Btu/lb)：

$$FE_{BFW}=FE_{低压蒸汽}\times\frac{h_{BFW}-h_{环境水}}{h_{低压蒸汽}-h_{环境水}} \tag{3.15}$$

因此，混合中压蒸汽的平均 *FE* 可以基于式(3.11)计算：

$$\begin{aligned}FE_{平均中压}&=\frac{M_{中压蒸汽}^{P1}\times FE_{中压蒸汽}^{P1}+M_{中压蒸汽}^{P2}\times FE_{中压蒸汽}^{P2}+M_{中压蒸汽}^{P3}\times FE_{中压蒸汽}^{P3}}{M_{中压蒸汽}^{P1}+M_{中压蒸汽}^{P2}+M_{中压蒸汽}^{P3}}\\&=\frac{40\times1.30+21\times1.56+3.5\times0.177}{40+21+3.5}\\&=1.32(\text{MMBtu/klb})\end{aligned}$$

3.5.2.3 低压蒸汽的 *FE* 系数

低压蒸汽生成的三条路径如下所示。

路径 1：70klb/h 来自 TG-1002 涡轮机，比蒸汽速率为 26.8lb/(kW·h)。低压蒸汽排放的燃料当量可计算如下：

$$FE_{低压蒸汽}^{P1}=FE_{高压蒸汽}-\frac{FE_{进入功率}}{m_{高压-低压}}=1.56-\frac{9.09}{26.8}=1.22(\text{MMBtu/klb}) \tag{3.16}$$

路径 2：低压蒸汽在特定蒸汽速率 22.9lb/(kW·h)情况下每小时可提取 10lb。

$$FE_{低压蒸汽}^{P2}=1.56-\frac{9.09}{22.9}=1.16(\text{MMBtu/klb})$$

路径 3：11klb/h 的下泄阀，$FE_{低压蒸汽}^{P3}=FE_{中压蒸汽}=1.32$MMBtu/klb。因为下泄是一个绝热过程。在这种情况下，低压蒸汽不需要 BFW 减温，因为低压蒸汽中的过热部分非常小。

因此，混合低压蒸汽的平均 *FE* 计算如下：

$$FE_{平均低压}=\frac{70FE^{P1}_{低压蒸汽}+10FE^{P2}_{低压蒸汽}+11FE^{P3}_{低压蒸汽}}{(70+10+11)}$$

$$=\frac{(70\times1.22+10\times1.16+11\times1.32)}{91}$$

$$=1.22(\text{MMBtu/klb})$$

在这种情况下，还应根据排放的低压蒸汽产生的路径计算 $FE_{低压蒸汽}$。这是因为无论是否使用或排放，都会消耗一定量的燃料当量。对于排放的低压蒸汽，经济值为零，但 *FE* 不是。

3.5.2.4 冷凝水的 *FE* 系数

冷凝水温度通常在 200℉左右。$FE_{冷凝水}$可通过冷凝水温度和源头水温度(环境温度)的差异来确定。$FE_{冷凝水}$通常在 100~150Btu/lb 范围内。尽管 $FE_{冷凝水}$相对于蒸汽来说很小，但对于大量的冷凝水损失来说，累计损失可能是显著的。此外，由于处理补给水需要额外的化学物质，冷凝水的损失代价是昂贵的。

3.5.2.5 锅炉给水的 *FE* 系数

提供锅炉给水所需的能量包括热量和用于提高其压力的泵功率。锅炉给水热含量是 $FE_{锅炉给水}$的主要部分，它由锅炉给水温度(通常在 250℉左右)和源头水温度(环境温度)之差决定。$FE_{锅炉给水}$在 150~200Btu/lb 范围内。

3.5.2.6 冷却水的 *FE* 系数

用于提供冷却水的能量包括泵功率和运行冷却塔风扇时的风扇功率。$FE_{冷却水}$在 60~130Btu/lb 范围内。

3.6 能源性能指数(*EPI*)法

通常会认为热力学第一定律和第二定律应该被用作评估工业过程能源效率的方法。如果将热力学第一定律应用于表 3.2，将得到：

$$\eta=\frac{有效能量}{能量输入}=1-\frac{能量损失}{能量输出}=1-\frac{741.5}{819.2}=0.095\approx10\% \tag{3.17}$$

显然，这种效率说服力有限，因为在温度、压力和组成方面以非常高的质量提供能量输入时，能量损失要低得多；然而，它们是在相同的基础上进行比较的。

相比之下，基于热力学第二定律的效率可能更有意义，因为它考虑了能源质量。㶲分析是基于热力学第二定律为工业应用开发的方法。在现实中可以进行尝试，但在数据要求方面由于严苛而受限。更重要的是，热力学第二定律对许多工艺工程师来说是一个很难理解的概念，这在工艺行业的应用中并不常见。

相反，这里提出并讨论了一种更简单但有效的方法。该方法建立在指导能源性能的概念之上，该概念被用作比较实际能源性能的基准。使用这一概念作为评估过程能效基础的合理性如下所示。

将实际能源性能(*AEP*)和指导能源性能(*GEP*)的比率定义如下。该比率应标记为能源性能指数(*EPI*)：

$$EPI=\frac{实际能源性能}{指导能源性能}=\frac{AEP}{GEP} \tag{3.18}$$

根据定义，*EPI* 表示基于 *GEP* 的工艺装置的能源效率。通过这种方式，可以使用 *EPI*

来衡量操作、设计、设备和技术升级方面的任何改进。下面讨论 *EPI* 方法的应用。

一般来说，*AEP* 和 *GEP* 之间的 *EPI* 差距小于 5%属于操作差距。换言之，更好的操作实践和控制可以缩小这一差距。当 *EPI* 缺口大于 10%时，可能需要小型能源改造项目来弥补缺口，这些项目可以快速获得回报。如果 *EPI* 差距在 20%左右，可能需要大量的能源和工艺改造项目来缩小差距。

3.6.1 基准：基于最佳运营能源绩效

通过应用计算比能量的方法，可以根据历史数据获得比能量与时间的关系图。该图可以精确定位工艺装置在现有最优运行性能情况下的最佳运行能源性能(*OEP*)。可以通过与在此期间在工厂工作的工程师和操作员交流来确认这一点。因此，将能够确定 *OEP* 作为指导性能。假设基于 *OEP* 的比能量使用为 438.7kBtu/bbl 进料，这可以从历史数据中获得。根据以上计算得出的 480.9kBtu/bbl 的实际能源使用量，可以计算出工艺装置的 *EPI*：

$$EPI=\frac{AEP}{OEP}\times100\%=\frac{480.9}{438.7}\times100\%=109.6\% \tag{3.19}$$

式(3.19)表明 *AEP* 与 *OEP* 的偏差为 9.6%。此差距很大，提醒需开始查找原因。仅确定 *EPI* 这一事实就可以提供一个即时指标，说明工艺单元在能源性能方面的地位，以便能够快速发现有问题的领域。

3.6.2 基准：基于行业同行的能源绩效

在该行业，有基于工业部门和工艺技术组织的同行调查小组。调查组的组织者每年向调查成员发送问卷，收集样本数据并进行绩效计算。因此，同行绩效结果在调查成员之间共享。如果工厂属于某个调查组，可以通过组织中的代表获得最佳的同行能源绩效(*PEP*)。对于大公司来说，有基于过程技术的 CoP(实践社区)网络。应该通过公司的 CoP 为流程单元寻找最佳的 *PEP*。

假设 *PEP* 的比能量为 430kBtu/bbl，根据 480.9kBtu/bbl 的实际能源使用量，可以计算出工艺装置的 *EPI*：

$$EPI=\frac{AEP}{PEP}\times100\%=\frac{480.9}{430}\times100\%=111.8\% \tag{3.20}$$

通常，调查对象被分为一个分层的绩效结构(如第一、第二、第三和第四)。根据上面计算的能源绩效指数，可以确定流程单元属于哪一个绩效结构。这表明流程单元在同行中的地位。

3.6.3 基准：基于最佳技术能源性能

随着催化剂、设备、工艺设计和控制方面的技术进步，工艺能效可能会得到提高。收集最先进技术的性能数据并不困难。在某些情况下，这些数据由政府办公室公开发布，可以通过网络搜索获得。如果不能公开，可以联系科技公司——它们通常渴望与客户分享这些信息。

假设示例工艺的操作得到改善，能源使用量从 480.9.8kBtu/bbl 减少到 438.7kBtu/bbl。工厂管理层有兴趣通过应用更好的工艺技术和设计来了解进一步能源改进的范围。假设技术能源性能(*TEP*)为 380kBtu/bbl。因此，工艺装置的 *EPI* 可以通过式(3.21)计算：

$$EPI=\frac{AEP}{TEP}\times100\%=\frac{438.7}{380}\times100\%=115\% \tag{3.21}$$

技术更新可以显著改善生产和能源性能，但通常资本成本较高，宜实施周期长。因此，应该慎重选择。

基于此可得三个基本事实：工艺单元的能量强度、性能目标以及与目标的差距。接下来的问题：确定流程单元问题如何将工艺装置的 *AEP* 降低为 *OEP*。这些问题将在第 4 章中回答。

3.7 结语

本章讨论了三个基本概念。第一个概念是将所有能量转换回燃料当量。这一概念使所有形式的能源都基于相同的基础，即燃料燃烧或燃料等效。第二个概念是比净能量，它描述了生产的能量强度。第三个概念是指导能源性能（*GEP*），作为与实际性能进行比较的最佳替代方案。

应用这三个概念使评估过程单元的能源性能成为一项更简单但有效的任务，并且需要最少的数据。*EPI* 方法是基于这些概念开发的，并为实际应用而设计。

实现能源目标的策略包括操作实践的改变、新的控制策略、工艺完善或技术升级以及以上的组合。一般来说，缩小单个机组的平均性能和最佳潜在性能之间的差距需要改进操作和进行维护。消除现有装置与其同行之间的差距通常需要对工艺和设备设计进行改造。达到最先进的性能通常需要技术升级。

在数据提取过程中存在的问题：哪些数据周期应作为能源基准的基础？哪些数据比其他数据更具代表性？下文提供了具体指南。

3.7.1 数据提取标准

① 最常用的进料速率；

② 使用运行中期历史记录数据；

③ 使用基于小时平均数据的 24h 移动平均值来减小波动；

④ 一年的数据代表性良好，尽一切办法清除坏数据。

使用运行中期历史数据的原因是它代表了“平均”的操作性能。相反，开停工期间都代表两种极端的运行模式，这两种模式会给出能量使用的偏差指示。

年度数据可以涵盖季节和运营模式的变化，而月度数据可以聚焦于特定的运营模式。

3.7.2 能源基准的计算精度

在此阶段，需要开始关注重要的数据。为没有电表的小用户快速估算，不追求小数点的精度，因为关键是为小用户获得正确的数量级。一些有益的指导原则如下：

① 要求仪表工程师重新检查关键仪表，以确保其正常工作。

② 需要验证主要消耗量。如果仪表不可用，则使用小消耗的设计数据。为了反映温度、压力和质量流量的差异，可能需要进行校正。

③ 通过模拟或热量和质量平衡来填充缺失的数据。

④ 所有形式的能量都必须转化为燃料当量。

⑤ 根据工业中使用的标准，特定能量可以是基于进料体积或质量的。比能量也可以是基于产品的，即总净能量使用量与基于体积或质量的期望产品速率的比率。对于同时涉及反应和分离的过程，使用进料作为计算比能量使用的基础。如果一个过程只涉及分离并产生单一产品，则使用产品作为计算比能量使用的基础。

符号对照表

AEP	实际能源性能
BFW	锅炉给水
EPI	能源性能指数
FE	燃料当量；能源来源处的燃料量，以形成一个单位的能源效用(电力、蒸汽)
GEP	指导能源性能
H	焓
m，*M*	质量流
OEP	最佳运行能源性能
PEP	同行能源绩效
Q	热含量(焓)

希腊字母

$\eta_{循环}$	发电循环效率；单位功率(能量输出)所需的燃料量(能量输入)

下标

CC	燃气和蒸汽联合循环
GT	燃气轮机
ST	蒸汽轮机

参 考 文 献

IEA (2012) Technology Roadmap: High-Efficiency, Low-Emissions Coal-Fired Power Generation, December 4.

4 关键指标和目标

了解要监测的关键操作参数并定义这些参数的目标和限制是能源优化的重要步骤。我们还需要了解缩小实际绩效和目标绩效之间差距的经济价值，以提出改进的激励措施。关键指标体系是可持续能源管理体系的基石。

4.1 简介

若问运营商和工程师他们的工厂情况如何，他们会回答工厂处于良好的控制之下。尽管这是真的，但在经济和能源效率方面，工艺性能可能会变得更好。根本原因是缺乏监控关键指标，操作员和工程师在面临许多变量和运行中典型的强交互时没有可用的过程优化能力。

核心是明确要监测的关键参数和这些参数要达到的目标值，以获得更好的能源性能。尽管第 3 章中的工艺能量基准给出了工艺装置的工艺能量强度的衡量标准，但能量强度并没有提供提高能源性能的根本原因和操作参数的指示。为了确定工艺装置的性能，应制定一套性能指标体系，以便将实际能源使用量与消耗目标进行比较，进而进行根本原因分析并采取适当的补救措施。为此引入了关键能源指标（*KEI*）的概念（Zhu and Martindale，2007），这是系统绩效评估和优化的基础。

引入关键能源指标的基本原理是为了寻求这一关键问题的答案：工程师如何描述工艺装置中的能源使用特征，根据主要能源用户的需求以及最大限度地减少能源使用的原因和实际方法。关键能源指标在现实中的应用基于三个步骤：确定关键指标、设定目标，并确定弥补差距的行动。使用这种方法，工艺单元可以用少量关键指标来描述，以衡量能源性能，这些指标可以基于工艺知识和经验进行开发。关键指标的应用将使我们能够专注于重要问题，并防止我们陷入细节陷阱。

4.2 关键指标代表运营优化机会

定义关键指标的目的是用少量操作参数来描述工艺和能源性能。关键指标包括反应温度、蒸馏温度和压力、塔顶回流比、塔溢流、泵的回流、热交换器 *U* 值等。被确定为关键指标的参数很重要，因为它对工艺和能源性能有显著影响。

4.2.1 反应和分离优化

优化反应和分离系统中的能源使用可以显著节省能源，因为反应和产物分离都消耗了大部分能源。通常会投入大量精力来减少热交换器、熔炉、蒸汽泄漏、绝缘等中产生的能量损失；然而，在尽量减少反应和分离的能量使用方面几乎没有付出什么努力，而反应和分离是过程的核心。通常，这些系统中的能源需求被认为是“必须满足”的，工程师和操作员不会提出任何疑问。然而，事实上，在最大限度地减少这些领域的能源使用方面有很大的余地。

反应条件优化：根据催化剂在整个运行中的性能，在温度和压力分布方面考虑反应的苛刻度。优化反应条件、选择更好的催化剂以及在操作中保持催化剂性能对产率和能源效率都有显著影响。以反应温度为例，在催化剂循环中，催化剂性能劣化，从而影响反应转化率。

为了进行补偿，可以提高反应温度。然而，更苛刻的反应条件需要来自热设施(如燃烧式加热器)的更多热量，而苛刻的条件也会产生更理想的产物以及不理想的副产物。问题是如何确定最佳反应温度，这与反应转化率、生产率和能源使用相关。

分离优化：分离优化的目标是以最小的能耗实现给定分离溢流下产品有质量的回收。溢流是指蒸发的进料超过闪蒸区上方提取的产品。溢流通常表示为蒸馏塔进料的百分比。较高的溢流会导致蒸馏塔中的余热量较多，这些热量会在塔顶冷却中被排出从而导致更高的回流速率。溢流通常通过向蒸馏塔进料注入热公用工程(如蒸汽)来实现。在再沸塔中，蒸馏塔中的余热量由再沸器提供。较高的溢流可以实现更好地分离，但代价是额外的热公用设施负荷，如再沸器或进料加热器。反之，较低的溢流将导致较差的分离，并影响产品质量，但较低的溢流可以允许更高的产量，可在更下游进行蒸馏分离校正。实现分离过程的最佳溢流或最佳汽液比(V/L)是一个关键的操作优化问题。

最小化回收：是分离中的另一个优化示例。在工厂中的常见现象是：未转化的物流或不符合规格的物流被回收到工艺的前面。再循环流会破坏分离。最大限度地减少回收为工厂提供了一个明智地减少能源消耗的重要机会。然而，最大限度地减少再循环需要整个装置从上游到下游的分离塔的正确操作。

4.2.2 换热器

减缓结垢意味着在运行中增加热回收的巨大潜能。结垢发生在许多热交换中，结垢显著降低了传热负荷。有效减缓结垢可以节省大量的能源。整体传热系数或 U 值是独立换热器污垢监测的唯一最重要的参数。然而，对于涉及许多换热器的复杂换热器网络，确定应选择哪些换热器进行清洁以及清洁频率并非易事。选择污染最严重的换热器进行清洁可能会导致次优解决方案。减轻换热器结垢的主要目标应该是最大限度地减少能源使用。可以选择可能不是最脏的换热器进行清洁，但由于当前换热器网络的配置，与清洁最脏的换热器相比，可以最大限度地减少能源使用。第 7 章详细讨论了减少结垢的方法。

4.2.3 加热炉操作

加热炉为反应和分离提供了热源的主要部分。可靠性是炉子运行的主要问题，大型加热炉的热通量和小型加热炉的管壁温度(TWT)是最重要的可靠性参数。增加热通量或 TWT 可以提高加热炉效率。当运行热通量远低于最大极限时，表明炉子未被充分利用，因此提供了增加进料速率的机会。增加进料速率是一种双赢的操作，因为更多的进料也会降低能量强度。

除可靠性外，高效的加热炉运行也是能源管理系统的重要组成部分。烟气中的氧含量和炉膛温度是两个关键的操作参数。氧含量的正确测量在烟气中是第一步，而良好的进气控制是实现低氧含量的必要措施。维护对于燃烧器正常工作和消除空气泄漏到燃烧区至关重要。然而，O_2含量过低可能会促进燃烧火焰的不均匀分布，损坏炉管，并导致可靠性事故。通常，工业生产中加热炉平均氧含量为3%，尽管配备最先进燃烧器和控制系统的加热炉中氧含量可以低于3%。当减少进气量以减少操作中的氧含量时，必须尽量减少空气泄漏，并正确测量氧含量。

降低烟囱温度可以减少更多燃料，并且烟囱温度的极限通常由硫露点设定。对于带有对流段的加热炉，可以通过在现有对流段中添加“省煤器”来降低烟囱温度。省煤器通常是用锅炉给水或饱和蒸汽预热。对于没有对流段的加热炉，安装对流段可能是解决方案。然而，这些方案需要经过对地基强度的彻底可行性评估，以及热力学和水力学方面的核算。降低烟囱温度的另一个方法是预热燃烧空气。

4.2.4 动设备操作

流程工业中使用的动设备包括泵、压缩机、电机和涡轮机。对于具有固定速度电机的泵和压缩机，最大限度地减少泄漏可以显著节省电力。优化汽轮机运行和维护可以节省蒸汽。选择过程驱动程序驱动电机与蒸汽轮机，可以节省能源成本。

4.2.5 最大限度地减少蒸汽排放流量

蒸汽排放阀用于调节蒸汽供应灵活性和进行温度控制。然而，排放蒸汽意味着失去了发电的机会。蒸汽平衡优化可以最大限度地减少下泄蒸汽流量，从而减少发电潜力的损失。

4.2.6 操作调节

较差的操作调节意味着当进料速率降低时，能量使用不会相应减少。例如，当进料速率下降时，加热炉的进气量应相应减少。分馏塔的汽提蒸汽应根据蒸汽与进料的比例减少，而不是固定蒸汽流量。当进料速率显著下降时，汽轮机的一些手动阀可以部分关闭，这样调速器就可以保持全开，以最大限度地降低蒸汽速率。适当的操作调节可以为进料变化剧烈状况下运行的工厂带来显著的节能效果。

4.2.7 基础管理

基本的能源管理(包括维护、蒸汽泄漏、蒸汽疏水器管理、冷凝水回流和隔热等)至关重要。这些元素在现场非常明显，可以估计能量损失。通常，通过更好的基础管理，蒸汽锅炉的蒸汽产量可以减少约10%。

还有许多其他将能量优化与工艺条件和产率相结合的例子。可以通过确定具体目标的关键指标来监控，这是开发过程和能源综合优化策略的起点。

4.3 定义关键指标

前面的讨论揭示了一个事实，即通过关键的操作参数可以抓住重大的改进机会。确定方法指标遵循一个思维过程：理解过程目标→了解能源需求→根据需要制定措施→定义表示度量的关键指标。如何定义工艺关键指标以炼油行业中的单级加氢裂化工艺为例。

图4.1展示了一种常用的加氢裂化装置的单级流程，该流程可以将各种原料转化为高质量产品，如汽油、喷气燃料(煤油)和柴油，转化率超过95%。为了减少进料加热器的负荷，反应馏出物与进料气和循环气进行热交换，以回收工艺热。之后，将反应馏出物送至热分离器，然后送至高压分离器(或低温分离器)，在高压分离器中，含有高浓度氢气的气体被再循环与原料混合以进行反应。转化产物作为高压分离器的液体先进入低温闪蒸罐，再与进入汽提塔的热闪蒸罐液体汇合，在汽提塔中，包括 H_2S 在内的较轻组分在塔顶分离，而底部液体产物进入主分馏塔，获得煤油和柴油。主分馏塔顶产物进入脱丁烷塔，液化石油气和石脑油分别从脱丁烷塔顶部和底部流出。主分馏塔底部的大部分将再循环回反应器以实现近乎完全的转化。

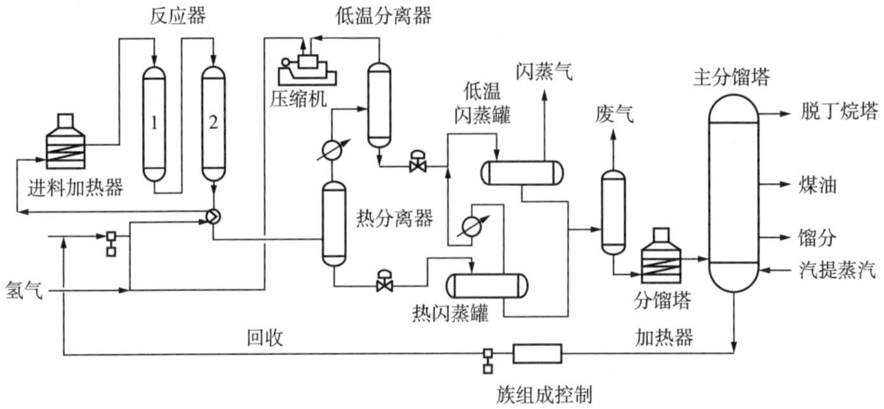

图 4.1 典型的单级加氢裂化装置

4.3.1 简化问题

显然，加氢裂化是一个复杂的过程。为了简化确定整个装置关键指标的总体任务，可以将其分为三个部分：反应、产物分馏和脱丁烷塔或石脑油稳定塔。石脑油稳定塔部分未显示在图 4.1 中。目标是为每个部分定义一组可用于监控和优化的关键指标。

4.3.2 制定反应部分的关键指标

4.3.2.1 明确流程

在本例中，工艺目标是实现 95%的原料转化为优质产品，如石脑油、柴油和喷气燃料。该反应器包含允许最大限度地生产所需产物的催化剂，加氢裂化反应是高度放热的，因此需要注入冷氢骤冷来控制反应器温度。装置的能源效率将在很大程度上取决于反应馏出物热量回收效率。

4.3.2.2 明确能源需求

以下项目被确定为反应系统中的主要能源用户，接下来将讨论它们的不同作用和意义：

① 进料加热器用于提高进料温度和控制反应器入口温度。尽管加热器的效率取决于其设计和操作方式，但加热器的工作负荷由进料预热要求决定。进料加热器出口温度也可以是反应温度分布的函数——对于给定的进料预热，上升的温度分布会降低加热器出口温度，加热器的负荷与反应热和热回收有关。工艺工程师可以确定保持工艺热回收、加热器效率和热通量的方法。

② 循环压缩机是大功率用户，其作用是向反应提供所需的氢气，并为反应热释放提供骤冷。循环压缩取决于气体流量及其分子量。气体流量在很大程度上取决于循环气体中的氢气纯度，而循环气体的分子量取决于从高压分离器引入循环气体的轻馏分的量。工艺工程师的作用是优化气体压缩比。

③ 将汽提蒸汽注入汽提塔，以去除底部产物中的 H_2S 和不凝气。工艺工程师的职责是确定露点方法，即汽提塔塔顶温度和水露点的差值。水的露点与汽提蒸汽和汽提塔塔顶混合物的量有关。水的露点很重要，因为液态水中的硫化氢对汽提塔内部具有腐蚀性。汽提塔操作有两个注意事项：一是保持一定的进料温度，使得进料中有足够的焓以产生足够的回流，从而使塔顶蒸汽保持在水露点以上。二是保持一定量的汽提蒸汽，以从底部产品中去除 H_2S 和轻馏分。如果进料温度低于极限，塔顶蒸汽温度可能低于水露点，腐蚀性水可能积聚在顶

部塔盘中。此外，如果注入过多的汽提蒸汽，特别是在操作调节中，水露点可能会增加，并达到蒸汽中含有 H_2S 的水冷凝出来的程度。

4.3.2.3 满足能源需求的有效措施

基于对能源需求的上述理解，可以更进一步地制定满足这些需求的效率措施。

① 反应热：当处理含有更多芳烃、更高硫含量或更高烯烃含量的进料时，会产生更高的反应热。在这些情况下，加氢裂化反应变得更加剧烈，导致催化剂寿命更短、H_2 消耗更高和更多的压缩功。因此，反应比热是关联反应苛刻度、催化剂寿命、H_2 和基于进料组成和产物的功率消耗的参数。

② 加热器可靠性：热通量（对于大型加热器）或管壁温度（对于小型加热器）是加热器的关键可靠性参数。当加热器操作时若高于热通量或 *TWT* 的极限，则加热器存在可靠性风险，因为较高通量会缩短炉管寿命。此外，远低于加热器极限的操作会使加热器得不到充分利用，意味着增加进料速率或提高工艺苛刻度的机会。火焰冲击是另一种可靠性措施，通常由 O_2 含量过低引起。氧气过少时，燃烧火焰会变长，并可能到达炉管，造成严重的可靠性风险。

③ 加热器效率：可能受到过量 O_2 含量或用于燃烧的额外空气以及高堆温度的影响。O_2 含量不适当可能是由缺乏控制、空气泄漏和燃烧器性能差造成的，而高烟囱温度对应烟气中的高热损失。加热器可接近温度，定义为烟囱烟道气和加热器进料入口之间的温差，可能由运行中的加热器结垢和加热器设计引起。

④ 进料：主要由进料加热器之前的进料交换器中的反应馏出物加热。进料换热器中的热端可接近温度很好地表明了进料预热系统的热回收性能。

⑤ 反应馏出物空气冷却器（REAC）入口温度：在反应馏出物将其热量转移到进料和再循环气体后，反应馏出物进入 REAC。因此，反应馏出物侧的 REAC 入口温度很好地指示了反应馏出物热量回收效率。

⑥ 氢气与碳氢化合物比率（H_2/HC）：来自高压分离器的含有高百分比氢气的再循环气体再循环回反应器。循环气体速率由反应目标所需的氢气分压决定，氢气分压影响压缩、产率和催化剂寿命。过高的 H_2/HC 可能由于循环速率的增加而导致使用更大的功率，而过低的 H_2/HC 可能影响产率并缩短催化剂寿命。因此，H_2/HC 是影响能量和产率的一个参数。

4.3.2.4 制定能源需求的关键指标

通过上述简化问题并了解主要能源需求和提供需求的效率措施，我们可以为反应部分定义以下关键指标：

① 反应比热；

② H_2/IIC；

③ 组合进料交换器热端可接近温度；

④ 反应馏出物空气冷却器入口温度。

加热器的具体指标可能包括以下内容：

① 加热器 O_2 含量；

② 加热器组温度；

③ 热通量；

④ 火焰冲击。

4.3.3 制定产品分馏部分的关键指标

4.3.3.1 明确流程特征

H_2、H_2S 和 NH_3以及轻馏分通过一系列分离和闪蒸从反应馏出物中去除，产生液态反应产物，其先进入汽提塔、进料加热器，再进入主分馏塔。产品分馏的任务是根据产品规格(如蒸馏终点、90%馏出温度或95%馏出温度)分离不同的产品。从塔中提取的副产物进入产品汽提塔生产煤油和柴油产品。从塔底抽取的净油被称为未转化油(UCO)，被循环回反应段进行近乎完全的转化。有两种循环泵，即煤油和柴油循环泵，是主分馏塔热回收的主要设备。

分馏塔必须避免淹没和溢流，否则可能会严重影响分馏和能源效率。分馏效率可以通过柱内部 *V/L* 来监测。所需的 *V/L* 可以通过优化进料加热器出口温度、分馏汽提蒸汽和塔顶回流速率以及用于控制塔中过热的泵周围热负荷来共同实现。

4.3.3.2 明确能源需求

① 主分馏塔进料加热器通过部分蒸发进料为分馏塔提供驱动力，以在塔内产生足够的蒸汽流量。塔底的加热器负荷和汽提蒸汽决定了从塔底回收产品的水平，可以通过塔底5%沸点进行监测。对于给定的产品回收率，加热器负荷是进料速率、温度和组成、进料预热和蒸发产品焓的函数。

② 分馏侧汽提塔蒸汽：汽提蒸汽用于去除柴油中较轻的物质，以控制闪点。这种蒸汽可以最小化，在某些情况下甚至可以取消直到满足柴油闪点要求。

③ 分馏塔泵循环：热量通过泵循环回收并转移到其他工艺流程中。泵周围的负载影响泵周围部分中的降液管流量和温度分布。因此，泵周围不仅影响热回收，而且影响泵周围下方的分馏效率。

4.3.3.3 满足能源需求的有效措施

① 进料加热器效率：加热器的讨论与前面给出的反应进料加热器类似。

② 加热器出口温度：该温度会影响柴油从 UCO 中的提取。加热器出口温度过低会导致柴油在 UCO 中难以提取，从而降低柴油转化为燃油的价值。加热器出口温度过高将导致不必要的高回流率，代价是额外的加热器做功。加热器出口温度主要是闪蒸区中碳氢化合物分压的函数，因为蒸馏切割点是柴油蒸馏规格和分馏效率的函数。最佳的加热器出口温度可以通过测量内部回流速率的分馏溢流来确定。

③ 分馏效率：可由柴油 95%馏分和 UCO 5%馏分的蒸馏间隙决定。

4.3.3.4 制定能源需求的关键指标

根据对主要能源需求的理解和提供需求的效率措施，可以为分馏段定义以下关键指标。

① 循环油组分进料比；

② 分馏塔塔顶压力；

③ 分馏塔汽提蒸汽；

④ 分馏塔回流比；

⑤ 分馏塔溢流；

⑥ 柴油汽提汽柴油比；

⑦ 柴油 95%馏分和 UCO 5%馏分的蒸馏间隙；

⑧ 加热器 O_2含量；

⑨ 加热器组温度；

⑩ 热通量；

⑪ 火焰冲击。

4.3.3.5 石脑油稳定塔关键指标的开发

石脑油稳定段的主要设备是脱丁烷塔。与之前的讨论类似，可以确定脱丁烷塔的关键指标。

① 回流比：影响塔中分离，可控制 LPG（塔顶产物）中的 C_5 和石脑油（塔底产物）中 C_4 含量。

② 液化石油气中的 C_5 含量：液化石油气中有太多的 C_5 会造成液体的损失，因为 C_5 是汽油组分之一。

③ 石脑油中的 C_4 含量：过多的 C_4 可能导致更高的 RVP（雷德蒸气压），造成汽车发动机的燃烧不稳定。

4.3.3.6 制定的关键指标备注

① 对于一个典型的加氢裂化装置，可能有数千个操作数据。上面确定的关键指标只占总体数据的一小部分，但反映了关键绩效，构成运营成本的主要部分。如果这些指标能够得到监测和优化，机组可以在接近最佳性能状态下运行。

② 在多数情况下，使用基本控制系统和 APC（高级过程控制）系统来测量和控制与进料和产品产量相关的参数。然而，传统上，过程指标并不与能源使用相结合。此外，许多能量参数没有被测量。

③ 通过识别关键工艺和能源指标并将其一起优化，不仅可以降低能源成本，还可以在需要时提高产量和产品质量，并最大限度地减少产品规格的偏差。

4.4 为关键指标设定目标

为了在现有基础上进行改进，必须为关键指标制定目标，使之成为衡量现有设施和评估设备改讲的标准。每个关键指标的日标和现状之间的差异定义了绩效差距。每个绩效差距都应该与一个价格相关联，这代表了一个需要优化的机会。每个指标都与许多参数相关，包括工艺和设备条件以及设备限制。通过这种方式，能量优化与过程条件和约束相关联。

如何使关键能源指标的概念适用于工艺装置或公司？以上述加氢裂化装置的脱丁烷塔为例。

4.4.1 问题

脱丁烷塔示意如图 4.2 所示。塔底部的再沸是为了在塔板上提供足够的蒸汽流，用干将 C_4 与 C_5 以及进料中的较重组分分离。C_4 和较轻的组分将在塔顶馏出，而 C_5 和较重的组分则在底部排出。根据汽油的最大 RVP 规格，允许底部产品中含有一定量的 C_4。重沸负荷是控制底部产品中 C_4 含量的主要变量。换言之，当底部 C_4 含量超过规范时，再沸负荷必须增加。然而，将 C_4 的量减少到低于规格是不可取的，因为这将以牺牲额外的能耗为代价来降低产品规

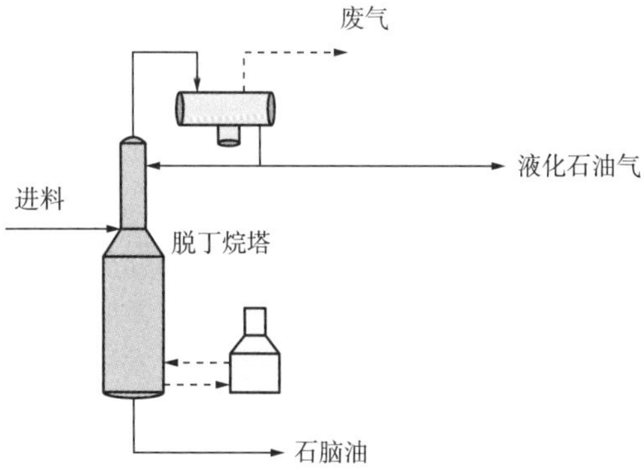

图 4.2 加氢裂化装置脱丁烷塔示意

格。运行目标是在满足最大 RVP 规格的同时，最大限度地减少再沸器负荷。

4.4.2 基本原理

当前的任务是建立再沸负荷与脱丁烷塔底部产物中 C_4 含量之间的关系，以便通过调整再沸负荷来控制 C_4 含量。然而，其他操作参数也会影响再沸负荷，包括进料条件（速率和组成）、进料预热（进料温度）和塔条件（塔顶温度和压力）。如果可以生成再沸负荷与上述影响参数的相关性，则可以根据相关参数的任何变化来调整再沸负荷，从而避免反复试验。

4.4.3 解决方案

形成此类关联关系主要有以下两种方法：第一种也是最简单的方法是使用历史数据。如果满足以下三个条件，则可以应用此方法：①相关参数被测量并且数据可在历史记录中获得。②测量数据必须反映丁烷含量测量时的操作情况。③历史数据涵盖了所有可能的操作场景。毕竟，在线数据才是模拟的真实表现！

使用历史数据的相关性开发可以在使用回归技术的电子表格中轻松进行。在收集历史数据后，可以应用多元回归来发展这种相关性。为了获得足够的回归保真度，总体相关系数必须高于 85%。

第二种方法是使用步长测试，通常用于开发控制系统的参数关系。通过对可操纵（独立）变量（例如，进料速率）进行微小的步长变化，可以在达到稳态条件后记录控制变量（因变量，在这种情况下为再沸负荷）的响应。这种反应可以称为能量反应。最后，应用回归方法推导再沸负荷与所有相关变量的相关性。

然而，在许多情况下，使用历史数据上述条件很难满足。采用步长测试法可能是劳动密集型的，操作起来也不方便。因此，最常见的方法是使用模拟方法来开发关系相关性。为此，可以根据进料条件（速率和组成）和塔条件（温度、压力、理论塔板），以产品规格（底部 C_4 含量和顶部 C_5 含量）为模拟设定点，很容易地开发出塔的模拟模型。操作参数，如回流速率和再沸负荷可以调整，以满足产品要求。仿真模型根据高质量的性能测试数据进行了验证和修正。

为了评估单个参数的影响，可以通过预先指定目标自变量的值开发模拟案例，能量响应（再沸负荷）将被自动记录。例如，为了评估进料预热的效果，进料预热交换器的 *UA* 值随预先指定的值而变化。在模拟运行期间，塔前的进料温度将根据 *UA* 值而变化，从而导致再沸负荷在模拟中自动变化。用于这种一对一关系的四条曲线的集合如图 4.3（a）~（d）所示。每个图都相应地给出了简要说明。

降低回流罐压力将降低再沸负荷，其趋势如图 4.3（a）所示。底部的 C_4 含量是汽油产品必须满足的规格。然而，C_4 含量过低是不必要的，由于曲线的陡峭部分［图 4.3（b）］，它不会为额外的再沸负荷成本带来商业效益。故必须尽一切努力避免会让产品规格有偏差的操作。塔顶产物中的 C_5 含量［图 4.3（c）］表征了损失到液化石油气中的汽油组分，也应避免。进料预热降低了再沸负荷，但也提高了冷凝负荷［图 4.3（d）］。

一方面，当增加进料预热时，必须注意现有冷凝器的容量限制，这需要额外的冷凝。另一方面，当进料组成如丁烷浓度发生变化时，C_4 与 C_5 材料分离的再沸负荷会受到影响。没有对脱丁烷塔的进料组成进行控制是因为进料组成是加氢裂化装置中处理的不同原料进料和处理苛刻度的结果。对于上面的四个其他参数，操作员还可以进行更改至回流罐压力，底部产物中的 C_4 含量，塔顶产物中的 C_5 含量，以及进料预热等操作。优化这些参数可以使再沸负荷比仅凭经验操作更有意义。

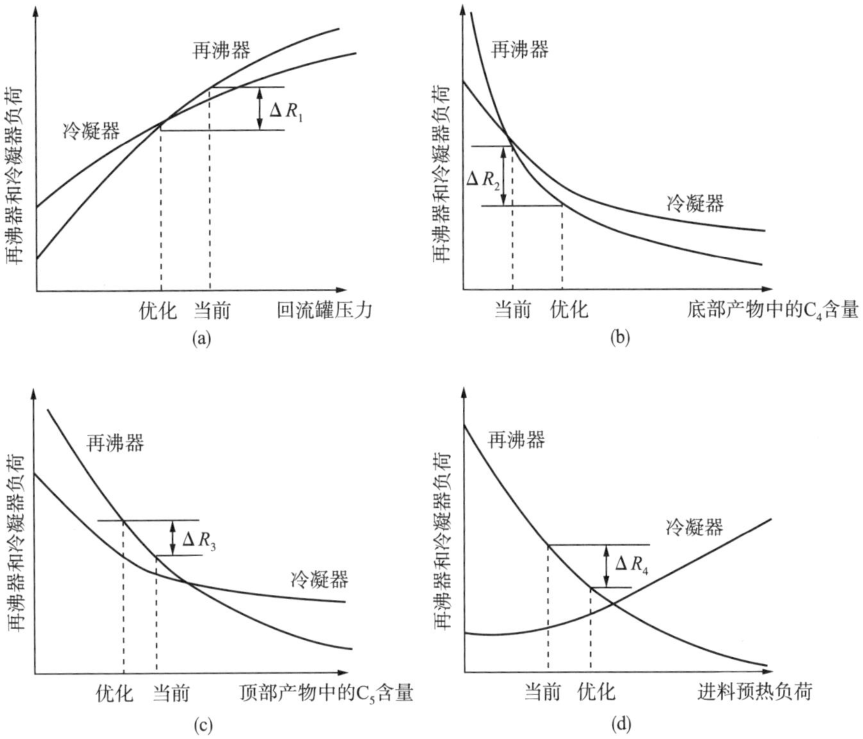

图 4.3　脱丁烷塔再沸器负荷和其他参数的相关性

如图 4.3(a)~(d)所示，可以根据与各个参数的关系来描述再沸和冷凝负荷。假设使用 3 阶多项式形式的相关性，可得：

$R_i = a + bx_i + cx_i^2 + dx_i^3$，$x_i$ =（塔底 C_4 含量、塔顶 C_5 含量、预热温度、缓冲罐压力）(4.1)

式中，x_i是四个操作参数之一，公式(4.1)描述了再沸负荷(R_i)与x_i的关系。

来自个体参数(Δx_i)的增量效应(ΔR_i)可以确定为：

$$\begin{aligned} \Delta R_i &= R_{i,新} - R_{i,基础} \\ &= a + b(x_{i,新} - x_{i,基础}) + c(x_{i,新} - x_{i,基础})^2 + d(x_{i,新} - x_{i,基础})^3 \end{aligned} \quad (4.2)$$

如果这四个操作参数之间没有相互作用，这些参数变化对再沸负荷的总影响将是单个影响的简单相加：

$$\Delta R_i = R_{新} - R_{基础} = \sum_{i=1}^{4} \Delta R_i \quad (4.3)$$

然而，在许多情况下，操作参数之间可能存在强烈的相互作用。在这种情况下，两个或多个参数可以一起出现在一个项中，双线性($x_1 x_2$)是最简单的相互作用形式。为了建立参数与相互作用的关系，在工厂测试或模拟中，几个参数需要同时变化，对再沸负荷的影响可以视为相互作用参数上具有统计意义的结果。可以获得一组关于操作参数和能量响应发生变化的数据，随后用回归来推导涉及相互作用的相关性。

在处理涉及多个变量的相关性时，经济敏感性分析是确定最具影响力参数的关键一环。例如，与脱丁烷塔的其他操作参数相比，进料预热和底部产物中的 C_4 含量对再沸负荷非常敏感。在操作中正确选择最敏感的参数可以获得最大的经济和技术响应。

一方面，其所建立的相关性可以被加入控制系统中，从而可以自动控制再沸负荷，以在任何时候都达到最小值。另一方面，相关性可以作为一种监督工具。无论何时预计会发生变化，都需要对操作参数进行调整，以优化再沸负荷。考虑到所有因素，这种再沸负荷处于最小值，也是当前条件下的目标。必须向各班组的操作人员明确传达该目标值及其对应的节能收益金额，以便采取针对性措施达成目标。而实现的节能收益数据也能让操作员获得成就感，成为对其优化操作的有效认可。

4.5 关键指标的经济评价

操作的可变性是操作效率低下的主要原因。通常，在现实中可以观察到两种可变性，即不一致操作和一致但非最佳操作。图 4.4 显示了加氢裂化装置主分馏塔汽提蒸汽速率的操作数据。在图 4.4(a)中，汽提蒸汽速率似乎是随机分散的，显示了不一致操作的示例。这通常是由较差的控制方法或操作员操作时使用的不同方法引起的。相反，图 4.4(b)显示了一致的操作，但不是最佳操作。在这种情况下，采用了一致的操作方法，但与根据塔进料速率调整再沸负荷的目标相去甚远。目标操作表示达到产品要求的最小再沸负荷。

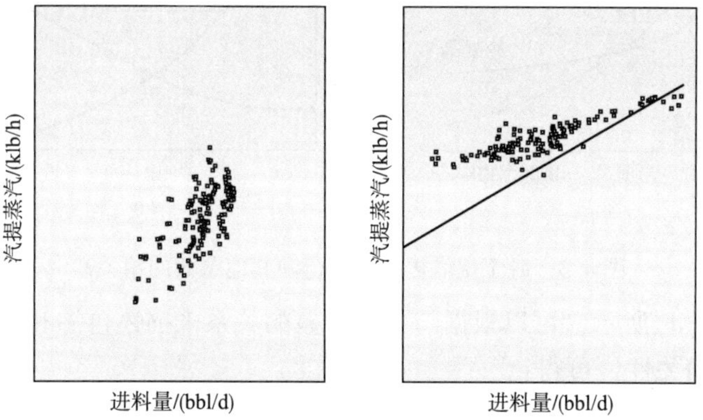

(a)不一致操作　　(b)一致但非最佳操作

图 4.4　两种常见的操作模式

▫ 实际性能；— 目标性能

由于各种原因，任何操作参数都会发生变化。问题是如何识别运营可变性以及最小化可变性的经济价值。

变异性评估从对操作数据的简单统计分析开始。例如，脱丁烷塔塔顶产物中的 C_5 含量在正常条件下的操作数据可以从历史记录中提取[如图 4.5(a)所示]，并提供了规格限制。为了了解变异性，将图 4.5(a)中的数据转换为正态分布曲线，该曲线表示如图 4.5(b)所示的观测频率。在许多情况下，运行数据模拟正态分布。

有两个参数描述正态分布，即均值或平均值(μ)和方差或变异性(σ)。σ 定义了正态分布的形状。σ 值越大(越小)，曲线就越粗(越细)。μ 和 σ 可以通过式(4.4)和式(4.5)计算：

$$\mu = \frac{\sum x}{N} \tag{4.4}$$

$$\sigma = \frac{\sum (x - \mu)^2}{N} \tag{4.5}$$

式中，x 是从历史记录中获得的关键指标的测量值，而 N 是关键指标的样本数据点的数量。

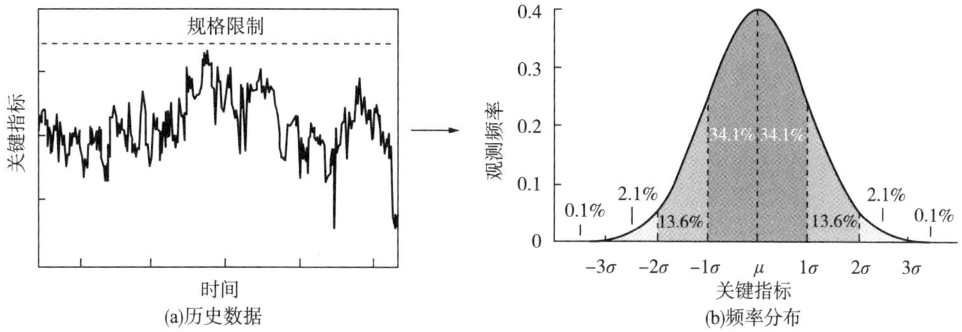

图 4.5　操作数据

参考 White(2012)中讨论的示例，如图 4.6(a)所示，在操作性能方面存在两个缺点：一是可变性大，二是在达到规范极限时过于保守。如果操作或控制策略有所改善，则可以将可变性最小化，以实现更一致的操作[图 4.6(b)]，但仍远未达到极限。一般来说，极限通常是指物理极限，如产品纯度规格、最高温度或压力、最大阀门开度、分馏塔中的最大蒸汽负荷、反应器中的最大空速等。通过移动平均值，可以进一步改进操作[图 4.6(c)]，采用更好的控制策略来接近极限。图 4.6 中的时间序列数据可以转换为正态分布曲线，如图 4.7 所示。

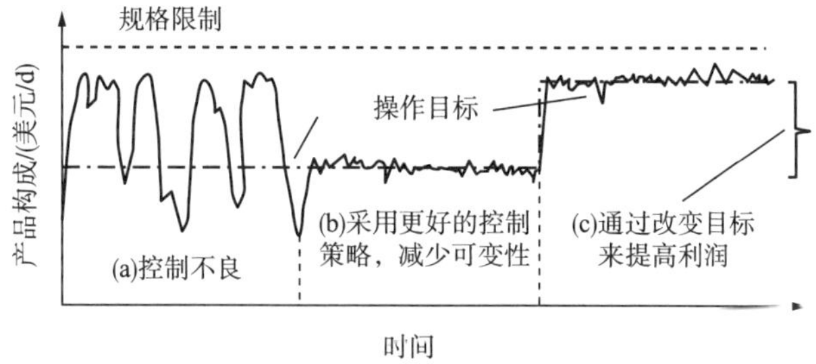

图 4.6　操作性能：(a)当前操作；(b)减少了可变性；(c)提高了利润

[摘自 White(2012)，经 AIChE 许可转载]

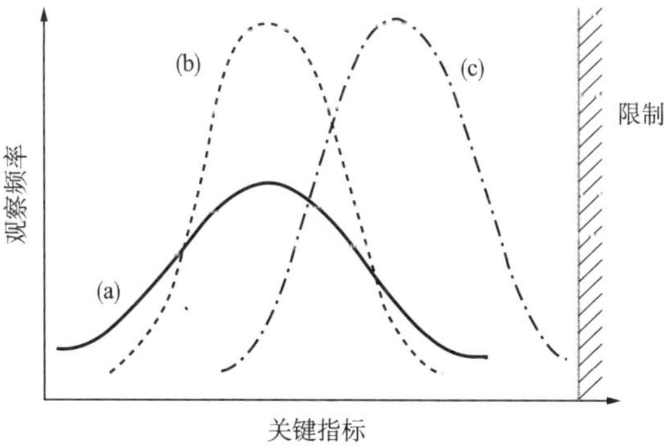

图 4.7　将图 4.6 中的时间序列数据转换为正态分布曲线：
(a)当前操作；(b)减少了可变性；(c)提高了利润

如果关注的关键指标的数值(x_i)对应的价格是C_i，则x_i在观测频率(f_i)下的经济值(V_i)可以通过式(4.6)求得：

$$V_i = C_i \cdot x_i \cdot f_i \tag{4.6}$$

例如，脱丁烷塔塔顶产物中的 C_5 含量代表液化石油气中损失的高价值组分 C_5。关键指标可以定义为液化石油气和 C_5 规格中实际 C_5 含量的差异。如果该塔产生的液化石油气为 1000bbl/d，液化石油气中 C_5 含量比规范高 1%，或 $x_i = 1\%$，发生频率为 $f_i = 30\%$，C_5 价值为 75 美元/bbl，避免这种情况发生的经济价值为：

$$V = C_i \cdot x_i \cdot f_i = 75\text{美元/bbl} \times 1\% \times 1000\text{bbl/d} \times 30\% = 225\text{美元/d}$$

类似地，对于其他情况，当液化石油气中的 C_5 含量可能低于或高于 1%时，可以相应地计算经济值。

这样，可以将正态分布曲线转换为计算经济差异的经济曲线，如图 4.8 所示。

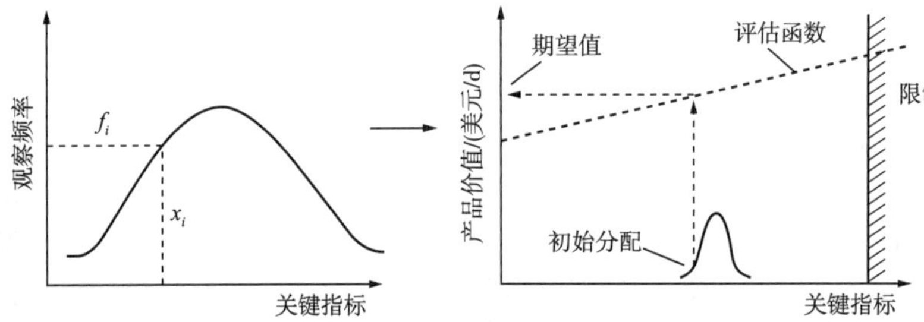

图 4.8　将正态分布曲线转换为经济曲线[摘自 White(2012)，经 AIChE 许可转载]

利用前述的基于统计的经济评价方法，可以根据运营数据的统计分布，用经济值来量化改进运营后的效果。通过更一致的操作和更好的控制策略来改善当前的大方差操作[见图 4.9(a)]，以减少可变性[见图 4.9(b)]，而优化后的操作[见图 4.9(c)]利用了工艺和设备中可用的潜能，并将获得更高的经济价值。

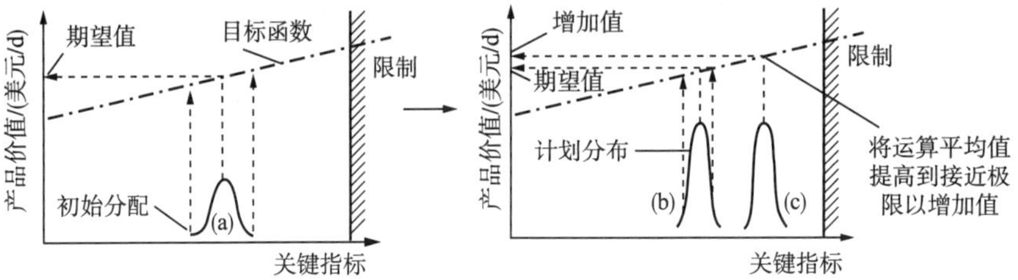

图 4.9　基于正态分布生成的经济曲线[摘自 White(2012)，经 AIChE 许可转载]

4.6　应用 1：在“能源仪表板”中实现关键指标

KEI 的概念和目标可以轻易地集成到能源仪表板中，该仪表板可以在计算机屏幕上快速显示当前性能和目标性能之间的差距。差距水平表示偏差的严重程度，并构成每个 *KEI* 分配“红绿灯”的基础——绿灯意味着当前性能在目标范围内是可接受的；黄灯，表示出现差距并需要注意的警告标志；红灯为敦促尽早采取行动的警报标志。监测关键指标的一个示例工具是霍尼韦尔的能源仪表板(Sheehan and Zhu，2009)。对于操作员和工程师来说此工具价值连城，因为利用它可以观察并及时进行操作。

作为一个系统，*KEI* 可以按分层结构进行定义，从整个现场到每个工艺单元，再到主要设备和单个操作参数。所有激励的总和(当前和目标之间的机会差距)代表整个过程和整个站点的总机会。这种层次结构允许工程师从总体性能深入特定参数，从而确定特定的操作。

① 现场总视图。显示了整个现场的能源消耗和温室气体排放与总体目标的对比。在同一屏幕上，现场总视图显示了每个工艺装置的能源消耗和 GHG 排放。交通灯颜色用于指示哪些进程离目标最远。

② 流程单元视图。显示了过程性能，可以通过大约 20 个关键能源指标来衡量。关键的能源指标是从设计、过程模拟和历史数据的组合中开发出来的。预测的能量目标被自动调整以反映当前的操作条件，例如进料速率和组成、操作模式、产品产量，等等。颜色编码被分配给每个 *KEI*，用以指示需要深入下一级的关键指标中，以确定根本原因和实施行动。

③ 设备视图。通过几个关键操作参数描述设备性能，并显示当前值与相应目标的关系。如果差距很大，则会导致操作员可能决定对根本原因进行更详细的调查。

④ 偏差趋势视图。允许操作员在 *KEI* 显著偏离目标的时间段内进行审查，并确定偏差的主要原因。通过查找历史原因，操作员能够随着时间的推移，回溯最常见的偏差原因。可以根据历史原因采取补救措施，以提高设备性能，从而提高整体工艺性能。

对于每个关键指标，都制定了一个目标，作为与当前绩效进行比较的基础。每个目标性能和当前性能之间的差异关键指标定义了绩效差距。不同的差距水平表明了改进行动的严重性和紧迫性。

然后使用差距分析来确定根本原因，包括工艺操作效率低下，维护不足，操作实践、程序和控制不足，能源系统设计效率低下以及技术过时。差距分析转化为具体的纠正措施，通过手动调整或自动控制系统实现目标。最后，对结果进行跟踪，以衡量改进效果。

一个能源仪表板的成功应用示例如下。一家公司需降低现有原油和减压蒸馏系统的能耗（图 4.10）。

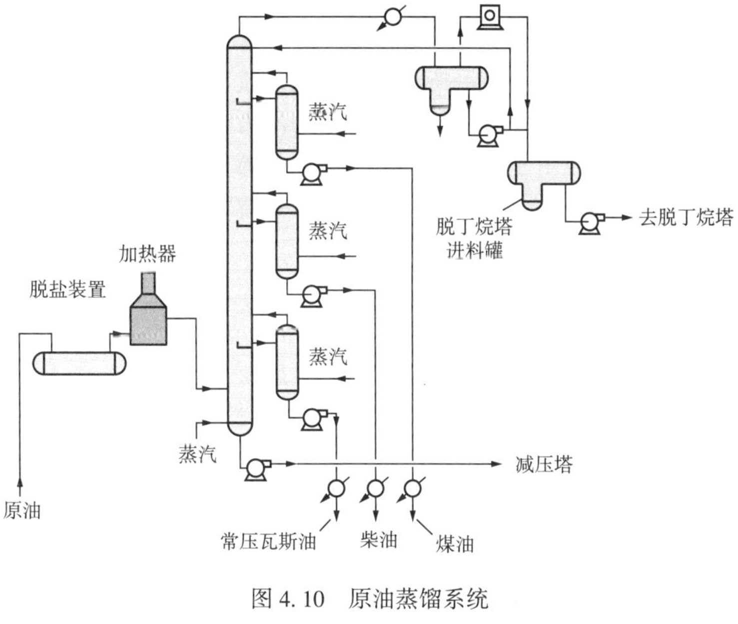

图 4.10　原油蒸馏系统

第一步是与机组工程师合作，确定关键指标。其中一个关键指标是常压蒸馏塔的压力。蒸馏塔在比设计压力 $30lb/in^2$ 高得多的压力下操作了很长一段时间。其结果是塔现在需要高得多的能量来补偿高压对蒸馏效率的负面影响。第二步是根据模拟和以往经验制定关键指标的目标，包括塔压力。从 DCS(分布式控制系统)数据中，清晰可见几年前塔压力一直在 35lb/in^2 下运行。然后塔压力增加到 48lb/in^2。原因何在?

为了与操作员就关键指标及其目标进行沟通，举办了三次倒班操作员研讨会。与操作团队的讨论表明，在过去几年中进料频繁变化，APC 停止运行，由于处理了更重的进料，更多的污油回炼至塔内。APC 在不稳定的情况下工作条件频繁变化。因此，操作员将塔从自动控制转为手动控制。然而，倒班负责人在操作塔方面有不同的经验。一位主要操作员喜欢提升进料加热器温度以获得高汽化率，因为它可以将多余的柴油从塔底部提取出来。然而，高进料蒸发会导致塔顶的高蒸汽负荷和塔顶压力的增加。相比之下，另一位主要操作员喜欢在塔中使用更多的汽提蒸汽，因为这可以降低闪蒸区碳氢化合物的分压，从而可以提取更多的柴油。然而，额外的汽提蒸汽增加了塔的压力。两种操作经验都导致了塔压过高。因此，进料加热器明显受到限制，不能适应典型的进料速率，因为在更高压力下蒸馏需要更高的能量才能达到相同的蒸馏效率。过去，来自公司总部的分馏专家为装置优化设法在接近设计极限时降低压力。然而，其后由于两名主要操作员的操作实践冲突，塔压力再次上升。

确定了高压的根本原因，考虑到高压操作的巨大损失，有理由进行优化。工作包括对操作员进行蒸馏塔基础知识的培训，重点不仅是关键指标和具体目标。在潜在的运营变化及其对运营和目标的影响上花费了大量时间，还对操作限制进行了深入审查。最终培训目标是让操作员对关键操作参数有相同的理解，并就优化塔操作的操作规程和程序达成一致。对关键能源指标及其目标有了很好的了解后，操作员接受了使用仪表板进行操作监控的培训。

实施在控制室进行，由首席操作员在技术专家的监督下使用 DCS 系统进行手动调整。为了实现顺利的手动实施，制订了逐步实施计划，逐渐降低压力。在实施过程中进行了一系列调整，包括调整加热器出口温度以将闪蒸区温度控制在优选范围内，设置关键的产品提取速率，以及最大化关键循环泵流量以保持良好的产品液位和控制塔底部的汽提蒸汽。

通过监测关键指标并进行操作以实现目标，塔的压力成功降低。为比较实施前后的结果收集了在线数据，最终结果是由于优化降低了进料加热器的负荷，能够处理 5000bbl/d 的额外原油。增加费用估计为每年 150 万美元。为了保持效益，进一步制定并贯彻了操作程序和目标以确保持续监控和优化。

4.7 应用 2：实现控制器的关键指标

通过调整关键变量的设定值来改变工厂条件，可以获得许多能源改进的机会。在某些情况下，通过将这些关键变量纳入 APC，如果对此类 APC 的投资是由所获取的价值来证明的，那么获得这些能源改善的机会是可能的。

多变量、预测控制和优化已广泛应用于流程工业中。从过程数据和模拟中提取模型并以高度灵活的方式配置模型的能力允许工程师设计适用于多种目的的控制器。仅通过改变目标函数中的成本因子，就可以使用相同的控制器来最大化处理量、最大化产量和/或最小化能量使用。这种 APC 环境适合将能源战略纳入总体运营目标。事实上，将能源运营成本添加到现有的目标函数中，并插入具有相应相关性和运营极限的相关 *KEI*，通常是可取的。如此，最小化能源成本将不会以牺牲有价值的产品产量为代价。

APC 应用程序中有许多节能机会：

① 炉道平衡；

② 蒸馏塔控制与压力最小化和闪蒸区温度控制相结合，以保持最有价值产品的产量，同时最大限度地减少再沸或进料加热器的能源使用；

③ 反应转化控制；

④ 进料预热最大化；

⑤ 分离塔再沸器负荷控制；

⑥ 回收最小化；

⑦ 汽带水露点控制。

单变量控制策略应用于加氢裂化装置中的汽提塔的一个例子。汽提塔的主要用途是从底部产品中去除 H_2S 和不凝组分。确定的关键指标之一是汽提塔顶部的水露点。事实上，露点是塔顶蒸汽组成和含水量的函数。露点温度没有可用的监测设备。如果塔顶温度低于露点，硫化氢会溶解在冷凝水中，对塔顶系统造成腐蚀。为了避免这种情况，操作员通常采用高露点方法运行塔，以确保塔顶温度远高于露点。通过应用最近开发的汽提塔露点控制装置，可以准确地计算实际露点。通过测量塔顶温度，可以保持稳定的露点，从而使汽提蒸汽减少 10%。

另一个例子是一种大型多变量控制策略，该策略被应用于乙烯装置(Sheehan and Zhu，2009)。涉及 17 个多变量控制通过优化策略连接在一起，包括使用非线性裂化模型来预测产品产量。APC 应用程序的结果使操作员能够同时在多个约束条件下进行操作，从而使进料速率比之前的最佳速率提高 3%。此外，该应用能够通过减少分馏塔中的蒸汽消耗和最小化熔炉中的过量 O_2 来减少 3.3% 的能源消耗，使得 APC 投资的回报期不到 5 个月。

4.8 这是值得努力的

如前所述，关键指标和目标的概念可以在过程和能源综合优化中发挥重要作用。不考虑能源使用的工艺优化将导致高能源成本，而不满足工艺需求的能源优化将导致加工能力、产品质量和产量的损失。通过适当的工作流程融入现有的技术管理体系，关键指标和优化的概念可以成为能源管理的基石。

企业应致力于制定关键指标和目标，因为管理层的支持至关重要。首先，在制定关键指标的技术目标方面需要作出重大努力。设定目标需要对主要设备进行建模。一旦定义并模拟了操作的基本情况，就可以模拟操作变化，并可以开发与其他操作参数相关的关键指标的相关性。以脱丁烷塔为例，再沸负荷是受进料速率和组成、回流罐压力、预热、底部 C_4 含量和塔顶产物 C_5 含量影响的关键指标。可能需要对模拟结果进行回归分析，以明确再沸负荷与这些操作参数的相关性。每当操作条件发生变化时，可以应用该相关性来确定新条件下的最小再沸负荷值。

在开发不同操作条件下的关键指标和技术目标系统方面，工作量巨大。为工艺和主要设备开发这样一个系统可能耗费一两个人一年的时间。在一个大型炼油厂综合体的例子中，开发这样的目标系统需要耗费两个人一年的时间。在日常运营中实施这一目标体系至关重要，将目标体系整合到现有的技术管理体系中是成功的关键。当人们观察到应用这样一个目标系统可以节省运营成本时，信心就会增强。这些收益将在开发的同时支付投资。吸取的经验教训将为其他单位提供借鉴。

符号对照表

C　关键指标的经济价值

f　观测频率

N　样本数据点的数量

R　再沸负荷

V　经济价值

x　关键指标的测量值

希腊字母

μ　正态分布平均值

σ　正态分布中的方差

参 考 文 献

Sheehan B, Zhu XX(2009)The first step in energy optimization, *Hydrocarbon Engineering Journal*, pp. 25-29, April.

White DC(2012)Optimize energy use in distillation, *Chemical Engineering Progress* (*CEP*), pp. 35-41 AIChE, March.

Zhu XX, Martindale D(2007)Energy optimization to enhance both new projects and return on existing assets, 105th NPRA (National Petroleum Refining Association) Annual Meeting, March, Texas, USA.

第二部分 能量系统评估方法

5 加热炉评估

加热炉的运行工况通常较为恶劣，因此其运行的稳定性和安全性非常重要。高稳定性可保证其运行的高性能和更长的运行周期。同时，加热炉的有效运行可以提高燃油效率。合理的设计和运行可以实现高可靠性和高能效。

5.1 引言

当高压蒸汽不能在温度上满足工艺加热要求时，通常采用加热炉进行高温加热。工业加热炉的主要作用是提供反应和分离过程所需的热量。在图 5.1 的加热炉中，物料进入对流段顶部的炉管，并沿逆流流向烟气流。燃料与炉内的燃烧空气混合。热的燃烧气体需要一定的停留时间来将热量传递给炉管。激波管通常是加热炉中最热的管子。激波管接收的全部辐射传热约为 12000Btu/(h · ft^2)或更高，再加上炉管上流动的热气体，导致额外的对流传热约为 5000Btu/(h · ft^2)。由于燃烧箱在非常高的温度下运行，需要使用耐火衬里来防止热量损失到大气中。

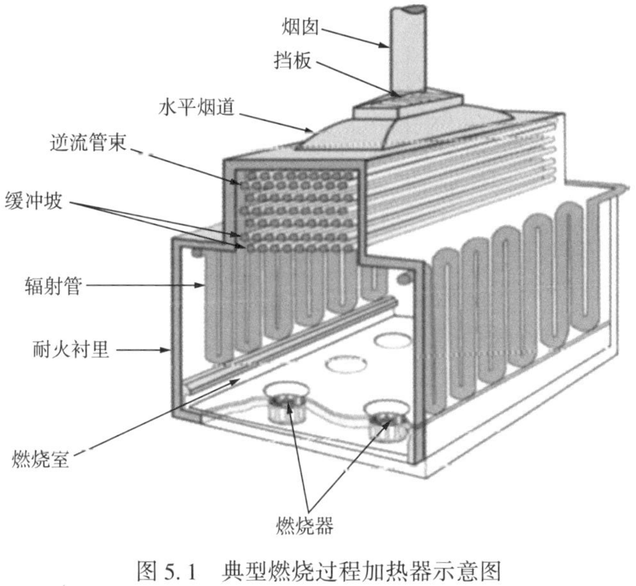

图 5.1 典型燃烧过程加热器示意图

由于加热炉在恶劣工况下运行，所以在设计加热炉时要仔细考虑合金的高温特性。通过适当的维护和操作，加热炉可以获得较长的使用寿命。然而，由于缺乏维护和设备运行的稳定性，因蠕变、碳化、疲劳、腐蚀和侵蚀促使加热炉的使用寿命大大缩短。加热炉的故障会导致重大的生产损失，甚至会对人的生命造成损害。因此，保持加热炉的可靠运行十分重要。加热炉是炼油装置耗能大户，炼油厂可通过最大限度地提高燃烧加热效率来降低其运行成本。

5.2 高可靠性加热炉设计

可靠性是衡量加热炉设备稳定性的一个最重要的指标，其目标是加热炉需要几乎 100% 的时间处于在线状态。从设计的角度来看，要达到这种高可靠性，需要做些什么呢？在本节中，我们将讨论高可靠性加热炉必须具备的关键功能，并阐明这些功能的基本原理，以便它们可以作为评估加热炉的基准。

5.2.1 流通量

辐射热流定义为管子表面的热强度。因此，热通量代表燃烧强度，类似于“霍华德加热炉运行”。更具体地说，保持燃烧速率在安全限度内相当于保持高峰热流低于设计限度，因为高燃烧室温度可能导致炉管、管板支撑和耐火材料故障。峰值通量是什么？为什么保持在极限内如此重要？接下来将回答这些问题。通量率受燃烧特性和热量分布的影响。燃烧特性可以用燃烧强度来描述，热量分布可以用热流来解释。热流定义为传递到工艺进料的热量，而燃烧强度是火焰释放的热量除以火焰的外表面积。显然，燃烧强度与燃烧火焰有关，而热流量与过程有关。另一个区别是，燃烧强度只能是一个平均值，而热通量则可以是平均值或局部值。局部热流密度是设计和运行中需要注意的问题。

图 5.2 显示了一个典型的热通量分布。可以观察到，通量分布是不均匀的。最接近火焰的热强度最高（峰值通量），远离火焰的热强度下降。峰值流量可超过平均值的两倍，并应始终保持在流量限值以下，以确保安全运行。通过峰值流量与平均流量的比值来描述整个辐射段的热流不均匀性。一个好的加热炉设计和运行应该具有高平均和低峰值流量值的热流分布。

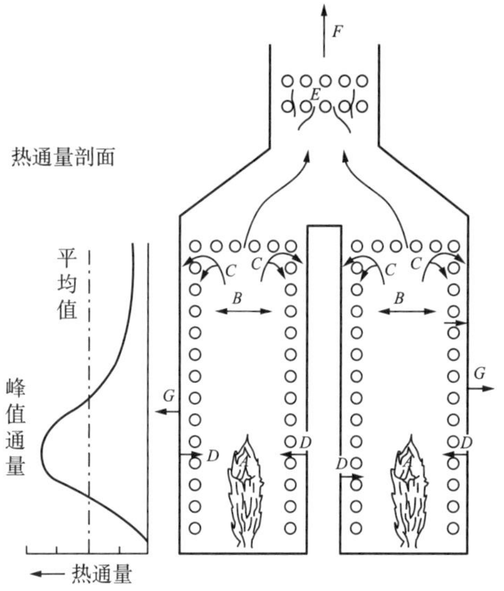

热分布

A	火焰辐射直接传热	14%
B	气体辐射直接传热	28%
C	气体对流直接传热	6%
D	耐火材料反射间接传热	12%
	辐射段总传热	60%
E	对流换热直接传热	25%
	总可用热量	85%
F	烟气损失	13%
G	辐射损失	2%
合计		100%

图 5.2 加热炉的通量分布和热分布

Jenkins 和 Boothman（1996）报告了一个平均通量只有 700Btu/(h · ft^2) 的操作案例，但是峰值通量超过了 20000Btu/(h · ft^2)，几乎是平均值的 3 倍。峰值流量超过了工艺的安全限度，峰值流量区管内破裂，内表面积炭。结果表明，由管壁温度（*TWT*）测量得知，焦炭作为绝缘层导致炉管减温，在峰值通量区域的炉管可能会有破裂危险。为了降低安全风险，工厂操作员不得不降低工艺进料速率，从而降低燃烧速率，以保持峰值流量低于安全极限。此外，加热炉必须定期停工，以便清洗炉管，去除炭沉积物。这些检维修增加了炼油厂运行维护费用。通过改进加热炉之间的气流分布以及改进气体喷嘴和火焰稳定器，从根本上解决了这一问题。经改造空气压力损失明显降低，燃料和空气混合得到改善，加热炉具有更加均匀的通量分布：平均通量从 700Btu/(h · ft^2)增加到 10000Btu/(h · ft^2)，而峰值通量减少到 18000Btu/(h · ft^2)。结果表明，通过消除管内不可接受的结焦现象，使进料速度提高了 4%，加热炉不会再有计划之外的停运了。

炉管周围的流量分布也不均匀。如图 5.3 所示，辐射面是火焰。左图显示了单燃烧加热炉的通量分布。面对火焰的管子的前端吸收了大部分的热量。右图显示了双燃烧加热炉的轮廓，两边的炉管都有火焰。通量图形接近于均匀。用周向流量因子(峰值流量与平均流量之比)来描述炉管周围热流的不均匀性。它是峰值通量与平均通量的比值。对于单燃烧加热炉，峰值通量通常是平均通量的 1.5~1.8 倍，而双燃烧加热炉的是 1.2 倍。这就解释了与单燃烧加热炉相比，双燃烧加热炉具有较低的流通量，所以管壁温度更低，从而获得了更长的运行时间。

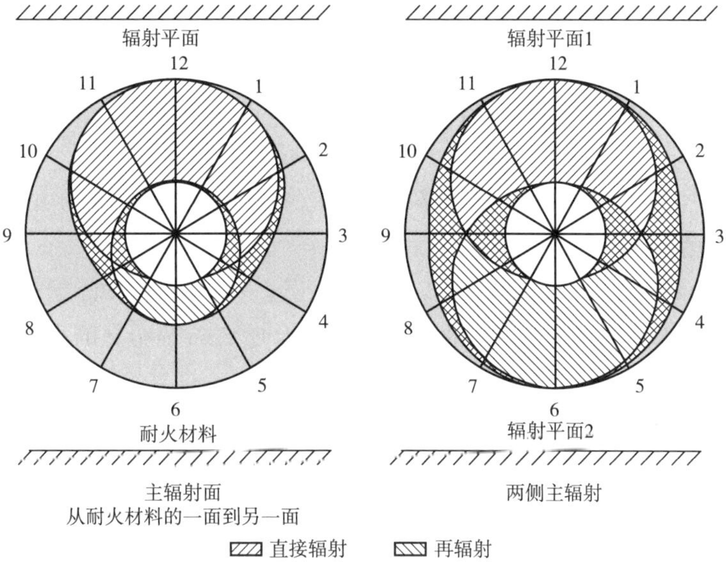

图 5.3　加热炉管周围的流通量分布

炉管变薄遵循相同的流量分布模式。图 5.4 为加热炉管，由于内部结焦造成严重的变薄蠕变，尤其是在管壁上。内部结焦遵循相同的模式，在面向火焰的前表面有更大的焦炭厚度。这就是为什么检查员把他们的管检查集中在管壁上。作为参考，表 5.1 给出了炼油厂典型的最大热通量。

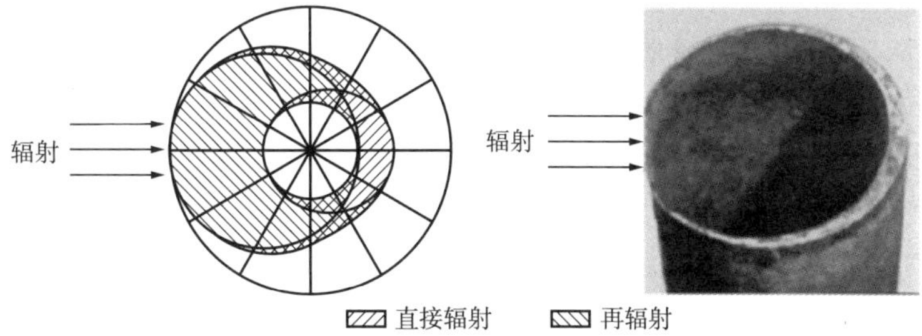

图 5.4　管壁变薄遵循的流通量分布

整个加热炉的热量分布不均匀。辐射段占整个过程传热的70%~75%，而对流段占25%~30%，如图5.2所示。不同的燃料有不同的热分布。燃气加热器辐射段传热的三分之一是火焰辐射，三分之二是热气辐射。如果火焰高度太高，就没有足够的停留时间让图5.2中表示为“*B*”的热气云将热量传递给炉管。这种情况通常发生在一个长火焰燃烧器放在一个短的燃烧釜中。而燃料是燃油时则不然，油火焰具有非常高的火焰辐射，所以大约三分之二的热传递在辐射段是火焰辐射，三分之一是热气辐射。

燃料油和燃料气具有不同的燃烧特性。燃油燃烧存在火焰辐射与可见火焰光波，而燃气燃烧主要产生的是热气辐射。

表5.1　炼油厂典型的最大热通量　　Btu/(h·ft^2)

项目	数值	项目	数值
垂直圆柱形，管长20~30ft	12000	釜式	14000
垂直圆柱形，管长>30ft	13000	双火焰U形管	22000

5.2.2　燃烧器与炉管间隙

燃烧器与炉管间隙在加热器设计中非常重要，因为火焰辐射与到炉管的距离的平方成正比。小的燃烧器与炉管间隙可能导致火焰冲击，热点和炉管失效。这就是为什么大多数加热器故障是由燃烧器过于接近炉管引发的火焰冲击造成的。例如，考虑一个5ft的燃烧器与炉管间隙相对于3ft的间隔，较小的间隔导致2.8[$=(5/3)^2$]倍的火焰辐射作为较大的间隔。

5.2.3　燃烧器选择

有四种类型的燃烧器，即标准燃烧器、预混合燃烧器、分级空气/燃料(低氮氧化物)和新一代燃烧器(超低氮氧化物)。标准燃烧器和预混合燃烧器有明亮的火焰。燃烧反应发生在可见火焰边界内。超低氮氧化物燃烧器的火焰不发光，大部分燃烧反应是不可见的。

5.2.3.1　烟气排放

氮氧化物排放是当今炼化企业的一个重要环境问题。氮氧化物是由氮气和氧气在火焰的最高温度下反应生成的。标准气体燃烧器产生100μL/L NO_x；预混气体燃烧器产生80μL/L NO_x；分级气体燃烧器产生40μL/L NO_x；超低NO_x气体燃烧器产生30μL/L NO_x；最新一代超低NO_x气体燃烧器产生8~15μL/L NO_x。许多炼油厂都有硫含量限制，要求燃烧低硫燃料油。一氧化碳应少于百万分之二十。

5.2.3.2　燃烧器选择目标

燃烧器选择的目标是确定燃烧器的类型和结构，以获得所需的热流密度分布，满足工艺加热需求。燃烧空间和形状可能由物理、机械或结构因素决定，但是这个空间必须能够容纳燃料的有效空气动力混合和燃烧，并为产品产生所需的热通量曲线。由燃烧器火焰产生的热释放和热通量是不均匀的。它通常在燃烧器端口附近的区域较高，那里燃料和空气丰富，并随着火焰的发展因燃料含量的减少及环境散热损失而减少，尽管不能达到均匀的流量分布，但燃烧器的设计者可以根据燃烧器的类型、结构和火焰包络来调整这种形状。

5.2.3.3　火焰包络

火焰包络被定义为可见的燃烧长度和直径。火焰的长度应该是燃烧炉膛高度的三分之一到一半。热的燃烧气体需要停留时间来将热量传递给炉管。许多燃烧器的火焰直径是燃烧器瓦片直径的1~1.5倍。由于超低氮氧化物和新一代燃烧器瓦片的直径通常较大，火焰底部的直径可能略大。火焰直径经常膨胀，在顶部产生更大的火焰。

超低氮氧化物和最新一代燃烧器的火焰长度比传统燃烧器更长。较长的火焰长度改变了燃烧室内的传热曲线，并可能导致火焰冲击炉管。

5.2.3.4 燃烧炉膛的物理尺寸

优化设计为在火焰包络之间有间隙的燃烧器间距设计。由于超低氮氧化物燃烧器和最新一代燃烧器瓦片直径通常较大，改造可能导致密封器燃烧器间距过近，引发火焰相互作用。火焰相互作用可以产生更长的火焰和更高的氮氧化物，中断炉膛内的烟气对流，减少火焰包络中夹带的烟气量，从而会增加氮氧化物的含量。超低氮氧化物燃烧器和最新一代燃烧器之间的间隔应足够远，甚至允许烟气再循环回流到燃烧器。燃烧器间中心线的尺寸是炉膛管排的重要尺寸之一。许多炉管失效是由火焰和热气冲击引起的。在对超低氮氧化物燃烧器和最新一代燃烧器进行改造时，必须评估火焰包络的较大尺寸。炉膛对流可以把缓慢燃烧的火焰推进炉管。

火焰冲击耐火材料常会造成损坏。当对超低氮氧化物燃烧器和最新一代燃烧器进行改造时，较大的燃烧器直径可能导致燃烧器与耐火材料的间距更接近。无屏蔽耐火材料可能需要热面保护。

许多加热炉的火焰长度是炉膛高度的三分之一到一半。超低氮氧化物燃烧器和最新一代燃烧器的火焰高度通常为 2~2.5ft/MMBtu。超低氮氧化物燃烧器和最新一代燃烧器较长的火焰高度可能会改变炉膛的传热剖面。较长的火焰可能导致火焰或热气冲击炉膛顶部和激波管。在这种情况下，解决方案是更换燃烧器。一些老式加热炉的燃烧室高度非常矮，可能不适合实施超低氮氧化物燃烧器和最新一代燃烧器的改造。

5.2.3.5 工艺相关参数

超低氮氧化物燃烧器和最新一代燃烧器有更长的火焰，改变了热流分布。这对炼油厂的焦炉和减黏裂化等装置上的加热炉尤其重要。火焰长度越大，桥壁温度越高，辐射段和对流段的效率越高。

随着热流密度分布的变化，管内金属最高温度的位置也随之变化。在短炉膛中加装超低氮氧化物燃烧器和最新一代燃烧器可能导致炉膛顶部和冲击管的高温。

超低氮氧化物燃烧器和最新一代燃烧器可能比传统的燃烧器具有更低的调节能力。当燃烧室温度低于 1240℉时可能出现高 CO 燃烧工况，当燃烧室温度低于 1200℉时可能出现火焰不稳定和熄火。由于超低氮氧化物燃烧器和最新一代燃烧器通常设计在稳定的极限，燃料组成的变化可能会导致稳定性问题。

选择合适的燃烧器设计依据至关重要。加热炉的设计中，有时工艺要求会发生很大的变化。重要的设计依据包括：(i)排放规定；(ii)工艺操作规定；(iii)停工规定；(iv)燃料成分范围；(v)燃料压力；(vi)开工考虑因素等。

燃烧器选择的指导原则是在满足 NO_x 排放限值的情况下选择最合适的燃烧器。在燃烧器的选择中，可靠性应该优先于成本，因为工业应用表明，90%的加热炉问题来自维护和运行不良的燃烧器。虽然最好的燃烧器可能造价不菲，但是物有所值，因为燃烧器的成本只占加热炉总成本的 5%~10%，但是它可以避免 90%的加热炉问题。

5.2.4 燃油调节系统

不良的燃料调节可能导致燃烧器和燃烧问题。而许多传统的燃烧器有 1/8in(3mm)的孔或更大，超低氮氧化物燃烧器和最新一代燃烧器往往有 1/16in(1.5mm)的喷孔直径。这些小孔非常容易堵塞，需要特殊的保护。大多数燃料系统是用碳钢炉管设计的。管道由于腐蚀而产生水垢，堵塞了燃烧器的喷孔。尽管任何燃烧器都不能接受喷孔堵塞，但更重要的是不要在超低氮氧化物燃烧器和最新一代燃烧器上发生喷孔堵塞，因为喷孔堵塞可能导致稳定性问题和更高的排放。

许多炼油厂在燃料聚结器/过滤器的下游安装了奥氏体不锈刚炉管，以防止结垢堵塞问题：

① 所有超低氮氧化物燃烧器和最新一代燃烧器都需要聚结器或燃料过滤器，以防止喷孔堵塞问题。聚结器通常被设计用来去除 0.3~0.6mm 的液体气溶胶颗粒。有些炼油厂在聚结器的上游安装炉管过滤器，以防止聚结元件的颗粒污染。

② 在聚合釜/燃油过滤器下游的燃油管道上需要保温和跟踪，以防止燃油炉管中的凝结。一些炼油厂使用燃气加热炉来过热燃气，而不是管道伴热。不饱和碳氢化合物可以迅速堵塞超低氮氧化物燃烧器和最新一代燃烧器的尖端孔。

5.3 高可靠性加热炉运行

为确保关键加工单元的处理能力，其加热炉往往都在操作极限的高负荷下运行，故而需要确保加热炉以安全可靠的方式运行，并在适宜范围内使用下列关键的操作可靠性参数。

① 预案控制：避免正面的压力防止安全危害，提供燃烧器足够的初始空气。

② 高 *BWT*：*BWT* 直接关系到流通率，表明加热炉的运行苛刻度。

③ *TWT* 或炉管金属温度(*TMT*)：识别高管壁温度运行的根本原因。

④ 火焰冲击：加热炉最常见的可靠性危害。

⑤ 炉管寿命：高管壁温度工况显著缩短炉管使用寿命。

⑥ 过量空气或 O_2 含量：最佳 O_2 含量是可靠性和效率之间的平衡。

⑦ 火焰形貌：可视化的火焰形状、高度和颜色，以确定不正常的燃烧问题。

5.3.1 通风

通风有两种类型：一种是自然通风，另一种是机械通风。对于自然通风，通风量取决于热烟气和环境空气之间的密度差。因此，烟囱高度必须能提供足够的通风，同时烟囱风门的开度必须在操作中进行适当的调整。对于机械通风，由于使用风扇提供空气，烟囱高度可以较低，因此，烟囱的高度仅根据扩散需求设置。与自然通风相似，烟囱的开度必须在操作中进行适当调整。自然通风和机械通风的关键目标是避免加热炉内部的正压以防止损坏或安全隐患，同时提供足够的助燃空气(一次风)。适宜的通风控制是保持通风在对流管下方或桥壁[线 Y，图 5.5(a)]处测量的 0.1~0.2in 水柱真空范围内，这可通过调整烟道风门和空气调节器来实现。通过这种送风方式，足够的空气可以通过燃烧器作为一次空气吸入以获得火焰稳定性，而二次空气则通过空气调节器来控制氧气。然而，过高或过低的通风必须避免。当风门全开或全关时可能会发生过高的通风量。这可能导致烟囱内真空度过高，并可能增加进入加热炉的冷空气泄漏[图 5.5(b)]。通风过高可能会导致火焰偏离燃烧器，接触到炉管而导致严重的加热炉损坏。通风过低对应于几乎是关闭的风门，空气调节器完全打开的情况，可以在桥壁上形成正压，迫使热烟气通过对流部分的泄漏向外流动[图 5.5(c)]，导致严重的结构性破坏。图 5.5(d)提供了这三种情况的预案概况。

天气变化可能导致风向波动。例如，当遇到强风并引起风量波动时，应逐渐增大风门开度，以保持火焰稳定。此外，在有风的天气中，如果加热炉面向风向并且处于最高的静态大气压力下，可能会导致过高的通风。在这种情况下，风门应该稍微关闭。

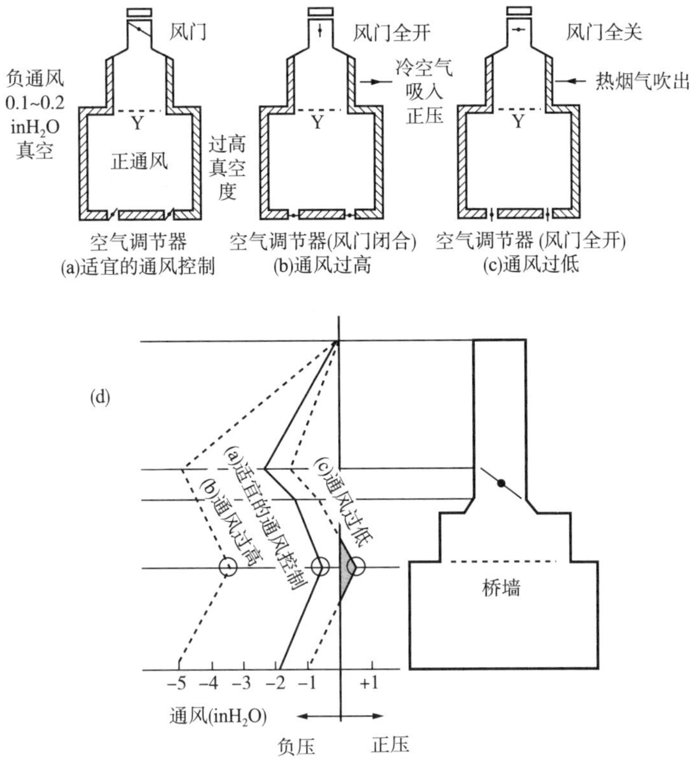

调节 → 影响

烟道风门	通风	氧气
开多	增加	增加
关多	减少	减少
燃烧器调节器		
开多	减少	增加
关多	增加	减少

图 5.5　正确和错误预案

5.3.2　桥壁温度

高桥壁温度(*BWT*)测量表明加热炉在高辐射通量下工作。*BWT* 是加热炉的关键可靠性参数，因为高 *BWT* 会导致管板支架和耐火材料的故障。大多数加热炉故障伴随着高 *BWT*。*BWT* 的一般指导原则是不超过管板支撑的机械设计极限，*BWT* 的极限取决于设计。长的火焰、烟气停留时间不足以及管道外部结垢等都可能引起高 *BWT*。

5.3.3　管壁温度

炉管表面温度是管内的工艺温度加上薄膜和金属电阻的温度差。薄膜电阻通常大于金属电阻。采用峰值流量除以传热系数的方法计算。传热系数通常为 200~500Btu/(h·ft^2·℉)，典型薄膜热阻约为 45~80℉。金属热阻比薄膜热阻小得多。计算方法是取峰值通量除以金属的热导率。热导率通常为 12~16Btu/(h·ft^2·℉)，故典型的金属热阻为 15~20℉(8~11℃)，但厚壁炉管是个例外，它的金属热阻高达 80℉(44℃)。

管壁(表面)温度是一个重要的可靠性参数，应密切监测，并据此来制定影响炉管使用寿命的操作规程。规程应有效地传达给操作人员，以便能够确定适当的炉管温度来满足生产要求，同时尽量减少管道损坏的风险。操作人员必须知道过火是管道损坏的主要原因。工艺装置可使用管壁式热电偶和红外线高温计来监测管壁温度。

监测管道上的结垢量以测量结焦/污染/腐蚀速率是非常重要的，可通过热电偶和红外线高温计监测程序来实现。管道上的垢片会增加管壁厚度并使表面温度升高，管表面结垢0.01in可使管表面温度提高100℉，常用的除垢方法是喷砂除垢，管表面加陶瓷涂层可预防和减缓结垢，但费用昂贵。

5.3.4 火焰冲击

通过调节过大的空气压力和燃料压力，可以避免低空气量和燃烧器顶部结垢引起的火焰冲击。图5.6显示了燃烧的加热炉在严重的火焰冲击下工作，其中一个长的火焰到达管道，管道前端接收到的热量几乎是管道背面的六倍。判断是否形成了硬火焰冲击最好的方法是使用专用眼镜观察炉膛，专用眼镜可消除眩光和明亮的烟雾，使观察真正的火焰位置成为可能。

下列关于良好混合的准则可用于确定火焰冲击的根本原因：

图5.6 火焰冲击示例

① 初始空气用于实现火焰稳定，二次空气用于 O_2/NO_x 控制。因此，应通过打开风门将一次空气增加到火焰将从燃烧器中升起的极限。通过调节器调节二次空气来提供过量空气。过多和过少的二次空气会导致燃烧不良。这是因为火焰稳定需要最小的过量空气，过量空气会降低火焰温度，从而导致效率下降、氮氧化物增加。

② 关闭点火端口、窥视门和燃烧器周围的其他孔。燃烧空气只有在流过空气调节器时才能与燃料气体很好地混合。

③ 在停工运行时，一些燃烧器可能会被覆盖起来，不要忘记关闭空转燃烧器的空气调节器，燃烧器的运行才能更好地接近设计能力。

④ 堵塞的燃烧器需要更多的过量空气用于燃烧，但是过多的过剩空气会使火焰升高。硫沉积是燃烧器堵塞的常见原因，解决办法是防止氧气进入燃气系统。

5.3.5 炉管寿命

通过蠕变测量和金属相检验，可以评估真实的平均炉管寿命。从评估中得出的指导方针应告知操作人员，因为操作超过炉壁温度限制的加热炉可能发生严重损害。一般来说，增加超过炉壁温度极限的18℉可能会使加热炉的寿命减半。当加热炉处于蠕变范围内时，超过炉壁温度极限30℉会大大缩短加热炉的使用寿命并导致加热炉快速失效。重要的是峰值炉壁温度不应该超过限制，而不是平均炉壁温度。

加热炉在整个运行过程中会因为高负荷和接近运行末期的预停工运行处于运行不均匀状态。为了估计管壁温度、腐蚀速率和压力变化的影响，可以通过材料性能检验来估计炉管的剩余使用寿命。了解炉管使用寿命可以防止过早的炉管失效，而且可以确定，如果操作炉管表面温度随着时间的推移而升高，则需要进行炉管金属材质升级。

5.3.6 过量空气和氧含量

必须指出的是，最佳的氧含量是安全性和效率之间的平衡。当燃烧室缺乏燃烧空气时，可见模糊的火焰，听到有规律的砰砰声，以及有长长的火焰接触管道等迹象。

空气不足的原因之一是无论何种燃烧器、状态如何，都采取严格的 O_2 含量管理。空气不足的另一个根本原因是根据从烟囱中取得的烟气样品测量 O_2。这种测量方法得到的结果不能准确地代表燃烧室中可用的 O_2。对流部分的泄漏使得空气可以绕过燃烧室，从烟囱中出去，从而增加烟囱中的 O_2 含量。当空气调节器根据从烟囱测得的 O_2 水平进行调整时，燃烧室可能会缺少空气。此外，空气泄漏浪费了用于加热吸入对流段的冷空气的热烟道气。

影响运行成本的因素包括套管的密封焊接、将上部箱体泥化以及使用高温密封剂。炉顶渗漏也是空气泄漏的一个主要原因，应在检修期间进行检查。这些活动对控制氮氧化物尤为重要。

5.3.7 火焰图案

正确控制燃烧空气是实现燃烧完全、火焰稳定、避免火焰冲击的关键。较低的燃料压力也有助于避免火焰冲击。当过量空气量适当时火焰为橙色，烟囱排出的烟气为浅灰色。在空气充足的情况下，如果火焰很长、烟雾很大，燃烧器可能会出现问题。

图 5.7 显示了良好的燃烧和适当的火焰高度(约三分之一至一半的炉膛高度)。相比之下，图 5.8 显示了第一个燃烧器上气体尖端堵塞燃烧不良的情况。第一个燃烧器的火焰产生了强烈的烟雾，表明燃烧不完全。采用燃气聚结器和蒸汽加热器可以减少燃烧器堵塞。

图 5.7 良好的火焰颜色和高度

图 5.8 第一个燃烧器的不良火焰模式

5.4 高效加热炉操作

操作人员需要了解保持加热炉在安全可靠条件下工作的重要性。运营商对这一优先事项的反应可能会走向另一个极端：采用过量空气运行加热炉。过剩空气可大大减少火焰长度，从而降低火焰冲击的风险。然而，过量空气的代价是燃烧额外的燃料所带来的更高的运营成本。因此，需要对过量空气进行优化。

过多的过量空气会造成燃料浪费，因为冷空气需要从环境温度加热到排烟温度。图 5.9 显示了从减少的多余空气中减少 1%的 O_2 所节省的燃料。例如，一个加热炉的工作负荷为 200MMBtu/h，排烟温度为 500℉，减少 1%的 O_2 可以节省 1MMBtu/h 的燃料，其价值为每天 72 美元或每年 26280 美元(燃料价格为 3 美元/MMBtu)。将 O_2 含量从 7%减少到 3%，每年可以节省大约 10 万美元。如果燃料价格是 6 美元/MMBtu，降低 4%的 O_2 可以每年节省 40 万美元。由于 3%是工业用加热炉的典型极限，因此本文采用 3%的 O_2 作为效益计算的基础。然而，在燃烧器处于良好工作状态之前，不要开始减少 O_2，并且要安装 O_2 分析仪校准读数。

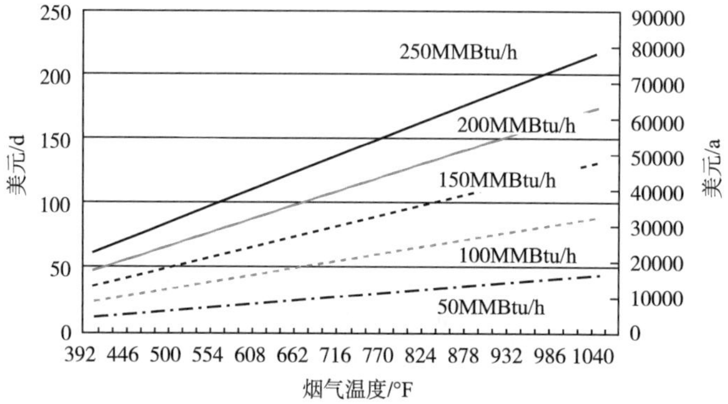

图 5.9　O_2 减少 1%所节省的费用

优化 O_2 含量可降低排烟温度从而提高加热炉效率。排烟温度每降低 40℉相当于提高 1%的燃料效率。例如，一个效率为 50MMBtu/h 没有对流部分的小型加热炉，排烟温度为 1250℉。如果烟道气流经大型加热炉的对流部分，烟囱的温度可以降低到 500℉。这些废热的捕获价值为每天 60 美元，每年 22 万美元，燃料价格为 6 美元/MMBtu。一般来说，降低烟囱温度是一个设计问题，例如，在对流段安装蒸汽发生器和省煤器以回收余热。相比之下，O_2 水平是一个操作问题，可以通过调整风门开度来控制二次进风量。

5.4.1　O_2 分析仪

加热炉可通过风机来控制进入燃烧器的空气，通过直接测量空气和燃料流量来控制 O_2 含量。采用自然通风燃烧器的大型高效加热炉通常会配备风机。有必要设计控制系统来维持所需的过剩空气量。通过 O_2 分析仪，控制系统自动调节阻尼器开度来控制在绝对通风水平限制下的 O_2。即便是小型加热炉也可以证明 O_2 分析仪能节省能源。

为了获得更均匀的 O_2 读数，每 30ft 应该有一个取样点，并且取样点应该安装在对流段的下游。要求是有最少的空气泄漏到对流部分，以避免错误的 O_2 读数。一般情况下，由于不同燃烧器的烟气混合不好，样品点不应该位于辐射段。否则 O_2 读数将主要反映靠近取样点的燃烧器的运行情况。在对流段下游配置 O_2 分析仪的例外情况是对流段管道温度高的燃烧加热炉。这是因为需要监测辐射段 O_2 以避免尾燃。

5.4.2　为何需要优化过量空气

在基于化学计量转换的燃料理想燃烧中，燃料 100%燃烧为 CO_2 和 H_2O，过量空气为 0，因此燃烧烟气中没有剩余 O_2。然而，在现实中，工业加热炉需要过多的空气。为了实现完全燃烧，燃料气体至少需要 10%～15%的过量空气(烟气中 2%～3%的 O_2)。否则，一氧化碳和未燃烧的碳氢化合物可能会由烟囱外排。燃料油通常需要比燃料气高出5%~10%的多余空气。换句话说，燃油完全燃烧至少需要15%~25%的过量空气(3%~5%O_2)。

老式加热炉燃烧条件较差时，O_2含量可能高于5%。这是因为许多老式加热炉不适合低氧运行。燃烧器的火焰会非常微弱，操作需要大量过量空气。对于作为燃料使用的燃料油，在不完全燃烧的情况下，从烟囱中可以看到黑烟。对于燃料气和天然气，烟囱上看不到烟雾，但不完全燃烧可以通过烟气中CO浓度来测量。

通常，烟道气中1%的CO意味着3%~4%的燃料被浪费。由于O_2含量是在线测量的，因此加热炉的高效可靠运行应尽可能将O_2含量保持在接近(但不低于)极限值的水平。重要的是要确保O_2含量不是一个错误的指示，因为来自泄漏的空气可能影响O_2含量的测量。可供燃烧的过量空气太少会导致火焰撞击炉管，造成局部热点，并在炉管上结焦，最终可能导致严重的炉管损坏。过量空气过少的另一个后果是对流段的尾燃，这可能导致管温升高，是水平管过早失效和下垂的根本原因。因为加热炉经历了不完全燃烧从而增加了烟气中的可燃物或CO。不完全的燃烧会产生惰性火焰。这些长的火焰可以到达辐射段甚至对流段的炉管。在最坏的情况下，火焰可能到达烟道出口。

因此，何谓最佳的过量空气或O_2含量？其基础是实现完全燃烧。出于可靠性考虑，在燃烧器状态良好时，应确定最佳O_2含量，并在最小过量空气的基础上加上安全裕度。安全裕度取决于每个加热炉的具体技术、设计和条件以及测量。图5.10通常用来定性地解释最佳过量空气的存在。

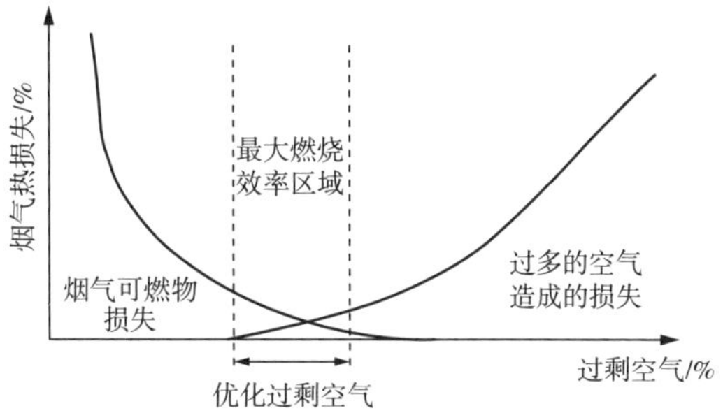

图5.10　过剩空气优化

与测量O_2相比，测量烟气中CO的方法更为严格，可通过测量烟气中的可燃物来实现。可燃物是指不完全燃烧的产物，包括一氧化碳、氢和痕量碳氢化合物，而一氧化碳是可燃物的主要组成部分。为了保持与测量O_2的一致，可燃物的测量应在与O_2分析仪相同的位置进行。相对可靠的可燃物测量浓度可达到10^{-6}级别，保证安全地降低O_2含量水平(安全裕度)，直到可燃物开始增加(见图5.11)，这是加热炉的最佳O_2含量状态。

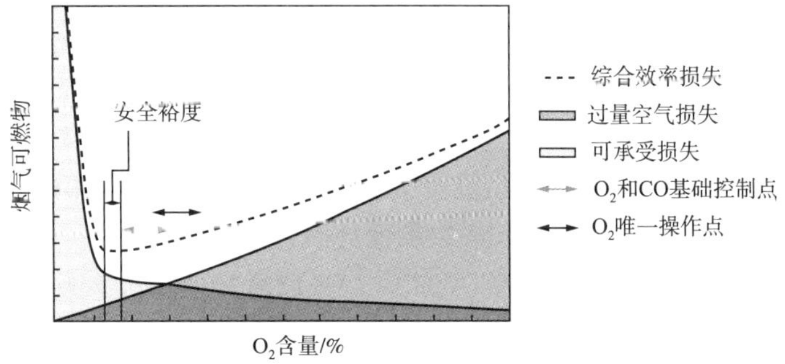

图5.11　最佳氧含量判定

5.4.3　通风效果

高效的加热炉运行要求尽量减少进入对流段的过量空气，这意味着在对流段入口处有非常小的负压。为了实现这一点，在火箱和烟囱之间应该有一个平衡良好的通风压力分布。热气推动，所以压力总是在火墙处最大，而烟囱通风产生拉力。当通风量处于平衡状态时，在桥墙上的压力应该在0.1~0.2WG(水位计)。过多的通风会导致冷空气泄漏进入燃烧室，造成燃料的浪费。

5.4.4 空气预热效果

空气预热是一个升级低价值热的典型例子，通过使用余热提供热量以将燃烧空气的温度从环境温度升高来实现的。空气预热可以通过低压蒸汽或烟气来实现。通常情况下，空气预热可以提高加热炉效率高达5%，比降低O_2含量更为重要。

5.4.5 过少的过量空气和可靠性

过量空气过少会导致对流段火焰冲击和过度燃烧，从而带来可靠性风险。由于过量空气太少，就会发生不完全燃烧并降低火焰温度，促使操作人员增加燃料流量以增加加热炉的负荷。在过低过量空气下增加燃料会促进尾燃，是危险操作。

5.4.6 过多的过量空气

此为应该避免的低效率操作。根据肯尼(1984)的研究，过多过量空气的常见原因是：

① 通风控制不当；

② 空气泄漏到对流部分；

③ O_2分析仪校准不当；

④ 燃烧器操作失误：(i)燃烧器结垢；(ii)气门维护不善；(iii)需要双燃料燃烧器。

5.4.7 利用率和效率

保证加热炉的高效完好运行是持续生产而不会意外停工的重要环节，也是实现装置高利润和高能源效率的重点。工业应用经验表明，高可用性是提高能源效率的主要因素。

5.4.8 加热炉可靠性和高效运行规范

风量控制和过量空气控制在操作中应同时考虑。这是因为通风系统提供了一次空气，而空气调节器提供了二次空气。如前所述，两种送风方式都会影响可靠性和效率。图5.12讨论了一种系统的方法来优化送风和过量空气。

笔者认为有必要对过量空气提供额外评估，因为许多装置都有减少O_2需求。O_2减少(或最小过剩空气)必须建立在适当的通风控制基础上。当加热炉的过量空气减少到可燃物开始出现在烟囱中的程度时，可以获得最小的过量空气。对于现代的加热炉来说，这种情况发生在8%的多余空气中，相当于烟气中O_2含量的1.8%。然而，实际的操作中相关约束阻止实现这个最小过量空气，这些约束包括燃料质量的变化、进料速率和其他过程变量。因此，无火焰冲击的操作设置了实际最小过量空气的限制。最佳的烟气O_2浓度取决于加热炉的负荷、燃烧器的设计、燃料的类型和燃烧器的性能。

要达到这个限度，第一步就是监控O_2含量。O_2测量必须反映真实的过量空气，必须消除空气泄漏。下列指引可供参考：

① O_2分析仪应该安装在对流段的下方，而不是烟囱的下方。如果没有，必须为便携式分析仪的读数制定一个校正系数。O_2分析仪应每周校准一次。

② 效率基于排烟温度和校正的O_2分析结果，应每天报告。

③ 通风系统应根据特定的消防设计要求进行监控和维护。应定期检查没有通风控制的加热炉。

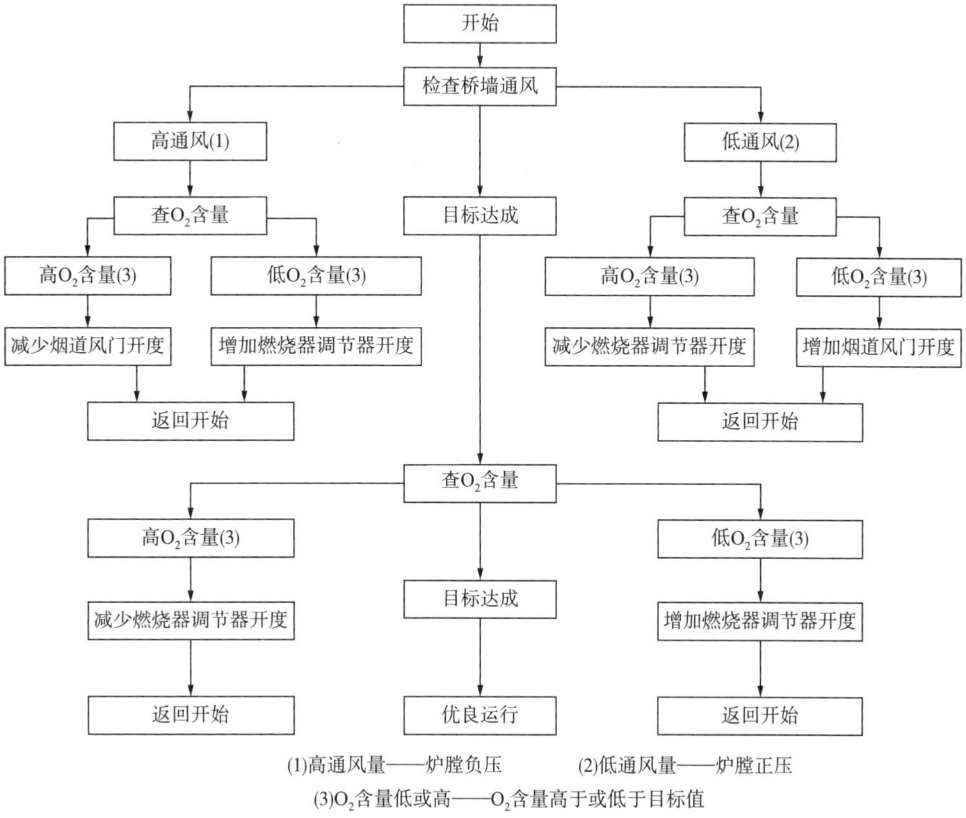

图 5.12　整合通风和 O_2 控制

④ 对流段的漏风量应每班测量一次，并根据对流进出口 O_2的差值确定。泄漏源应通过检查确定并消除。理想情况下，所有的 O_2 都应该通过燃烧器供给加热炉。

⑤ 盘管流路应每班平衡一次，精度在±5%以获得相同的出口温度。在大型加热炉上，这种情况可能每 2h 发生一次，或者在控制系统中持续发生。

⑥ 在停工检修和负荷大幅度变化的情况下，应根据需要检查和调整烟气参数(通风量、O_2 含量等)。加热炉和锅炉中的吹灰器应在每个班次启动一次。操作人员应该观察哪些吹灰器实际旋转并报告哪些吹灰器失灵。当吹灰器的可操作性小于 70%时，应准备并执行另一种清洗计划。这可能包括流水冲洗。

⑦ 应该评估管外表面在流清洗的需要。这可能包括对流段和辐射段的水冲洗。

5.5　加热炉检修

一般而言，燃烧式加热炉会因扩能、工艺转换、能源效率及减少氮氧化物而进行改造。对于扩能改造，改造的限制类型通常与原设计相同。在加热炉改造中一种工艺技术转换为另一种工艺技术。因此，为一个工艺技术设计的加热炉可以在新的工艺技术中使用，但在新的工艺技术中加热炉的限制类型可能会有所不同。

加热炉通常有四个主要的设计限制：热流密度、工艺压降、管壁温度和 *BWT*。热流受限加热炉通常具有高压 ΔP(>20psi)的特点，大多数通用加热炉属于这种热流受限类型。通常，单火焰加热炉的通量限制在 10000Btu/(ft^2 · h)左右。小型加热炉(工艺负荷<10MMBtu/h)

具有较低的通量率。通过改造，热流限制可以达到 12000Btu/(ft^2 · h)。

双燃烧加热炉通常是管壁温度限制的。然而，通量限制取决于具体的工艺技术改造，通常由加热炉专家提供。

管壁温度限制加热炉具有低 ΔP(2~6psi)属性。由于低 ΔP 加热炉有低管质量速度，导致低传热系数，从而导致高管壁温度。管壁温度限温加热炉通常出现在高温过程中。例如，800℉的 *TWT* 用于碳钢加热炉。铬的限制是基于抑制管氧化和使用的限制，根据最近的数据为 1075~1100℉。对于不锈钢，工艺温度通常在达到管壁温度极限之前就已经达到极限。高压加热炉也有例外。

此外，当传统燃烧器的加热炉被低氮氧化物燃烧器、超低氮氧化物燃烧器和最新一代燃烧器取代时，或者改造需要更高的调温能力时，通常会遇到 *BWT* 受限的加热炉。在低 *BWT* 时可能发生火焰不稳定和熄火。对于使用超低氮氧化物燃烧器和最新一代燃烧器的燃气燃烧，*BWT* 应大于 1200℉。对于低氮氧化物燃烧器，*BWT* 应大于 1000℉。对于燃油燃烧器，*BWT* 应大于 1200℉。在确定 *BWT* 限值时，必须研究燃烧器的稳定性，包括燃烧器间距和桥壁温度。

关于加热炉的改造还有很多需要讨论的，这超出了本章的范围。作为一般建议，加热炉改造项目应该由加热炉专家进行，他们不仅要对加热炉有很好的了解，而且还要了解加热炉的使用过程。

符号说明

BWT　　桥壁温度

TMT　　管金属温度

TWT　　管壁温度

参　考　文　献

Jenkins BG, Boothman M(1996) Combustion science: a contradiction in terms, *Petroleum. Technology Quarterly*, pp. 71-76, Autumn.

Kenney WF(1984) *Energy Conservation in the Process Industries*, Academic Press, Inc.

6 换热器性能评估

保持换热器的良好性能是节能计划的一个重要组成部分。然而，我们如何确定低效率的根本原因，以及工程师在设计和操作中需要解决哪些问题？这些都是本章讨论的重点。

6.1 引言

通常情况下，换热器的表现不尽如人意，它们的表现偏离了最佳状态。有时候，它们没有完成它们能够完成的事情，有时候，它们被要求去完成它们不能完成的事情。换热器评估的主要目的是找出其由于设计不当、结垢或机械故障的根本原因，并确定提高性能所需的措施。

本章将提供换热器评估的基本思路，并举例说明换热器的设计是否正确，运行性能的评估，污垢的评估，以及对传热和压降的影响。在此基础上，使用与不同应用场景相关联的示例提供了改善换热器性能的方法。本章讨论的方法集中于管壳式换热器，因为它们是流程工业中最常用的换热器，尽管评估方法可以应用于其他类型的换热器。热交换性能的详细评估可以使用商业软件进行。

6.2 基础概念和计算

众所周知，两种流体之间的热交换的主要方程是傅里叶方程：

$$Q=UA\Delta T_M \tag{6.1}$$

式中，Q 为热负荷，MMBtu/h；A 为传热表面积，ft^2；U 为总传热系数，Btu/(h · ft^2 · ℉)；ΔT_M为有效平均温差($EMTD$)，℉。

我们首先在图 6.1 的基础上定义 U 值，其中 h_i和 h_o是管内外流体的薄膜系数，它们可以根据换热器的物理形式、流体的物理性质和流体的工艺条件来计算。因此，清洁总传热系数(U_C)可以根据以下因素来确定：

$$\frac{1}{U_C}=\frac{1}{h_o}+\frac{1}{h_i}\left(\frac{A_o}{A_i}\right)+r_w \tag{6.2}$$

式中，r_w为管壁的导电电阻；A_o和 A_i为管外和管内表面面积，下标“i”和“o”表示管内和管外。

实际上，换热器在结垢的条件下工作，污垢、水垢和微粒沉淀在管道内外。在计算整体传热系数时，必须考虑污染情况。图 6.1 提供了管内外的污垢电阻(R_o，R_i)和膜系数(h_o，h_i)的图形描述。从概念上讲，R_i和 h_i相当于 R_t和 h_t(t 表示管层)，而 R_o和 h_o相当于 R_s和 h_s(s 表示壳层)。

总污垢阻力定义为：

$$R_f=R_o+R_i\left(\frac{A_o}{A_i}\right) \tag{6.3}$$

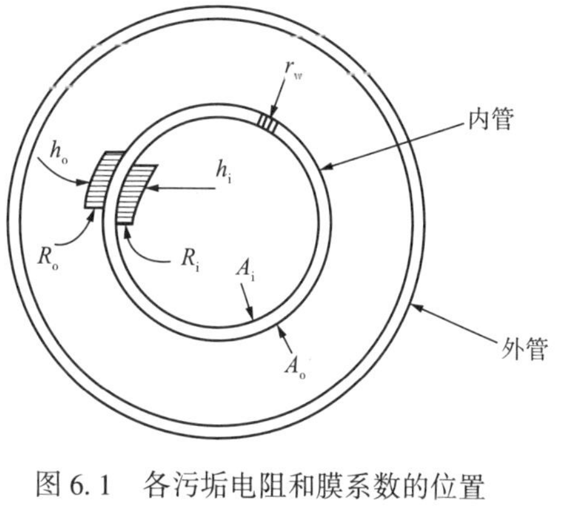

图 6.1　各污垢电阻和膜系数的位置

通过增加对 U_C 的整体污垢阻力，实际 U_A 被定义为：

$$\frac{1}{U_A}=\frac{1}{U_C}+R_f \tag{6.4}$$

关于 U 值的更详细的讨论将在本章后面提供。现在让我们把注意力转移到方程 6.1 中的 ΔT_M。几个温度差可以用来计算 ΔT_M，包括入口温差、算术温差和对数平均温差。以图 6.2来说明。

进口温差可以表示为：

$$\Delta T_1=T_1-t_2 \quad（用于逆流） \tag{6.5a}$$

$$\Delta T_1=T_1-t_1 \quad（用于顺流） \tag{6.5b}$$

这种温差可能导致在估计整个管道长度的真实温差时产生巨大的误差。

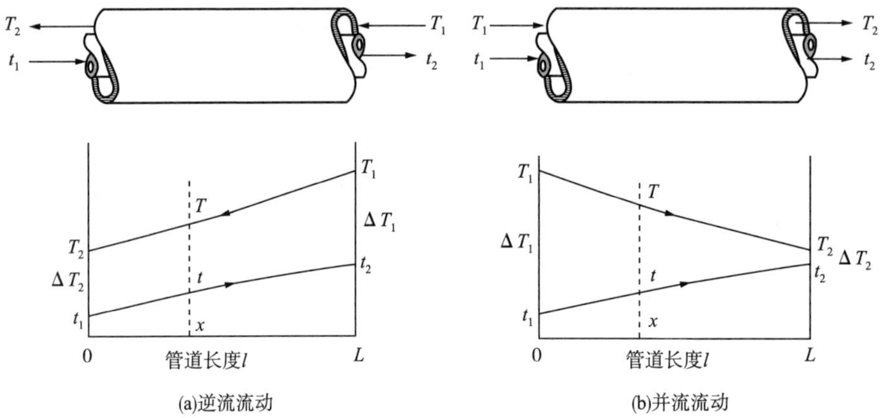

图 6.2　(a)逆流流动和(b)并流流动

算术平均温差定义为：

$$\Delta T_A=\frac{\Delta T_1+\Delta T_2}{2}=\frac{(T_1-t_2)+(T_2-t_1)}{2} \quad（用于逆流） \tag{6.6a}$$

$$\Delta T_A=\frac{\Delta T_1+\Delta T_2}{2}=\frac{(T_1-t_1)+(T_2-t_2)}{2} \quad（用于顺流） \tag{6.6b}$$

当 ΔT_1(热端方法)和 ΔT_2(冷端方法)显著不同时，这种温差可能给出真实温差的错误估计。

对数温差(*LMTD*)定义为：

$$\Delta T_{LM}=\frac{\Delta T_1-\Delta T_2}{\ln(\Delta T_1/\Delta T_2)} \tag{6.7}$$

ΔT_{LM}代表了一个完美的逆流和并流热交换的真实温差。为了说明起见，使用逆流[图 6.2(a)]来显示如何派生 ΔT_{LMTD}。

首先，将傅里叶方程的微分形式应用于图 6.2(a)，

$$dQ=U(T-t)A''dL \tag{6.8}$$

式中，A''为每英尺管道长度的表面积(ft^2/ft)，因此微分表面积 $dA=A''dL$。

微分表面积的热平衡是：

$$dQ=MCdT=mcdt \tag{6.9}$$

式中，M 和 C 是热流的质量流量和比热容，而 m 和 c 是冷流的质量流量和比热容。

管道长度从 $p=0$ 到 $p=x$ 的两股流体之间的热量平衡是：

$$MC(T-T_2)=mc(t-t_1) \tag{6.10a}$$

管道长度从 $l=0$ 到 $l=L$ 的两股流体之间的热量平衡是：

$$Q=MC(T_1-T_2)=mc(t_2-t_1) \tag{6.10b}$$

T 的求解方程[6.10(a)]为：

$$T=T_2+\frac{mc}{MC}(t-t_1) \tag{6.11}$$

设方程(6.8)与方程(6.9)相等，然后用方程(6.11)代替 T，

$$\mathrm{d}Q=mc\mathrm{d}t=U\left[\left(T_2+\frac{mc}{MC}(t-t_1)\right)-t\right]\mathrm{d}A \tag{6.12}$$

重排方程(6.12)并收集 t 和 A 给出：

$$\int_0^L \frac{U\mathrm{d}A}{mc}=\int_{t_1}^{t_2}\frac{\mathrm{d}t}{T_2-(mc/MC)t_1+[(mc/MC)-1]t} \tag{6.13}$$

假设 U、M、m、C、c 为常数。积分方程(6.13)的两边为：

$$\frac{UA}{mc}=\frac{1}{(mc/MC-1)}\ln\frac{T_1-t_2}{T_2-t_1} \tag{6.14}$$

让 $\Delta T_1=T_1-t_2$ 和 $\Delta T_2=T_2-t_1$ 结合方程[6.10(b)]和方程(6.14)给出：

$$Q=UA\left[\frac{\Delta T_1-\Delta T_2}{\ln(\Delta T_1/\Delta T_2)}\right] \tag{6.15}$$

方程(6.15)括号内的项称为 ΔT_{LM} 或 *LMTD*，与方程(6.7)中表示的项相同。通过比较方程(6.1)和方程(6.15)，可以得到 *EMTD*。

$$EMTD=LMTD \tag{6.16}$$

必须强调的是，*EMTD*=*LMTD* 仅适用于完全逆流[见图 6.2(a)]或完全并流[见图 6.2(b)]热交换。

在这一点上，第一个问题是：为什么在管壳式换热器中广泛采用逆流模式？答案是，逆流的 *LMTD* 总是大于并流的 *LMTD*。这里显示了一个与图 6.2 对应的示例。

逆流			顺流		
热流体	冷流体	差值	热流体	冷流体	差值
$T_1=350°F$	$t_2=230°F$	$\Delta T_1=120°F$	$T_1=350°F$	$t_1=150°F$	$\Delta T_1=200°F$
$T_2=250°F$	$t_1=150°F$	$\Delta T_2=100°F$	$T_2=250°F$	$t_2=230°F$	$\Delta T_2=20°F$
LMTD=109.7°F			*LMTD*=78.2°F		

第二个问题是：如果热交换不是一个完美的逆流，应该做什么？实际上，大多数管壳式换热器的流型是并流、逆流和横流的混合流型。在这些情况下，*EMTD*<*LMTD*。因此，必须引入 *LMTD* 校正因子 F_t：

$$EMTD=F_t\times LMTD \tag{6.17}$$

对于真正的逆流热交换来说 $F_t=1$；否则，$F_t<1$。

小结一下，*EMTD* 的计算首先基于方程(6.7)，然后应用 F_t 考虑非理想逆流流动的 *LMTD*。F_t 可以通过方程或图表获得(Shah and Seklulic，2003)。例如，1-2 型(一个壳程和

两个管程)换热器的 F_t 可以通过以下方法进行数值计算：

$$F_t=\frac{\sqrt{R^2+1}\ln[(1-P)/(1-R\times P)]}{(R-1)\ln\{[2-P(R+1-\sqrt{R^2+1})]/[2-P(R+1+\sqrt{R^2+1})]\}} \tag{6.18}$$

式中，P 是温度效率，R 是热流比，定义为：

$$P=\frac{t_2-t_1}{T_1-t_1} \tag{6.19}$$

$$R=\frac{T_1-T_2}{t_2-t_1}=\frac{m\times c}{M\times C} \tag{6.20}$$

1-2 型换热器的 F_t 也可以在图表中找到，如图 6.3 所示。从图中可以看出，F_t 值迅速下降到 0.8 以下。因此，如果一个设计显示 F_t 小于 0.8，它可能需要重新设计，以获得一个更好的近似逆流流动从而获得更高的 F_t 值。不同的 F_t 图表可用于每个换热器布局(TEMA 1-2 型、1-4 型等)。

然而，在推导方程(6.7)时作了几个假设，即：

① 恒定的总传热系数 U。

② 恒定的热流和冷流的比热容。这个假设推断出两个流体的线性温度变化。

③ 热流和冷流不发生局部相变。换句话说，方程(6.7)既适用于显热交换，也适用于蒸发或冷凝。

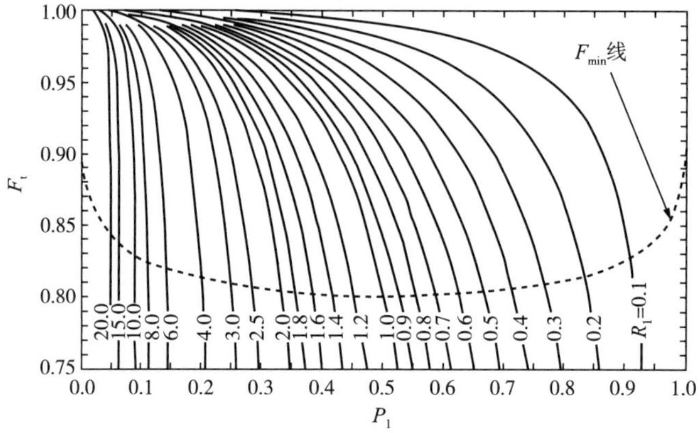

图 6.3　1-2 TEMA E 型管壳式换热器的 F_t 因子

[来自 Shah 和 Seklulic(2003)，经约翰·威立许可转载]

对于管壳式换热器的整个长度，上述假设可能不成立，但这些假设在每个增量部分都成立。因此，在现代换热器设计软件中，换热器路径的整个长度被划分为 N 个增量，并对每个增量进行假设和计算。根据 Bennett 等(2007)的研究，现代换热器设计软件通过以下公式计算总 U 值和 $EMTD$ 增量：

$$\frac{1}{U_{C,j}}=\frac{1}{h_{o,j}}+\frac{1}{h_{i,j}}\frac{A_{o,j}}{A_{i,j}}+r_{w,j} \tag{6.21}$$

$$\frac{1}{U_{A,j}}=\frac{1}{U_{C,j}}+R_{f,j} \tag{6.22}$$

$$A_{total}=\sum_{j=1}^{N}A_{o,j} \tag{6.23}$$

$$Q_{total} = \sum_{j=1}^{N} Q_j \tag{6.24}$$

$$LMTD_j = \frac{\Delta T_{1j} - \Delta T_{2j}}{\ln(\Delta T_{1j}/\Delta T_{2j})} \tag{6.25}$$

$$\frac{1}{EMTD} = \frac{1}{Q_{total}} \sum_{j=1}^{N} \frac{Q_j}{LMTD_j} \tag{6.26}$$

$$U_C = \frac{1}{A_{o,total}} \sum_{j=1}^{N} U_{C,j} A_{o,j} \tag{6.27}$$

$$U_A = \frac{1}{A_{o,total}} \sum_{j=1}^{N} U_{A,j} A_{o,j} \tag{6.28}$$

$$U_R = \frac{Q_{total}}{A_{total} \Delta T_M}$$

U_R被称为所需的 U 值。U 值应该遵循以下顺序：$U_C \geqslant U_A \geqslant U_R$。这种不平衡的主要原因是实际的污垢、工艺变化以及物性估算和传热计算的不准确性。这里提供了详细的讨论。

6.3 理解性能标准——U 值

换热器运行评估的关键问题是何谓换热器的“性能”指标。因为换热器是用来传热的，所以有些人自然而然地认为负荷是换热器的关键绩效指标。为了验证，让我们来看一个冷却器的例子。获得的操作数据与设计数据一致(见表 6.1)。操作温度可以通过仪器测量。然后，用方程(6.7)计算 *LMTD*，用 Ftcharts 计算 F_t因子，用式(6.1)计算 *UA*，用 *U* 值导出冷却器的表面积 *A*。运行数据的计算结果如表 6.2 所示。设计数据来自换热器数据表。

表 6.1　冷却器数据

项目	设计值	操作值
Q/(MMBtu/h)	16.3	18.0
M(馏出物)/(lb/h)	154447	162919
T_1/°F	296.6	341.6
T_2/°F	105.8	149.0
t_1/°F	89.6	81.0
t_2/°F	104.0	95.0
$\Delta T(T_1-T_2)$/°F	190.8	192.6
$\Delta t(t_1-t_2)$/°F	14.4	14.0

如表 6.2 所示，换热器在运行中的负荷略高，而且在运行和设计中温度变化相似。如何评判这台换热器在运行中的性能？如果根据换热器的负荷，可见其性能优于设计性能。然而，当比较整体传热系数时，令人惊讶的是，操作 *U* 值只有设计 *U* 值的一半，尽管操作中的热负荷高出了 10%。如果操作 *U* 值可以保持与设计 *U* 值相似，热负荷可以提高 10%以上。

表 6.2 冷却器计算结果

项目	设计值	操作值
Q/(MMBtu/h)	16.3	18.0
M(馏出物)/(lb/h)	154447	162919
T_1/°F	296.6	341.6
T_2/°F	105.8	149.0
t_1/°F	89.6	81.0
t_2/°F	104.0	95.0
ΔT_1/°F	192.6	246.6
ΔT_2/°F	16.2	68.0
ΔT_{LM}/°F	71.3	138.7
F_t	0.85	0.97
UA/[Btu/(°F·h)]	269896	133759
A/ft^2	5167	5167
U/[Btu/(ft^2·°F·h)]	52	26
$U_{操作}/U_{设计}$		0.50

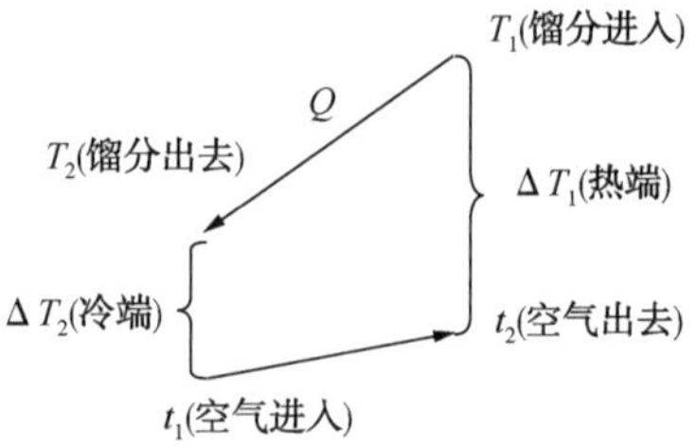

此示例说明，在任何工艺条件下，U 值都是换热器的真正关键绩效指标。U 值越高，换热器的性能越好。

显然，对 U 值的良好理解对于适当评估换热器性能至关重要，因为 U 值是表征换热器传热能力的最重要参数。鉴于许多工程师对与 U 有关的术语感到困惑，在深入研究评估方法的细节之前，有必要对 U 值有一个基本的了解。

6.3.1 要求 U 值

对换热器的需求是在热负荷(Q)和温度(ΔT_{LM})方面满足工艺要求。因此，换热器被设计为具有一定的表面积(A)以满足工艺要求。根据工艺温度要求，必须转移一定量的热负荷。在传热负荷和工艺温度的基础上，可以从傅里叶方程[式(6.1)]重新计算所需的 U 值：

$$U_R = \frac{Q}{AF_t \Delta T_{LM}}$$

6.3.2 清洁 U 值

根据方程(6.1)所述的热力学，不依赖于所需的 U 值，U 值可以根据输运因素考虑，而不需要考虑污垢阻力。换句话说，基于输运的 U 值是一个表达式为式(6.2)的函数描述的膜系数[管侧的 h_t 和壳侧的 h_s，Btu/(h·ft^2·°F)]：

$$\frac{1}{U_C} = \frac{1}{h_o} + \frac{1}{h_i}\left(\frac{A_o}{A_i}\right) + r_w$$

这个 U 值被称为清洁 U 值，因为方程(6.2)中没有考虑污垢阻力(R_i，R_o)。根据流体的物理性质和换热器的几何形状，可以计算薄膜系数 h_t 和 h_s。例如，对于全部液体或全部蒸汽(无沸腾和冷凝)的 U 形管换热器，相关性(Dittus and Boelter，1930)被用来估计管侧 Nusselt 数 Nu_t 和管侧膜系数 h_t：

$$Nu_t = 0.027\left(\frac{C_p\mu}{k}\right)^{1/3}\left(\frac{\rho u d_i}{\mu}\right)^{0.8} \tag{6.29}$$

$$h_t=\frac{k}{d_i}Nu_t=0.027\frac{(C_pk^2)^{1/3}(\rho u)^{0.8}}{d_i^{0.2}\mu^{7/15}} \tag{6.30}$$

式中，C_p 是流体比热容，Btu/(lb·℉)；d_i 是管子的内径，ft；k 是流体导热系数，Btu/(h·ft·℉)；u 是流体速度，ft/h；ρ 是流体密度，lb/ft^3；μ 是流体黏度，lb/(ft·h)。

方程(6.30)表明，管侧流的物理性质(即导热系数 k、比热容 C_p)和质量流速 u 对管侧膜系数 h_t有正向影响。相比之下，黏度 μ 和管内径差有负面影响。

Kern 相关性(Kern，1950)用于估计壳侧 Nusselt 数 Nu_S和壳侧膜系数 h_s：

$$Nu_S=0.36\left(\frac{C_p\mu}{k}\right)^{1/3}\left(\frac{D_e\rho u}{\mu}\right)^{0.55}\left(\frac{\mu}{\mu_w}\right)^{0.14} \tag{6.31}$$

$$h_s=\frac{k}{D_e}Nu_S=0.36\frac{(C_pk^2)^{1/3}(\rho u)^{0.55}}{D_e^{0.45}\mu^{0.08}\mu_w^{0.14}} \tag{6.32}$$

式中，

$$D_e=\frac{4\left(p^2-\frac{\pi d_o^2}{4}\right)}{\pi d_o}\quad(\text{用于方管截距}) \tag{6.33}$$

式中，μ_w是水的黏度，lb/(ft·h)；D_e是壳侧当量直径，f_t；d_o是管的外径，ft。

方程(6.32)表明，壳侧流的物理性质(即导热系数 k、比热容 C_p)、速度 u 和管外径对壳侧膜系数 h_s有正向影响。相比之下，黏度 μ 和管间距 p 有负面影响。

上述传热方程提供了众所周知的结论：管侧传热系数与速度的 0.8 次方、导热系数的 0.67 次方和黏度的-0.47 次方成正比：

$$h_t\propto u^{0.8} \tag{6.34a}$$

$$h_t\propto k^{0.67} \tag{6.34b}$$

$$h_t\propto\mu^{-0.47} \tag{6.34c}$$

这就是为什么冷却水具有很高的传热系数，因为按照这些流体的热导率值，水最高，其次是碳氢化合物，然后是碳氢化合物气体。氢是一种不寻常的气体，因为它具有极高的导热系数(比液态烃的导热系数大)。因此，它的传热系数接近烃类液体范围的上限。由于黏度变化较大，烃类液体的传热系数变化很大，乙烯的传热系数小于 1cP，沥青的传热系数大于 1000cP。烃类气体的传热系数与压力成正比，因为压力越高，气体密度越大，气体速度越快。

6.3.3 实际 U 值

实际上，换热器在污浊的条件下工作，污垢、结垢和微粒沉积在管道内外。方程(6.3)中将整个污垢阻力定义为：

$$R_f=R_o+R_i\left(\frac{A_o}{A_i}\right)$$

通过将整体污垢阻力加入 U_C，实际 U_A在方程(6.4)中定义为：

$$\frac{1}{U_A}=\frac{1}{U_C}+R_f$$

显然，U_C是当结垢不包括在内时换热器能够提供的传热能力，而 U_A考虑了结垢阻力。U_A可以被认为是预测或预期的实际传热总系数，包括设计污垢阻力。

流体的污垢阻力基于流体的物理特性，平均污垢系数记录在 TEMA(2007)。为了说明起见，表 6.3 给出了基于 API 度的典型烃类流体的总污垢阻力系数。

表 6.3 液体污垢阻力系数典型值

API 度	R_f/[(ft² · h · ℉)/Btu]	API 度	R_f/[(ft² · h · ℉)/Btu]
>40	0.002	<15	0.004
<40	0.003	<5	0.005

6.3.4 过度设计(OD_A)

为了满足不断变化的工艺条件，换热器的 U_A 必须大于 U_R。过度设计或设计余量可定义为：

$$OD_A = \left(\frac{U_A}{U_R} - 1\right) \times 100\% \tag{6.35}$$

在设计阶段，除污垢因素外，还提供了过度设计来解释流体速率和性质的操作变化以及传热和压降计算的不准确性。如果设计人员对流体性质和传热计算精度有信心，有些设计人员可能会对换热器使用 5%~10%的过度设计。否则，可能会使用 10%~20%或更高的过度设计。相反，接近零的过度设计可用于具有众所周知的流体性质和准确的传热计算的要求。

从统计数据来看，换热器往往有意设计得过大，因为设计者希望无论在运行中发生什么都能确保它们可以满足工艺要求。设计师在设计阶段必须考虑几个不确定因素(Bennett et al., 2007)。

第一，估计污垢电阻的准确性，以反映实际污垢。此外，污垢电阻是静态值，用于计算。实际上，污垢是一种动态机制。设计者根据其经验或炼油厂的最佳实践使用过度设计来解释这种污垢动态，以便换热器仍然能够满足在比估计的污垢阻力更严重的污垢情况下的工艺要求。第二，工艺条件的变化。特别是，由于炼油厂通常希望通过提高原料利用率和现有设备实现效益提升，促使换热器需要提供过度设计，以适应增加原料处理能力的操作场景。第三，设计者使用过度设计来考虑流体性质和传热计算中的不精确性的影响。这些不确定性成为设计师提供过度设计的基础。

然而，过度设计会导致换热器的结垢和其他问题。当表面积增加过多时，速度降低，这使得污垢沉积物更容易积累。在某些情况下，关键设备可能需要温度控制旁路管线，以避免在运行开始时比工艺要求传热过多。旁路运行可以增加污垢，降低流速。

6.3.5 控制阻力

如果一侧的总阻力(膜阻力加污垢阻力)比另一侧大得多，这一侧称为阻力的控制侧。例如，在一个换热器的气体和液体两侧，气体侧是控制侧，因为气体有一个非常低的膜系数。在设计和运行中，应该特别注意控制阻力，因为控制阻力任何增量减少都将大大增加总 U 值。此外，非控制侧膜系数的增量变化对整体 U 值的影响很小。

控制阻力的不利影响最小化的一种方法是使用扩展的表面积来抵消这种影响。另一种方法是提高控制端速度。此外，最严重的污染流应配置在管道一侧，以便于清洗。使用污染缓解方法，如流体处理、防污添加剂和定期清洗，以延长“清洗”操作，可有助于保持较高的 U 值，这将在第 7 章中讨论。

6.4 了解压降

在关于换热器的技术讨论中，压降自然会成为一个重要的话题。工艺工程师通常倾向于保持压降尽可能低，以保持换热器下游足够的吸入压力，减少泵功耗，避免工艺问题。例如，高压下降可能导致原料在进入下游加热炉之前发生闪蒸。相反，可靠性和设计工程师希望保持压降尽可能高，以减少污垢和提高膜系数。这有助于避免操作问题和最大限度减少过度设计。

换热器压降主要是速度的函数，即管程压降的管程速度和壳程压降的管束速度。

6.4.1 管程压降

管程压降可表示为：

$$\Delta P_{t}=\frac{1}{2}\rho(u_{t})^{2}\frac{4L}{d_{i}}f_{t},\ f_{t}=f(Re) \tag{6.36}$$

式中，u_t为管速，ft/h；f_t为管程摩擦因子，$(ft^2 \cdot {}^{\circ}F \cdot h)/Btu$。

从式(6.36)中，我们可以观察到影响管程压降的主要参数包括管径(d_i)、长度(L)、流体密度(ρ)、黏度(Re 的计算包含黏度)和速度(u_t)：

$$\Delta P_{t}\propto u_{t}^{2} \tag{6.37a}$$

$$\Delta P_{t}\propto\rho \tag{6.37b}$$

$$\Delta P_{t}\propto L \tag{6.37c}$$

$$\Delta P_{t}\propto f_{t} \tag{6.37d}$$

$$\Delta P_{t}\propto d_{i}^{-1} \tag{6.37e}$$

6.4.2 壳程压降

壳程流道比管程流道复杂，因此壳程压降的计算比较困难。采用贝尔-特拉华方法可以更精确地计算壳程压降(Bell，1973)。为了从概念上解释壳程压降，这里使用了 Kern 相关性(Kern，1950)。基于管束速度，壳程压降的 Kern 相关性[式(6.38)]与管程压降的公式[式(6.36)]相似：

$$\Delta P_{s}=\frac{1}{2}u_{s}^{2}\frac{4D_{s}(N_{B}+1)}{\rho D_{e}}f_{s},\ f_{s}=f(Re) \tag{6.38}$$

式中，u_s是壳程横流速度，ft/h；D_s 是壳体直径，ft；D_e 是等效壳直径，ft；N_B是挡板数量；f_s 是壳程摩擦因子，$(ft^2 \cdot {}^{\circ}F \cdot h)/Btu$。$f_s$ 是雷诺数的函数，Hewitt 等(1994)提供了 f_s 图表。

为了将摩擦因子转化为壳程压降，需要给出流体穿过管束的数目。因为流体在挡板之间交叉，所以“交叉”的数量将比挡板的数量(N_B)多一个。如果挡板数目不明，可以用挡板间距 P_B和管长度 L 来确定：

$$N_{B}+1=\frac{L}{P_{B}} \tag{6.39}$$

然后将方程(6.38)简化为：

$$\Delta P_{s}=\frac{1}{2}u_{s}^{2}\frac{4D_{s}L}{\rho D_{e}P_{B}}f_{s} \tag{6.40}$$

显然，方程(6.40)表明了影响壳程压降的主要参数，包括挡板间距(N_B)、管长(L)、壳体直径(D_s)、速度和黏度。一些重要的结论是：

$$\Delta P_s \propto u_s^2 \tag{6.41a}$$

$$\Delta P_s \propto L \tag{6.41b}$$

$$\Delta P_s \propto N_B \tag{6.41c}$$

$$\Delta P_s \propto D_s^{-1} \tag{6.41d}$$

6.4.3 速度对传热、压降和污垢的影响

对传热方程(6.30)、方程(6.32)以及压降方程(6.36)、方程(6.40)的检验表明，对于给定的换热器和流体，流体速度是影响管壳两侧传热和压降的最重要参数。因此，随着速度的增加，压降和传热系数都会增加。压降增加的速度比传热系数快。由于压降是由泵输送(液体)或压缩(气体)提供的，因此较高的压降是以牺牲额外的动力成本为代价的，而增加的热系数导致较小的表面积。

从上述方程式可以得出结论，一个短(长)和宽(窄)的换热器可以有一个低(高)压降，但管程和壳程传热系数都较低(高)。显然，较高的压降(ΔP 值)迫使流体在换热器中流动得更快，从而导致较高的总传热系数(U 值)。然而，这是以高泵功率为代价的。此外，对于一个大的表面积，U 和 ΔP 不需要这么高，但这是以牺牲一个更大的换热器为代价的。因此，在换热器中存在一个最优速度，这可以通过换热器在尺寸方面的资金成本和在功率方面的运行成本之间的权衡得到。

通常情况下，管程或壳程实际压降可能小于允许的压降，可以通过增加流体速度来提高 U 值。根据控制侧 U 值的不同，可以通过增加管侧或壳侧的流道来实现速度的提高。由于管道侧压降随管道内流道的增加而急剧上升，常常出现管道侧压降大大低于给定数量和两个管道的允许值，但四个管道的压降超过允许值的情况。在这种情况下，可以通过改变管径和长度来增加压降，从而获得更高的管侧速度。

另一个常见的情况是，在实施热回收利用时，液压系统会施加限制。在这种情况下，流体速度可以通过并行安排新的和现有的换热器分流成两个流体来降低流速。假设流量分配相等，每个支流的流速减少一半，而两侧的压降降至原来的1/4。

在换热器的设计和运行中必须解决污垢问题。当换热器结垢时，污垢沉积物增加了对传热的阻力。同时，污垢沉积物减小了流动截面积，增加了压降。堵塞还可以减小断面流动面积，并且在对压降的影响方面可以与结垢一样处理。液体中的结垢会显著降低传热系数，其影响程度远大于对泵功的增幅。相反，在气体中的污垢会减少5%~10%传热，但它更急剧地增加压降和流体泵功率。

提高流体速度也可以减少结垢倾向。Bennett 等(2007)为壳式换热器流体速度的严重结垢提供了设计指南：管侧速度≥2m/s(6.5ft/s)和壳侧 B 流(穿过管束的主要横流)≥0.6m/s(2ft/s)。

6.5 换热器额定值评估

为评估现有换热器是否适合特定工艺条件或新工艺条件而进行的评估，称为换热器额定值评估。额定值的应用可用于操作性能、工艺条件的变化或工艺设计。确定换热器在给定操作条件或新应用中是否表现良好，有三个基本要点：

1）根据两种流体的流量、单个薄膜系数 h_t 和 h_s 以及污垢阻力，两种流体的实际 U_A 值如何？

2）从热平衡的角度出发：$Q=MC(T_1-T_2)=mc(t_2-t_1)$，对于给定的面积 A 和实际温度，根据傅里叶方程[式(6.1)]可以计算出所需的 U 值(U_R)。

3）通过现有换热器的两股流体的操作压力下降。

可以将现有的换热器是否适合现状或新要求作为两个必要和充分的条件来确定标准：

① U_A 必须超过 U_R，以提供所需的过度设计(OD_A)，以便换热器能够在合理的要求期内连续满足不断变化的工艺条件。

② 两侧的操作压力降必须小于允许的压力降。

当这两个条件得到满足时，现有的换热器就适合于其额定的工艺条件。

6.5.1 评估现有换热器在不断变化的情况下是否适合使用

当考虑使用现有换热器以满足不断变化的情况或新要求时，必须提前很长时间进行评估，以确定现有换热器是否适合。

实施例 6.1 现有石脑油-重质石脑油换热器在流速小幅变动下运作的额定值

124600lb/h(设计为 122500lb/h)的 API 度为 56.3 的重石脑油在 276℉下离开石脑油分馏塔，在 116℉下冷却到 174℉，在 193000lb/h(设计为 188000lb/h)API 度为 69 的石脑油进料下加热到 170℉。当温度为 170℉时，石脑油中有 6.3%的蒸汽，管壁和壳壁允许分别有 10lb 和 5lb 的压降。这台换热器能否在新的工况下运行正常？

换热器是 TEMA 型 AES(TEMA 型号见附录)，内径为 21in，268 根 3/4in 管；管外径厚度为 14BWG，长 20ft，间距 1in，三角形排列。有四个管道和一个壳体通过间隔 11¼in 的挡板。折流板切口为壳径的 32%。热的重石脑油在管道的一侧。

解决方案：

(1) 热平衡

对于石脑油进料：

$$Q=m\times c\times \Delta t+q\times m\times \text{蒸汽百分比}$$
$$=193000\times[0.53\times(170-116)+141.6\times 6.3\%]=7.23(\text{MMBtu/h})$$

对于重石脑油：

$$Q=M\times C\times \Delta T=124600\times 0.57\times(276-174)/10^6=7.23(\text{MMBtu/h})$$

(2) ΔT_{lm} 和 F_t

℉

管程	壳程	差值	
热流体	冷流体		
276	170	106	ΔT_1
174	116	58	ΔT_2
102	54	48	$\Delta T_1-\Delta T_2$
ΔT	Δt		

$\Delta T_{LM}=(\Delta T_1-\Delta T_2)/\ln(\Delta T_1/\Delta T_2)=48/\ln(106/58)=79.6(℉)$

$R=\Delta T/\Delta t=102/54=1.89$

$P=\Delta t/(T_1-t_1)=54/(276-116)=0.34$

$F_t=0.83$

$F_t\Delta T_{LM}=66.1$℉

（3）评定小结

项目	数值	项目	数值
U_C/[Btu/(h·ft²·℉)]	166.1	R_f 需求值	0.002
U_A/[Btu/(h·ft²·℉)]	124.7	ΔP_s 计算值/[(ft²·h·℉)/Btu]	3.8
U_R/[Btu/(h·ft²·℉)]	115.1	ΔP_s 允许值/[(ft²·h·℉)/Btu]	5
设计裕度/%	8	ΔP_t 计算值/[(ft²·h·℉)/Btu]	9.9
R_f 计算值/[(ft²·h·℉)/Btu]	0.003	ΔP_t 允许值/[(ft²·h·℉)/Btu]	10

根据表6.3，容许污垢系数为0.002。U_A是通过考虑污垢来计算的。该换热器在正常污垢条件下具有8%的设计裕度。换热器两侧的压降不超过允许的压降。因此，这个换热器符合两个标准。因此，它可以满足新的流动条件，运行令人满意。

由于经济驱动因素，炼油装置时不时地希望提高进料率和/或使产品产量不同。在可行性评估中，必须评估现有换热器是否适合新的工艺条件，并找到最经济的方法来处理重大变化。

实施例6.2　为现有石脑油-柴油换热器定额以应对流速的大幅增长

一家炼油厂因柴油的市场需求旺盛而计划通过改造加氢裂化装置提高20%柴油产量。目前，石脑油-柴油换热器位于石脑油-重质石脑油换热器的下游，实施例6.1对此进行了讨论。在柴油产量增加的情况下，通过石脑油-柴油换热器，在351℉冷却至260℉的条件下，193000lb/h的石脑油进入塔内，将使柴油产品的汽化率从6.3%提高到29.8%，汽化率为121500lb/h。双方允许有5psi的压降。在新的条件下，现有换热器能否令人满意地工作？

该交换器为TEMA型AES，16in。有130个管子，内径3/4in。管外径厚度为14BWG，长16in，间距1in，三角形排列。有两个管程和一个壳程，单段式折流板间隔14in，折流板切口为壳径的40%。热柴油在管侧。

解决方案：

（1）热负荷

石脑油原料：

$$Q=m\times q\times\Delta\text{蒸汽百分比}$$
$$=193000\times141.7\times(29.8\%-6.3\%)=6.4(\text{MMBtu/h})$$

柴油产品：

$$Q=M\times C\times\Delta T=121500\times0.587\times(351-260)/10^6=6.4(\text{MMBtu/h})$$

（2）ΔT_{LM}和F_t

℉

管程	壳程	差值	
热流	冷流		
351	171	180	ΔT_1
260	170	90	ΔT_2
91	1	90	$\Delta T_1-\Delta T_2$
ΔT	Δt		

$\Delta T_{LM}=(\Delta T_1-\Delta T_2)/\ln(\Delta T_1/\Delta T_2)=129.8(°F)$

$R=\Delta T/\Delta t=91$

$P=\Delta t/(T_1-t_1)=1/(351-170)=0.01$

$F_t=0.99$

$F_t\Delta T_{LM}=128.5°F$

项目	数值	项目	数值
U_C/[Btu/(h · ft² · °F)]	135.4	ΔP_s 计算值/[(ft² · h · °F)/Btu]	10.7
U_A/[Btu/(h · ft² · °F)]	106.6	ΔP_s 允许值/[(ft² · h · °F)/Btu]	5
U_R/[Btu/(h · ft² · °F)]	123.5	ΔP_t 计算值/[(ft² · h · °F)/Btu]	5.6
设计裕度/%	−14	ΔP_t 允许值/[(ft² · h · °F)/Btu]	5

(3) 评定小结

上述额定值计算表明，现有的换热器不能处理20%的柴油流量增加。这是因为表面积不足，特别是壳侧压降太大，不允许。此外，$U_A<U_R$。因此，它违反了现有换热器是否适合满足不断变化的工艺条件的标准。下面的讨论将展示如何评估使用备用换热器的实际解决方案。

6.5.2 确定串联或并联换热器的布置

在一些使用大量换热器的炼油厂中，通常在内部为1~2种换热器制定一定的规格标准，以便通过串联或并联安排标准换热器来满足未来的需求。由于不可能以最有效的方式利用标准设备，标准换热器的使用可能要付出代价。然而，它确实提供了一个减少备件、管和更换工具的很大的优势，当管束重新配管时，标准的换热器可以提供满足新工艺条件的要求。

换热器有两种基本布置方式，即串联布置和并联布置。一方面，当使用单个1-2型换热器不能满足新的工艺条件或导致严重的温度交叉而展现出低 F_t 因子时，它可能有必要使用两个1-2型交换器串联；另一方面，当存在液压限制问题的1-2型换热器时，配置多个1-2型换热器并联可以解决这个问题。

实施例 6.3 （由实施例 6.2 延续）

实施例6.2对现有石脑油-柴油换热器的额定值评估显示，单一的1-2型交换器不足以应付柴油流量增加20%的情况。考虑在现有石脑油-柴油换热器的基础上增加一台备用的1-2型换热器。相对于现有的石脑油-柴油换热器，这个备用的1-2型换热器该如何正确安排来处理柴油流量的大幅增加？

在柴油产量增加的情况下，193000lb/h的石脑油进料（配置在换热器的外壳侧）将使351°F冷却至260°F的柴油产品的汽化率从6.3%提高到29.8%。允许有5lb/in² 的压降。

根据实施例6.2中的额定值评估，可以观察到壳侧的压力不能降低过多。因此，在这个评估中考虑一个平行的布置，如图6.4所示。在下面的额定值计算中，这两个换热器被视为一个换热器单元。

解决方案：

(1) 热负荷

石脑油原料：

$$Q=m\times q\times\Delta\text{蒸汽百分比}=193000\times141.7\times(29.8\%-6.3\%)=6.4(\text{MMBtu/h})$$

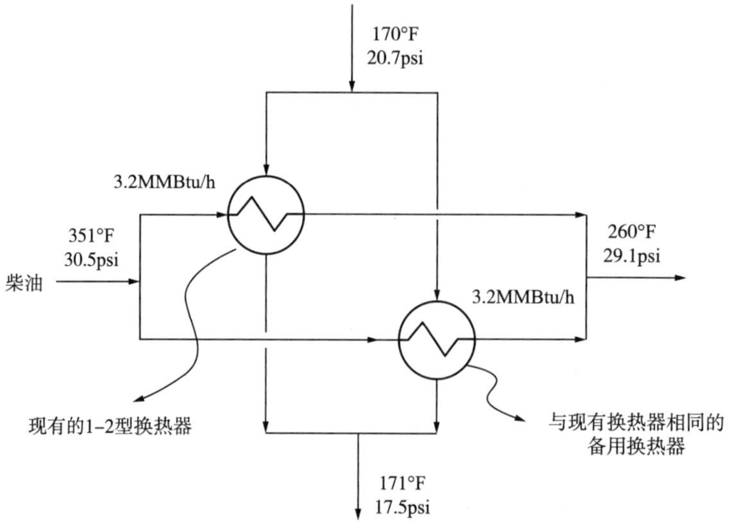

图 6.4　两个 1-2 型换热器的平行排列

柴油：

$$Q=M\times C\times\Delta T=121500\times0.587\times(351-260)/10^6=6.4(\text{MMBtu/h})$$

（2）ΔT_{LM}和 F_t

°F

管程	壳程	差值	
热流	冷流		
351	171	180	ΔT_1
260	170	90	ΔT_2
91	1	90	$\Delta T_1-\Delta T_2$
ΔT	Δt		

$\Delta T_{LM}=(\Delta T_1-\Delta T_2)/\ln(\Delta T_1/\Delta T_2)=129.8$

$R=\Delta T/\Delta t=91$

$P=\Delta t/(T_1-t_1)=0.01$

$F_t=0.99$

$F_t\Delta T_{LM}=128.5$°F

（3）评定小结

项目	数值	项目	数值
U_C/[Btu/(h·ft^2·°F)]	78.7	R_f 需求值/[(ft^2·h·°F)/Btu]	0.002
U_A/[Btu/(h·ft^2·°F)]	68.0	ΔP_s 计算值/[(ft^2·h·°F)/Btu]	3.2
U_R/[Btu/(h·ft^2·°F)]	61.8	ΔP_s 允许值/[(ft^2·h·°F)/Btu]	5
设计裕度/%	10	ΔP_t 计算值/[(ft^2·h·°F)/Btu]	1.4
R_f 计算值/[(ft^2·h·°F)/Btu]	0.003	ΔP_t 允许值/[(ft^2·h·°F)/Btu]	5

两个并联的 1-2 型换热器足以满足 10%超设计的工艺传热要求。换热器两侧的压降小于允许的压降。

实施例 6.4 备用换热器与现有丙酮–乙酸换热器串联使用

将 250℉下的丙酮以 60000lb/h 的速度在 100℉下送往罐区。热量将由 185000lb/h 的 100%乙酸接收，该乙酸来自 90℉下的储罐并加热至 150℉。两种流体的压降均为 10.0psi，应提供 0.004 的整体污垢系数。

使用几个 1–2 型换热器，壳体内径为 21¼in，管外径为 3/4in，厚度少 14BWG，长 16ft，布置在 $1in^2$ 的间距上。管束布置成两个管程，节段挡板间隔 5in。确定 1–2 型换热器是否适用于特定使用情况。

解决方案：

(1) 换热器数据

壳程	管程
内径为 21¼in	管束数量为 270，长度＝16ft
挡板间距＝5in	外径为 3/4in，厚度为 14BWG，截距为 $1in^2$
壳程＝1	管程＝2

(2)热负荷

丙酮：

$$Q=60000\times0.57(250-100)=5130000(\text{Btu/h})$$

乙酸：

$$Q=168000\times0.51(15-90)=5130000(\text{Btu/h})$$

(3) F_t因子

℉

管程	壳程	差值	
热流	冷流		
250	150	100	ΔT_1
100	90	10	ΔT_2
150	60	90	$\Delta T_1-\Delta T_2$
ΔT	Δt		

$\Delta T_{LM}=39.1$℉

$R=150/60=2.5$

$P=60/(250-90)=0.375$

因此：

一个 1–2 型换热器，F_t不在 F_t图中；

两个 1–2 型换热器，$F_t=0.57$(太小)；

三个 1–2 型换热器，$F_t=0.86$(可行)；$F_t\times\Delta T_{LM}=33.6$℉。

为了满足工艺温度要求，需要三个 1–2 型换热器。

(4) U_c(根据换热器额定值软件计算)

$h_t=194\text{Btu/(h}\cdot\text{ft}^2\cdot℉)$，$h_s=242\text{Btu/(h}\cdot\text{ft}^2\cdot℉)$

$U_c=h_t\times h_s/(h_t+h_s)=194\times242/(194+242)=107.7[\text{Btu/(h}\cdot\text{ft}^2\cdot℉)]$

(5) U_R

$U_R = Q/(AF_t\ LMTD) = 5130000/(2540×34.4) = 58.8$[Btu/(h · ft² · ℉)]

(6) R_f

$R_f = (U_C - U_R)/U_C U_R = (107.5-58.8)/(107.5×58.8) = 0.0077$[(h · ft² · ℉)/Btu]

(7) $\Delta P_s \Delta P_t$(根据热交换器额定值软件计算)

$\Delta P_s = 10.4$psi(允计值 $\Delta P_s = 10.0$psi), $\Delta P_t = 5.2$psi(允许值 $\Delta P_t = 10.0$psi)

(8) 评定小结

项目	数值	项目	数值
U_C/[Btu/(h · ft² · ℉)]	107.5	R_f 需求值/[(ft² · ℉ · h)/Btu]	0.004
U_A/[Btu/(h · ft² · ℉)]	75.2	ΔP_s 计算值/[(ft² · ℉ · h)/Btu]	10.4
U_R/[Btu/(h · ft² · ℉)]	58.8	ΔP_s 允许值/[(ft² · ℉ · h)/Btu]	10
设计裕度/%	28	ΔP_t 计算值/[(ft² · ℉ · h)/Btu]	5.2
R_f 计算值/[(ft² · ℉ · h)/Btu]	0.0077	ΔP_t 允许值/[(ft² · ℉ · h)/Btu]	10

结论：3 台 1-2 型换热器即使壳程压降略高于允许值(可容许值)，仍然可以满足换热要求。更少的换热器不能满足工艺要求。

6.5.3 评估换热器污垢

换热器在运行过程中会出现结垢现象，随着时间的推移，其性能会逐渐恶化。在某些情况下，为了周转维护而停工检修之前，需要进行多次清洗。选择结垢缓解方法和何时应用这些方法是一项经济决策。换热器的设计计算能够确定换热器的结垢程度，如果有问题需要注意。

实施例 6.5 计算现有减压渣油-原油换热器的传热性能

730000lb/h API 度为 31.1 的原油通过换热器的管壁，经过 213500lb/h API 度为 11.1 的减压渣油从 359℉加热到 375℉，进入时 503℉冷却到 449℉。这个换热器的性能如何?

换热器为 TEMA 型 AES，具有 48in 内径的壳体，内有 964 根外径为 1in、壁厚为 12BWG (伯明翰线规)、长为 24ft 的管子，这些管子以 1.25in 间距的正方形排列。换热器包含四个管程和一个壳程，带有间隔 9.5in 的挡板，并且折流板切口率为 15%。原油和减压渣油的结垢因子分别为 0.003 和 0.01。

(1) 热负荷

原油：

$$Q = 730000×0.60×(375-359) = 7.0(\text{MMBtu/h})$$

减压渣油：

$$Q = 213500×0.61×(503-449) = 7.0(\text{MMBtu/h})$$

(2) ΔT_{LM}和 F_t

℉

管程	壳程	差值	
热流体	冷流体		
503	375	128	ΔT_1
449	359	90	ΔT_2
54	16	38	$\Delta T_1 - \Delta T_2$
ΔT	Δt		

$\Delta T_{LM}=(\Delta T_1-\Delta T_2)/\ln(\Delta T_1/\Delta T_2)=107.9$℉

$R=\Delta T/\Delta t=3.38$

$S=\Delta t/(T_1-t_1)=0.11$

$F_t=0.98$

$F_t\Delta T_{LM}=105.8$℉

(3) 初步评估

项目	数值	项目	数值
U_C/[Btu/(h·ft²·℉)]	49.6	设计裕度/%	171
U_A[Btu/(h·ft²·℉)]	30.2	ΔP_f 计算值/[(ft²·h·℉)/Btu]	0.070
U_R[Btu/(h·ft²·℉)]	11.1	ΔP_f 需求值[(ft²·h·℉)/Btu]	0.013

实现7.0MMBtu的传热所需的传热系数(U值)仅为11.1，而根据减压渣油的结垢因子为0.01，原油的结垢因子为0.003，实际U值为30.2。换句话说，换热器仅实现了其传热能力的三分之一，需要更进一步的研究。

(4) 更详细的评估

作为跟进工作，工程师在运行和设计之间进行了性能比较，结果如下表所示，可见运行中的流量较设计中的流量为高。较高的流量应该与运行中较高的U值相对应。然而，在这种情况下，设计中的U值比运行中高出41%。

项目	设计	运行
Q/(MMBtu/h)	8.9	7.0
$W_{残留物}$/(lb/h)	167250	213500
T_1/℉	505	503
T_2/℉	416	449
$w_{原油}$/(lb/h)	665000	710000
t_1/℉	360	359
t_2/℉	382	375
ΔT_1/℉	123	128
ΔT_2/℉	56	90
ΔT_{LM}/℃	85	108
F_t	0.93	0.98
UA/[Btu/(℉·h)]	112658	66074
A/ft²	5936	5936
U/[Btu/(ft²·℉·h)]	18.98	11.13
$U_{运行}/U_{设计}$		0.59

进行现场检查，测量压降。结果发现，原油(管道侧)的压降约为60lb/in²，而正常污垢条件下为6.8lb/in²。结果表明，换热器结垢严重，传热能力损失一半以上。另外，由于压

降过高，原油进料在加热炉前发生闪蒸，可能对加热炉造成潜在的安全隐患。因此，决定通过旁路安排立即在线清洗换热器。清洗后，进行了详细的调查，以确定这种污垢形成的根本原因。

评价结果表明，管侧原油流速偏低，为 5.3ft/s。这种原油加热要求应该是 7ft/s，因为沉淀污垢在高温下变得更加活跃。管道的数量从 4 个变成了 6 个。结果，以管道侧压降较高为代价，管道速度提高到 7.9ft/s。4 个管道侧压降由 6.8psi 增加到 21psi。这种改变减少了管道结垢并延长了两次清洗之间的换热器的运行时间。

从这次调查中得到的经验教训表明，流体流量显著影响结垢行为。流量大大低于设计流量，导致流速降低，从而促进污垢沉积物的积累。高温是另一个促进污垢形成的主要原因。高温地区的换热器由于固有的热结焦倾向，更容易受到污染。应确定速度和温度方面的阈值条件，超过这些条件，污垢就会以更快的速度产生。

6.6 改善换热器性能

换热器运行管理的目标是保持良好的性能，以满足工艺运行时间的期望要求。换热器操作偏离设计有三个主要原因：设计不良、过度污染和机械故障。在任何情况下，如果换热器在热力和机械方面设计良好，在使用前小心储存，安装正确，在设计限度内运行，并根据污垢形成情况定期清洗，则换热器可以在满足工艺要求的同时提供无故障使用。相反，如果换热器在满足工艺要求方面没有达到预期，则会产生问题。在最坏的情况下，换热器的机械和性能故障可能会导致不希望的机组停工。

下面简要讨论监测和故障排除的方法，重点是热和水力性能。Fijas(1989)对换热器经常遇到的机械问题进行了深入研究。对于换热器的性能，优先考虑的问题是：应有丰富的防垢知识以避免设计不良，持续监测 U 值以保持良好的性能，进行压降测量以排除故障，管理两相流，防垢和强化传热。提高换热器性能的一般方法是：监测性能趋势，发现机会，开发和实施解决方案。

(1) 识别恶化性能的方式

污垢阻力：

不适当的污垢阻力估计会导致过多或过少的设计裕度。虽然 TEMA 污垢阻力最初只被认为是换热器设计的粗略指南，但它们通常被视为准确的数值。这可能会造成相当大的误差，因为结垢过程的瞬态特性被忽略。最初设计过度的换热器的条件往往会促进污垢沉积，从而使污垢形成。因此，人们需要对公共领域中列出的污垢阻力进行评判，并根据历史污垢阻力数据进行适当的调整。对于现有的使用情况，获取历史结垢趋势并评估系统的特征，从而确定结垢的根本原因。

U 值监测：

由于换热器的性能随流量、成分和污垢状况而变化，因此必须定期进行换热器评估，以便能够获得性能趋势，并在早期阶段发现问题。换热器的单一额定值有利于获得其性能的基准数据，但必须定期进行以确定趋势。从单个额定值点，可以计算单个 U 值、壳程和管程的压降，并计算单个热负荷值。然而，单点评估无法深入了解污垢随时间演变和由于工艺变化导致的 U 值突然变化。U 值趋势可以帮助进行故障排除。

U 值趋势最重要的一点是它显示污垢行为的能力。U 值趋势监测的目的是识别任何不正常的结垢行为。一般来说，换热器中的污垢积累取决于污垢的类型、工况(流体成分、温度和压力)以及换热器的设计等。在正常操作条件下，U 值应呈现逐渐变化的趋势。然而，运行变化可能会影响污垢，包括进料率变化，流体成分变化，旁路操作，液压扬程变化等。如果操作改变突然扭曲正常的结垢行为(例如 U 值急剧下降)，这种变化必须进行调查，必须采取适当的行动。

对于一个新的换热器，详细的性能评估是必要的，并应该在 6 个月左右重复进行。人们应该在此期间和之后对数据进行趋势分析。工艺温度、压力和换热器周围的流量按日平均值测量。建议使用分布式控制趋势日志进行数据采集。保存这些数据和计算结果以备将来参考是很重要的。在第 7 章中讨论了减少污垢的潜在措施。

压降监测：

压降计算的重要性怎么强调都不为过，因为它有助于分析性能问题和解决换热器故障。如果没有污垢，单相流的计算压降可以合理地接近实测压降。对于两相流，如果使用压降区域并考虑流型，计算的压降也可以合理地接近测量的压降。以这两个假设为基础，压降计算可作为故障排除的工具。

如果测量的压力降明显低于计算的压力降，可能表明流体旁路，可能发生在管程或壳程。此外，如果测得的压降过高，这通常是由两相流的严重污垢、冻结或塞状流造成的。

避免设计不良：

化工和石油工业几十年来一直受到运行不良和偶尔无法运行的换热器的困扰。其中一个常见的原因是糟糕的设计，这应该在设计阶段尽一切可能避免，必须仔细考虑主要的设计选择，以获得最佳的换热器设计。设计问题包括结垢考虑，管程设计(管数、管道通道、管长、管间距、管布局)，壳程设计(壳体直径、壳体类型包括 TEMA 型 E/F/G/H/J/K/X、壳体流量分布)和挡板设计(挡板类型、分段挡板包括单/双/三、挡板间距和挡板切割)。

最基本的设计任务是通过最大限度地利用允许的压降来优化管道和壳体两侧的速度。例如，当管道的数量从一道增加到两道时，随着行程的增加，速度可以是一道速度的两倍。然后管侧换热系数随着速度的 0.8 次方而增大。同时，随着速度的平方和行程的增加，管道侧压降也会增加。因此，对于给定管数和管侧流量，压降将升至管道流量增加的立方。当压降大于允许值时，减小管长可以减小压降。其他设计选择包括管外径、管间距、管数和布置，这些是除管道数和管长外的重要设计选择。

另一个例子是设计选择可以减少壳程压降。挡板的数量与挡板间距成正比。折流板间距和折流板切口对壳程压降影响较大。在许多情况下，即使在增加隔板间距和隔板切割到推荐的最高值后，单段隔板在单通道壳体中的壳程压降仍然过高。这些情况可能伴有非常高的壳程流量。下一个设计选择是考虑双节流挡板。当双节流挡板比较高时，挡板间距不能满足壳程允许的压降，可考虑采用单节流挡板的分流壳体(TEMA J)。由于压降与速度的平方(u^2)和行程的长度(L)成正比，分流壳体在同一个单程换热器中的压降可能是压降的八分之一。这种讨论可以继续下去，因为还有其他设计选择，可用于处理高壳侧压力下降，Mukherjee (1998)提供了详细的解释。

附录：TEMA 型换热器

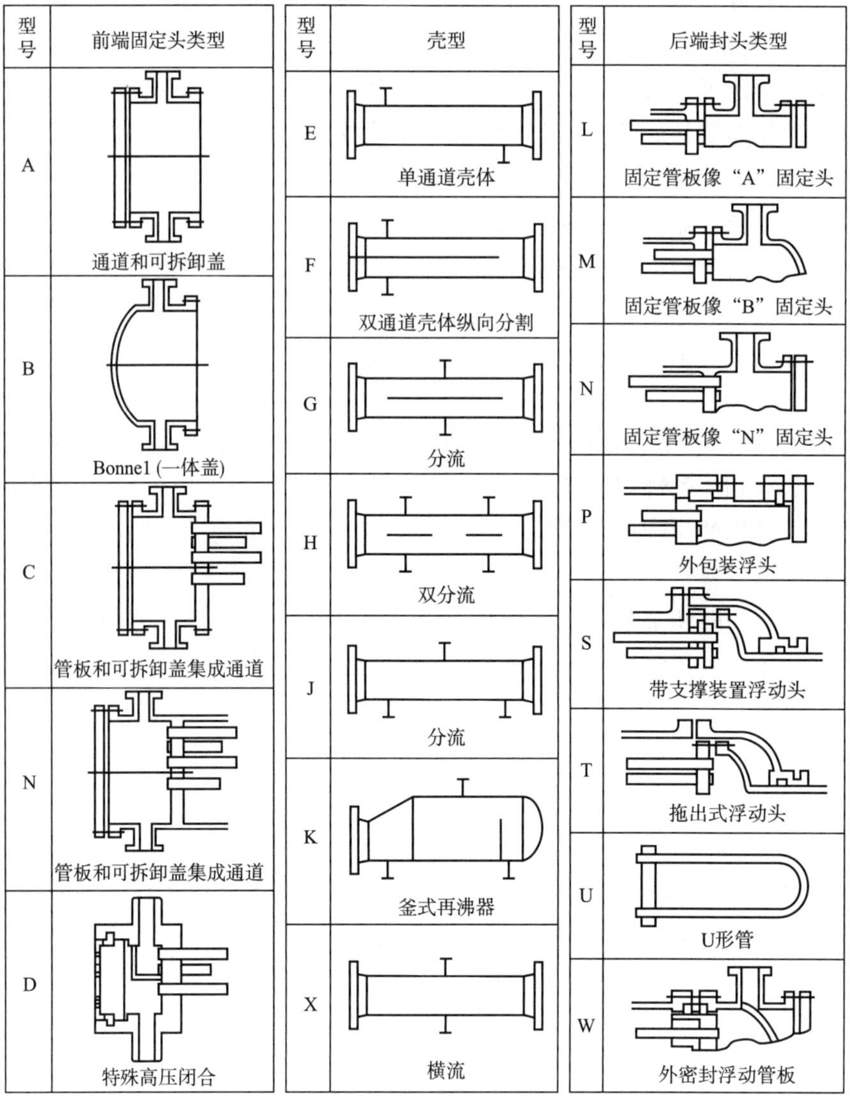

图 6. A　标准外壳型号和前后端头型号[来自 Shah 和 Sekulić(2003)，经约翰·威立许可转载]

符号对照表

A	表面积，ft^2
BWG	伯明翰线规，管壁厚度
C，c	热流和冷流的流体比热容，Btu/(lb·℉)
C_p，c_p	流体比热容，Btu/(lb·℉)
d_i	管内径，ft
d_o	管外径，ft
D_e	等效壳体直径，ft
D_s	壳体直径，ft
f_s	壳程摩擦系数，(ft^2·℉·h)/Btu

f_t	管程摩擦系数，$(ft^2 \cdot ℉ \cdot h)/Btu$
F_t	*LMTD* 校正系数，分数
h_t	管程膜系数，$(ft^2 \cdot ℉ \cdot h)$
h_s	壳程膜系数，$(ft^2 \cdot ℉ \cdot h)$
k	流体导热系数，Btu/(h · ft · ℉)
L，l	管道长度，ft
LMTD	对数时间平均温差,℉
M，m	热流和冷流的质量流速，lb/h
N_B	挡板数量
p	管节距，ft
ΔP	压降，psi(绝)
Q	热负荷，MMBtu/h
R	热流比：$(T_1-T_2)/(t_2-t_1)$，无量纲
Re	雷诺数，无量纲
R_f	总污垢阻力$=R_t+R_s$，$(ft^2 \cdot ℉ \cdot h)/Btu$
R_t，R_s	管程和壳程污垢阻力，$(ft^2 \cdot ℉ \cdot h)/Btu$
P	温度比：$(t_2-t_1)/(T_1-t_1)$，无量纲
r_w	内管的阻力，指的是管外径，$(ft^2 \cdot ℉ \cdot h)/Btu$
T_1，t_1	热流和冷流的供应温度,℉
T_2，t_2	热流和冷流的目标温度,℉
ΔT_1	热端温度接近值,℉
ΔT_2	冷端温度接近值,℉
ΔT_{LM}	对数平均温差(*LMTD*),℉
u	壳程横向流速或管速，ft/h
U	总传热系数，$Btu/(h \cdot ft^2 \cdot ℉)$
V_s	表观气体速度，ft/s

希腊字母

ρ	流体密度，lb/ft^3
μ	流体黏度，lb/(ft · h)
μ_w	水黏度，lb/(ft · h)
τ_0	剪切应力，lb/ft^2

上标和下标

A	实际的
C	清洗
D	设计
e	等效
f	摩擦力
G	气体

i	管道或壳体内部
L	液体
LM	对数平均值
o	管道或壳体外部
R	要求的
s	壳程
t	管程

参 考 文 献

Bell KL(1973) Thermal design of heat transfer equipment, in Perry RH, Chilton CH(eds), *Chemical Engineers Handbook*, 5th edition, pp. 10, McGraw-Hill.

Bennett CA, Kistler RS, Lestina TG, King DC(2007) Improving heat exchanger designs, *Chemical Engineering Progress*, pp. 40-45, April.

Dittus FW, Boelter LMK(1930) *Publications on Engineering*, University of CaliforniaBerkeley, Vol. 2, pp. 443.

Fijas DF(1989) Getting top performance from heat exchangers, *Chemical Engineering*, pp. 141-145, December.

Hewitt GF, Shires GL, Bott TR(1994) *Process Heat Transfer*, CRC Press, pp. 275-285.

Kern DQ(1950) *Process Heat Transfer*, McGraw-Hill, p. 148.

Mukherjee R(1998) Effectively design shell-and-tube heat exchangers, *Chemical Engineering Progress*, AIChE, February issue.

Shah RK, Sekulić P(2003) *Fundamentals of Heat Exchanger Design*, John Wiley & Sons. TEMA(2007) *Standards of TEMA*, 9th edition, Tubular Exchangers Manufacturer Association, New York.

7 换热器结垢评估

换热器结垢对炼油厂来说要花很多钱。从防止结垢到优化换热器清洗周期，确定根本原因并找到适当的方法来减轻结垢是至关重要的。

7.1 引言

污垢是不良物质在换热器表面的沉积。污垢沉积物有许多不同的形式，它们可能具有硬晶结构、聚合涂层或结合较弱的颗粒基质。化学药品可能溶解沉积层或完全无效。无论换热器污垢沉积物中含有什么物质，都会导致类似的后果，即换热性能下降和压降增加。

就能量利用而言，污垢的成本非常高。例如，炼油厂的污垢每年消耗额外的 0.2quad 能量，这足以为美国 200 万个家庭提供一年的供暖和电力。此外，换热器结垢还会降低工艺流程的生产能力和运行中的额外维护成本。仅在美国的炼油厂，每年的成本就超过 20 亿美元。

在设计新的换热器和操作现有的换热器时，应考虑结垢问题。造成换热器结垢的因素很复杂，如工艺流程的物理和化学性质、操作条件、换热器设计和操作等。由于复杂的因素会影响减少和防止污垢的方法选择，因此找出污垢的根源可以得到更有效的解决方案。在本章中，将讨论污垢识别和缓解的方法。

7.2 结垢机理

由于结垢现象种类繁多，为了更好地理解结垢机理，有必要将其归纳为六种类型(Bott, 1990; Melo et al., 1988)：

1) 结晶结垢：

在传热表面过饱和的溶解盐的沉淀和沉积。过饱和可能是由于：

① 溶剂蒸发。

② 正常溶解度(随着温度的降低溶解度增加，如蜡沉积、气体水合物和硫冷凝)。沉淀结垢发生在冷的表面(即通过冷却溶液)。

③ 在溶解度(溶解度随温度的升高而增加，如钙盐和镁盐)情况下加热超过溶解度极限，盐的沉淀随着溶液的加热而发生。

④ 成分不一致的物流混合。

⑤ pH 值的变化影响 CO_2 在水中的溶解度。

2) 颗粒结垢：

换热器工作流体(液体和/或气体悬浮液)在传热表面上的颗粒积聚。大多数情况下，这种类型的污染包括分散在流体中的腐蚀产物、在河水中的黏土和矿物颗粒、在冷却水中的悬浮固体、不完全燃烧的煤烟颗粒、省煤器中的磁性颗粒、海水淡化系统中盐的沉积、空气冷却器中的尘埃颗粒的沉积、锅炉火侧(气侧)部分存在的颗粒污染，等等。如果颗粒结垢是相对较大的颗粒在水平面上的重力沉降，这种现象也称为沉降结垢。

3) 化学反应结垢：

由于工艺流体中不必要的化学反应(如聚合、结焦)，在传热表面形成沉积物(结垢前体)，但传热表面材料本身不参与化学反应。沥青质和蛋白质等热不稳定性化学成分可能成为结垢前体。通常，这种类型的污垢开始形成在换热器的局部热点。它可以发生在从环境温度到超过1000℃(1832℉)的很宽的温度范围内，但是在更高的温度下更加明显。

4）腐蚀结垢：

传热表面本身与工艺流体中的化学物质发生反应。它的痕量物质由换热器中的流体携带，产生的腐蚀产物沉积在表面。由于氧化物的高导热性，腐蚀层的耐热性较低。

5）生物结垢：

大型生物和微生物在传热表面的沉积和生长。它通常发生在水流中。

6）冻结结垢：

冻结结垢也称凝固结垢，是由液体或其某些成分被冻结，在过冷的传热表面上形成固体沉积而引起的。例如，在冷却水生产或湿空气冷却过程中在传热表面形成冰，在苯酚冷却器中形成沉积物，以及在石蜡等混合物冷却过程中形成沉积物。这种结垢发生在低温环境，通常是在环境温度及以下。

由于混合结垢在许多应用场合都有发生，对于结垢控制没有单一的解决方案，因此没有单一的统一理论来模拟结垢过程。必须选择适当的理论和方法来解决每个应用中的污垢问题。

7.3 减少结垢

尽管结垢涉及非常复杂的机制，但从结垢缓解的角度来看，目标是确定一些结垢控制变量来控制结垢过程。这些变量包括流体速度、流体和传热表面温度、流体的物理和化学性质以及流体流动通道的几何形状。其他重要变量包括污垢或前体物质的浓度、杂质、传热表面粗糙度、表面化学、流体压力、流体化学(pH值、氧浓度等)，等等。

不同结垢机制的特点决定了采用的缓解方法。因此，重要的是要了解结垢的类型，并确定应用方法。最后，解决结垢问题的关键是确定最有效的方法来处理污垢问题的根源。

理想的做法是从源头上清除污垢。例如，过滤可以在换热器之前有效地去除颗粒，同时允许足够的进料沉降在储罐中可以改变结垢的倾向。防止水侧结垢最有效的技术仍然是常规水处理。不掺混化学不相容的原油可以防止原油预热系统结垢。

一般来说，有四种方法，即基于化学、机械、操作和工艺条件的方法。这些方法简要评述如下。

(1) 可以在线应用的化学方法

1）化学添加剂可以保持污垢沉积物的悬浮状态，通过减少其黏附倾向和削弱其与表面的结合。然而，有时候化学添加剂会导致结垢。这种方法的有效性可能取决于化学添加剂、工艺流程中的化学成分和交换器工作条件之间的匹配。例如，某种添加剂可能对沥青质有效，但对蜡沉积物无效。在同样的情况下，化学添加剂也可以使催化剂或吸附剂的活性降低。

2）溶剂清洗剂被添加到给料线，并通过生产线循环，一次一个产品，可有效地去除加工过程生产线和换热器中形成的污垢。与其他使用化学水溶液的必须在停工或维护期间进行的清洗方法相比，这种方法可用于正在进行的操作。

3）生物结垢通常使用杀菌剂，很容易控制，但必须检查与换热器材料的相容性。

4）氯化辅助流动诱导去除崩解的生物膜是最常见的缓解技术。

(2) 可在线应用的机械方法

1) 安装机械增强装置，如卡套管插件。一般来说这些方法需要额外的压降。当它们用于改造时，额外的压降可能需要一个新的泵，这可能很昂贵。一些示例设备包括以下内容：

① 螺旋振动是一种可靠的振动设备，需要裸管速度超过 0.8m/s，但如果额外的压力降是可以接受的，更高的速度是更好的。系统完整性预计将持续一个运行周期，并应在每个周期更换。这个设备已经通过几个应用周期的验证。

② 涡轮是一种旋转设备，可在 0.5～1.5m/s 裸管速度之间使用，压降约为螺旋振动所需压降的一半。寿命为 1.5～2a，因为许多弹簧将在 3a 后断裂。因此，必须在两次运行周期之间进行更换。

③ 固定器是唯一可以处理混相流的设备，有利于冷凝器，然而，压降对于许多应用来说可能是不可接受的。

2) 安装机械清洗装置。一些设备包括：

① 海绵橡胶球与磨料在其外表面通过管循环。该方法在电厂表面冷凝器中得到了广泛的应用。

② 刷子穿过管道，在两端被捕获在笼子里。为了使刷子通过管子返回，必须有一个反向流动的系统。

3) 先进的传热技术。这些技术在减少污垢方面有两个特点：一个是增加湍流流量，另一个是消除死流区域。其中一些技术包括：

① 螺旋折流板束在壳程具有螺旋流型，从而有效地消除死流区。这种螺旋流动模式提供了一种有效的方法来缓解壳程的结垢。

② 螺旋式换热器两侧采用螺旋形流体通道，具有自清洗能力。

4) 对于腐蚀性污垢，耐腐蚀材料是最好的应用措施。例如，在板翅式换热器中使用合适的铝合金以防止汞腐蚀。

5) 离线清理。在一些应用中，流体在旁路管道换热器中被分流，然后被污染的换热器被离线清洗。常用的方法有：

① 水压爆破：用高压水射流处理与盐有关的污垢。

② 热光循环油对沥青质的污染。

③ 化学水溶液。

④ 在烘箱中烘烤小型换热器模块(烧掉沉积物)，然后冲洗。

(3) 操作方法

1) 避免旁路运行，降低旁路速度。

2) 当流速过低时，增加管道流量以增加流速。

3) 控制塔顶硫露点温度避免硫凝结。

4) 去除原料储罐和过滤器内的颗粒物和污泥。

5) 更好的除盐、除酸操作。

6) 适当的原料混合，以避免混合不相容的组分。

(4) 改变操作条件以处理气体污垢(Shah and Sekulic，2003)

1) 如果表面温度保持在来自气流的蒸气冻结温度之上，就可以防止结晶结垢；通过保持可冻结物种的高速度，在气流中含有一些杂质，并降低污染物浓度，可以最大限度地减少凝固的发生。

2）最大限度地减少反应馏出物的污染。

① 保持换热器内废气的适当温度范围。

② 加快或减缓气流的速度，具体取决于应用。

③ 降低气流中的氧浓度。

3）控制硫露点消除腐蚀结垢。交换器废气出口温度应保持在一个非常窄的区间内：

① 超过 150℃（302℉）的酸露点，用于硫酸或盐酸缩合。由于硫存在于所有化石燃料和某些天然气中，必须避免在换热器中出现硫露点，这取决于燃料中的硫含量。

② 温度低于 200℃（400℉）时，废气中的硫、氯和氢就会引起腐蚀。

4）pH 值对腐蚀结垢速率有很大的影响，当 pH 值为 11~12 时，钢表面的腐蚀结垢速率最小。

5）燃煤锅炉烟气中的低氧浓度促进了低碳钢管在火侧的腐蚀。

7.4 原油预热系统减少结垢

结垢是炼油厂原油预热系统中一个十分严重的问题，其根本原因是：

1）原油性质：石蜡含量高的原油容易产生蜡沉积，并以黏垢的形式沉淀。这种污垢可能发生在相对较低的温度下，并在几周内迅速发展到严重的程度。大多数情况下，不同的原油混合在一起会产生蜡垢，这些原油的成分不相容。此外，原油中的沥青质组分在高温下发生聚合反应，会产生结垢。这种污垢逐渐累积到一个严重的程度通常需要几个月的时间。

2）低速度：低速度可以促进污垢沉积物的积累。原油预热系统换热器管束的理想速率在 6~7ft/s。

3）高温：高温是结垢的另一个主要原因。高温区的换热器由于固有的热结焦倾向，更容易受到污染。可以识别出速度和温度方面的阈值条件，超过该阈值条件会快速发生结垢。

4）除盐：如果盐不能通过脱盐充分地从原油中除去，可能会导致严重的腐蚀结垢。

5）换热器几何形状：不同的换热器设计可能导致不同浓度的污垢堆积。对于污垢的处理，不推荐使用紧凑型换热器，但可以考虑使用螺旋挡板和螺旋式换热器来减缓污垢的积聚。当使用管壳式换热器时，较容易受污染的流体应配置在管侧，以便于清洗。水平式换热器比垂直式换热器更容易清洗。与清洗其他类型的卡套管布局相比，在壳程机械清洗方形或旋转方形卡套管布局更容易。

这里使用了一个案例研究，为如何找到有效的缓解方法提供见解。某炼油厂原油预热系统在 115℃，平均脱盐温度低于设计脱盐温度 135℃。三个换热器的污垢缓解的节能效益估计为 20MMBtu/h（工艺消耗税）。针对原油脱盐温度低的问题，在原油中加入了大量的破乳剂，这种破乳剂不仅昂贵，而且对下游分馏效率产生不利影响。这个价值百万美元的问题是：这些换热器结垢的原因有哪些？

为了确定根本原因，实验室进行了测试，并进行了换热器额定值的计算。两种不同进料条件下的实验室实验结果表明，污垢物质有两种类型：蜡类（即重石蜡）、烯烃或含氧化合物低于检测限和盐类。原油混合物化学不相容性导致蜡析出。还发现含有大量重石蜡的污水被回收并与原油混合，这使得蜡污染更加严重。在盐污染的情况下，当 pH 值和温度升高时，原油沉淀中的结垢盐会增加。原油加热时会发生脱盐和结垢。

同时，三个结垢换热器的额定值计算为装置工程师提供了新的思路。研究发现这三个换热器具有50%的超设计，这导致约1m/s的低流体速度——仅为推荐速度的一半。低速可能导致污垢快速积聚。

根据以上研究结果提出以下建议：一是，炼油厂应该尽一切可能减少重污水的回收利用。二是，应采取更好的原油混合管理，避免不兼容原油的混合。因此，在选择重蜡原油时应慎重。如果由于价格的原因，加工重蜡原油，可以采用两种在线方法来减轻结垢：一种是蜡质沉积物剥落，另一种是注水。

为了在线去除蜡质沉积物，堵塞并绕过受污染的换热器的管道一侧，同时继续壳程流动，加热管道。过了一段时间，蜡质沉积物被熔化，硬质沉积物由于热冲击而剥落。20min后，恢复正常流量。根据Lieberman(1997)的说法，这种方法在几种情况下都很有效。

对于与盐相关的污垢，建议在脱盐器上游注入1%~2%的洗涤水。为了获得正确的喷射方法和混合阀设置，可能需要进行一些试错。必须使用最合适的洗涤水，洗涤水应为中性至微酸性，且氨含量低，冷凝水可能是最好的。酸性水汽提塔产生的水也非常好，因为它的氨含量低并且不含粗氨。

对于速度过低的换热器，建议增加换热管道。从这个例子中得到的信息是，即使对于同一个工艺单元，污染机理也可能不同，因此应该采用不同的缓解方法。

7.5 污垢阻力计算

上述讨论集中在污垢机制和缓解方法上，然而，在寻找污垢缓解解决方案之前，以下问题有待回答：①有多少污垢存在？②有多少传热能力由于污垢而丧失？

为了回答第一个问题，我们需要确定污垢阻力(通常称为污垢因子)。确定实际污垢因子有一种实用的方法——性能试验。为此目的进行的试验运行是在换热器运行一段时间后，当污垢生长缓慢而稳定时，测量换热器内外的温度、压力和物质成分。然后通过减温处理计算确定污垢因子，并在下面进行了讨论。标称运行条件下的污垢因子称为标称污垢因子。超过标称污垢条件后，污垢可能会变得更加严重。严重污垢条件下的污垢因子也可以使用下面的评级方法来确定。

清洗换热器的总传热系数 U_C 可以描述为：

$$\frac{1}{U_C}=\frac{1}{h_t}+\frac{1}{h_s}+\frac{L}{h_m} \tag{7.1}$$

式中，h_t 和 h_s 分别为管程和壳程的膜系数；h_m 为导热系数；L 为管长。当换热器被污染时，管内外的污垢阻力会阻碍换热器达到清洁传热系数的水平。在实践中，这两个污垢阻力集中在一起成为一个总污垢阻力，R_f。污垢传热系数 U_D 可以表示为：

$$\frac{1}{U_D}=\frac{1}{U_C}+R_f \tag{7.2}$$

在使用的前几个月，污垢沉积物迅速堆积，直到达到最终速度。在这一点之后，结垢会继续，但大多数污垢会以一个较慢的速度发展。因此，整体污垢阻力表现见图7.1。类似地，压降随着污垢沉积物的堆积而增加。污垢沉积使管流直径随时间的延长而变小，压降随管流直径减小而继续增大。

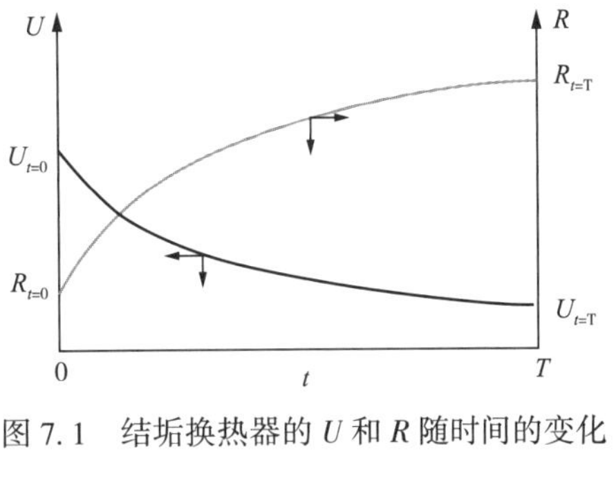

图7.1 结垢换热器的 U 和 R 随时间的变化

结垢因子必须根据工艺装置试运行中的在线测

量值以及实际换热器性能确定。换热器的清洗性能可通过工艺流程图模拟软件(如 Aspen Tech 的 Hysys 或 Honeywell 的 Unisim)获取，而污垢性能可通过换热器评级软件(如传热研究所的 HTRI)获得。

首先，在流程模拟软件中进行换热器热平衡计算，该软件具有足够的热力数据，能够根据物理性质和操作条件描述工艺流程。通过提供测量的温度，模拟可以确定 $Q=mC_p\Delta T$ 热传递。与此同时，模拟计算转移能力的方法是将整体传热系数和表面积集中在一起，即 $U \cdot A = Q/\Delta T_{LM}$，其中 ΔT_{LM} 在第 6 章的式(6.7)中定义。

其次，在评价软件中进行换热器性能计算。将工艺流程的热物性数据从流程模拟转移到评价软件。根据制造数据表输入换热器的尺寸和几何形状。

评分软件计算两个 U 值，即所需(U_R)和实际(U_A)。对于给定的表面积(A)、效率(Q)和温度，根据式(6.1)得到 U_R 值：$U_R=Q/(A \cdot \Delta T_{LM})$。同时，软件根据第 6 章中的式(6.4)以及管壁和壳壁的污垢因子重新计算 U_A 值。当 U_A 表示换热器基于其尺寸和几何形状的性能时，U_R 表示工艺传热的要求。U_A 必须大于 U_R，以防止结垢，这是通过过度设计完成的。

由于管壁厚度随着污垢沉积物的增加而增加，故必须进行压降测量，并将其作为压降额定值计算的基础。在这样做的过程中，假设并迭代包括污垢沉积物在内的管壁厚度，直到评级软件计算的压降与测量的压降收敛。

典型的污垢换热器压降是清洗换热器压降的 1.3~2 倍(Barletta，1998)。在极端情况下，污垢换热器的压降远高于清洗换热器的压降。

建议使用换热器额定计算软件(例如 HTRI)进行水力计算，因为与流程模拟软件相比，额定计算软件的压降计算更为严格。

7.6 基于成本的清洗循环优化模型

缓解结垢问题的一个关键环节是确定换热器清洗的时间间隔。清洗时间间隔称为清洗周期。一旦确定了清洗周期，换热器随后将使用最合适的清洗方法进行清洗。

一般来说，有三种类型的清洗周期确定方法：基于固定时间的、基于可靠性的和基于成本的。采用基于固定时间的方法，在工艺停工期间，根据定期维护计划对换热器进行清洗。基于可靠性的清洗方法是根据特定的维护计划恢复关键服务的换热器性能。基于成本的清洗方法考虑了与清洗相关的成本、经济处罚以及因污垢而产生的额外燃料/电力消耗。在关键服务的运维成本是重要因素的情况下，可以通过将成本作为一个函数来优化清洗循环，然后寻找基于最小成本的解决方案(Zubair et al.，1997)。这种成本优化的解决方案还将导致关键服务的热交换器可靠性达到理想水平。

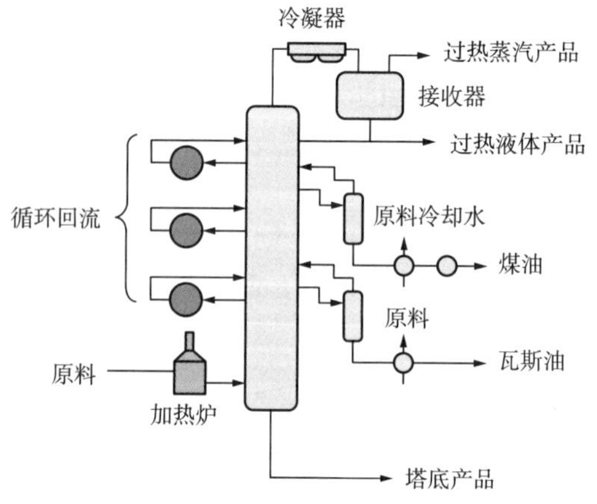

图 7.2　换热器的关键服务

哪些换热器提供关键服务？关键服务是指那些性能不佳可能会影响处理目标的服务。考虑一个蒸馏塔的例子，该蒸馏塔带有用于从塔中去除热量的泵送装置(图 7.2)；这些泵绕式(pump-arounds)换热器是关键服务。

如果这些泵绕式换热器不能满足设计负荷，则塔的顶部可能会发生溢流。为了防止这种情况发生，必须通过降低炉子出口温度来降低进料炉的负荷，以抑制塔顶蒸汽负荷。然而，降低的炉膛出口温度将导致塔底部馏出物产率的损失。因此，当达到临界污垢水平时，必须清洗这些塔的换热器。此外，煤油产品进料换热器不是关键服务。如果换热器有污垢，冷却水换热器有足够的表面积来冷却煤油产品。

考虑关键服务的基于成本的战略更适合炼油厂。尽管有几种基于成本的方法可用，但选择了 Smeenk 和 Kers(2001)开发的方法进行讨论，因为该方法为确定清洗循环的成本效益提供了方法。换热器网络是几个相互连接的换热器的组合。图 7.3 显示了换热器网络的一个典型示例，其中进料在被加热炉加热到分馏所需的理想温度之前，由几个物流预热。换热器网络的终端温度(T^N)与炉膛入口温度(FIT)相同。显然，网络终端温度代表了网络中各个换热器的集体热回收。

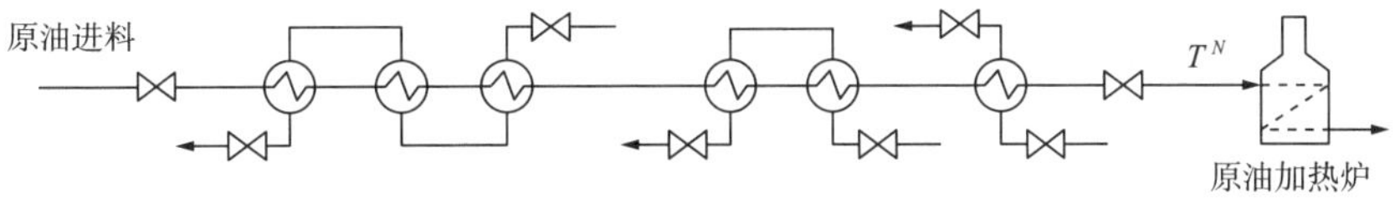

图 7.3　单列换热器网络

因此，换热器网络的总体性能可以通过网络终端温度(T^N)来测量。由于换热器结垢导致炉膛负荷增加，T^N随时间下降。

为了定义仅关注结垢的标称基本情况，使用进入网络的所有流的典型进料速率、标准物理特性和温度来对换热器网络进行建模。为标称情况计算的端子温度称为标称端子温度。为了计算任何时间点的标称终端温度，使用基于方程(6.1)($U_iA_i = Q_i/\Delta T_{LM,i}$)的温度和流速的现场在线读数来计算换热器的传热系数。然后使用换热器网络中基于标称情况来确定网络终端稳定的方法计算出 UA 值。

让我们假设炼油厂开始运行时有一套干净的换热器。运行 t_1天后，换热器似乎受到了严重污染，炼油厂工程师可能会讨论是否应该清洗换热器以恢复网络终端温度。假设因为需要 t_2天进行清洗工艺装置停工，存在的问题是：一方面，结垢增加了炉子的负荷，从而增加了运行成本；另一方面，清洗将花费 t_2天的利润损失和 K 美元作为清洗成本；因此，现在进行清洗有意义吗？还是应该推迟？该任务是在具有预先已知的清洗时间 t_2的时间间隔 t_1方面搜索最佳清洗周期。

Smeenk 和 Kers(2001)已经观察到，由于结垢，网络终端温度随着时间线性下降。如果将 T^N分别表示为任何时候的标称网络终端温度和清洗条件下的标称网络端子温度，则 T^N随时间的线性下降可以表示为：

$$T^N(t) = T_0^N - \lambda \cdot t \tag{7.3}$$

式中，t 为时间(例如天)；λ 为由于℃/d 的污染而导致 T^N 的衰减。Smeenk 和 Kers(2001)在推导下面的方程时使用了 SI 单位。

同样，随着 T^N的降低，炉膛效率 Q 线性增加，这一事实可以通过以下方程知道。

$$Q(t) = Q_0^N - \beta \cdot T^N(t) \tag{7.4}$$

式中，β 为 T^N随时间下降而减小的换热器效率；Q_0^N为生成相关不等式(7.4)的数据点初始时刻的换热器效率。

因此，炉子的燃料成本可以表示为：

$$E(t)=c_fQ(t)=c_f[Q_0^N-\beta\cdot T^N(t)]=A-B\cdot T^N(t) \tag{7.5}$$

式中，c_f为燃料价格，美元/GJ；$A=c_fQ_0^N$；$B=c_f\cdot\beta$。

确定清洗周期的目标函数是以包括清洗周期(t_1)和清洗时间(t_2)在内的整个运行周期的平均净余量(M_n)为基础的。即：

$$M_n=\frac{M_G-E-C}{t_1+t_2} \tag{7.6}$$

式中，M_G为以美元计的毛利率；E 和 C 分别为能源和换热器清洗成本。

$$M_n=\frac{\int_0^{t_1}\{m_1-E(t)\}\mathrm{d}t-\sum_i C_{L,i}}{t_1+t_2}=\frac{\int_0^{t_1}\{m_1-[A-B\cdot T^N(t)]\}\mathrm{d}t-\sum_i C_{L,i}}{t_1+t_2} \tag{7.7}$$

其中，m_1为每天以美元计算的平均毛利率；$C_{L,i}$为换热器的恒定清洗成本。

$K=\sum_i C_{L,i}$，并且 $T^N(t)$是 T_0^N通过式(7.3)得到的线性函数，是式(7.7)的积分。

$$M_n=\frac{(m_1-A+B\cdot T_0^N)t_1-(1/2)\lambda Bt_1^2-K}{t_1+t_2} \tag{7.8}$$

因此，最佳清洗周期 t_1可以从式(7.8)的 M_n对 t_1的导数中确定出来：

$$\frac{\mathrm{d}M_n}{\mathrm{d}t_1}=0 \tag{7.9}$$

可导出：

$$\left(\frac{1}{2}\lambda B\right)t_1^2+(\lambda Bt_2)t_1+[-K-(m_1-A-BN_o)t_2]=0 \tag{7.10}$$

若，

$$a=(1/2)\lambda B,\ b=\lambda Bt_2,\ c=-K-(m_1-A+BN_o)t_2$$

则式(7.10)将变为：

$$at_1^2+bt_1+c=0 \tag{7.11}$$

解方程(7.11)可得 t_1，

$$\hat{t}_1=\frac{-b\pm\sqrt{b^2-4ac}}{2a} \tag{7.12}$$

方程(7.12)有两个解，其中一个是负数，这是可以忽略的。正值表示最佳清洗周期，表示为 $\hat{t}_1$。

平均能源成本(千美元/d)可以从以下方程求得：

$$\overline{E}=\frac{\int_{t_1}[A-BT^N(t)]\mathrm{d}t}{t_1+t_2}\Bigg|_{t_1}=\frac{(A-B\cdot T_0^N)\hat{t}_1+(1/2)\lambda B\hat{t}_1^2}{\hat{t}_1+t_2} \tag{7.13}$$

网络终端在清洗前($\hat{t}_1$ 时刻)的温度是；

$$T^N(\hat{t}_1)=T_0^N-\lambda\cdot\hat{t}_1 \tag{7.14}$$

示例：该模型在电子表格(表 7.1)中实现，其中可以研究各种情况，以便进行说明。注意，粗体的数字是手动输入的，其余的是根据模型重新计算的。

表 7.1 基于简单模型的最优清洗周期样本电子表格

符号	符号名称	方案 1	方案 2	单位
λ	T^N 衰减	**0.2**	**0.15**	℃/d
T_0^N	清洗终端温度	**280**	**280**	℃
t_2	清洗停工时间	**2**	**2**	d
K	清洗成本(非利润损失)	**100**	**100**	千美元
c_f	能源成本	**3.5**	**3.5**	美元/GJ
	具体毛利率	1	1	美元/bbl
	单位产量	**205306**	**306306**	bbl/d
	清洗期间的单位产量	**0**	**0**	bbl/d
m_1	正常运行期间的毛利率	205	205	千美元/d
m_2	清洁期间的毛利率	0	0	千美元/d
A	能源成本不变	118.6	118.6	千美元/d
B	能源成本常数	0.3	0.3	千美元/(d·℃)
a	常数	0.0	0.0	
b	常数	0.1	0.1	
c	常数	-434.3	-434.3	
$\hat{t}_1$	最佳清洗周期	121	140	d
$T^N(\hat{t}_1)$	最佳网络终端温度	256	259	℃
Q	在 $\hat{t}_1$ 下的炉膛负荷	149	146	MW
$\overline{E}$	平均能源成本	40.9	40.6	千美元/d
$\overline{m}$	平均毛利率	202.0	202.4	千美元/d
	年度清洗费用	302	261	千美元/a
$\overline{M}$	年度净利润	58.5	58.8	百万美元/a

在这个例子中，比较了两个假设的情况。在 0.2℃/d 的第一种情况下，λ 的值是偏高的，但这并不是不切实际的，因为在炼油厂的原油装置加工非常重的原料时，已经观察到这个值很高。该电子表格找到了一个最佳的清洗周期为 121d。考虑到炉子的最大负荷为 160MW，人们发现 121d 后的清洗纯粹是基于能源成本。在第二种情况下，λ 的价值降低到 0.15℃/d，因为重污染换热器被更先进的换热器取代。在较低的污染率 λ 下，可以观察到三种效应：

① 从模型中找到的最佳运行长度更长(141d 比 121d)。

② $\hat{t}_1$ 处的 T^N 高于方案 1(259℉比 256℉)。

③ 较低的 λ(较慢的结垢率)可以节省能源和清洗成本。

7.7 清洗循环优化的修正模型

上一节描述的模型假定在清洗换热器期间工厂将停工。实际情况通常并非如此，只有一些换热器被取出清洗，而工艺装置则以较低的生产量运行。图 7.4 考虑了有两列平行的换热器的情况。假定在清洗过程中，一列换热器保持运行，而另一列换热器轮流进行清洗。最大限度地减少生产损失，旁路管线稍微打开，以保持终端压力高于气泡点压力，从向避免炉前进料流动。炉前允许的最小蒸汽量为<3%，以便控制炉内流动路径。旁路被打开，直到炉子达到最大负荷。

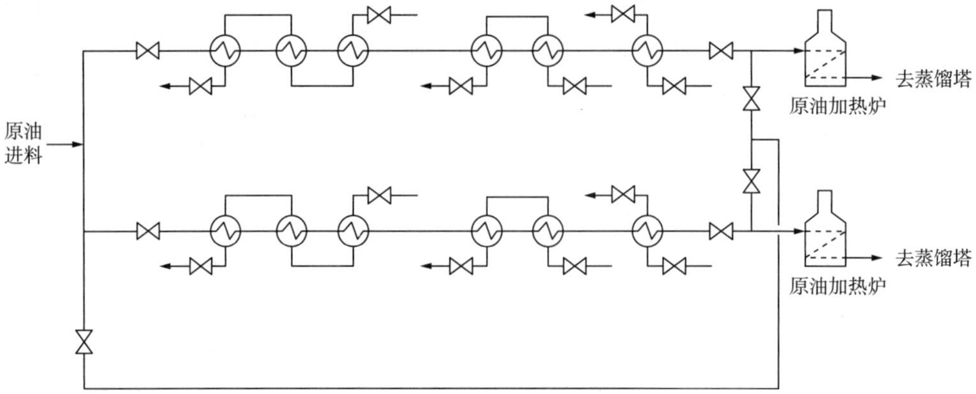

图 7.4　双列换热器网络

在这种情况下，一列被清洗，而另一列继续运行，那么在周期 t_2 的净裕度不再是零，因此一个额外的项被引入方程(7.7)中：

$$M_n = \frac{\int_{t_1}[m_1 - A + B \cdot T^N(t)] \cdot dt + \int_{t_2}[(m_2 - E_2(t)] \cdot dt - K}{t_1 + t_2} \tag{7.15}$$

式中，E_2 为清洗过程中的能源消耗，这是一个常数，因为我们知道，在清洗时间 t_2 期间，炉子将以最大值运行。清洗过程中的总毛利 m_2 将低于 m_1，因为加工量将低于 m_1。加工量必须减少多少取决于实际情况，并且必须根据历史数据进行估计。为了简单起见，m_2 被认为是一个常数，因为 t_2 在时间上比 t_1 短得多。

对方程(7.15)积分，得出：

$$M_n = \frac{(m_1 - A + B \cdot T_0^N)t_1 - (1/2)\lambda B t_1^2 + (m_2 - E_2)t_1 - K}{t_1 + t_2} \tag{7.16}$$

虚拟清洗成本 K'' 为：

$$K'' = K - (m_2 - E_2)t_2 \tag{7.17}$$

当清洗成本由在一个预热机组上运行的机组所产生的机组裕度补偿时，该 K'' 可以是负的。

类似地，最佳清洗周期可以从 $\partial M_n / \partial t_1 = 0$ 中推导出来：

$$\hat{t}_1 = \frac{-b \pm \sqrt{b^2 - 4ac}}{2a} \tag{7.18}$$

这里，$a = (1/2)\lambda B$，$b = \lambda B t_2$；并且，$c = -K'' - (m - A + BN_0)t_2$，正值解给出了表示为 $\hat{t}_1$ 的最佳清洗周期。

在最佳清洗时间的平均能源成本计算如下：

$$\bar{E} = \left.\frac{\int_{t_1}[A - B \cdot T^N(t)] \cdot dt + \int_{t_2} E_2(t)\,dt}{t_1 + t_2}\right|_{\hat{t}_1} = \frac{(A - B \cdot T_0^N)\hat{t}_1 + (1/2)\lambda B \hat{t}_1^2 + E_2 t_2}{\hat{t}_1 + t_2} \tag{7.19}$$

来自修订模型的样本计算可以很容易地对电子表格进行变更，如表 7.2 所示。

表 7.2　基于修正模型的最优清洗周期样本电子表格

符号	符号名称	方案 1	方案 2	单位
λ	T^N 衰减	**0.2**	**0.15**	℃/d
T_0^N	清洗终端温度	**280**	**280**	℃
t_2	清洗停工时间	**2**	**2**	d
K	清洗成本(非利润损失)	**100**	**100**	千美元
c_f	能源成本	**3.5**	**3.5**	美元/GJ
	具体毛利率	**1**	**1**	美元/bbl
	单位产量	**205306**	**205306**	bbl/d
	清洗期间的单位产量	**150960**	**150960**	bbl/d
$E(0)$	清洗期间的能源成本	38	38	千美元/d
m_1	正常运行期间的毛利率	205	205	千美元/d
m_2	清洁期间的毛利率	151	151	千美元/d
E_2	最大负荷时的能源成本(160MW)	48.4	48.4	千美元/d
K''	虚拟清洗成本	-1055	-105	千美元
A	能源成本不变	118.6	118.6	千美元/d
B	能源成本常数	0.3	0.3	千美元/(d·℃)
a		0.0	0.0	
b		0.1	0.1	
c		-229.2	-229.2	
$\hat{t}_1$	最佳清洗周期	87	101	d
$T^N\hat{t}_1$	最佳网络终端温度	263	265	℃
Q	在 $\hat{t}_1$ 下的炉膛负荷	143	141	MW
$\bar{E}$	平均能源成本	40.8	40.5	千美元/d
$\bar{m}$	平均毛利率	201.1	204.2	千美元/d
	年度清洗费用	418	361	千美元/a
$\bar{M}$	年度净利润	59.2	59.4	百万美元/a

输入值与表 7.1 中保持一致，以便在两个模型之间进行公平的比较。这两种型号的年净利润率的差异表明，在保持另一列换热器运行的同时清洗其中一列换热器是有意义的，而不是整个系统停工。此外，修正模型的最佳清洗周期要短得多(当 λ 为 0.2 时，$\hat{t}_1$ 为 87 天)。有趣的是，对于原油单元预热系统这种清洗周期远远低于目前的做法，却很好地符合在 20 世纪 90 年代初的实践。该模型再次证明了清洗完全合理的能源损失。

值得注意的是，上述模型可以进行调整，以反映不同的情况：①只有污染最重的换热器被进行清洗；②估计时余变量而非平均变量；③其他重大成本的引入。

7.8　一种实用的清洗循环优化方法

尽管上述建模讨论为清洗循环优化提供了基础和深刻的见解，但该方法是建立在污垢衰减常数 λ 是可用或可确定的假设基础上的。然而，现实情况并不符合这一假设。本文提出的方法对于污垢监测和清洗周期的优化更为严格和实用。

数据传输和功能设计如图 7.5 所示。该方法以仿真为基础，利用 Excel 作为数据传输接口，在后台进行仿真。数据在 Excel 中收集并推送到仿真系统，而仿真系统将汇聚的数据发送回 Excel，在那里进行优化。结果在 Excel 中显示，用于根本原因分析、趋势分析和报告。

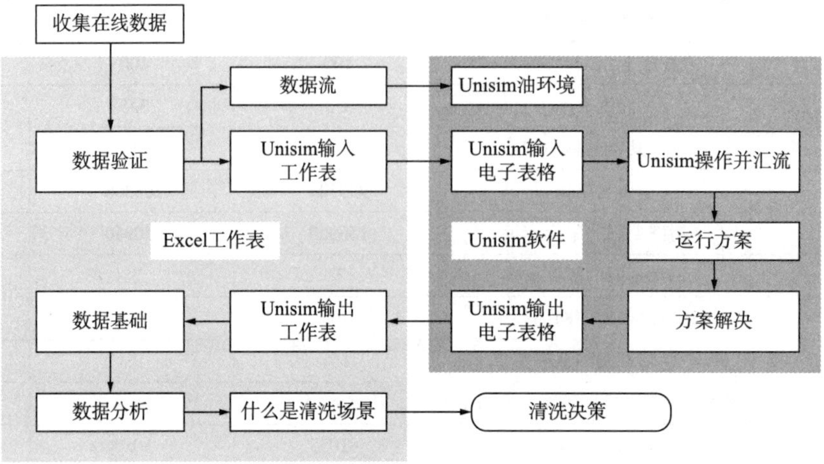

图 7.5　数据传输和功能设计

一些基本概念，例如标准化流、标称终端温度和基于成本的清洗在此方法中实现。该方法的特点是，①数据核对；②工艺装置和换热器网络的标准化或规范化模拟；③根本原因分析能力；④用于确定清洗哪个换热器和何时清洗的优化模型；⑤U 值趋势监测和预测。接下来将详细讨论这些特性。

7.8.1　数据核对

现场数据质量可能是一个问题，而且常见的问题是并非所有的换热器温度都能够在线测量。为了解决这些问题，开发了数据核对。首先，现场数据由工程师审查，一些未被测量的临界温度由工程师估算。然后采用最小二乘误差最小化方法对剩余温度进行估计。这是一个交互式的过程，估计的温度需要进一步的数据核对。

7.8.2　标准模拟案例

这种标准化的模拟涵盖了过程和换热器网络的所有流程建模的基础上的标准物理性能。标准模拟可以确定标称网络终端温度。标准情况下的 U 值是根据上面讨论的在线测量和估计温度计算出来的。

7.8.3　根本原因分析能力

当换热器严重污染时，人们需要知道根本原因。例如，它可能是低速或原油类型或其他原因造成的。通过识别根本原因，可以确定最合适的污垢缓解和清洁方法。

7.8.4　优化模型

优化模型主要针对容易产生污垢的换热器，选择对网络终端温度影响最大的换热器进行清洗。显示需要清洗的换热器列表，并对哪些换热器在何种情况下进行清洗进行排序。该结果为确定清洗时间表提供了指导，即何时清洗哪一个。

7.8.5 *U* 值趋势和污垢预测

提供了主要换热器的 *U* 值趋势以供监测。污垢预测可以预测某些换热器在运行过程中的污垢趋势，以及某些换热器需要被清洗但不是立即被清洗后积垢的趋势。前一种情况是决定不清洗某些换热器，因为这些换热器很快就会被污染，因此清洗的好处并不能证明清洗的成本是合理的。后一种情况发生在根据成本效益分析来清洗换热器可能为时过早，但用户可以在将来安排清洗换热器的时间表。

7.9 小结——一个减少结垢的实际例子

缓解结垢的最终目标是选择最具成本效益的方法来提供最佳的换热器性能。为了实现这一总体目标，本文讨论了系统方法(图 7.6)，它可以确定结垢的根本原因、经济理由，并最终确定有效的方法。

传热损失在很大程度上取决于污垢形成的速度。*U* 值趋势应该能够指示随着时间的推移污垢的发展，而换热器额定值评估可以给出实际污垢相对于名义污垢的因素。必须对有关污垢问题进行根本原因评估，必要时对污垢材料进行化学分析，并考虑适当的污垢缓解解决方案，其中包括利用先进的传热技术和在线化学或机械清洗预防方法。

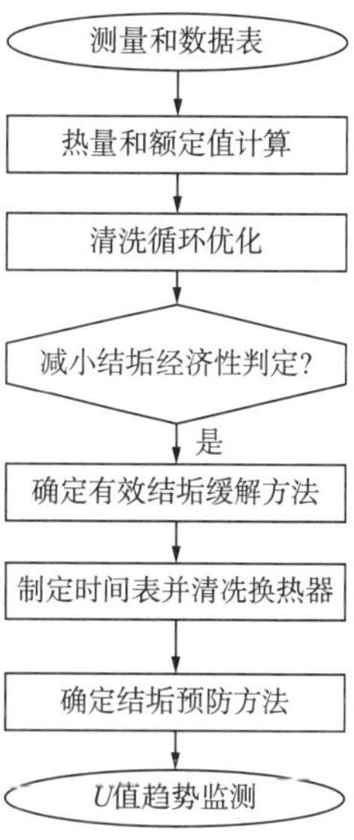

图 7.6 污染分析和缓解的完整方法

污垢问题是特定于工艺的，因此必须找到独特的解决方案。让我们使用炼油厂的原油蒸馏过程来完成该方法的各个步骤，从确定根本原因、评级评估到确定污垢缓解方法。

在示例工艺中，原油装置的进料速率为 200000bbl/d，原油 API 度为 35.6。原油预热系列由 18 个换热器组成，脱盐系统前有 10 个，后有 8 个。来自储罐的原油最初在环境温度下被供给至原油预热装置的换热器。然后，在进料炉入口处，通过预热装置将原油加热至 480℉(250℃)。

从进料炉出来的原油被送入蒸馏塔，在那里蒸馏和收集有价值的产品，如气体、煤油、汽油和柴油。在工艺装置运行不到 6 个月之后，换热器发生严重的结垢，导致炉膛入口温度下降多达 65℉，从而导致炉内燃烧大量额外的燃料，以弥补有效蒸馏所需的温度。

7.9.1 了解污垢缓解的价格

如果每个换热器都处于相对清洗的条件下，则预热列的平均热回收率为 378MMBtu/h，而最大热回收率则为 511MMBtu/h。这意味着 133MMBtu/h 由于结垢而损失，热回收率为 74%。炼油厂工程师确定，如果可以通过更好的结垢控制来捕获 50%的损失热量，则可以回收约 70MMBtu/h 的额外工艺热量，从而可以在进料加热炉中节省 82MMBtu/h 的燃料。以货币计算，在天然气价格为 6 美元/MMBtu 的情况下，每年可节省约 400 万美元。这些节省没有考虑到可实现的更大加工量的额外好处，因为该单元的加热炉容量是有限的。因此，炼油厂管理层决定批准这个污垢控制项目，以获取利益。

7.9.2 额定污染评估

对预热系统中的换热器进行额定污染评估，评估结果显示，大部分换热器都有不同程度的污染，但严重污染只发生在预热系统终点附近的高温下的换热器。这些换热器主要为原油、重质减压蜡油(HVGO)和减压渣油进行换热。

这些换热器中的严重结垢导致了更高的压降，在流路控制阀全开的进料加热炉之前，原油蒸发了5%以上。原油闪蒸量高，无法通过八条路径控制进料流量。这可能是一个安全隐患。如果允许加热炉继续以这种不安全的模式运行，最坏的情况可能会发生。这是因为管道中形成了分层流动模式，管壁可能直接暴露在燃烧火焰中并变得减温，最终可能导致管道破裂。这种可靠性风险的发现使防污项目变得更加紧迫。

7.9.3 根本原因分析

进行了根本原因分析，揭示了以下问题：

原油特性；在脱机清洗过程中，从一个严重污染的换热器中抽出一束进行检查，并对污染物进行化学分析(表7.3)。发现沥青质沉积物居多(图7.7)，这是由沥青质聚合引起的。这解释了为什么最严重的结垢发生在高温下。相比之下，粗腐蚀特性(如反应性硫和环烷酸)对沉积污垢的影响要小得多。

表7.3 实验室污垢成分分析

物质	质量分数/%	物质	质量分数/%
铁硫化物/氧化物	15	沥青(不溶于苯)	50
沥青(可溶于苯)	20	无机盐(CO_3^{2-}、SO_4^{2-}、Cl^-)	15

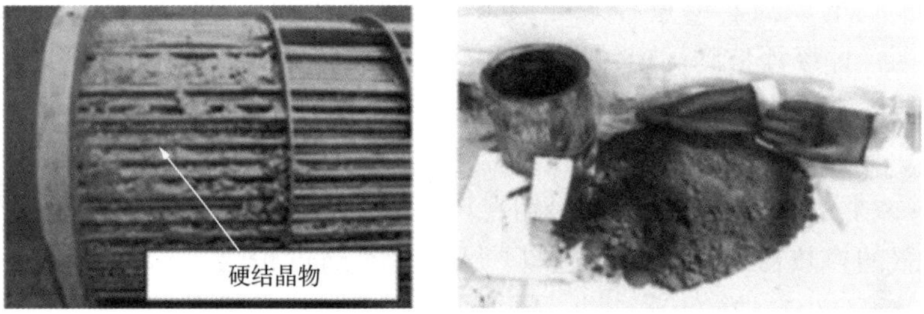

图7.7 换热器中发现的沥青质沉积物

低速：低速是某些换热器结垢的另一个主要原因。发现这些换热器中的速度为3~4ft/s，而这些设备建议的速度为6ft/s。

脱盐操作不当：发现脱盐剂中盐分去除不足，使结垢更加严重。

换热器几何形状：位于预热系统末端的换热器受到的污染最严重。使用螺旋折流板束可以帮助减轻结垢，比目前使用的管束好得多。

7.9.4 探讨污垢缓解方案

根据发现的污垢形成机理和成分组成以及现有的污垢缓解方法，制定了一项污垢缓解策略：

① 离线清洗：适当清洗原油-HVGO(重质减压蜡油)换热器，以恢复该换热器的性能。

② 调整操作：改善除盐操作，以尽量减少与盐有关的污染。

③ 改变设计：原油-渣油换热器采用螺旋隔板取代现有的垂直隔板束，延长换热器的运行时间。

④ 维修中的流道改变：将两个换热器的流速从3ft/s提高到5ft/s。

让我们详细介绍这些缓解结垢的每一个方案。

7.9.4.1 原油-HVGO 换热器的离线清洗

由于该换热器存在严重的污垢，很难单独使用喷水进行清洗。为了有效地清洗 E1007-A/B 型换热器的两个壳体，采用了不同的清洗方法：

清洗方法 1：用热的轻循环油清洗 E1007-A/B 型换热器的两个壳体。

清洗方法 2：使用水射流，水力喷射 E1007-B。

清洗方法 3：结合喷水和使用磨料球清洗 E1007-A。

U_A 的性能趋势如图 7.8 所示，它显示了不同清洗方法(方法 1~方法 3)的显著改进。因此，确定了 E1007 的裸露金属性能(图 7.9)。

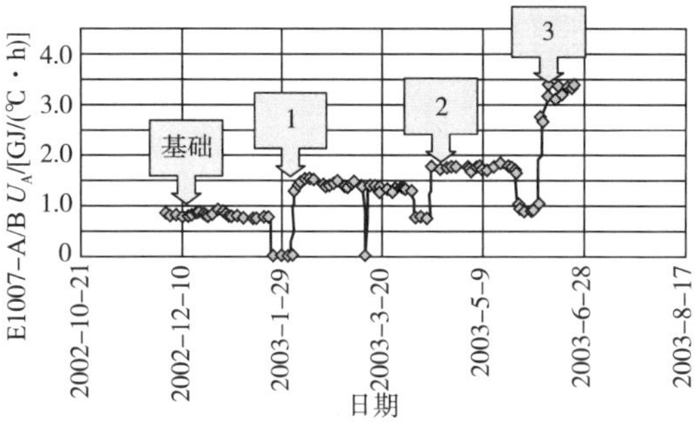

图 7.8 U_A 对不同清洗方法的改进

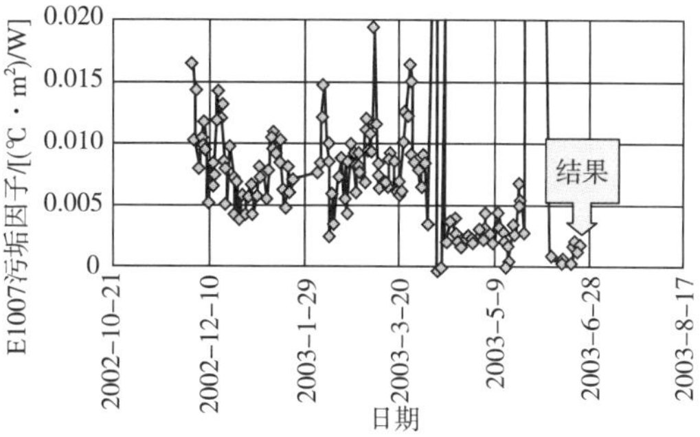

图 7.9 清洗后建立的裸露金属性能

7.9.4.2 改善脱盐性能

原油需要进行脱盐，以尽量减少换热器表面的盐沉积和氯盐分解形成的酸引起的结垢和腐蚀。该装置采用一级脱盐设计，可使原油含盐量降低 95%。除盐和操作的目标是去除盐、固体和金属，同时尽量减少油在水相中由于石油夹带造成的损失。对脱盐温度、注水量、pH 值控制等关键操作参数进行了优化，达到了如表 7.4 所示的目标脱盐性能。

表 7.4 单级脱盐的基准脱盐性能

项目	基准	项目	基准
脱盐原油中盐/(μg/g)	0.6~6	脱钠率/%	95
脱盐率/%	90~98	污水中油/%	0~2
脱固率/%	50~80	脱铁率(无机铁)/%	50~75
脱盐原油中固体含量/%	0.1~1.0	污水再处理(对原油量)/%	0.1~1.0

7.9.4.3 设计变更：变更管束类型

E1011 和 E1012 是并联布置的原油-渣油换热器，是预热列中加热炉之前的最后两个换热器。在设计中将原油配置在壳程，目的是降低原油的压降。沥青质沉积物从死流区迅速堆积起来(图 7.10)，然后填充了原油的壳程流动通道。

设计变更是为了用单螺旋折流板管束取代现有管束(图 7.11)。螺旋流消除了死区，并由于逆流增强了壳程的传热，不仅大大增加了传热负荷，而且降低了压降。

7.9.4.4 维护中的流路变化

在对两个原油-渣油换热器进行管束更换后，炼油厂工程师将重点放在了另外两个原油-减渣换热器上，即位于 E1011 和 E1012 上游的 E1009 和 E1010。测量的高压降表明 E1009 和 E1010 也经历了严重的结垢。评级评估表明，与要求的速度 6~7ft/s 相比，原油的速度太低，设计时仅为3.9ft/s。这个问题的解决方案是将管程从4次增加到6次，从而以比4次管程更高的压降为代价将速度增加到5.8ft/s。额外的压降来自用E1011和E1012的螺旋挡板管束替换现有管束。

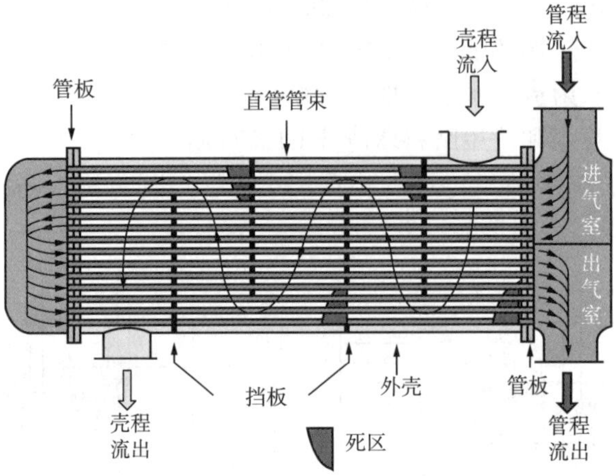

图7.10 直折流板管壳式换热器(一个壳程和两个管程)中的死流区

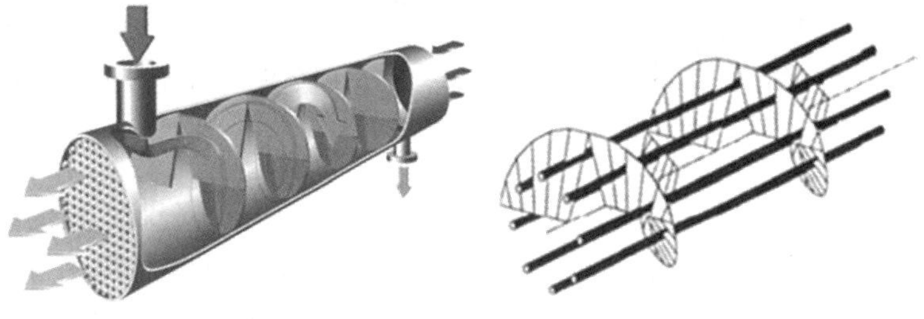

(a)外观 (b)内视图

图7.11 螺旋管壳式换热器外观及其内视图

[来自Master等(2003)，经国际工程会议许可转载]

7.9.4.5 测量和持续效益

在可持续的基础上，上述改进带来的总体节能效益约为80MMBtu/h，每年约节约300万美元。重要的是，加热炉前进料闪蒸的不安全操作问题得到了解决。实施过程需要清洗一个换热器，更换两个换热器的四个管束，更换两台换热器的管程，以及改进脱盐操作。作为保持效益的措施，为这些换热器开发了监测系统和清洗循环。

符号对照表

A_i	换热器表面积，ft^2
A	恒定能源成本，美元/d
B	恒定能源成本，美元/(d·℃)
c_f	能源成本，美元/GJ
C	换热器清洗成本，美元
C_p	流体热容量，BTU/(lb·℉)
E	能源成本，美元/a
E_2	换热器清洗期间的能源成本，美元/清洗期

h_t	管程传热系数，Btu/(h·ft^2·°F)
h_s	壳程传热系数，Btu/(h·ft^2·°F)
k	流体导热系数，Btu/(h·ft^2·°F)
K	集中换热器清洗成本，美元
K''	虚拟换热器清洗成本，美元
M，m	热流和冷流的质量流速，lb/h
M_G	毛利率，美元/a
M_n	平均净利润，美元/a
m_1	正常运营期间的毛利率，美元/d
m_2	热交换器清洗期间的毛利率，美元/d
Q	热负荷，MMBtu/h 或 GJ
R_f	传热阻力，(ft^2·°F·h)/Btu
T	温度，°F
T^N	换热器网络的终端温度，℃
t_1	换热器清洗前的运行时间，d
t_2	换热器清洗时间，d
U	总传热系数，Btu/(ft^2·°F·h)

希腊字母

α	常数，GJ/d
β	常数，GJ/(d·℃)
λ	温度衰减，℃/d

上下标

0	开始时间
A	实际的
C	清洗
D	设计的
f	结垢的
LM	对数平均
R	要求的
s	壳程
t	管程

参考文献

Barletta AF (1998) Revamping crude units, *Hydrocarbon Processing*, February, pp. 51-57.
Bott TR (1990) *Fouling Notebook*, Institution of Chemical Engineers, Rugby, UK.
Lieberman NP (1997) *A Working Guide to Process Equipment*, McGraw-Hill, New York.
Master B, Chunangad KS, Pushpanathan V (2003) Fouling mitigation using Helixchanger heatexchangers, presented at ECI Conference, Heat Exchanger Fouling and Cleaning: Fundamentals and Applications.
Melo LF, Bott TR, Bernardo CA (eds) (1988) *Advances in Fouling Science and Technology*, Kluwer Academic Publishers.
Shah RK, Sekulić DP (2003) *Fundamentals of Heat Exchanger Design*, John Wiley & Sons.
Smeenk G, Kers T (2001) In time cleaning of the crude preheat train, BP Nerefco Refinery.
Zubair SM, Sheikh AK, Budair MA, Badar MA (1997) A maintenance strategy for heattransfer equipment subject to fouling: a probabilistic approach, *ASME Journal of Heat Transfer*, pp. 119, 575-580.

8 能量损失评估

一个过程中的主要能量损失是什么？这是人们在着手提高过程能量效率之前应该问的第一个问题。这个问题的答案可以帮助确定主要的改进机会，并有助于确定大规模能量改进工作的必要性。

8.1 引言

在一个过程中，能量损失包括热损失和机械损失。热损失通常源于塔顶冷凝器、产品运行冷却器、炉组、蒸汽泄漏、换热器/管道和通风管的绝缘不良等。机械损失也可能很大，通常发生在旋转设备、放空阀、控制阀、泵回流、换热器、管道等中。一些热损失和机械损失是可以回收的，投资回报率很高，但许多其他损失则不然。

如本文所述，能量损失审计旨在确定关键的可回收损失。审计相对快速，主要用于确定改进潜力。如果审计发现了巨大的能量损失，后续将进行更详细的能量评估。详细的评估方法将在后面的章节中讨论。

8.2 能量损失审计

损失评估的主要组成部分如下所述。

8.2.1 工艺冷却器的热损失评估

热损失评估主要基于温度和压力测量。将参考温度定义为第一步是至关重要的。在能量损失审计中定义参考温度的原因是，高于该温度的热量被认为是可回收的，因此，如果热量被拒绝进入冷却器，则被视为损失。典型的参考温度为100℉。热损失计算所选择的实际参考温度取决于低温热回收的技术可行性和经济可行性。

表8.1给出了基于第3章表3.1的热损失计算示例。正如可以观察到的那样，表8.1显示了能量损失的量和发生损失的温度。例如，反应馏出物以394℉的温度进入空气冷却器，冷却负荷为192MMBtu/h。这清楚地揭示了回收反应馏出物热量的重要机会。其他主要的能量损失包括分馏塔塔顶蒸汽冷却、柴油产品冷却和煤油泵散热损失。这些损失发生在相对较高的温度下。

表8.1 示例过程的热损失

设备	服务端	工况温度/℉		流量/(MMBtu/h)
		入口	出口	
水冷/℃				
1323	重石脑油产品	174	78.0	4.6
1317	煤油产品	230	77.0	3.8
1320	柴油产品	289	110	11.4
1310	反应馏出物	150	112	27.5
1314	分馏塔煤油循环回流	306	173	39.4

续表

设备	服务端	工况温度/℉		流量/(MMBtu/h)
		入口	出口	
1305	H_2 补充气	290	110	30.0
1306	H_2 补充压缩机中间冷却器	235	105	6.4
1348	最小倾斜面积	131	120	1.4
空冷/℃				
1309	反应馏出物	394	150	192
1312	脱丁烷塔塔顶	165	110	21.3
1313	分馏塔塔顶	290	116	73.3
1322	石脑油分离器塔顶	171	129	12.9

此外，其他热损失发生在相对较低的温度下。问题是如何处理如此低温的热量。一般来说，有许多方法可以回收低温热量。一种方法是将其用于工艺加热，如进料预热。在这种情况下，可以安装新的换热器来提供服务。其他方式包括产生低压蒸汽或用于锅炉给水预热。如果办公楼、罐区和住宅位于附近，也可以产生热水为其供暖。表 8.2 为回收低温热量的选择提供了一些通用指南。

表 8.2 低级别热回收方案

低级别热回收方案	散热器温度/℉	热源温度/℉	最终用途
冷进料预热	>100	>125	工艺使用；较少的燃料或蒸汽用于进料预热
锅炉给水预热(脱气)	200~250	>230~270	锅炉更多高压蒸汽发汽或相同蒸汽发汽下更少的燃料
低压蒸汽发汽[50psi(表)]	298	>318	工艺使用；空气预热，冷凝式涡轮机发电
低低压蒸汽发汽[30psi(表)]	274	>294	空气预热
中压蒸汽发汽[150psi(表)]	365	>385	工艺使用；抽汽式或冷凝式涡轮机发电
热压缩机	265~300	>285~320	使用中压或高压蒸汽作为原蒸汽，将低低压蒸汽升至低压或中压蒸汽

8.2.2 旋转设备的功率损耗评估

在流程工业中泵和压缩机是常见的用于输送工艺液体和气流的设备。泵送液体的功率可以通过方程(8.1)计算：

$$HP = M \times \Delta P \times \eta / 1715 \tag{8.1}$$

式中，HP 为制动马力(BHP)中的轴功；M 为质量流量，gpm(加仑/分钟)；ΔP 为通过烟机的压降，psi。典型的泵效率为 40%~60%。

压缩机的功率可以通过下面公式来计算

$$HP = \frac{(144/33000) \times (k/k-1) \times P_i M_i \times [r^{(k-1)/k} - 1]}{\eta} \tag{8.2}$$

式中，M_i 是在入口条件下测量的实际质量流量，ft^3(min)；k 是比热比，为 C_p/C_v 的比值；r 为压缩比，为 P_o/P_i；P_i 为吸入压力，psi(绝)；P_o 为排放压力，psi(绝)；η 为压缩机的总效率,%；典型的压缩机效率为 60%~80%。

蒸汽轮机通常被用作过程驱动器。蒸汽轮机的理论速率[以 lb/(kW·h)为单位]由遵循恒定熵路径的莫尔(Mollier)图确定。实际蒸汽速率通过理论蒸汽速率除以涡轮机效率来计算。第 15 章对莫尔图进行了讨论并列举了计算实例。

对泵/压缩机和蒸汽轮机的评估可以按以下步骤进行：首先基于方程(8.1)和方程(8.2)估计运行泵或压缩机的工艺功率，然后在线测量当前蒸汽速率，并根据理论蒸汽表查得特定蒸汽速率。工艺功率与汽轮机输送的理论功率之比表示泵/压缩机和汽轮机的综合效率。如果效率值远低于设计值，则需要额外的蒸汽来运行相同的泵或压缩机。

8.2.3 放空阀功率损耗评估

工艺流体通过放空阀的功率损失可能是显著的。如果考虑用动力烟机代替放空阀，则可以使用方程(8.1)来估计动力回收潜力，并且液体烟机的典型发电效率为 75%。

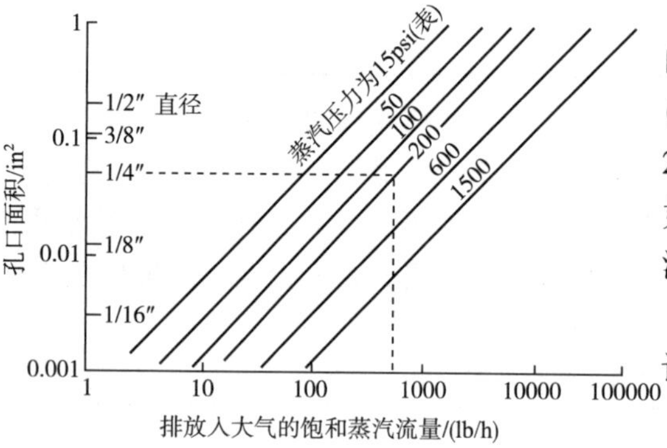

图 8.1 不同泄漏大小和蒸汽压力下的蒸汽损失率

[摘自 Kenney(1984)，经 Elsevier 许可转载]

对于图 4.1 所示的工艺，来自热分离器的质量流量为 1817.2gpm、压力为 2635.3psi(表)的工艺液流通过放空阀将其压力降至 285.3psi(表)的热闪蒸罐。方程(8.1)给出了如果安装了液体烟机，1.38MW 的功率回收潜力的估计值。

对于蒸汽排放阀，可以通过方程(8.3)计算：

$$W=M\times(h_1-h_2)\times\eta_{is}/3413 \tag{8.3}$$

其中，W 为功率，kW · h；h_1-h_2 为蒸汽焓变为等熵膨胀，Btu/lb；M 为减压蒸汽速率，lb/h。

8.2.4 电动机电能损失评估

电机绕组因老化而性能逐渐变差，旧电机可能会出现电机效率下降的情况，并且会消耗更多的电流。电机的马力输出可以估计为(Branan，2005)：

$$HP=E\times\eta/0.746 \tag{8.4}$$

式中，E 是以 kW 为单位的电输入，计算方法为：

$$E=I\times V\times 1.73/1000\times PF(\text{三相}) \tag{8.5}$$

式中，I 为电流；V 为电压(线到线)，V；PF 为功率因数(分数)；η 为电机效率(分数)。

8.2.5 加热炉的热损失评估

提高加热炉效率可以大幅降低运行成本。例如，对于热释放量为 200MMBtu/h 的燃烧式加热炉，将效率提高 1%，每年可节省 100000 美元，燃料成本为 6 美元/MMBtu。加热炉改进的成本节约可能非常显著，因为在大型炼油厂中有许多燃烧式加热炉。

为了确定加热炉的改进时机，加热炉效率的评估必须作为能量审核的一个主要部分进行。接下来介绍了热效率的计算方法。

热效率表示过程(Q_p)吸收了多少燃烧的燃料(Q_f)，可以表示为：

$$\eta=\frac{Q_p}{Q_f}\times 100\% \tag{8.6}$$

由于从过程中吸收的热量占蒸发量的百分比是未知的，我们必须把注意力转向加热炉热损失(Q_L)。加热炉效率与加热炉损失的关系可以描述为：

$$\eta=\frac{Q_f-Q_L}{Q_f}\times 100\% \tag{8.7}$$

通过测量燃料的流量(lb/h)和燃料的加热值(Btu/lb)，可以很容易地得到燃料的燃烧量Q_f。因此，加热炉效率可以通过估计加热炉中的热损失来确定。加热炉有三种主要的热损失：

① 烟气离开烟囱的高温造成的烟囱损失。

② 使用高氧含量造成的过量空气损失。

③ 加热炉外壳辐射损失造成的套管损失。这个量通常是恒定的。

应用上述方法可以生成具有烟囱温度和氧含量相对于效率的热曲线。因此，可以容易地从测量的烟囱温度和氧含量获得加热炉效率。

8.2.6 塔的热损失评估

由于工艺能耗高于所需能耗而导致的热损失主要发生在分离塔的过度再沸过程中。过度再沸是以再沸器中消耗的额外能量为代价的。对于操作人员来说，在高于必要的回流速率下操作并不罕见。当回流速率没有相应降低时，在调节操作中尤其如此，这会导致过度再沸。调研还发现一些操作人员倾向于使用高回流率来提高塔的操作稳定性。

蒸汽再沸器的负荷和效率可以直接由蒸汽流量和状态估算，也可以估算炉膛再沸器的负荷和效率。在再沸器中燃烧的燃料量可以从仪表上测量。燃料燃烧产生的热量可以通过燃料的燃烧速率和燃料的加热值来估算。

8.2.7 蒸汽泄漏的热损失评估

蒸汽泄漏的热损失可能是总能量损失的主要组成部分。蒸汽系统的泄漏从蒸汽流中发现相对容易。当蒸汽从疏水阀直接泄漏到看不见的冷凝水系统时，蒸汽系统内部也可能发生泄漏。问题在于如何估计可见和不可见泄漏造成的蒸汽损失量。

8.2.7.1 蒸汽管道的蒸汽泄漏(可见)

蒸汽泄漏的最常见原因来自蒸汽管道上的孔与蒸汽和冷凝水系统中的螺纹管道连接。可以采用孔板方程计算通过泄漏点的蒸汽流量，该方程基于泄漏处的直径、孔板入口处的压力和出口处的压力(大气)。

为了简单起见，图 8.1 用于给出不同泄漏尺寸和蒸汽压力下的蒸汽损失率，单位为 lb/h。让我们考虑一个应用示例。一项蒸汽泄漏调查发现，位于加氢裂化装置中的 200psi(表)蒸汽管道中，两个管法兰之间的垫圈出现蒸汽泄漏。测得这个孔的孔宽为 0.2in，长为 1.25in。蒸汽损失量可以估计如下。

泄漏面积计算为：

$$A=0.2\times 1.25=0.25(\text{in}^2)$$

根据图 8.1，对于 200psi(表)的蒸汽管道，1/4in 的孔将损失约 750lb/h 的蒸汽。由于工艺装置每年运行 8300h，对于给定的 200psi(表)蒸汽的价格(16 美元/klb)，修复泄漏每年可节省约 100000 美元。

8.2.7.2 蒸汽管道的蒸汽泄漏(不可见)

蒸汽疏水阀用于分离蒸汽和冷凝水。它的设计方式是打开以允许冷凝水通过，但当出现蒸汽时关闭(因此“捕获”)。如果运行正常，疏水阀的蒸汽损失可以忽略不计。然而，当疏水阀卡在打开位置时，蒸汽通过疏水阀直接进入冷凝水系统。一套装置会有数百个蒸汽疏水器，如果没有适当的维护，其中许多可能会在恶劣的条件下运行。

疏水阀本质上是一个控制阀，阀门特性用 C_v 因子描述。如何通过 C_v 估算疏水阀损失？计算步骤解释如下：

步骤 1：必须从蒸汽疏水阀的进口(蒸汽)和出口(冷凝水)进行温度测量，以确定当蒸汽存在时疏水阀是否无法关闭。疏水阀进出口温差反映了凝结水的过冷度。例如，过冷凝结水 0℉表示疏水阀处于完全开启状态。

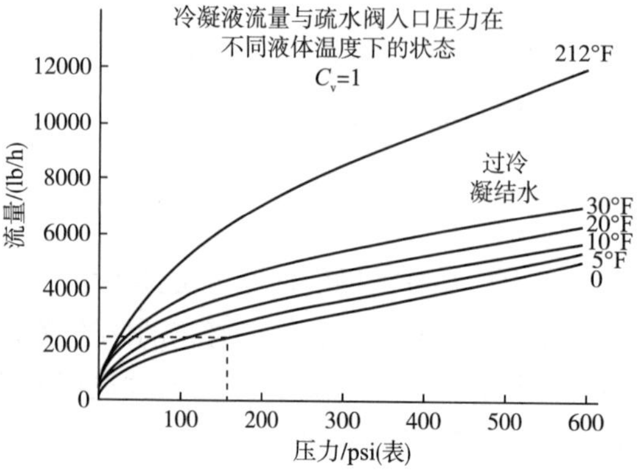

图 8.2　捕获 C_v 的估算

[来自 Branan(2005)，经 Elsevier 许可转载]

步骤 2：C_v 因子可以根据制造商提供的阀门特性曲线来估算。图 8.2 显示了不同疏水阀入口压力下的冷凝水流量图。在 Branan (2005)给出的一个例子中，高温计测量检测到 150psi(表)蒸汽管线上的疏水阀排出了新鲜蒸汽。在饱和温度下，疏水器的额定值为 5000lb/h。图 8.2 表明，在 0℉过冷条件下，冷凝水流量为 2100lb/h。因此：

$$C_v = 5000/2100 = 2.38$$

步骤 3：在 $C_v = 1$ 下通过疏水阀泄漏的蒸汽速率(M_c)是从蒸汽速率和蒸汽压力的图表中获得的，这也是由制造商提供的。图 8.2 显示了使用 $C_v = 1$ 在 150psi(表)下的 $M_c = 220$lb/h。然后对疏水阀的实际蒸汽流量(蒸汽损失)进行估算：

$$M_{loss} = C_v \times M_c = 220 \times 2.38 = 523.6(\text{lb/h})$$

注意：如果 150psi(表)的蒸汽价格为 11 美元/g，上述一个疏水阀的蒸汽损失每年约为 5 万美元。如果 40 个蒸汽疏水阀同时发生故障，炼油厂会损失多少钱？

8.2.8　冷凝水损失的热损失评估

冷凝水损失是热损失的另一个主要组成部分。为了获得最大效率，冷凝水应尽可能多地返回锅炉。否则，将添加冷的新鲜补充水，以弥补任何数量的冷凝水损失。锅炉负荷必须增加，以弥补补给水和冷凝水之间的显热差。此外，冷凝水回流将降低水处理成本，这是昂贵的。冷凝水的价值与锅炉给水的价格相同。为了实现最大限度的冷凝水回流，冷凝水系统是必要的，它收集来自各种蒸汽疏水器的冷凝水。冷凝水损失的 20%~30%是常见的，但 50%是不可接受的，应降低到可接受的水平。

8.2.9　停工操作不良的热损失评估

通常，当进料速率下降时，能量使用不会相应减少。

当操作人员未能做到这一点时，停工评估应解决以下问题：

① 关闭加热炉上的二次空气调节器；

② 减慢蒸汽驱动泵和压缩机的速度；

③ 降低塔回流速率；

④ 降低塔汽提蒸汽速率；

⑤ 降低真空泵的蒸汽速率等。

8.2.10 换热器污垢评估

污垢减少了有效表面积，从而降低了工艺传热负荷。其结果是增加了公用工程用量。良好的结垢控制可以显著降低总能耗，为5%~10%。U值可用于评估换热器的结垢程度。由于换热器性能随流速、成分和结垢条件而变化，因此必须定期进行换热器评估，以便获得随时间变化的性能趋势，并在早期检测故障。单点U值有利于获得其性能的基线数据，但必须定期进行以定义趋势。根据U值趋势可以得知污垢水平，以及与历史性能相比一些问题的有用提示。

根据在线数据，首先用方程(8.10)和方程(8.9)计算换热效率(Q)和$LMTD$(ΔT_{LM})，然后用方程(6.8)确定U值：

$$U=\frac{Q}{AF_t\Delta T_{LM}} \tag{8.8}$$

$$\Delta T_{LM}=\frac{\Delta T_1-\Delta T_2}{\ln(\Delta T_1/\Delta T_2)} \tag{8.9}$$

$$Q=MC(T_1-T_2)=mc(t_2-t_1) \tag{8.10}$$

式中，A为表面积，ft^2；C、c为热流和冷流的流体比热容，Btu/(lb·℉)；T_1、t_1为热流和冷流的供应温度，℉；T_2、t_2为热流和冷流的目标温度，℉；ΔT_1为热端温度接近值，℉；ΔT_2为冷端温度接近值，℉；ΔT_{LM}为对数平均温度差($LMTD$)，℉；F_t为ΔT_{LM}的修正因子；M、m为冷、热流的质量流量，lb/h；Q为热负荷，MMBtu/h；U为总传热系数，Btu/(ft^2·℉·h)。

8.2.11 杂项能量损失

尽管上文提到了主要的能量损失，但其他杂项能量损失也可能发生，例如：

① 无论加工量如何，环境热量损失保持不变。

② 冷空气通过漏气孔进入加热炉，从而导致较高的燃料消耗。

③ 热处理设备、热法兰和蒸汽管道的绝缘性能差会造成大量热损失。

④ 泵的性能曲线被推后，等等。

8.3 能量损失审计结果

上面讨论的能量损失评估可以应用于过程单元。例如，加氢裂化装置的能量数据如表3.1所示，用于能量损失审计。该装置的能量损失审计总结在表3.2中并转载至此。焓值计算参考值为100℉饱和液体。对于不能以液体形式存在于100℉下的轻气体，其参考状态为100℉下的理想气体状态。购买电力的燃料当量是9090Btu/(kW·h)。因此，发电损失被假定为5676(9090-3414)Btu/(kW·h)。第3章详细讨论了生成表3.2的计算过程。

能量损失审计总结(表3.2)以及上述能量损失评估结果揭示了热回收的可能性，从而确定了几个改进方法(表8.3)。列出潜在方法通常有助于在早期阶段发现问题。从表中可以建议示例工艺装置能量回收的三个一般方向为：

方向1：通过液体烟机和/或蒸汽轮机节省电力。尽管安装功率回收涡轮机的成本很高，但投资成本需要从回收的功率和功率价格来证明。

方向2：通过更多的进料预热节省进料炉燃料。进料预热废热的主要部分可能来自反应馏出物，因为反应器空气冷却器入口温度为394℉。

方向3：通过利用废热产生蒸汽和锅炉给水预热来减少蒸汽。用于此目的的废热可能来自柴油产品的消耗、煤油塔换热。

这些方法有其独特的优点，值得进一步研究，而一些操作改进方法可能会被选为实施的快捷方式。然而，对于需要资金投入的改进方法，现阶段考虑实施还为时过早。这是因为能量损失审计的目的是识别运行和设计中是否存在大量能量损失。如果是，则需要在后面的章节中进行更详细的评估，以确定具体的改进方法。这种能量损失审计就像从高水平上评估能量绩效。否则，遗憾的投资可能是匆忙实施的结果，因为在实施后会发现有更好的替代方案。

表 8.3　能量损失评估的处置表

序号	改进思路	服务	修改(定性)	影响
1	回收反应馏出物更多热量	馏分进料预热	增加换热器	减少炉子负荷
2	回收柴油产品热量	发生低压蒸汽和预热锅炉给水	增加换热器	减少蒸汽输入
3	回收分馏塔顶蒸汽热量	粗原料预热	增加换热器	减少蒸汽输入
4	回收煤油循环回流热量	用于其他单元装置再沸服务	增加换热器	减少炉子负荷
5	高压液体动力回收	发电	安装液体烟机	减少电力输入

8.4　能量损失评估

有了这些方法，人们可能希望知道捕获这些办法所损失的能量的效果。使用能量平衡电子表格，可以很容易地评估；然而，它需要一些基于经验的假设。表 8.4 显示了这样一个例子。如表 8.4 所示，在估算效益时，采用了以下粗略但保守的假设：

① 主分馏塔塔顶冷却器的一半可用于原料进料预热。

② 一半的煤油泵用于在其他工艺装置中提供再沸服务。

③ 一半的柴油消耗量用于低压蒸汽发电。

④ 反应冷却器的温度从 394℉降至 350℉，从反应馏出物中回收的热量用于进料预热。

每种方法的潜在效益都包含在能量平衡中，并将“改进单元”与表 8.4 中的当前性能进行了比较。“改进单元”可以减少近 15%的能量使用。这有力地表明了进行进一步能量研究的必要性。然而，现在下结论还为时过早，因为第 9 章和第 10 章中介绍的热回收评估可以为所需的目标和实际改造提供更深入的见解。

表 8.4　当前与改进单元的比较

(i)输入能量/(MMBtu/h)	当前	改进单元
进料	17.2	17.2
炉子	337.1	317.1(1)
反应热	141.0	141.0
电力	28.6	28.6
高压蒸汽	292.3	292.3
锅炉给水	2.9	2.9
合计	819.15	799.2
(ii)输出能量/(MMBtu/h)		
中压蒸汽	65.5	71.2(2)

续表

冷凝水回流(141℉)	12.2	12.2
动力回收	—	5.2(5)
主分馏塔顶	—	36.7(3)
煤油循环回流		39.4(4)
回收总计	77.74	164.7
(iii)能量损失		
发电损失	17.9	17.9
水冷却器	148.9	148.9
空气冷却器	352.4	315.7
炉子	89	70.2
泵和电机	2.86	2.86
表面冷凝器	115.1	115.1
凝结水	0.9	0.9
未计数	14.6	14.6
总损失	741.52	686.1
(iv)净能量输入	**480.9**	**411.6**

注：(1)、(2)、(3)、(4)、(5)对应于表8.3中思路1、2、3、4、5。

8.5 头脑风暴

在能量损失审计的早期阶段，集思广益是产生想法的一个好办法。它用于确定潜在的改进方法，包括操作、控制、维护，以及泄漏、绝缘等基本管理。头脑风暴的流程和指南应提前发送给相关人员，给与会者充足的时间进行准备。鼓励与会者分享自己的想法，并帮助其他人拓展自己的想法。会议记录用于记录所讨论的任何想法，并将其分发给与会者以获得反馈。

8.5.1 与会者预期

一个成功的头脑风暴会议最重要的因素是具有健全的技术和操作知识的与会者。出席人数应限制在10人以内，以便进行重点讨论。为了防止讨论被一些领导主导，与会者可以被邀请轮流陈述他们的想法。

① 操作主管是工艺装置的操作者，他们几乎了解过去和现在发生的一切。必须邀请他们进行头脑风暴，因为他们可以为改进方法提供有价值的反馈。在大多数情况下，这些反馈实际上是产生想法的主要来源。

② 工艺装置的工艺工程师和生产工程师应在场。工艺工程师了解整个工艺方案和操作条件。他们确定单元操作的关键操作参数。当下，许多工艺工程师都相对年轻和热情，他们可以提出新颖大胆的想法。

③ 应邀请控制工程师，因为控制可能是需要改进的主要领域之一。操作员可能会告知一些不稳定的机组运行情况，这可能是不适当的控制方案和不一致的操作的结果，这成为确定控制改进方法的先导。

④ 如果需要，其他人员可以包括资产经理或部门主管。

⑤ 头脑风暴会议的主持人最好是既有能源知识又有工艺知识的能源工程师，他们可以在正确的背景下提出现实的问题。当进行能源优化项目时，来自外部的顾问可能是另一种选择。

8.5.2 讨论平台

工艺流程图(PFD)为头脑风暴提供了良好的基础。当工艺工程师逐行梳理 PFD 时，与会者会提出一些问题，对当前的操作和设计提出质疑，从这些问题开始，想法就逐渐滚成了雪球。俗话说：一个数据胜过千言万语。PFD 提供了一个视觉帮助，使所有讨论都在同一页上。

通过 PFD 的过程梳理从进入工艺装置的进料开始。进料输送的机会包括直接从上游加工而不是从进料罐输送热进料，以及使用工艺流中的低温热进行冷进料预热。然后根据流程进入反应阶段。

反应回路的机会包括改变反应条件、改变氢分压、回收反应馏出物热量、减少循环气体压缩机的能耗等。

下一步是考虑对分馏系统进行审查；改变塔条件，以最大限度地提高理想产品产量，避免产品规格偏离要求，并减少再沸器的负荷。分馏系统的其他改进机会包括优化泵输送、改变进料温度、从产品运行中回收热量、改变塔内部结构以提高产量或分馏效率。

最后但同样重要的是确定蒸汽和动力机会，包括优化分馏塔和汽提塔中的再沸和汽提蒸汽、利用工艺热量产生蒸汽以及合适驱动器的选择。其他值得讨论的问题包括旋转机械的控制优化和最大限度地减少污水产生。在这里，在许多潜在的想法中，只提到了一些机会。

8.5.3 持续时间

应在不受其他事项干扰的情况下，留出足够的时间进行头脑风暴。通常，2h 对于一个头脑风暴的时间段可能是适宜的，一个处理单元可能需要几个时间段。

8.5.4 基本规则

必须为头脑风暴制定一些基本规则，与会者应提前了解这些规则。第一条规则是，每个与会者都不能把自我带入会议室。换言之，必须在会议室里检查自我，在讨论中每个人都是平等的。第二条规则是不要在头脑风暴中扼杀任何想法。记住，头脑风暴的目的是产生想法。

8.5.5 没有什么是不可优化的

尽管应该承认当前操作实践和流程设计的应有优点，但任何事情都不应被视为一成不变。在寻找改进机会时，任何事情都可能受到质疑。应提出“为什么”和“为什么不”的问题，以验证当前操作实践和流程配置背后的理由，因为它们是基于不同的经济条件和操作习惯制定的。

8.6 能量审计报告

能量损失审计的最后一步是将事情整合到一份报告中，详细说明调查结果并提供节约能量成本的机会。报告的一般准则是保持报告的简洁性。对于确定的每一个机会，都需要报告三个要素：①对机会的解释；②收益和投资成本；③对工艺操作和设备可靠性的潜在影响。为了建立基线，基准评估结果应作为能量损失审计的一部分进行，并纳入报告。

该报告可以从一份执行摘要开始，向需要进行审计的装置的股东简要介绍可用的可节约的地方和关键机会的亮点，并根据确定的机会制定提高设施能量效率的路线图。执行摘要应适合非技术人员，并应尽量减少技术术语。技术细节可以在报告的正文中讨论。报告及相关文件应妥善保存，以备日后参考。

符号对照表

A　区域

BHP　制动马力

C_p，c_p　热(冷)流的流体比热容

C_v　控制阀特性系数

E　电力

F_t　校正系数至 ΔT_{lm}，分数

h　焓

HP　马力

I　电流

k　比热比 $= C_p/C_v$

m，M　质量流量

ΔP　压降

P　压力

PF　功率因数

Q　热含量

r　压缩比 $= P_o/P_i$

T_1，t_1　热(冷)流的供应温度

T_2，t_2　热(冷)流的目标温度

ΔT_1　热端要求温度

ΔT_2　冷端要求温度

ΔT_{LM}　对数平均温差(*LMTD*)

U　总传热系数

V　伏特

W　功率

希腊字母

η　效率

参 考 文 献

Branan C (2005) *Rules of Thumb for Chemical Engineering*, Elsevier.
Kenney WF (1984) *Energy Conservation in the Process Industry*, Academic Press, Inc.

9 过程热回收目标评估

确定过程热回收的节能机会是过程能源优化的重要步骤。如果机会足够大，就需要进行更详细的研究，以确定需要进行资本投资调整的具体内容。收益和成本将构成业务案例的核心部分，提交给管理层批准资本预算。

9.1 引言

尽管第 8 章中讨论的能量损失审计可以揭示热量回收的机会，但它没有给出过程热量回收选项的总体观点，也没有解决能量修正的两个关键问题：工艺装置的最大热回收目标是什么？需要进行哪些改造才能缩小与目标的差距？能量目标评估是本章的重点，它将寻求第一个问题的答案，从而揭示可供讨论的总体机会差距。如果确定机会很大，则注意力将转向改造分析，以寻找具体的改造方案来回答第二个问题，这将在第 10 章中讨论。

让我们考虑图 9.1 中的示例问题。该工艺包括两个反应器和一个分离塔，目前的设计特点是热工艺流和冷工艺流之间的热回收。给工艺工程师的问题是：是否有可能降低目前 18.5MMBtu/h 的加热负荷，以及能节省多少？这个问题将在以下部分中回答。

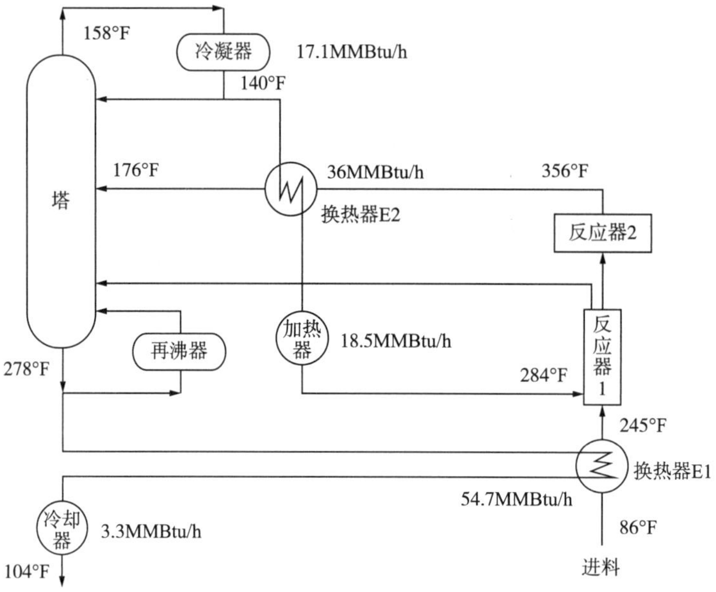

图 9.1　能源目标示例的程序流程图

9.2 数据输出

热回收目标评估从基于现有工艺设计和操作条件的工艺流数据收集开始。在输出操作数据时，问题如下：应该输出哪些时间段的数据？应使用什么进料速率和成分作为基础？其想法是选择在进料速率和产品产量方面反映最常见操作的操作条件。仅在此基础上，效益计算就具有一定的代表性。因此，数据输出可以满足两个标准：

① 应最频繁地使用进料速率和组分。

② 运行中期操作。

在能量目标的背景下，有两种工艺流，即热流和冷流。热流是指温度降低从而热量被排出的那些流体。工艺装置中的热流包括反应馏出物、分离塔顶蒸汽、塔底产品、产物馏分等。相比之下，冷流是那些吸收热量温度上升的流体。冷流是反应器和塔、塔式再沸器等的进料。每个流的数据包括输入和输出温度、流量、比热容、热负荷或焓变。图 9.1 中示例流程的物流数据(部分)输出如表 9.1 所示。塔式再沸器不包括在内，因为它是由高压蒸汽供热的。

表 9.1　从图 9.1 中输出的流体数据

项目	输入温度/℉	输出温度/℉	流量/(lb/h)	C_p/[Btu/(lb·℉)]
塔底产品(A)	278.0	104.0	512681	0.650
塔顶冷凝器(B)	158.0	140.0	102536	9.249
反应器 2 馏出物至第 3 号塔(C)	356.0	176.0	256341	0.780
原料进料至反应器 1(D)	86.0	245.0	512681	0.668
塔过热液体至反应器 1(E)	140.0	284.0	51268	7.382

9.3　复合曲线

开发了用于热回收目标的复合曲线(Linnhoff 等，1982)。“复合”一词揭示了复合曲线方法背后的基本概念：整体热回收系统的系统视图。热的复合物流代表所有的热工艺流，而冷的复合物流代表所有的冷工艺流。以这种方式，将涉及多个热流和冷流的复杂热回收系统的评估问题简化为两个复合流的问题。本质上，热复合物流代表单个工艺热源，而冷复合物流代表单一工艺散热器。

考虑表 9.1 中的流体数据，其中包括三个热流和两个冷流。让我们先开始构建热复合曲线。三股热流绘制在 *T/H* 轴上，其起始温度和终止温度分别对应于焓变化(热负荷)(图 9.2)。

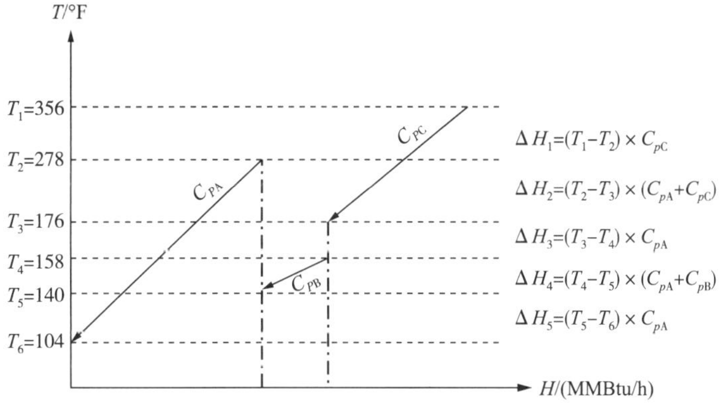

图 9.2　三个热流的 *T/H* 表示形式

一个热的复合流应该具有什么特征来代表这三个热流？复合流应具有两个特征：①它应经历与三个流完全相同的温度变化；②它应具有与三个流体的热负荷之和相同的总热负荷。

为了直观了解这两个条件是如何满足的，让我们在 *T/H* 轴上检查这三个流，如图 9.2 所示，从每个流的起始温度和终止温度创建了五个温度区间。在区间 1 中，仅存在流 C 并且因此存在焓变化 $\Delta H_1=(T_1-T_2)\times C_{pC}$。然而，在区间 2 中，流 A 和流 C 对此有贡献，因此焓变是两个单独焓变的总和，即 $\Delta H_2=(T_2-T_3)\times(C_{pA}+C_{pC})$。在区间 3 中，仅存在流 A，

$\Delta H_3=(T_3-T_4)\times C_{pA}$。对于区间 4，流 A 和流 B 共存，然后 $\Delta H_4=(T_4-T_5)\times(C_{pA}+C_{pB})$。最后，在区间 5 中，只有流 A 存在，因此 $\Delta H_5=(T_5-T_6)\times C_{pA}$。

通过在 *T/H* 轴上依次绘制五个温度变化和相应的焓变化，获得了热复合流，得到的 *T/H* 图(图 9.3)是热复合曲线，满足上述两个条件。显然，热复合曲线代表了温度和焓变化方面的三种热流。

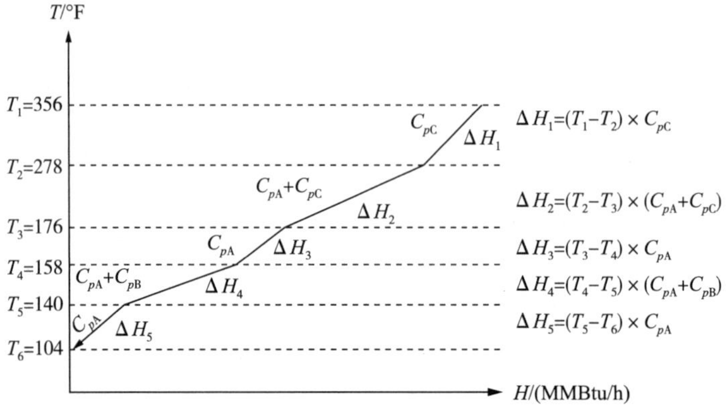

图 9.3　热复合流的 *T/H* 表示形式

类似地，两个冷流的 *T/H* 表示如图 9.4 所示，两个冷流的复合曲线如图 9.5 所示。通过在 *T/H* 轴上绘制热复合曲线和冷复合曲线，我们获得了 *T/H* 图，即所谓复合曲线(图 9.6)。

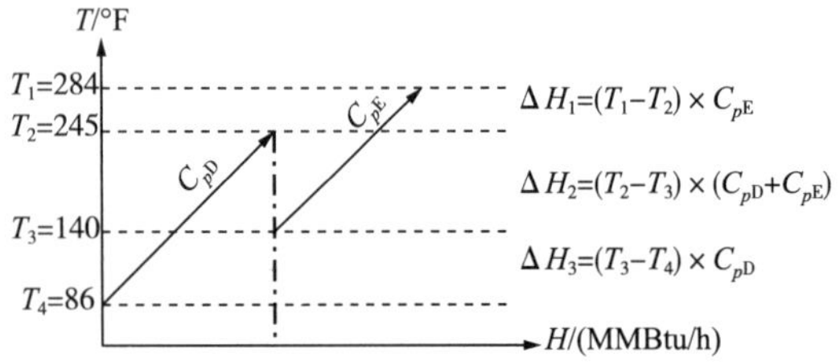

图 9.4　两个冷流的 *T/H* 表示形式

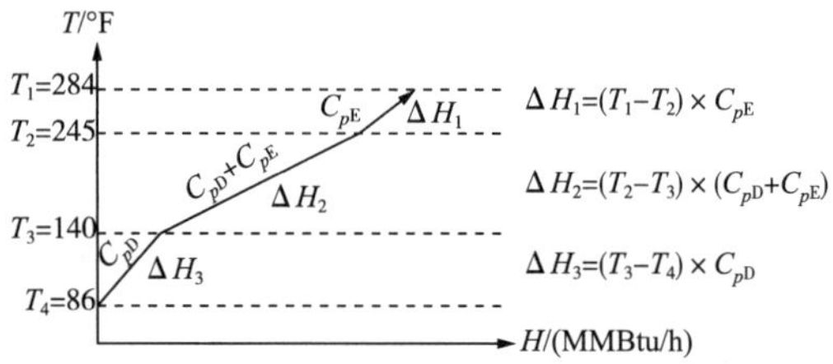

图 9.5　冷复合流的 *T/H* 表示形式

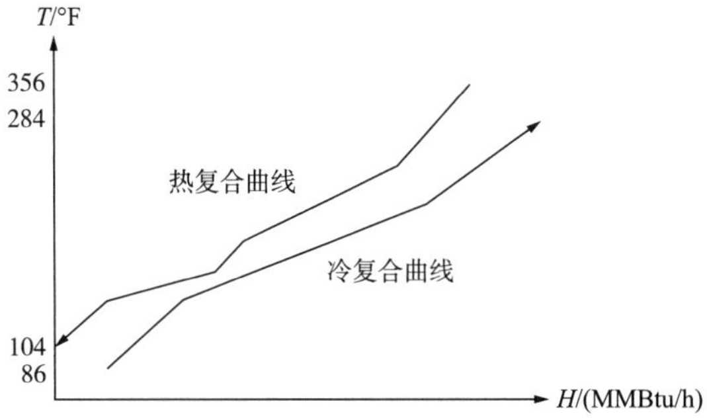

图 9.6　表示三股热流和两股冷流的复合曲线

9.4　基本概念

从复合曲线中可以学到什么？简言之，曲线可以揭示热回收问题的非常重要的见解：最大过程热回收、夹点以及冷热效用目标，如图 9.7 所示。对这些基本概念的解释如下：

① 最低温度 $\Delta T_{\min}$：对于热复合流和冷复合流之间可行的热传递，必须指定最低温度，

该温度对应于 T/H 轴上两条复合曲线之间最接近的温差。这种最低温度被称为网络温度，并被定义为 ΔT_{min}。

② 最大过程热回收：热复合曲线和冷复合曲线之间的重叠表示给定 ΔT_{min} 的最大热回收量。换言之，从热复合曲线中的热流获得的热量可以在重叠区域中与冷复合曲线的冷流进行热交换。

③ 冷热公用设施要求：冷复合材料顶部的超调量代表最小外部加热量（Q_h），而热复合材料底部的超调量则代表最小外部冷却量（Q_c）。

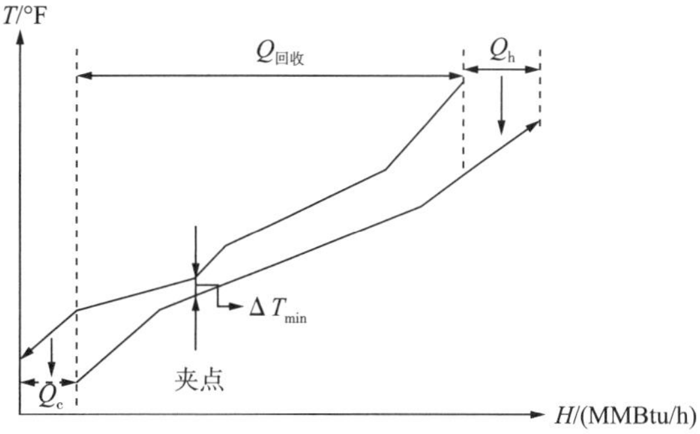

图 9.7　复合曲线中描述的基本概念

④ 夹点：ΔT_{min}的位置称为过程夹点。换句话说，夹点发生在 ΔT_{min}。当冷热复合曲线接近指定的 ΔT_{min}时，热回收达到最大值，冷热公用设施达到最小值。因此，夹点成为进一步减少冷热公用工程的瓶颈。如果要进一步降低效用，就必须对工艺进行变更。

9.5　能量目标

通过假设实际的 ΔT_{min}，复合曲线可以指示热公用工程和冷公用工程的目标。例如，对于表 9.1 中的示例问题，假设最小接近温度 ΔT_{min} 为 25℉，复合曲线（图 9.8）给出了 17MMBtu/h 的最小加热目标与 18.5MMBtu/h 的当前工作负载。同时，与目前的 20.4MMBtu/h 相比，最低冷却要求为 18.9MMBtu/h。

总结了获得复合曲线和能量指标的过程。首先，收集物流数据（表 9.1），并根据温度和焓确定工艺流程的加热和冷却要求。接下来，将热流绘制在温度-焓轴上（图 9.2），然后将各个热流剖面组合起来，得到热组合曲线（图 9.3）。对于冷流（图 9.4）重复此步骤以生成冷复合曲线（图 9.5）。最后，将两条复合曲线绘制在一起，以获得给定 ΔT_{min} 的复合曲线（图 9.8）。一般的观察结果是，较大的 ΔT_{min}对应于较高的能源利用率，但具有较低的传热面积，从而可以降低投资成本，反之亦然（图 9.9）。基于复合曲线的热回收系统传热面积的计算将在第 9.7 节中讨论。

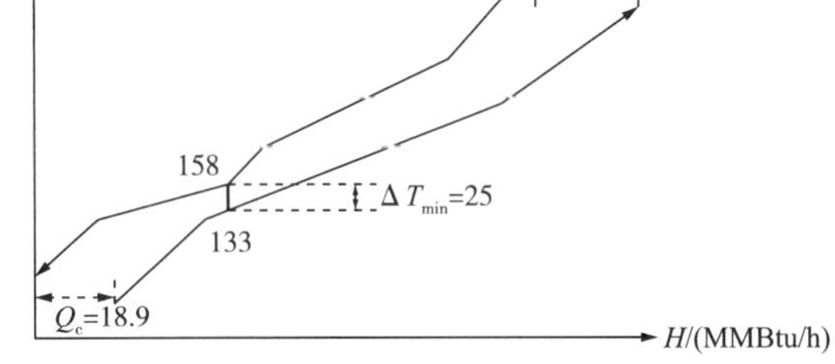

图 9.8　指定 ΔT_{min}的能量目标

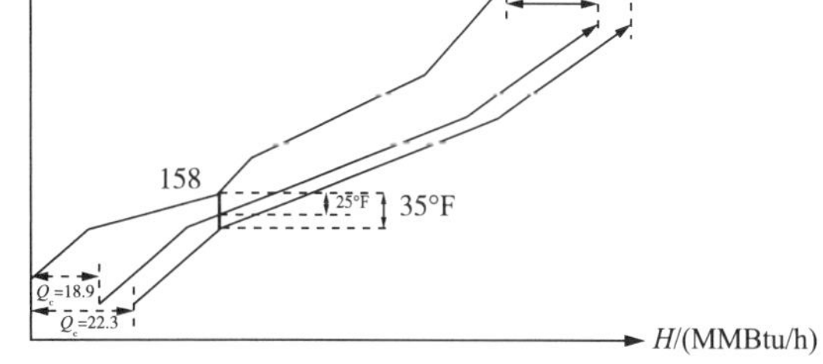

图 9.9　不同 ΔT_{min}的能量目标

9.6　规范标准

一旦识别出夹点，整个热回收系统可以分为两个独立的系统：一个在夹点上方，另一个在夹点下方，如图 9.10(a)所示。夹点上方的系统需要热量输入，因此是一个净散热器。

在夹点以下，系统排出热量，净热源也是如此。当热回收系统设计不具有交叉夹点传热时，即从夹点上方到夹点下方，该设计在给定的 ΔT_{min} 下实现了最小的冷热公用设施要求。

此外，如果允许交叉夹点传热，会发生什么？在图 9.10(b)中，交叉夹点(XP)热量从夹点上方传递到夹点下方。夹点上方的系统现在会向夹点下方的系统损失 XP 单位的热量。要恢复热量平衡，必须增加相同的热量，即 XP 单位。在夹点以下，XP 单位的热量被添加到系统中；因此，冷效用需求也增加了 XP 个单位。交叉夹点传热的结果是，热公用工程和冷公用工程都将增加 XP 量，即交叉夹点传热负荷。

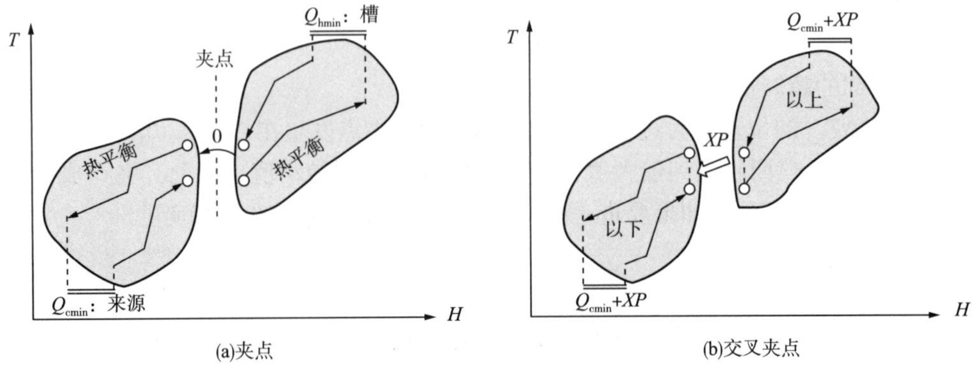

图 9.10　夹点原理：交叉夹点传热的损失

对于图 9.1 中的示例工艺设计，当前设计中的交叉夹点传热等于 1.5MMBtu/h(当前设计中为 18.5MMBtu/h，而目标为 17MMBtu/h)。因此，对于 $\Delta T_{min}=25$℉，$XP=1.5$MMBtu/h，这是交叉夹点传热。

基于交叉夹点传热原理，如果将外部冷却用于夹点上方的热流，则会以相同的量增加热公用工程的需求。类似地，夹点以下的外部加热使整体冷热公用设施需求增加了相同的量。

总之，为了实现过程的最小能量目标，必须遵守三条基本的夹点黄金法则(Linnhoff 等，1982)：

① 热量不得跨夹点传递。

② 夹点上方不得有外部冷却。

③ 夹点下方不得有外部加热。

违反这些规则中的任何一项都将导致超出目标的冷热公用工程的损失。

9.7　成本目标：确定最佳 ΔT_{min}

基于能量和资本之间的权衡来确定最佳 ΔT_{min}，使得热回收系统的总成本处于最小。

对于热回收系统的基层设计，年度总成本由两部分组成，即投资成本和能量运营成本：

① 能量运营成本包括冷热公用工程的能源费用，每年以美元为单位计费。

② 该网络的投资成本是所有单个传热设备(包括换热器、加热炉、蒸汽加热器、水冷却器、空气冷却器和制冷设备)的安装成本以及其他相关成本的总和，包括基础、管道、仪表、控制等。因此，需要构建整个传热系统所需的总投资(美元)。

传热设备的表面积计算是成本目标确定中最重要的部分。为了简单起见，面积模型(Townsend and Linnhoff，1983a、1983b)用于解释如何直接从复合曲线计算表面积。为此，将实用程序添加到复合曲线中，以实现冷热复合材料之间的热平衡。然后，将平衡的复合曲线划分为几个焓区间，每个焓区间必须具有直线温度曲线(图 9.11)。

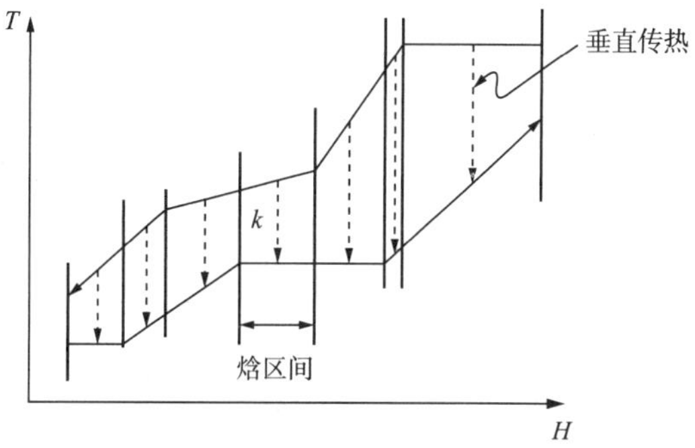

图 9.11　复合曲线表面积的计算

在一个焓区间内可能有几个热流和冷流。对于第 k 个区间中涉及热流 i 和冷流 j 的每个换热器，表面积和成本可以通过方程(9.1)和方程(9.2)计算：

$$A_{i,j,k}=\frac{Q_{i,j,k}}{U_{i,j,k}LMTD_{i,j,k}} \tag{9.1}$$

$$C_{i,j,k}=a_{i,j,k}+b_{i,j,k}A_{i,j,k}=a_{i,j,k}+b_{i,j,k}\frac{Q_{i,j,k}}{U_{i,j,k}LMTD_{i,j,k}} \tag{9.2}$$

式中，A 为表面积，ft^2；Q 为热负荷，MMBtu/h；$LMTD$ 为对数平均温差，℉；U 为总传热系数，MMBtu/(h · ft^2 · ℉)；a 为传热设备的固定成本，美元；b 为表面积成本，美元/ft^2。

因此，所有传热设备的总表面积和购买成本可以通过方程(9.3)、方程(9.4)计算出来：

$$A_k = \sum_{i,\ j} A_{i,\ j,\ k} = \sum_{i,\ j} \frac{Q_{i,\ j,\ k}}{U_{i,\ j,\ k}LMTD_{i,\ j,\ k}} \tag{9.3}$$

$$C_k = \sum_{i,\ j}\left[a_{i,\ j,\ k} + b_{i,\ j,\ k}\frac{Q_{i,\ j,\ k}}{U_{i,\ j,\ k}LMTD_{i,\ j,\ k}}\right] \tag{9.4}$$

式中，A_k为第 k 个区间的总表面积，ft^2；C_k为第 k 个区间内所有传热设备的采购成本，美元。

网络的总表面积和投资成本可以通过方程(9.5)和方程(9.6)计算。换热器设备成本必须转换为安装成本，包括采购成本、基础、管道、仪表、控制和安装等。

$$A_{\text{Network}} \sum_{k} A_k = \sum_{i,\ j,\ k} \frac{Q_{i,\ j,\ k}}{U_{i,\ j,\ k}LMTD_{i,\ j,\ k}} \tag{9.5}$$

$$C_{\text{Network}}^{\text{Cap}} = \sum_{k}\sum_{i,\ j} I_{i,\ j,\ k}\left[a_{i,\ j,\ k} + b_{i,\ j,\ k}\frac{Q_{i,\ j,\ k}}{U_{i,\ j,\ k}LMTD_{i,\ j,\ k}}\right] \tag{9.6}$$

式中，A_{Network}为总表面积，ft^2；$C_{\text{Network}}^{\text{Cap}}$为总安装成本，美元；$I_{i,j,k}$为第 k 个区间中的流 i 和流 j 之间的换热器的安装系数。

此外，热公用工程和冷公用工程的公用工程消耗和成本可以分别计算为：

$$Q_{\text{h, Network}} = \sum_{l} Q_{\text{h},\ l} \tag{9.7}$$

$$Q_{\text{c, Network}} = \sum_{p} Q_{\text{c},\ p} \tag{9.8}$$

$$C_{\text{Network}}^{Q} = \sum_{l} c_{\text{h},\ l}Q_{\text{h},\ l} \sum_{p} c_{\text{c},\ p}Q_{\text{c},\ p} \tag{9.9}$$

式中，$Q_{\text{h,l}}$为热公用工程的热负荷 l，MMBtu/h；$Q_{\text{c,p}}$为冷公用工程的热负荷 p，MMBtu/h；$c_{\text{h,l}}$为热公用工程的成本 l，美元/MMBtu；$c_{\text{c,p}}$为冷的成本效用 p，美元/MMBtu；C_{Network}^{Q}为公用工程总成本，美元/h。

每个 $\Delta T_{\min}$的安装成本可以根据方程(9.6)计算，而能量成本可以根据方程(9.9)计算。

通过计算不同 ΔT_{min} 值的能量和投资成本，可以获得一个 ΔT_{min} 范围内的两条成本曲线，即能量和成本曲线，如图 9.12 所示。

整个热回收系统的年化总成本可以定义为：

$$C_{Network}^{Total} = FC_{Network}^{Cap} + KC_{Network}^{Q} \tag{9.10}$$

式中，C 为成本，美元；F 为资本年化因子，1/年；K 为时间年化系数=24h/a×运行天数/a。

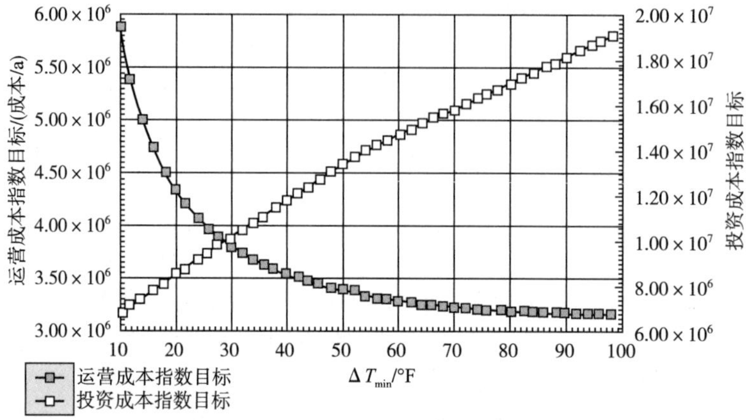

图 9.12　资本与能量的权衡

对于不同的 ΔT_{min}，预计将有不同的投资成本和公用工程成本。当 ΔT_{min} 增加时，投资成本随着 *LMTD* 的增加而下降，从而表面积减少，而公用工程消耗和能量成本上升。当 ΔT_{min} 降低时，投资成本随着 *LMTD* 的降低而上升，而公用工程消耗和能量成本则下降(图 9.12)。因此，公用工程成本和投资成本之间存在平衡。这种平衡可以通过在图 9.13 的图表上绘制出的总年化成本来可视化。最优网络方法表示为 $\Delta T_{min,opt}$，是与最低的年化总成本相对应的方法。在许多情况下，存在一系列总成本相似的 ΔT_{min} 值，因此选择 ΔT_{min} 时，应尽量简化设计。

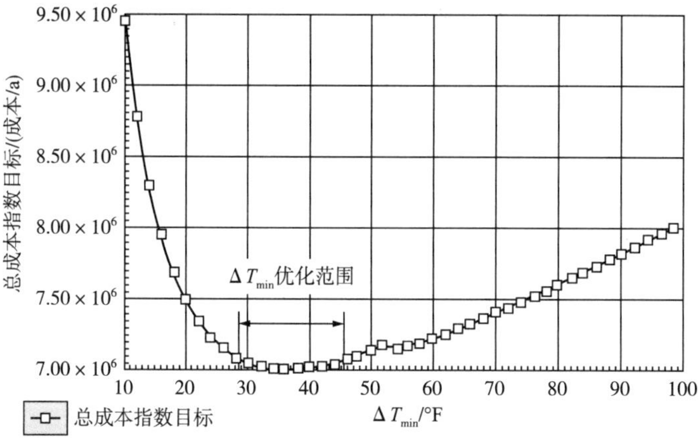

图 9.13　确定 $\Delta T_{min,opt}$ 的总成本指数目标曲线

$\Delta T_{min,opt}$ 的意义在于设定热回收设计应从何处开始，以及设计结果对公用工程和资金成本的预期。如果设计成本比目标成本高得多，就必须进行设计评估，找出原因，并计算出可测量的修正值。

Aspen HxNet 和 Honeywell UniSim ExchangerNet 软件可以用来建立复合曲线，并进行能源目标和总成本目标确定，以确定 $\Delta T_{min,opt}$。

9.8 案例研究

研究一个柴油加氢处理过程，流程如图9.14所示。联合进料经E100反应馏出物和加热炉预热后进入反应器。将热量转移到联合进料后，反应馏出物在空气冷却器中被冷却，然后进入高压分离器(HPS)，在那里富氢气体被分离并回收，与新鲜进料混合形成联合进料。HPS液体通过放空阀降低压力，进入低压分离器(LPS)，LPS液体通过汽提塔底部进料交换器(E101)进入汽提塔。汽提塔底部产物先用E101冷却，然后用水冷却，最后作为柴油产品进入储罐。

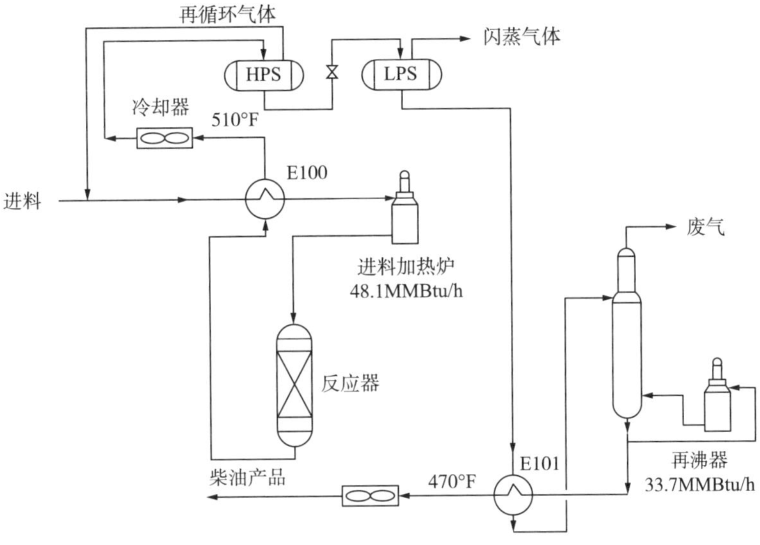

图9.14 柴油加氢处理工艺示意图

能量损失审计发现了两个主要的能量损失项目：反应馏出物的热量分别在510℉的温度下被排到空气冷却器中，汽提塔底产物在470℉的压力下在水冷却器中向下流动。然而，能量损失审计无法确定回收这两种热损失的燃料节约效益，这个问题只能通过稍后讨论的热回收目标评估来回答。

9.8.1 针对性评估的代表性操作依据的选择

这个问题可能需要一个解释，因为人们通常会考虑使用最受限制的操作场景，即最大加工量和运行结束数据，作为改进设计的基础。这是可以理解的，因为必须提供足够的设计余量，以便改造后的设备能够处理生产变化。然而，为了确定热回收的目标，所使用的数据应该基于最常见的操作情景，这不同于最受限制的操作情景，以避免低估或高估效益。在改造研究中，采用最受约束的方案作为设备规模的基础。

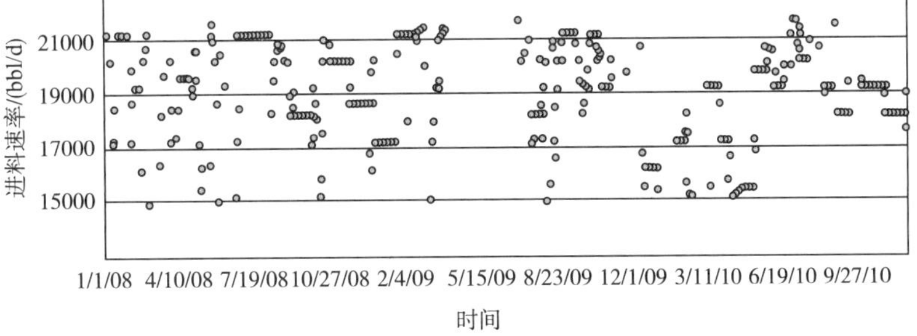

图9.15 随时间变化的进料速率

让我们用一个例子来说明“最常见”的操作场景是什么意思。图 9.15 显示了过去 3 年中流程操作的流程进料速率，从 15000bbl/d 到 21000bbl/d 变化很大，整个时间段的算术进料速率平均为 18000bbl/d，最大操作速率为 21000bbl/d。在确定最常见的进料速率时，表 9.2 中计算了进料速率频率，表明最常见的进料速率在 19000~21000bbl/d。这个范围内的平均值为每天 20500bbl，这个平均值可以作为热回收评估的基础。显然，20500bbl/d 与 18000bbl/d 的算术平均值大不相同。如果用算术平均值作为基础，收益就会被低估。此外，如果采用最大进料速率，效益会被高估。因此，最频繁操作的平均进料速率是共用操作的最佳表示。算术平均值不能代表最常见的运算，因为平均值可能会受到不常发生的过大或过小进料速率的强烈影响。

表 9.2 运行频率

原料量/(bbl/d)	频率/%	原料量/(bbl/d)	频率/%
19000~21000	68	15000~17000	10
17000~19000	22		

在选择最常见的操作进料速率作为典型进料速率的情况下，选择进料速率接近典型进料速率且处于运行中间的时间段作为热回收评估的数据基础，如表 9.3 所示。从物理性质数据库中获得每个物流的比热容数据。同时，从历史数据中获得进料加热炉和汽提塔再沸加热炉的燃料消耗量，然后根据加热炉效率将其转换为吸收效率，分别为 48.1MMBtu/h 和 33.7MMBtu/h。

表 9.3 柴油加氢处理装置的工艺物流数据

蒸汽名称	输入温度/℉	输出温度/℉	流量/(lb/h)	C_p/[Btu/(lb·℉)]
至反应器的组合进料	165.8	700.0	256341	0.762
总反应馏出物	737.1	115.0	256341	0.765
汽提塔底至储罐	513.0	144.0	232387	0.588
LPS 液体汽提塔进料	117.2	355.0	254886	0.544
汽提塔冷凝器	253.0	115.0	29968	1.275
汽提塔重沸器	460.7	513.0	364956	1.394

9.8.2 效益评估

基于工艺流程数据，组合曲线如图 9.16 所示。现有工艺的 ΔT_{min} 是根据 81.8(48.1+33.7)MMBtu/h 的总吸收负荷从复合曲线确定为 253℉。显然，在 253℉处大的 ΔT_{min} 表现出非常差的热回收设计，一个简单的原因就是，设计是 20 世纪 50 年代的旧式设计，当时能源非常便宜，设计目标是为了最小化资本投资。如果今天设计相同的工艺，最佳 ΔT_{min} 可以确定为 70℉，由最小总成本表示，相当于 34.8MMBtu/h 的总吸收负荷。

因此，这种旧工艺设计的能量改造的潜在效益可以计算如下：

① 节能：假设加热器效率为 85%，吸收效率的最大节能范围可能为 47(81.8-34.8) MMBtu/h 或燃烧效率为 55MMBtu/h。

② 假设燃料价格为 6 美元/MMBtu，运行时间为 360d/a，能量成本可节省 290 万美元/a。

热回收目标评估揭示了一个非常重要的成本节约机会，因此热回收目标的重要性在于创造经济激励，以证明进一步调查的合理性。然而，热回收目标并不能解决以下问题：需要进行哪些具体的改造才能获得节约机会？这个问题将通过应用网络夹点方法来回答，这将在第10章中进行讨论。

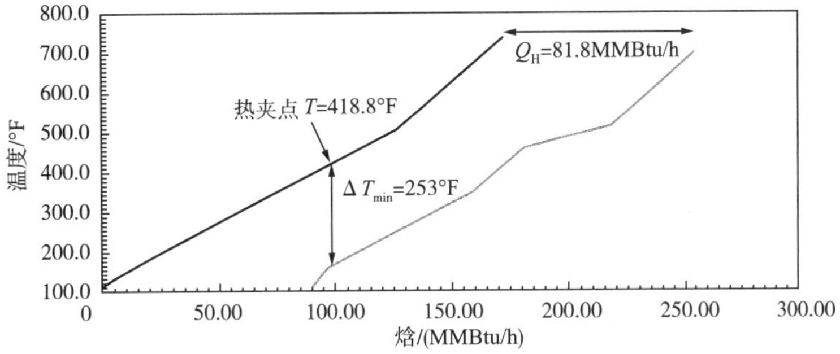

图 9.16 柴油加氢处理过程的复合曲线

9.9 避免次优解决方案

确定 $\Delta T_{min,opt}$ 的常见错误是优化子系统。为了避免这种情况，工艺装置的一系列边界应根据产品的进料确定。应解决以下问题以定义流程边界：

① 边界应包括哪些部分？通常，工艺包括进料制备、反应、分馏和分离、热回收和产品输送部分。为了避免 ΔT_{min} 的次优解决方案，在确定 $\Delta T_{min,opt}$ 时应包括这些部分。

② 最佳进料温度是多少？进料温度越高越好并不总是正确的，因为更热的进料是以物性产生进料的上游单元为代价的。当上游装置急需热量，并且设计中的工艺有大量来自反应馏出物的热量时，就会出现反例。因此，最佳进料温度应根据上游装置和设计中装置的净效应来确定。当产品成为下游装置的进料时，同样的论点也适用于确定产品温度。

③ 能源定价是否现实？底线是，能源定价应该与边际效用直接相关，边际效用是炼油厂为购买或制造能源而支付的。

为了说明可能出现的次优解决方案，让我们考虑一个加氢裂化工艺的例子，该工艺生产运输燃料油产品。数据是从工艺模拟中输出的，假设首先设计进料预热和反应段，然后设计分馏段。

通过应用成本目标程序，获得进料预热和反应段的总成本曲线，$\Delta T_{min,opt}$ 发生在 60°F 下，如图 9.17 所示。$\Delta T_{min,opt}$ 在较低值下出现是由于大量反应馏出物热量的可用性和高燃料成本。

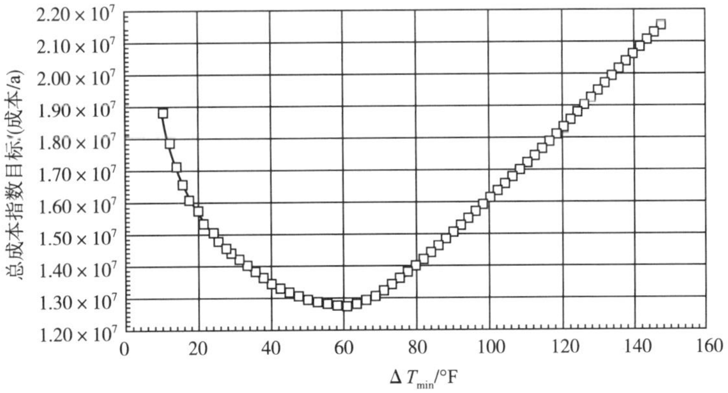

图 9.17 反应部分的 $\Delta T_{min,opt}$ 总成本指数目标曲线

现在让我们把注意力转向产品分馏和气体浓缩部分。这些部分的总成本指数目标曲线如图 9.18所示，表明 ΔT_{min}选择在 110~120℉的范围内。ΔT_{min}高的原因很简单：在高温下没有足够的工艺热量，导致燃料消耗大。

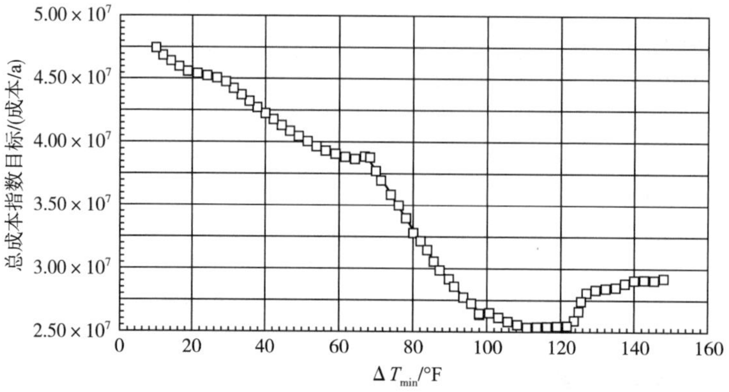

图 9.18　分馏部分的 $\Delta T_{min,opt}$总成本指数目标曲线

然而，如果在一个设计边界中同时考虑所有这些部分，则成本目标表明 ΔT_{min}选择范围为 65~70℉。通过整合反应段和分馏段，可以将相对高温的一些反应馏出物的热量用于分馏段，而可以回收相对低温下的一些产物的热量，用于在低温下预热进入装置的新鲜进料。通过这种集成，反应中的加热炉可能会变得比单独设计的略大，但分馏炉要小得多。净结果是总体燃料消耗和加热炉投资成本显著降低。

让我们看看对总成本的影响。如果反应和分馏部分的热回收系统分别设计，$\Delta T_{min,opt}$将在反应部分的大约 60℉处，导致总年化成本约为 1300 万美元/a(图 9.17)，而 $\Delta T_{min,opt}$分馏部分将在 115℉左右对应于总年化成本 2500 万美元/a(图 9.18)。然而，通过分别设计反应和分馏部分的热回收系统，这两个部分的热回收同时设计，每年的总成本约为 3500 万美元，比每年 3800(1300+2500)万美元低 8%左右。人们经常看到，一个复杂的过程是按顺序设计的，这种设计方法导致总投资成本高昂。

9.10　综合成本目标和过程设计

9.10.1　传统的设计方法

传统的工艺设计从工艺流程图开始，不考虑能源的使用和产生。一旦设计了工艺流程方案并确定了工艺条件，就可以对工艺公用设施需求进行总结，以获得冷却水、蒸汽、电力和燃料方面的总体效用平衡。这些公用工程的不足通过中央蒸汽和电力系统以及电力和天然气的进口来弥补。先前概述的装置设计方法往往导致对两个重要机会的考虑不足：①感兴趣的工艺装置内和工艺装置之间的热集成；②工艺装置和公用工程系统之间的热整合。

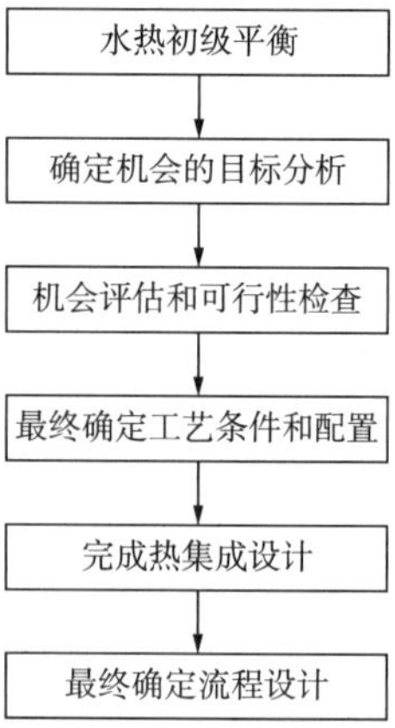

图 9.19　嵌入能量优化的系统设计过程

9.10.2　系统设计方法

为了探索所有机会并确定真正的最佳能源解决方案，讨论了一个系统的设计程序(Zhu and Martindale，2007)，如图 9.19

所示，并解释如下。

首先，建立了几个设计案例，包括在能源利用和催化剂性能方面存在显著差异的工艺装置的运行始末。然后确定基本情况。接着生成基本情况的初步热平衡和物料平衡，以确定工艺配置和关键工艺条件，如反应温度和压力、分离温度和压力，进料、产品和循环物流的条件等。这些初始工艺设计信息为进行热集成目标分析提供了基础。

在目标确定阶段，探索假设情景中的主要机会，包括不同工艺段之间的热集成。工艺装置之间的热集成主要通过蒸汽的消耗和产生以及优化连接上游和下游工艺装置的中间产品的温度来解决。还探讨了将工艺条件与热回收相结合的机会。例如，提高分离器的进料温度可以减少再沸器负荷，从而减少公用工程的热需求；然而，由于进料温度升高可能会对分离段中的气液流动产生不利影响，因此需要验证对分离的影响。目标分析的结果给出了基于资本和公用工程成本之间权衡的最佳流量方案和热回收水平。在整个系统的目标阶段，应提供实际的投资成本，包括燃烧式加热炉、换热器、翅片风扇，以及蒸汽、燃料和冷却介质(如空气、冷却水和制冷)的公用工程系统成本。

工艺设计师、操作技术服务人员和客户对目标确定阶段确定的机会进行彻底审查，以验证技术可行性，并评估对操作灵活性和安全性的任何影响。在这个阶段，有时需要额外的过程模拟，以充分评估技术、经济和操作的可行性。一旦根据最佳经济性和确认的可行性选择了设计方案，就可以最终确定工艺配置和条件，并将其纳入更新的热量和物料平衡中。然后完成进一步的热集成研究，以确定最终工艺设计中换热方案的具体细节。

9.11　应用系统设计方法的挑战

瞄准的概念听起来非常强大，但在应用中也存在挑战。一个挑战是选择用作基础的能源成本，包括燃料、不同水平的蒸汽、功率和冷却介质(空气、冷却水、凝结水和制冷)。我们将以天然气为例，说明选择能源价格进行优化的挑战和重要性。在20世纪90年代末，天然气的价格约为3美元/MMBtu，而2010年初的价格约高出一倍。使用不同的能源价格可能会导致不同的投资成本。建议使用更保守的燃料价格估计作为目标的基础，明智的做法是提高对气体排放的立法处罚。

适当的蒸汽定价也很有挑战性。对于大多数工艺装置来说，中压和低压蒸汽的定价是最令人困惑的，因为它们是蒸汽系统的中间产品。现实的蒸汽定价应基于所需的增量燃料成本，而不是基于焓(考虑能源量)，这可能会产生严重误导。

成功确定成本目标的另一个关键因素是投资成本估算。热回收系统的投资成本包括换热器、加热炉和冷却器的成本。对投资成本的估计不当可能导致投资成本和公用工程成本之间的次优权衡。一个重要方面是对单个工艺物流的传热系数的良好估计，因为传热系数决定了换热器的尺寸和表面积。准确的投资成本的第二个考虑因素是在工作的目标阶段对工艺炉和冷却塔进行现实的成本计算——这些比换热器贵得多。

有一种方法可以处理这些不确定性，那就是在成本范围目标分析中探索成本范围。在这个统一的成本范围内，不同热回收水平的总成本相似，接近最小总成本。然后选择具有预期设计简单性的在该成本范围内的热回收水平作为热回收系统设计的基础。这种方法显著降低了由于能源成本的变化而使设计变得次优的风险。

还有一个关键因素是在整个能源优化工作中始终牢记装置布局和安全。仅基于计算的热回收率和成本权衡的能源优化工具的应用可能导致不切实际的设计。通常，良好的热集成设计被期望在不同的处理部分和处理单元之间高度集成。然而，就操作灵活性、启动和控制以及管道基础设施而言，高度集成的设计是不可取的。另一个经常没有得到充分考虑的问题是管道的数量和路线——可能需要长管道才能将热流从一个位置输送到换热器中，从而导致昂贵而复杂的管道连接。

这种系统设计方法的应用需要从能源优化工作的开始——在目标阶段和整个剩余工作中——就解决装置布局和安全问题。用于开发最佳解决方案的一个关键原则是设计的简单性。只有当工艺装置之间的热交换能显著提高经济性且与替代方案相比不会影响操作灵活性时，才建议在工艺装置之间进行热交换。此外，为了优化跨装置热集成的可操作性和经济性，必须优化下游工艺装置的进料温度，并考虑跨工艺装置的蒸汽集成。另一种用于提高可操作性的策略是将跨单元的直接热集成限制在它们通常以相同模式运行的应用中。

最后，但同样重要的是，需要仔细制定任务时间表，以最大限度地减少开发流程设计所需的时间。设计活动的分配应适当，以便能量优化工作与其他工艺设计工作并行完成；因此，不需要额外的项目时间去完成以上工作。

符号对照表

a	换热器固定成本，美元
A	表面积，ft^2
b	表面积成本，美元/ft^2
C	成本，美元
F	资本年化因子，1/年
$I_{i,j,k}$	第 k 个区间中流 i 和 j 之间换热器的安装系数
K	时间年化系数=24h/d×运行天数/a
$LMTD$	对数平均温差，℉
Q	热负荷，MMBtu/h
U	总传热系数，MMBtu/h/(ft^2 · ℉)

参 考 文 献

Linnhoff B, Townsend DW, Boland D et al. (1982) *A User Guide on Process Integration for the Efficient Use of Energy*, IChemE, UK.

Townsend DW, Linnhoff B (1983a) Heat and power networks in process design. Part I: criteriafor placement of heat engines and heat pumps in process networks, *AIChE Journal*, 29(5), 742-748.

Townsend DW, Linnhoff B (1983b) Heat and power networks in process design. Part II: designprocedure for equipment selection and process matching, *AIChE Journal*, 29(5), 748-771.

Zhu XX (Frank), Asante NDK (1999) Diagnosis and optimization approach for heat exchangernetwork retrofit, *AIChE Journal*, 45(7), 1488-1503.

Zhu XX (Frank), Martindale D (2007) Sustainable energy improvements: reduce energy costsfor both new and revamped units, *Hydrocarbon Engineering Journal*, September, pp. 81-87.

10 工艺热回收改进评定

确定最佳改造方案并非易事，这些方案的特点是投资成本最低，对现有基础设施的影响最小，从而实现最大的能源节约。对于复杂的热回收系统来说，寻找这样的选择可能非常耗时。许多其他研究人员和从业者已经讨论了寻找实用但最优的改造的动机。Zhu 和Asante(1999)开发的网络夹点方法已被证明在实际应用中是成功的，本章将对此进行详细讨论。

10.1 引言

大多数装置在其使用寿命内至少要进行一次重大改造，以利用加工技术的进步，提高能量效率，或提高装置产能。在这种改造过程中，通常需要对热回收系统进行改造，以确保在新的操作条件下达到所需的处理温度和其他条件(例如压力)。需要具有不同运营和投资成本的替代设计，以满足新的运营要求，并且必须从这些替代设计中选择最终的改造设计。备选设计在可操作性、灵活性和固有安全性方面也可能有不同程度的变化，在选择最终改造设计时也必须考虑这些因素。

过去，基于工艺夹点概念的改造方法被广泛使用(Tjoe and Linnhoff，1986；Polley et al.，1990；Shokoya and Kotjabasakis，1991)。然而，工艺夹点是为基层设计而开发的，从根本上与改造方案无关。这里要讨论的方法(Zhu and Asante，1999)是一种分两阶段的方法：识别网络夹点，即现有热回收系统的真正瓶颈，并以最小的资金成本确定改造以克服网络夹点——这就是这种方法被称为网络夹点方法的原因。

10.2 网络夹点——现有热回收系统的瓶颈

在第 9 章图 9.1 的示例问题中，目标评估表明，$\Delta T_{min}=25$℉的最低能源使用量为 17.1MMBtu/h，比当前设计低 9.2%。有人可能会问：是否可以通过在一些现有的换热器上增加换热器的表面积来提高热回收率？为了回答这个问题，让我们回到图 9.1 中的五个物流示例。图 9.1 中的热回收由图 10.1 中的网格图表示，以便更好地显示热交换系统。在网格图中，热流从左到右，冷流从右到左。换热器由连接两个工艺流的两个圆和一条线表示。

如果想降低图 10.1 中反应加热炉的负荷，最简单的方法是提高反应器 1 的进料温度。为此，必须增加换热器 E1(进料-塔底油换热器)的表面积，同时增加该换热器的工艺热回收。为了实现相同的反应温度，必须降低反应器 1 的塔顶液体温度，这导致较低的加热负荷。然而，无论增加多少表面积，E1 的热回收增加都是有限制的。在这种情况下，限制热回收的换热器 E1 被称为夹点换热器，发生这种情况的点被称为网络夹点，这是现有网络的瓶颈。这可以被确定为 E1 的冷端，其中现有换热器 E1 达到 25℉的 ΔT_{min}(见图 10.2)。最低接近温度 25℉用于处理工艺变化。这种改进设计的反应热负荷为 17.5MMBtu/h，这比目前 18.5MMBtu/h 的热负荷节省了 5%，但仍比 17MMBtu/h 的目标高出 3%。

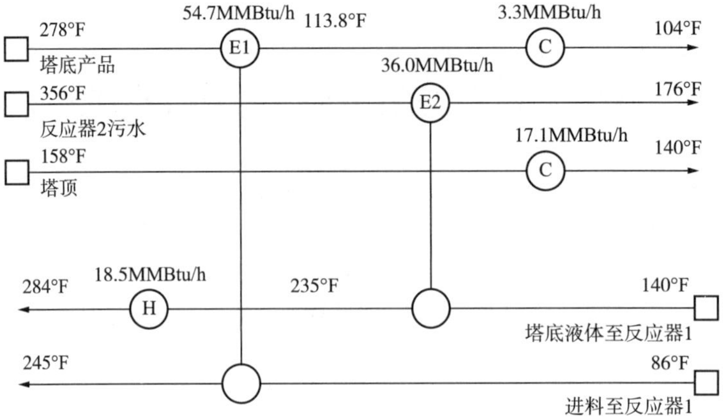

图 10.1　图 9.1 中换热器网络的网格表示

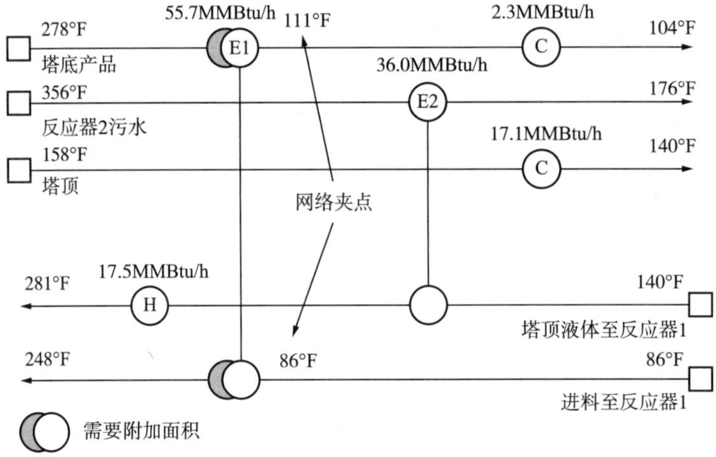

图 10.2　图 10.1 中网络的网络夹点

这些讨论教会了我们什么？简单地说，在固定的网络结构下，我们无法在不违反 ΔT_{min} 的情况下实现 17.1MMBtu/h 的供热目标。当在不改变结构的情况下将表面积添加到换热器网络(HEN)中的现有换热器时，热回收可以增加到一定限度(E1 作为夹点匹配)。超过这个极限，任何额外的表面积都不会增加热回收率。显然，所选择的网络配置是在施加一种约束，这种约束与表面积无关，并阻止我们实现目标。

10.2.1　工艺夹点和网络夹点之间的区别

必须注意的是，工艺夹点不同于网络夹点。对于图 10.2 中的网络，工艺夹点分别发生在 158℉的热夹点温度和 133℉的冷夹点温度下，如图 9.8 所示，而网络夹点分别出现在 111℉的热夹点温度以及 86℉的冷夹点温度，如图 10.2 所示。产生差异的原因为工艺夹点是由温度和比热容等工艺条件定义的，而网络夹点主要用于基层设计中的能源目标。然而，对于现有的热回收网络，换热器已经就位，并且网络配置将对增加的热回收施加限制。这些限制(夹点匹配)只能通过网络夹点方法来识别。

10.2.2　网络夹点位置的唯一性

图 10.3(a)显示了具有温度和热负荷的简单换热器网络。通过仅增加工艺-工艺换热器的表面积，最大限度地提高热回收率或最大限度地减少加热炉负荷，该网络将达到图 10.3(b)的

条件。显然，换热器 1 是夹点匹配，最小加热负荷的限制为 100MMBtu/h。简单起见，在本例中使用了交换器最小接近温度(*EMAT*)的零值。在现实中，应该使用实用的 *EMAT* 来识别夹点匹配。

人们可能会争论夹点匹配的独特性，因为热负荷可能在换热器之间发生变化，温度可能会因此而变化。例如，换热器 2 和换热器 4 形成回路，热量可以围绕该回路转移，而不改变网络的热回收。因此，换热器 1 和换热器 2 可能被夹住[见图 10.3(a)]，或者换热器将被夹住[见图 10.3(b)]。在这两种情况下，网络都保持在 100MMBtu/h 的最小加热负荷下。

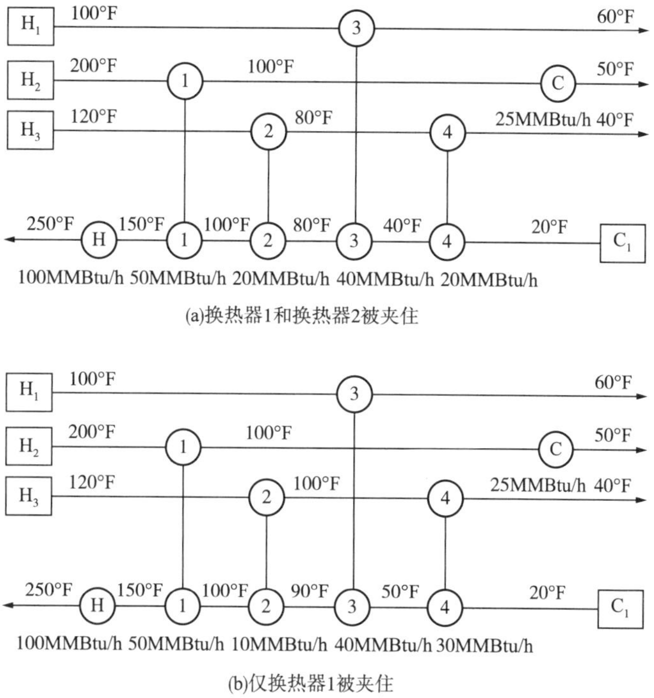

图 10.3　热回收极限下的示例网络

哪一换热器是夹点匹配，换热器 1 或换热器 2 或两者都是？答案是换热器 1，因为夹点匹配的定义不包括那些“夹点”换热器，它们的极限驱动力可以通过在回路周围转移热量来得到缓解。因此，需记住，给定网络结构的夹点匹配是唯一的，并且可以通过最小化夹点匹配的数量在数学上确定。

10.2.3　网络夹点概念的意义

网络夹点确定了现有换热器网络中固有的热回收极限，因此表明需要对 HEN 结构进行更改的要求。换言之，当网络达到其网络收缩极限时，如果不考虑工艺变化，克服它或增加热回收的唯一方法就是进行结构变化。

然而，并不是所有的网络结构变化都能克服网络夹点，只有那些能够将热量从网络夹点的下方转移到上方的变化才能克服。这一原则为筛选非有效的改造选项提供了一个有价值的指导，这将在以下章节进行讨论。

10.3　改造的识别

在确定了网络夹点或瓶颈后，我们能做些什么？答案是，只有改变网络结构才能突破瓶颈。在选择结构变化的阶段，采用热回收率最大化作为选择标准。换热器网络可以考虑四种类型的改造，它们是：

① 换热器重新排序：两个换热器的顺序可以颠倒，这有时可以更好地回收热量。通常，此选项涉及相对较小的管道变更，因此所需成本最低。

② 配管重新排序：这类似于重新排序，但一个或两个匹配的物流可能与当前情况不同。

③ 添加新匹配：这可用于变更夹点匹配中某个物流的负载。这种选择可能相对昂贵，因为它需要一个新的基础、管道和控制系统。

④ 拆分：拆分一个物流，再次减少夹点匹配中涉及的物流的负载。在实践中，分流在流量和温度方面可能非常不对称，并且需要特殊的配置。

在大多数情况下，可以确定许多能够克服网络夹点的结构变化，通常它们会产生不同的能量节约和投资成本。为了在许多备选方案中选择最佳改造方案，有必要定义最优性的度量。理想情况下，应采用基于成本的目标。

然而，在设计之前，要准备好管道、劳动力、基础和安装的成本信息，以便进行所有潜在的改造，这将是一项非常艰巨的任务。

作为基于成本的目标的替代方案，热回收的最大化被用作识别阶段改造的选择标准。初筛确定的改造方案需进一步评估其投资成本、运行影响及安全性能，以确保最终入选方案在实现经济效益的同时满足运行安全要求。

为了便于说明，我们将把网络夹点方法应用于网络改造问题，如图 10.4 所示。网络夹点法确定了换热器 2 的改造，如图 10.5 所示，换热器在 $\Delta T_{\min}=25$℉时被夹点。这种改造可以将加热负荷从 170MMBtu/h 减少到 124.5MMBtu/h，比图 10.4 的基本情况减少了 27%。或者，如图 10.6 所示，对 E2 的重新排序改造可以实现与图 10.5 中的重新配管设计相同的加热负荷，其中换热器 1 作为夹管式换热器，但重新排序设计可以消除物流 3 的冷却器。或者，可以在网络中添加一个新的换热器，这可以将加热负荷降低到 126MMBtu/h(见图 10.7)。新换热器是夹管式换热器。对这三种改造设计的评估将根据投资成本和运营方面确定最佳的改造设计方案。

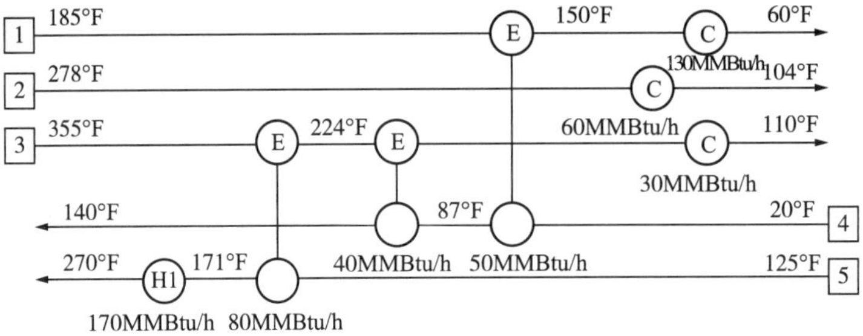

图 10.4　改造示例：现有网络

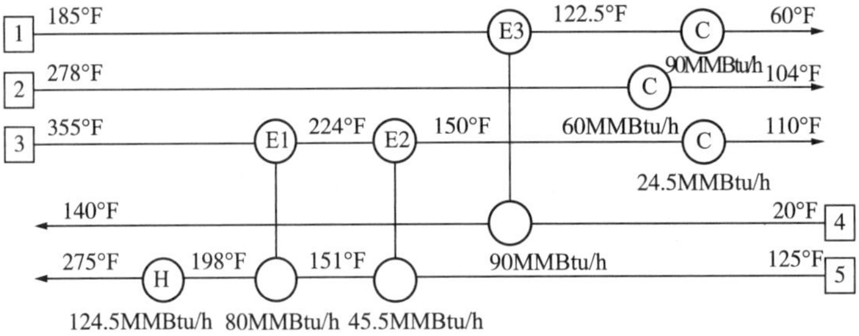

图 10.5　改装示例：重新安装换热器 2

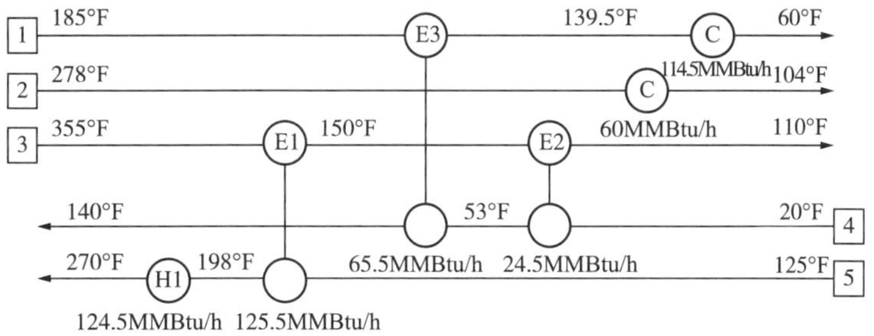

图 10.6　改造示例：换热器 2 重新排序

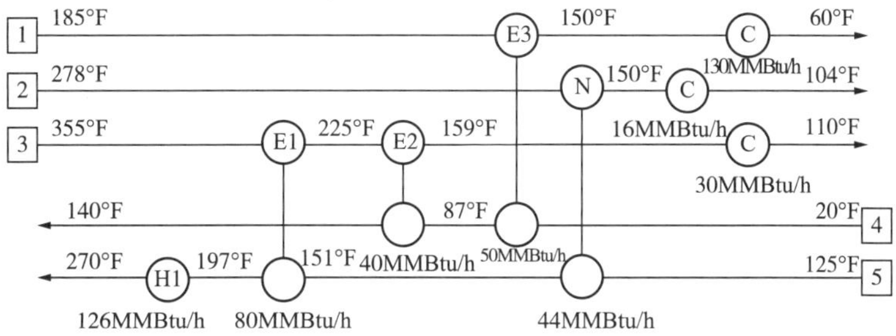

图 10.7　改造示例：添加一个新的换热器

10.4　自动化网络夹点改造方法

前面的讨论深入分析了网络改造问题的性质。特别是，已经证明，网络夹点的概念可以用于确定可以增加热回收的改造。这构成了网络夹点方法的基础。网络夹点改造方法由三个阶段组成：改造识别阶段、评估阶段和优化阶段。这种网络夹点方法如图 10.8 所示，已在 Aspen HxNet 和 Honeywell UniSim ExchangerNet 等多个软件中实施。

开发识别阶段是为了识别有前景的改造方案，包括对现有换热器进行重新排序和重新配管、添加新换热器和分流。在识别阶段必须使用两个线性规划模型。线性规划模型用于通过在不改变网络结构的情况下将网络推至其最大热回收极限来识别现有网络中的热回收极限。该线性规划(LP)模型识别了开始搜索结构变化的夹点匹配和网络夹点。然后重复使用混合整数线性规划(MILP)模型来识别能够克服网络夹点的结构变化。在发现结构变化的同时，确定新的网络夹点。

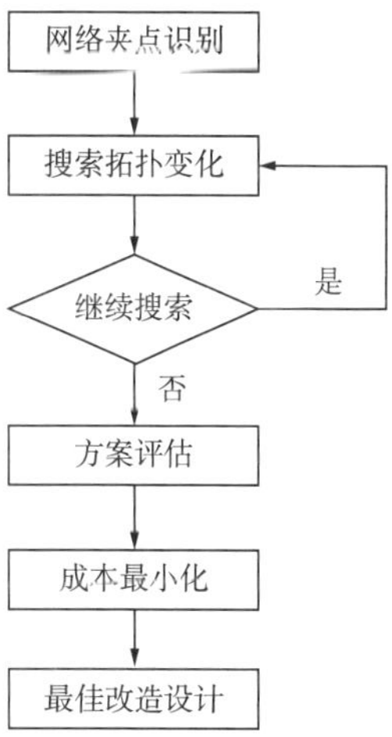

图 10.8　网络夹点法的流程

已确定的这些改造方案将在评估阶段进一步评估。这一阶段为有意义的用户交互提供了机会。在此阶段，对确定的结构变更的成本进行估算(如管道、基础和区域的成本)，同时可以根据用户的经验和知识考虑安全和可操作性问题。因此，不切实际的选择被筛选出来。在识别和评估之后，只选择有希望的选项。成本估算仅适用于显示效益和可行性的选定方案。这使得设计评估任务比在设计阶段之前需要对所有可能的改造进行成本估计的情况要简单得多。

在最后的优化阶段，根据资本投资和节省的公用工程之间的权衡来优化所选择的选项。在这种优化过程中，网络的主要结构特征保持不变，但允许换热器热负荷变化。在某些情况下，可以获得几种不同的拓扑结构，并在优化阶段分别考虑它们。该方法数学公式的细节可以在 Zhu 和 Asante(1999)的工作中看到。

网络夹点法的基本原理基于每个评估任务所需的工作量和难度。开展工艺改造研究的工作要求很高，因为根据过程的复杂性，可能需要数周或数月的时间。在改造评估阶段，不仅需要确定分项成本，还需要评估其对管道、压降和运行的影响。为了减少人力投入，在模型中实施了网络夹点方法，该方法可以自动生成改造选项，用户在根据对布局、基础设施和运营的影响做出拒绝或选择改造选项的决策时处于控制地位。

最近的经验为工艺改造和领域提供了新的见解和指导，这些领域通常代表着以有吸引力的经济性提高能源效率的良好机会。现有设施的优化工作通常侧重于改进热回收。然而，最近的工作已经确定了其他领域，这些领域可能会提供重大机会，但并不常见。此外，已经完成了一些创新工作，以确定一些可能感兴趣的新流程变化。这些方面将在第 11 章中进行讨论。

10.4.1 关于公用设施改造

在大多数情况下，单个过程由中央公用工程系统提供服务，对公用工程系统的任何改动都会对其他过程产生重大影响，从而对整个现场的性能产生重大影响。出于这个原因，公用工程系统的优化通常必须在整个运营现场进行考虑。第 17 章将讨论现场范围内的能源优化技术，其中引入了流量、功率和燃料消耗的边际经济值的概念。将公用工程系统确定的边际值作为节能的经济值，应用到网络夹点法的数学模型中，成为工艺能源改造项目中公用工程选择和优化的基础。

10.4.2 关于物流热容的非线性行为

工艺物流的热容值随着温度的变化而变化。这种变化对于跨越大的温度变化的工艺物流来说可能是非常显著的，特别是对于反应馏出物和经历预热至蒸发的其他工艺物流来说。如果使用单个值来表示整个物流的热容量，那么在相关换热器的温度驱动力以及所需的表面积方面，它可能会给出非常误导性的结果。在应用网络夹点法时，如果一个物流的热容变化很大，则应将其视为多个阶段，每个阶段都用特定的热容建模。这种建模处理允许更精确地估计温度驱动力，从而估计换热器的表面积。

10.5 应用网络夹点改造方法的案例研究

10.5.1 案例研究 1：提高原油装置的进料速率

本例中的改造目标是突破换热器网络的瓶颈，以适应原油蒸馏装置 10% 的原油加工量增加，如图 10.9(a)所示。主要的改造限制是 100MW 的最大炉膛负荷。图 10.9(b)显示了现有网络设计的网格图。改造考虑的最低温度为 10℉。

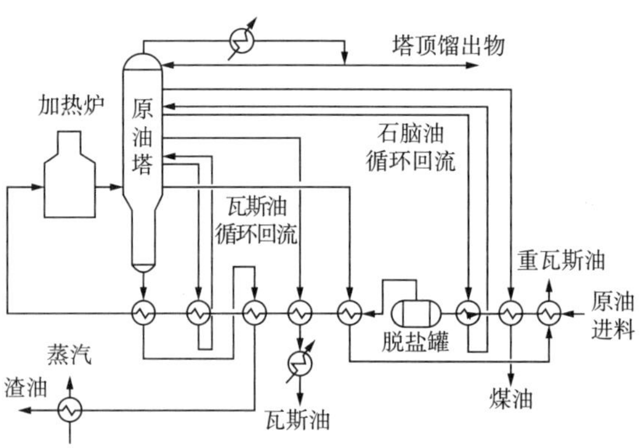

图 10.9(a) 原油蒸馏装置的流程图
[摘自 Zhu 和 Asante(1999)，经 AICE 许可转载]

在修正图 10.9(b)中的基本情况时，原油进料速率(物流 C1)增加了 10%，产物流 H1~H7 也相应增加。然后，在原始网络拓扑的情况下，建立了增加进料速率情况下的热回收极限，如图 10.10 所示。对于给定的拓扑结构，在最大热回收时的炉负荷是 102.5MW，并且换热器 5 和换热器 6 被夹住。由于给定拓扑结构的最大热回收率（R_{max}）下的炉膛负荷为 102.5MW，高于 100MW 的最大允许设计负荷，因此需要对拓扑结构进行变更，以将炉膛负荷降低到设计极限以下。

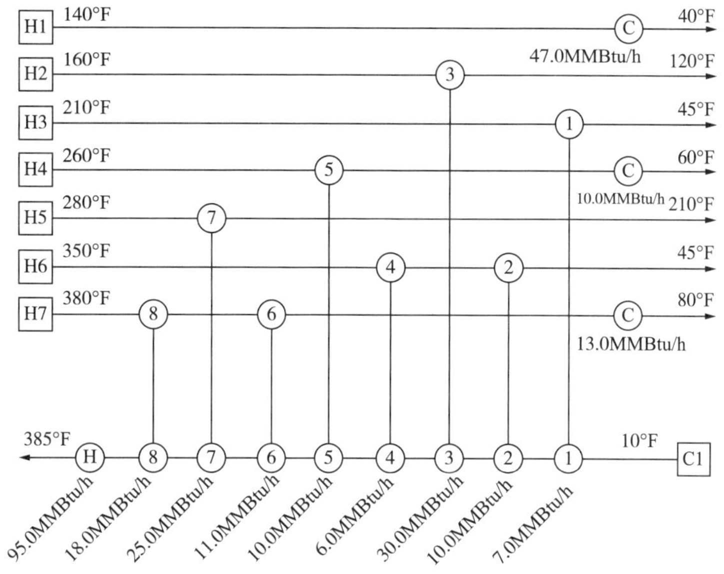

图 10.9(b)　基础工况下换热器网络

［来自 Zhu 和 Asante(1999)，经 AIChE 许可转载］

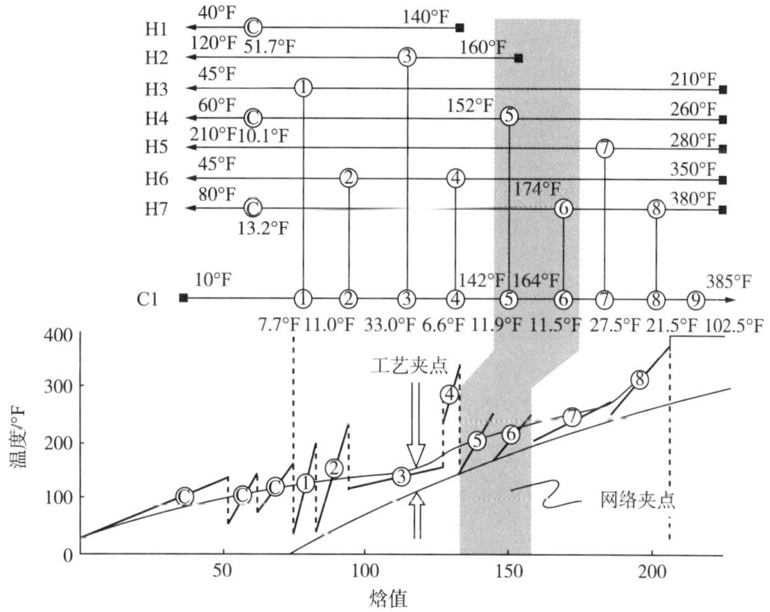

图 10.10　基础工况下网络中的热回收限值

［摘自 Zhu 和 Asante(1999)，经 AIChE 许可转载］

考虑的第一个改造选项是换热器重新排序，该方法选择的选项是换热器 4 的重新排序，如图 10.11 所示。这一改造使热回收率增加了 4.4MW，并将最小炉膛负荷降低到 98.1MW。尽管这一后续改造后的最小炉膛负荷低于 100MW 的设计极限，但它非常接近。可以预期，接近拓扑结构 R_{max} 的改造设计将需要过多的换热器表面积。因此，寻求另一种拓扑结构变化，以进一步增加热回收，并因此减少改造所需的换热器表面积。

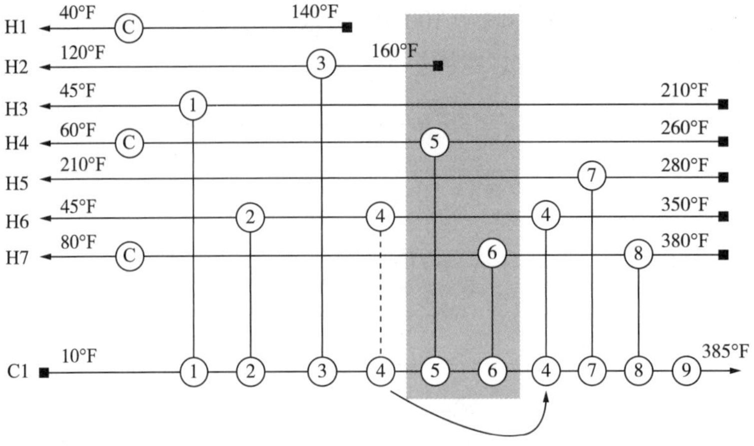

图 10.11　换热器的序列 4：最小 $Q_H = 98.08$；$\Delta Q_{Rec} = 4.4$

［摘自 Zhu 和 Asante(1999)，经 AIChE 许可转载］

换热器 4 重新排序后产生的拓扑结构具有三个相邻的夹点匹配(换热器 4/5/6)，如图 10.12 所示。由于这些夹点匹配中的第一个发生在过程夹点时，过程和网络夹点变得一致，这满足了物流分割的条件。因此，实现了物流分割。作为三个相邻的夹点匹配的换热器 4/5/6 彼此平行配置，以产生 1.8MW 的热回收增加。尽管三个换热器最初相互平行配置(见图 10.13)，但最佳夹点配置将在优化阶段确定。

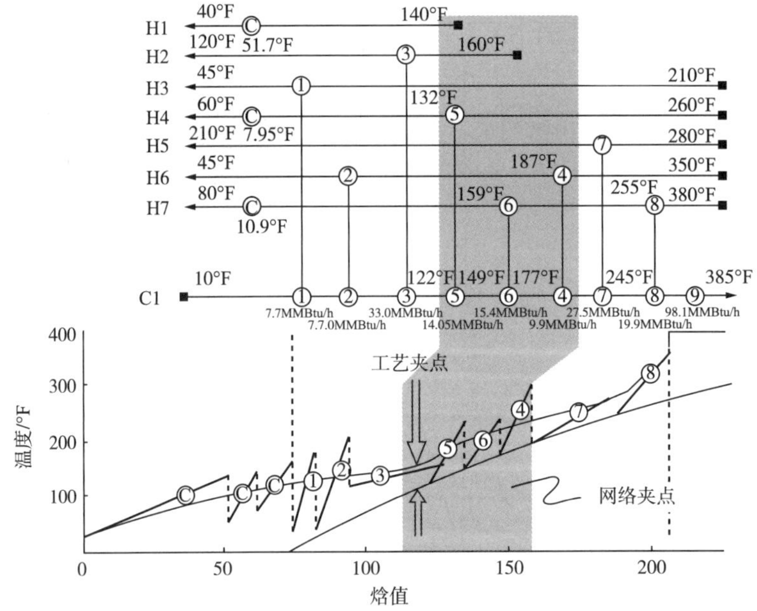

图 10.12　换热器 4 重新运行后网络的热回收极限

［摘自 Zhu 和 Asante(1999)，经 AIChE 许可转载］

此时可以停止对改造的搜索，并将生成的拓扑提交到优化阶段。然而，如果继续寻找另一种改进方案，将增加一个新的换热器，这将进一步增加 3.9MW 的热回收率，以提供 92.4MW 的最小炉膛负荷。现阶段无法确定增加新换热器是否在经济上合理。优化阶段将提供必要的评估。

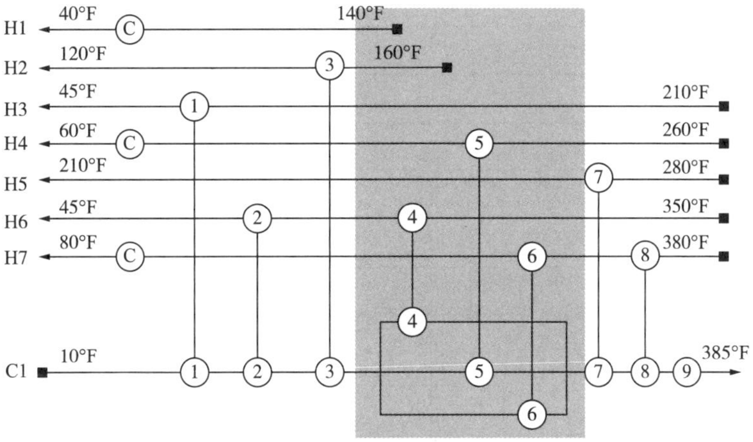

图 10.13　分流：最小 $Q_H = 96.3$；$\Delta Q_{Rec} = 1.8$

[摘自 Zhu 和 Asante(1999)，经 AIChE 许可转载]

在与文献中公布的设计相同的 99.6MW 固定炉膛负荷下进行优化后，不带新换热器的改造设计总共需要 1974m² 的额外表面积，而带新换热器的改造设计只需要 1265m²(图 10.14)。有了这些信息，可以有效地比较改造设计，以确定最佳的改造设计。在这个阶段，可以相当准确地估计新交换器的安装成本，以帮助决策。

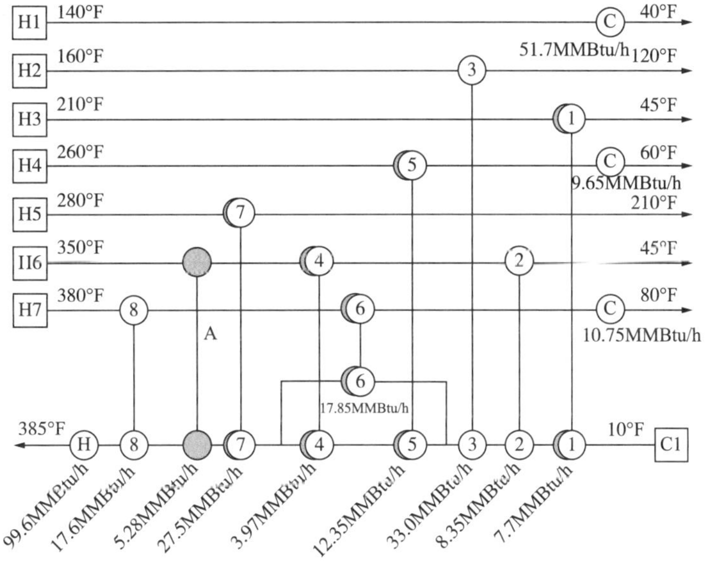

图 10.14　网络夹点法开发的改造设计

[摘自 Zhu 和 Asante(1999)，经 AIChE 许可转载]

将使用网络夹点法(图 10.14)得出的设计与 Ahmad 等(1989)以及 Shokoya 和 Kotjabasakis(1991)基于过程夹点法的设计进行了很好的比较，分别如图 10.15 和图 10.16 所示。表 10.1 中给出了比较结果，表明使用网络夹点法进行的设计需要最少的修改次数和最小的交换器面积。

10.5.2　案例研究 2：降低 DHT 装置的能量成本

柴油加氢处理(DHT)工艺设计如图 9.14 所示。现有的设计是不节能的，因此在进料加热炉和汽提塔再沸器中需要相对高的燃料消耗。节能的范围是回收反应冷却器和汽提塔底部

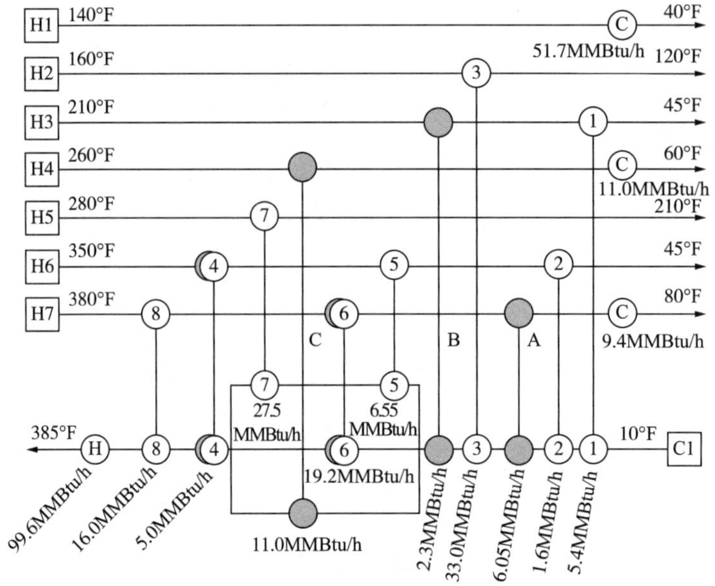

图 10.15 由 Ahmad 等(1989)开发的改造设计

[来自 Zhu 和 Asante(1999)，经 AIChE 许可转载]

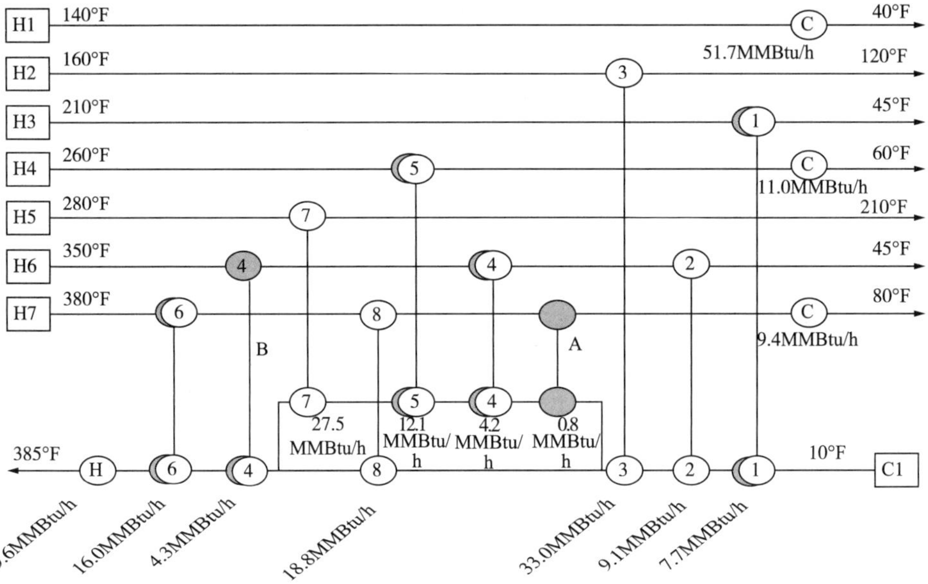

图 10.16 Shokoya 和 Kotjabasakis(1991)的改造设计

[摘自 Zhu 和 Asante(1999)，经 AIChE 许可转载]

产品冷却器中浪费的更多热量。回收的热量将用于预热组合进料和汽提塔进料，以减少燃烧负荷。此外，如果可能的话，还考虑产生中压(MP)蒸汽。

表 10.1 设计对比

项目	网络夹点图 10.14	Ahmad 等(1989)图 10.15	Shokoya 和 Kotjabasakis(1991) 图 10.16
新换热器数量	1	3	2
重新排序的换热器数量	1	1	2

续表

项目	网络夹点图 10.14	Ahmad 等(1989)图 10.15	Shokoya 和 Kotjabasakis(1991)图 10.16
重新排管的换热器数量	0	1	0
分流数量	1(1×2)	1(1×3)	1(1×2)
需要附加面积的现有换热器数量	5	2	4
总附加面积/m^2	1265	1990	1257

第 9 章中的目标分析应用于该工艺，表明总体节能机会为 55MMBtu/h。在目标分析之后，将网络夹点法应用于基础换热器网络，并生成了几个修改方案。这些修改如图 10.17 所示，总结如下：

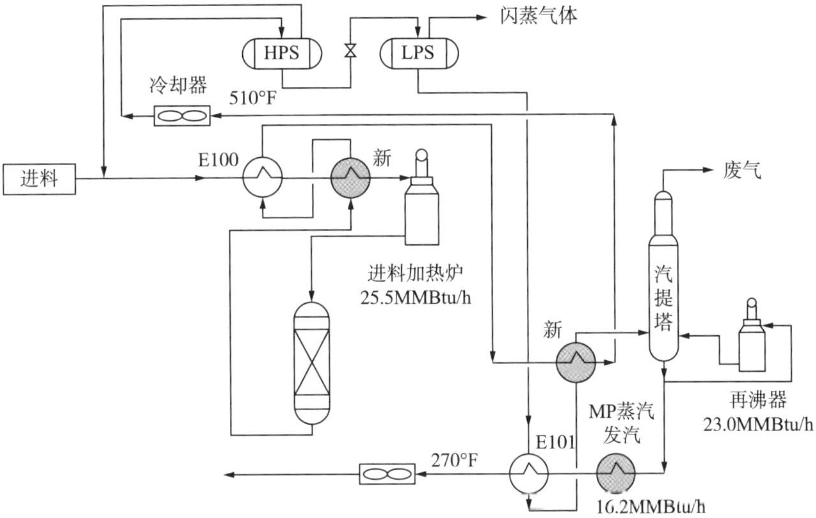

图 10.17 柴油加氢处理装置的改造(如图 9.14 所示的基本设计)

改造 1：安装反应馏出物-进料换热器，可将进料加热炉的吸收负荷减少 22.6MMBtu/h。

改造 2：安装反应馏出物-汽提塔进料换热器，可将汽提塔再沸器吸收负荷降低 10.7MMBtu/h。

改造 3：安装汽提塔底部-中压蒸汽发生器，其负荷为 162MMBtu/h。

在选择改造选项时，考虑了实际约束条件。例如，反应馏出物不用于中压蒸汽的产生。这种限制是为了保护蒸汽系统，因为在换热器管泄漏的情况下，反应馏出物可能泄漏到蒸汽系统中。

为了给出投资成本的保守估计，基于控制操作场景对改造设计进行了模拟，控制操作场景是运行结束条件下的最大进料速率。控制箱的使用使新的换热器能够适当地确定尺寸，以处理所有可能的操作场景。

改造 1 和改造 2 使加热炉吸收功率减少 33.3MMBtu/h(燃烧热负荷为 39.2kW)，而改造 3 产生中压蒸汽 16.2MMBtu/h。节省的总能量是 55.4MMBtu/h。上述改造的总体回报期不到 2 年。改造案例的复合曲线如图 10.18 所示。

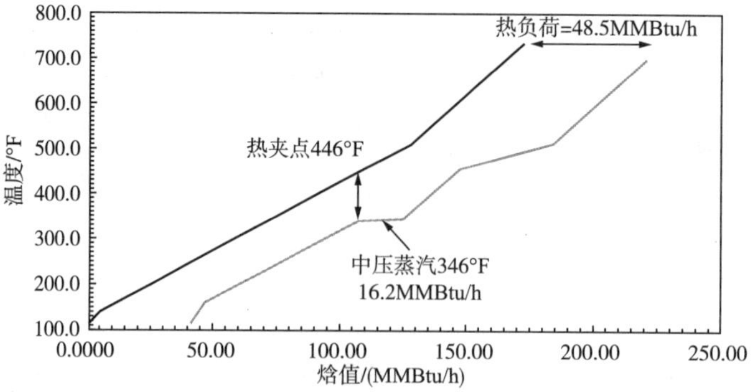

图 10.18　改造后柴油加氢处理装置的复合曲线

10.5.3　案例研究 3：克服实施能源改造项目的局限性

能量的改变可能会影响流程。因此，揭示主要的限制因素并确定解决方案，以便实施能量改造，是能量研究的重要组成部分。在对原油蒸馏装置预热系统的能量改造研究中，应用网络夹点法确定了几项改造。这些改造具有巨大的节能潜力。然而，当收集历史数据时，发现了一个严重的限制：进料炉入口温度或预热系统出口温度非常接近原油泡点。换言之，当前的预热系统不能适应通过实施改造选项可以实现的热回收的大幅度增加。进料将在炉前进行蒸发，蒸发百分比将远大于 3%，这是炉流量控制方案所能处理的极限。这表明炉前的原油蒸发限制了热回收的增加。只有在汽化问题能够得到解决的情况下，才能实施所确定的改造。

问题是：什么会导致进料蒸发？第一，对换热器进行了水力分析。将清洗条件与 1998 年测得的压力数据之间的压降进行比较，表明压降的差距为 60lb/in²。预热系统中的压力增加了 60psi，即使在实施能量改造项目后，进料也不会蒸发。

第二，进行额定值计算，以确定预热系统中高压降的根本原因。额定值计算的目的是寻找换热器中速度不合适的可能性。这是因为太低的速度可能会导致沉积物的积累，从而使流道变窄，导致高压降。为了找出答案，根据进料速率、物理特性和换热器几何形状，计算了那些消耗异常大压降的换热器的管侧速度。结果表明，这些换热器的管内流速是合理的。

第三，计算了不同原油的泡点。在图 10.19 中，获得了加热炉通道控制阀开度和预热系统终端温度的历史数据，并将其与泡点与预热系统出口压力一起绘制。从图中可以看出，最常见的运行预热系统出口压力在 20.5~22.5bar(表)之间。在该压力范围内，加热炉通路控制阀几乎 100%打开，表明没有压力控制的空间。同时，在基础预热系统设计的情况下，预热系统出口温度非常接近原油 1 和原油 4 的泡点。图 10.20 给出了预热温度与原油 1 的泡点相对于预热出口压力的对比图。如果实施了这些改造，预热系统出口温度将增加 45℃。这将使加热炉操作不安全，因为预热系统出口温度将远高于原油的泡点。从原油调度数据中可以发现，由于价格低廉，原油 1 最近使用最频繁。

为了了解结垢的性质，将结垢分析作为第四项任务。从一些换热器的沉积物中取样。试验表明，沉积物主要为石蜡型沉积。在这一点上，揭示了原油 1 为石蜡基原油的事实。在操作中，石蜡基物质可能会沉淀，黏附在管壁上，并使管流动通道变窄，导致管侧出现高压降。该炼油厂面临着一个困境：如果考虑实施能量改造，将面临处理石蜡基原油(原油 1)或使用不同原油的后果。然而，选择是明确的：使用原油 1 更经济，因为它的价格非常低，很容易超过节能所获得的好处。如何在使用廉价原油和实施节能项目中做到二者兼顾是一个值得探讨的问题。

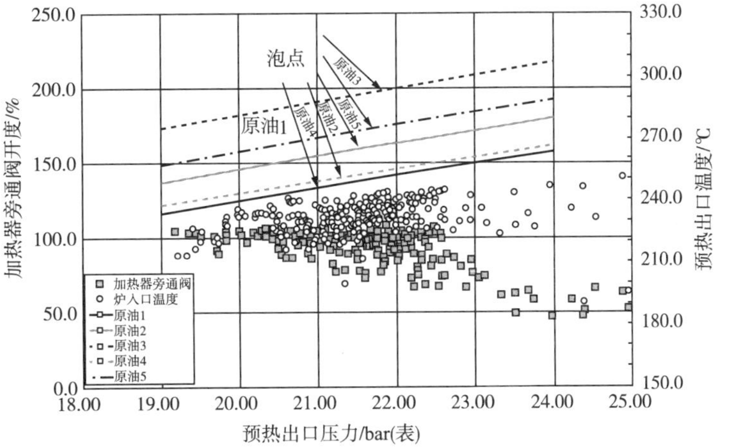

图 10.19　预热系统出口温度与原油泡点的对比

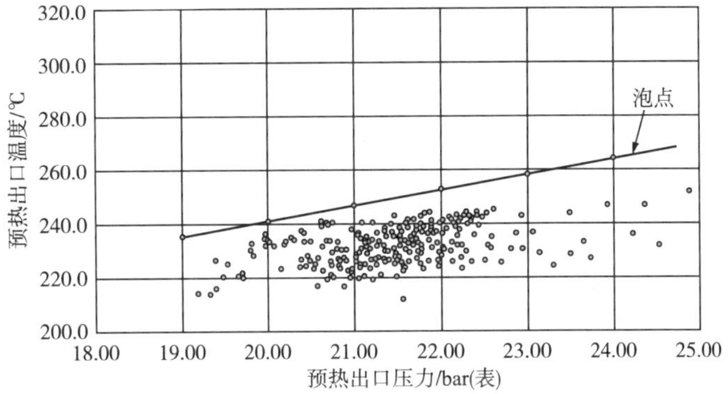

图 10.20　预热系统出口温度与原油 1 的泡点对比

为了克服蜡原油加工过程中的汽化问题，已经确定了三个主要选项。第一种选择是通过使用新的叶轮来增加第二个排放泵的排放压力。这一方案对当前基础设施的影响最小，成本相对较低。然而，该选项受到某些法兰当前额定压力的限制。

第二种选择是定期清洗污染最严重的换热器。此选项旨在提高换热器的热负荷，使其发挥最佳性能。这种选择的优点是，它对现有的基础设施几乎没有影响，而且所需资金相对较少。然而，这种选择是无效的，因为石蜡基物质可能会在几周内堆积起来。清洗可能过于频繁，在清洗过程中可能会造成生产损失。

第三种选择是使用预闪蒸，使汽化的进料进入预闪蒸罐。然后将罐底液体输送至进料炉，同时将罐蒸汽输送至蒸馏塔的顶部。仅此选项就可以完全解决蒸发问题，并允许实施能量改造。如果还包括使用廉价原油的好处，这种选择的回报期将不到 1 年。

为了确定闪蒸的有效百分比，对原油 1 的不同预闪蒸百分比进行了模拟。对于 5%的预闪蒸，原油 1 的泡点温度范围在 251～286℃，对应于 19～24bar 的压力范围。发现最小泡点温度仍然太小，因为上述修改可以实现高于 251℃的炉膛入口温度。在 8%和 10%预闪蒸时，泡点范围分别增加到 261～296℃和 267～300℃。如果考虑到有抑制汽化的安全裕度，应选择 8%～10%的预闪蒸。

对于保守设计，预闪蒸罐选择了10%的预闪蒸，并在模拟和改造中进行了评估。预闪蒸罐底部的泡点，即进入熔炉的进料温度，远高于预热出口温度。因此，10%预闪蒸的预闪蒸罐提供了用于抑制蒸发的解决方案。

10.5.4 案例研究4：将改造方法应用于全厂

本研究的目的是在考虑资本投资以获得快速回报的机会的基础上，为提高整个炼油厂的能源效率提供一个路线图。基于对设计条件、标称运行条件、加工量和运行变化的良好理解，建立了能量优化的设计基础。根据在线操作、工程设计、模型和工程师的经验，通过不同来源收集数据。

在研究的初始阶段，采用了基准评估(见第3章)，从而选择了17个主要工艺单元进行更详细的研究。网络夹点法的应用使得能够在研究的3个月内识别出许多机会。该研究确定了73项能源改造，累计运营成本减少6130万美元/a。这些项目所需的总投资成本估计为7550万美元。投资成本和NPV(净现值)估计是根据该特定炼油厂以前的经验完成的。此外，还评估了每个备选方案的技术和操作可行性。因此，73个机会中的40个被确定为在经济上和技术上可行，这40个机会中有31个最终被选择在未来6年内实施，累计运营成本减少3300万美元/a，投资回报期不到2年。

参 考 文 献

Ahmad S, Polley GT, Petela EA (1989) Retrofit of heat exchanger networks subject to pressuredrop considerations, Paper No. 34a, AICHE Meeting, Houston, April.

Polley GT, Panjeh Shahi MH, Jegede FO (1990) Pressure drop considerations in the retrofit of heat exchanger networks, *Transactions of IChemE*, Part A, 68, 211.

Shokoya CG, Kotjabasakis E (1991) A new targeting procedure for the retrofit of heat exchanger networks, International Conference, Athens, Greece, June, 265-279.

Tjoe TN, Linnhoff B (1986) Using pinch technology for process retrofit, *Chemical Engineering*, 93(8), 47-60.

Zhu XX, Asante NDK (1999) Diagnosis and optimization approach for heat exchanger network retrofit, *AIChE Journal*, 45(7), 1488-1503.

11 过程整合机会评估

在许多应用中，工艺变化带来的好处超过了能量改造项目带来的好处。挑战在于如何识别能够产生显著过程效益的过程变更。这里讨论了思路发现的方法和工具。

11.1 引言

提高热回收率是提高能源效率的最常见方式。然而，最近的一项工作(Zhu et al., 2011)指出了工艺和设备创新领域，这些领域很少被探索，可能为工艺和能源改进提供重大机遇。实施工艺创新通常会在工艺、产量和能源效率方面带来综合效益。其中许多领域包括工艺条件、流程优化以及先进设备的使用。以下列出了一些示例。

1) 优化反应堆系统：

① 反应催化剂的选择；

② 反应温度和压力条件；

③ 优化氢与碳氢化合物(H_2 : HC)的比率；

④ 回收反应馏出物热量。

2) 优化复杂的分馏/分离系统：

① 涉及多个塔的分离系统的塔序列；

② 塔温度和压力条件；

③ 塔回流比；

④ 增加塔换热器、中间再沸器和冷凝器；

⑤ 塔内部设计。

3) 使用先进的设备/控制：

① 增强型热交换技术；

② 先进的分馏技术，如隔板塔、大容量分馏塔内部构件；

③ 功率回收涡轮机；

④ 先进的过程控制。

然而，在设计新流程或改造现有流程时，要找到最佳流程变更存在重大挑战。挑战在于找出哪些流程变化可以产生最显著的效益。

11.2 过程集成的定义

传统的工艺设计方法可以用所谓的“洋葱图”来描述，如图 11.1 所示，它提供了整个传统设计过程中能量考虑的总体视图。

过程复合体的设计从定义设计基础开始。该步骤包括定义进料、产品和公用设施的物理和化学条件。然后设计集中在化学反应系统上。反应系统是将进料转化为产物的复杂工艺的核心。反应系统设计的目标是通过选择催化剂和设计反应器来实现期望的、产率结构。由于反应馏出物在高温下含有大量热量，因此反应热回收是工艺能效的主要考虑因素。

反应后，反应馏出物通过分离系统，将所需产物与副产物和废物分离。为了分离多种产

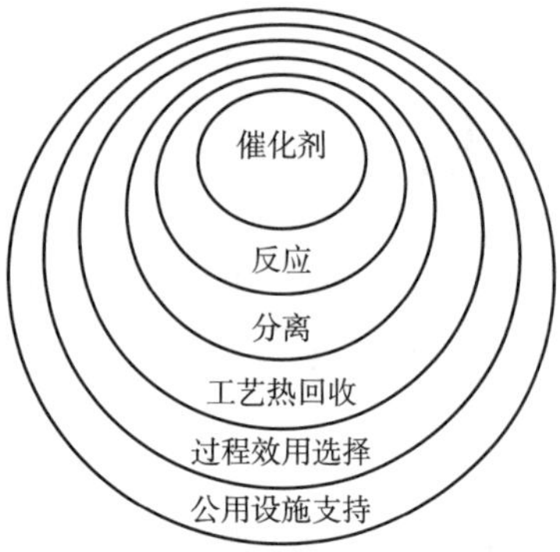

图 11.1　顺序过程设计：传统设计方法

品，需要一个包含多个塔的分离系统。产品的热回收对工艺能效有重要贡献。同时，在生产多种产品的分馏塔中可能存在大量的余热。至关重要的是，将多余的热量从塔换热排出，并用于工艺加热目的。工艺热回收设计是在反应和分离系统设计之后进行的。后者通过选择反应和分离的工艺条件来定义工艺能量需求的基础。在热回收设计步骤中，目标是最大限度地减少给定工艺能量需求的整体工艺能量使用(燃料、蒸汽和电力)。这是在具有可用热量的那些工艺流(例如反应馏出物、分离产物、塔顶蒸汽)和需要热量的工艺流(如反应进料，分离进料和再沸)之间进行的。

工艺热回收完成后，下一个设计步骤是根据工艺能源的需求和特点，确定供暖、制冷和电力方面的公用设施供应。在这一步骤中，将讨论反应和分离系统的供热方式。例如，必须为燃烧式加热炉和蒸汽加热炉之间的分离塔选择再沸机制；在汽轮机和电机之间选择过程驱动器。选择基于操作考虑、可靠性和安全限制以及投资成本的。工艺公用设施供应的选择确定了蒸汽和动力系统设计的基础。

以上步骤完成了工艺界区内的工艺设计。最后一个设计步骤是设计公用系统，主要是蒸汽和动力系统。蒸汽和动力系统的主要设计考虑是发电的联合循环(燃气轮机加蒸汽轮机)或蒸汽分级循环(蒸汽轮机)的技术选择。同时，还需要确定蒸汽和动力系统的燃料选择、系统配置和负荷优化。此外，应解决厂外公用事业需求，这涉及具有适当隔热和加热的进料和产品罐区设计。

简言之，传统的设计方法采用顺序设计方法。相比之下，工艺设计的工艺集成方法采用了不同的方法，即允许“洋葱图”内部的工艺设计方面发生变化，这可以提高热量回收的可能性，并使“洋葱图”外部的公用事业系统能够节省更多的能源。在设计的早期阶段，可以使用夹点分析方法(Linnhoff et al.，1982)有效地评估工艺变化的影响，而无须等待工艺设计的完成。否则，它将需要大量返工，这可能导致非最佳解决方案，并导致工程时间的浪费和进度的延误。

11.3　加减(+/−)原理

参考图 9.1，工艺工程师面临的问题是，如何减少工艺的冷热效用？定性地说，答案是：增加(加上)夹点上方热流和夹点下方冷流的热负荷。相反，减小(减去)夹点上方的冷流和夹点下方的热流的热负荷。显然，如果发生任何这样的过程变化，则该过程的合成曲线(CC)将被相应地修改。

根据这一通则，可以提出几个改变此过程的方法。例如，提高反应器 2 的温度可以增加来自反应器 2(夹点上方的热流)的馏出物的热负荷，这可以减少反应器 1 的加热器负荷。此外，如果反应器 1 的温度可以降低，则反应器 1 进料流(夹点上方的冷流)的热负荷可以降低，因此加热器的负荷将因此降低。对于分离塔，如果可以通过降低塔压力来降低塔的顶部温度，则可以降低塔顶冷凝器(夹点下方的热流)的负荷。当然，这些变化的影响必须在产量、产品质量、能源使用和设备成本的整体背景下进行评估。

因此，加减(+/-)原理[以下简称(+/-)原理](Linnhoff and Vredeveld，1984)可以表述如下：

① (+)将热流的热负荷增加到夹点以上；

② (-)将冷流的热负荷降低到夹点以上；

③ (-)将热流的热负荷降低到夹点以下；

④ (+)增加夹点以下冷流的热负荷。

基于原理①和原理②的工艺变化将减少热效用，而原理③和原理④将减少冷效用。这个简单的(+/-)原理为工艺热负荷的任何调整提供了明确的参考，如循环的蒸发、塔换热冷凝等，并表明哪些修改是有益的，哪些修改是有害的。

通常可以改变温度而不是加热负荷。从图 11.2(a)中可以清楚地看出，仅限于夹点一侧的温度变化不会对能量目标产生任何影响。图 11.2(b)说明了夹点过程中的温度变化如何改变能量目标。由于进料蒸发压力的降低，进料汽化负荷从夹点上方移动到夹点下方。结果，热和冷的利用都因汽化负荷而减少。

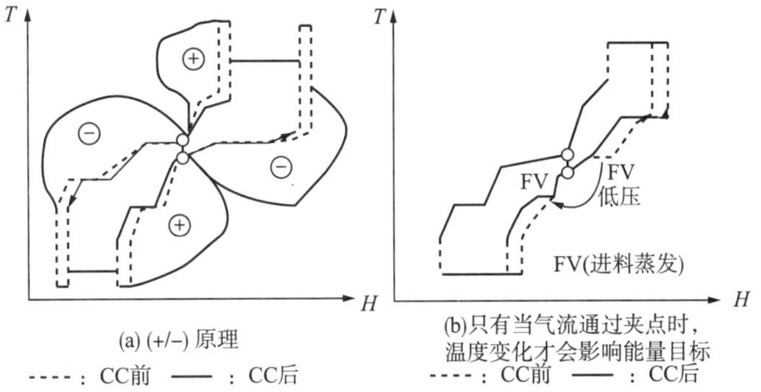

图 11.2　过程变更原则

因此，改变工艺温度的有益模式可以概括为：

① 将热流从夹点下方转移到夹点上方；

② 将冷流从夹点上方转移到夹点下方。

(+/-)原理与提高热流的温度(这必须使其更容易从中输出热量)以及同样降低冷流的温度(亚环境条件除外)的一般想法一致。以这种方式改变流的温度将提高换热器网络中的驱动力，但如果温度变化延伸到夹点，也可以降低能量目标。在复合曲线的帮助下，设计者可以在设计之前预测哪些改造是有益的、有害的或无关紧要的。本章稍后将讨论复合曲线在设计前评估工艺变化方面的应用。

11.4　大复合曲线

除了复合曲线，另一种可用于评估工艺变化的夹点工具被称为大复合曲线(GCC)，它可以基于复合曲线构建。第一步是调整图 11.3(a)中复合曲线的温度，以得出图 11.3(b)中偏移的复合曲线。这包括将冷复合温度提高一半 ΔT_{min}，将热复合温度降低一半 ΔT_{min}。

由于这种温度变化，热复合曲线垂直向下移动一半 ΔT_{min}，而冷复合曲线向上移动一半 ΔT_{min}。因此，偏移的冷热复合曲线在夹点处相互接触[见图 11.3(b)]。在这样做的过程中，为偏移的复合曲线建立了最小逼近(ΔT_{min})条件，这使得 GCC 上的效用选择任务更容易(这将在稍后变得不言自明)。

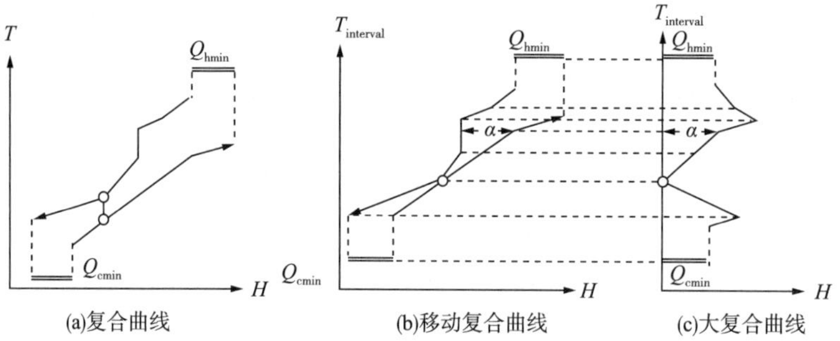

图 11.3　大复合曲线的构建

然后，根据不同温度下偏移的复合曲线之间的焓(水平)差构建总复合曲线[如图 11.3(b)、(c)中的距离 α 所示]。总体复合曲线提供了与复合曲线相同的总体能量目标，即图 11.3(a)、(c)中的目标相同。此外，GCC 表示在给定的转变温度下，相对于夹点，热流可用的热量和冷流所需的热量之间的差异。因此，GCC 是任何给定温度变化的净热流图，可作为评估工艺变化和中间公用设施布置的基础。

11.5　工艺变更的有效配置原则

11.5.1　有效配置的一般原则

假设有一个高温度的设备可以用于任何温度水平的过程加热。我们应该把它放在哪里进行过程加热？当然，根据夹点黄金法则(第 10 章)，我们不想在夹点的下面使用它：不要在夹点下面使用热工具。更明智的，我们应该考虑尽量减少其使用，因为最热门的公用工程是最昂贵的。如果中间公用设施可用，我们应该考虑在最热的公用设施(例如，加热炉加热)之前，首先在最低温度(例如，低压蒸汽)，然后在第二最低温度(如，中压蒸汽)，依此类推(例如，高压蒸汽)，最大限度地使用公用设施。

类似地，应首先使用最高温度的冷却设施(例如空气冷却)，然后在最冷设施(例如制冷)之前使用夹点以下的第二最高温度(例如冷却水)，等等(例如凝结水)。上述讨论指出了 Townsend 和 Linnhoff(1983a、1983b)最初提出的适宜安置的一般原则。违反适宜布局原则的代价是冷热公用工程的成本上升，过程达不到其公用工程成本目标。

这一通用原则是为根据正确的水平和负荷选择公用设施而制定的。然而，这一原则也适用于流程变更，这一点就不那么明显了。为了更好地说明，将首先讨论这一原理在公用设施选择中的应用，然后讨论单元操作，如反应器、分离塔、进料预热等。

11.5.2　公用设备选择

当有多个公用工程选项可用时，问题是要选择哪种公用工程来降低总体公用工程成本。这涉及在使用更昂贵的公用工程之前，通过最大化更便宜的公用工程负载来为各种公用工程级别设置适当的负载。大复合曲线是实现这一目的的一个精简工具。

考虑一个需要加热和冷却的过程。高压(HP)蒸汽在任何温度水平下都足以加热，同样，制冷在任何温度级别下都足以冷却。选择公用设备最简单的方法是到处使用 HP 蒸汽进行加热，到处使用制冷进行冷却[见图 11.4(a)]。然而，这可能是一个非常昂贵的选择，因为 HP 蒸汽和制冷都很昂贵。但是，存在可供使用的中间实用程序。如果可以使用中压(MP)蒸汽和冷却水(CW)，则可以构建如图 11.4(b)所示的大复合曲线。中压蒸汽的目的是通过简单地在 MP 蒸汽温度水平上从纵(偏移的温度)轴开始画一条水平线来设置的，直到它接触到大复合曲线。请记住，如前所述，当通过移动热复合曲线构建 GCC 时，会内置最低接近温度。剩余的加热负荷由 HP 蒸汽来满足。这最大限度地提高了中压蒸汽在高压蒸汽之前的使用，因此最大限度地降低了总的热设备成本，因为中压蒸汽比高压蒸汽便宜。与 HP 蒸汽相比，使用 MP 蒸汽的另一个好处是，MP 蒸汽中可获得更高的潜热，这降低了 MP 蒸汽速率以满足相同的负荷要求。类似地，在制冷之前最大限度地使用冷却水降低了制冷设施的总成本。MP 和 CW 级别与大复合曲线接触的点称为“效用收缩”

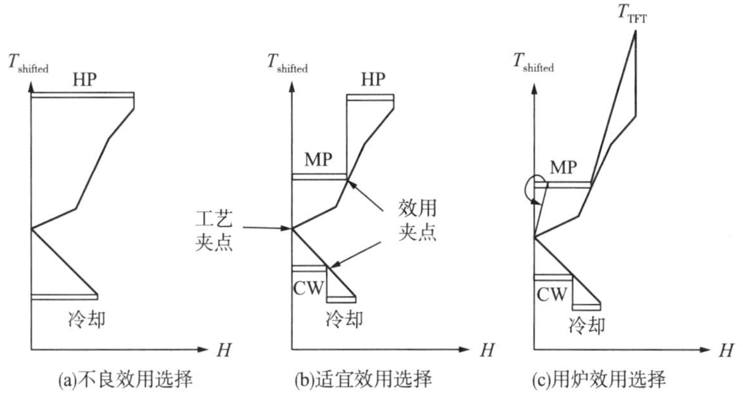

图 11.4　多种实用程序的选择

如果该工艺需要在比高压蒸汽更高的温度下加热加热炉，那么如何在设计中减少炉负荷？因为加热炉的成本更高。图 11.4(c)显示了最大限度地利用 MP 蒸汽的可能设计解决方案。在 MP 蒸汽水平以上的温度范围内，加热负荷必须由炉膛烟道气提供。通过绘制从 MP 蒸汽温度到理论火焰温度(T_{TFT})的倾斜线[如图 11.4(c)所示]设置烟气流量。

通过以上讨论，得出了效用选择的原则：

① 通过首先最大限度地使用 MP 蒸汽，最大限度地减少加热炉加热或 HP 蒸汽。

② 通过首先最大限度地使用空气和水冷却，最大限度地减少制冷或冷冻水。

③ 首要问题是最大限度地产生更高质量的公用工程。

11.5.3　反应过程的有效配置

反应配置意味着反应馏出物的适当热整合。反应器集成可以通过工艺 GCC 来评估，该工艺在没有反应馏出物的情况下构建，然后将反应馏出物放置在 GCC 的顶部。一般的有效配置原则规定，反应馏出物的热量应在工艺夹点上方释放。

根据 GCC 提供的指导，可以评估新工艺和现有工艺设计的反应器集成。对于现有工艺，工艺 GCC 是固定的，但反应温度可能会调整到较小的程度。此外，可以通过改造现有的热交换方案来改变反应馏出物的整合。一般指南是最大限度地回收夹点以上的反应馏出物热量。

对于新设计，如果反应馏出物与后台工艺不太匹配[见图 11.5(a)]，则可能需要改变反应条件，如温度。然而，只能容忍反应条件的微小变化，因为任何显著的变化都会影响转化率和产物产率，这通常超过能源成本。因此，在基础设计中，几乎没有机会改变基于产率确定的所需反应温度。然而，我们是否可以改变后台工艺以获得更好的反应整合，而不是改变反应温度[见图 11.5(b)]？Glavic 等(1988)对这一主题进行了更详细的讨论。

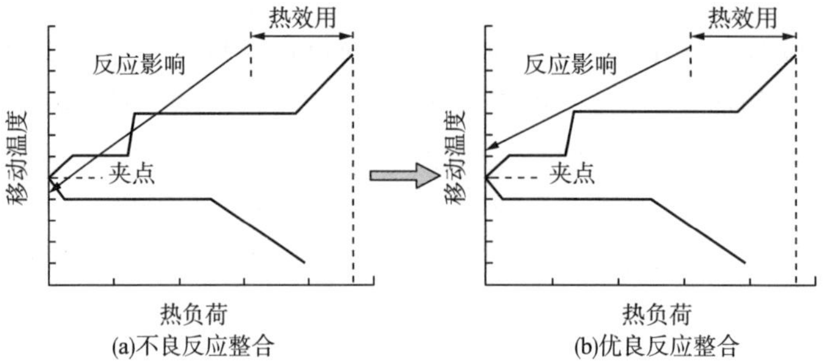

图 11.5　针对工艺过程的反应集成

11.5.4　蒸馏塔的有效配置

塔优化有几个关键机会，包括提高回流比、压力变化、进料预热、侧线再沸/冷凝和进料阶段位置。开发了一种称为塔大复合曲线(CGCC)的夹点工具(Dhole and Linnhoff，1993)，以帮助评估这些改进。

11.5.4.1　塔大复合曲线

塔大复合曲线可基于收敛的塔模拟构建，如图 11.6(a)所示。从模拟中输出塔分段数据，然后组织这些数据以生成图 11.6(b)中的 CGCC。分段数据与“理想塔柱”设计有关。对于理想的塔设计，塔需要无限数量的分级和无限数量的侧线重沸器和冷凝器，如图 11.6(c)所示，这代表了塔中的最小热力学损失。在这种限制条件下，能量可以沿着 CGCC 的温度分布提供给塔，而不是在极端的再沸和冷凝温度下提供。CGCC 绘制在 T-H(T，温度；H，焓)图或分段 H 图中。CGCC 上的夹点通常是由进料引起的。

与工艺公用设备选择的 GCC 类似，CGCC 提供了一个热剖面，用于评估塔的热集成思路，如侧线冷凝和再沸[见图 11.6(b)]。在实际塔中，在可行的再沸和冷凝温度下向塔提供能量。

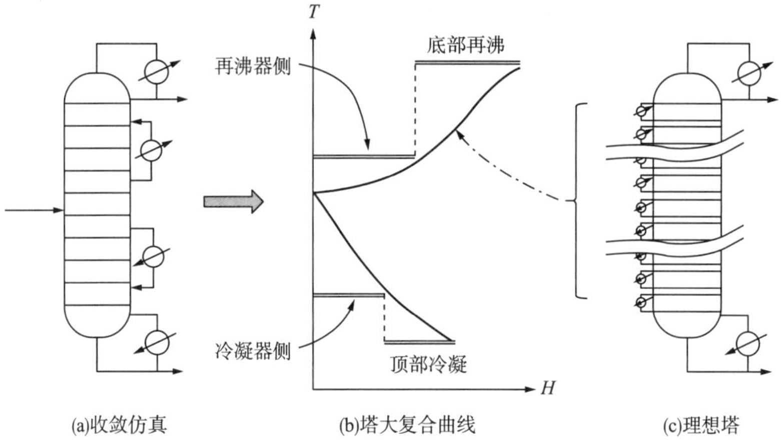

图 11.6　塔大复合曲线的构建

11.5.4.2　塔与工艺的集成

塔集成意味着塔加热/冷却任务与后台工艺或可用的外部公用设施的热交换。下面将解释在后台工艺过程中有效配置的原则。

让我们看一下图 11.7(a)，其中再沸器在后台工艺的夹点以上接收热量，而冷凝器在夹点以下排出热量。后台工艺用其大复合曲线来表示。因此，该蒸馏塔在夹点处工作。在这种情况下，图 11.7(a)表示了一个没有将塔与后台工艺集成的情况。因此，就其与后台工艺的集成而言，该塔的位置不恰当。

假设蒸馏塔的压力升高，冷凝器和再沸器的温度可以相应升高。因此，蒸馏塔可以完全安装在夹点上方。这种情况代表了通过塔冷凝器在塔和后台工艺之间的完全集成，如图 11.7(c)所示。塔现在位于夹点的一侧(而不是夹点对面)。总能耗(塔加后台工艺)等于后台工艺过程的能耗。从能量角度来看，该塔是免费有效运行的。因此，就其与后台工艺的集成而言，该塔的位置是恰当的。或者，降低塔压力，使其温度下降，将使塔适合夹点以下。将塔放置在夹点上方或下方是有效配置原理的另一个应用。

事实上，由于产品规格、投资成本、安全性或其他考虑因素等工艺限制，蒸馏塔的操作压力很少可能发生大的变化。然而，还有其他方法可以减少通过夹点传递的热量。一种选择是安装一个中间冷凝器，使其在比塔顶部的主冷凝器更高的温度下工作。图 11.7(b)显示了该塔的 CGCC。CGCC 表示有可能发生侧线冷凝。侧线冷凝器为塔和后台工艺之间的集成提供了机会。与图 11.7(a)相比，由于集成了侧线冷凝器，整体能耗(塔+后台工艺)有所降低。或者，可以考虑使用中间再沸器或泵循环。

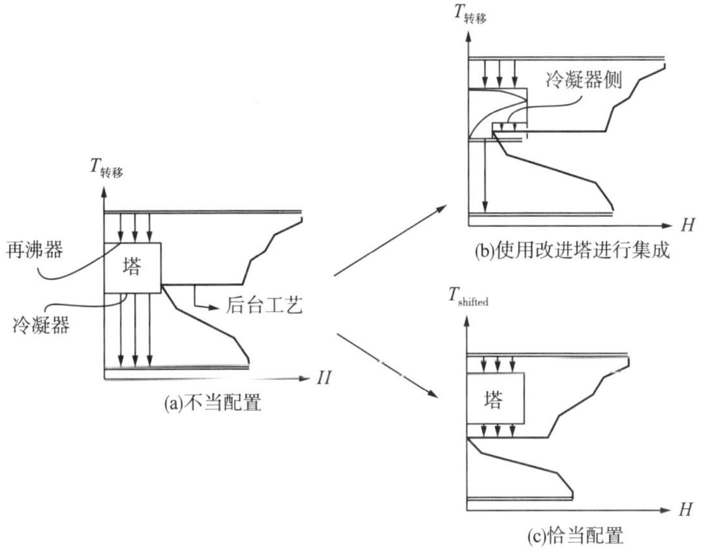

图 11.7　塔与工艺的集成

总之，一方面，如果塔完全位于夹点对面，则塔的位置不合适，因为塔与后台工艺没有热集成。另一方面，如果塔被放置在夹点的一侧，并且可以在后台工艺过程中集成，则该塔被有效配置。尽管适当的塔集成可以提供可观的能量效益，但这些效益必须与相关的资本投资和运营困难进行比较。在某些情况下，可以通过公用工程系统间接集成塔来减少操作困难。

11.6　流程变更示例

上述流程集成原则提供了一般流程变更的指导方针。很明显，复合曲线和大复合曲线都是非常强大的工具，使我们能够优化整个流程的流程集成。

通过应用流程集成原理，设计不再局限于“洋葱图”(见图 11.1)所示的从反应系统到分离系统、换热器网络以及现场热力和电力系统的单向设计。相反，我们可以进行双向交互，以便在设计之前评估工艺变化对热交换和公用工程系统的影响，反之亦然。在许多研究中，工艺变化带来的节约远远超过减温回收项目带来的节约。至关重要的是，在早期设计阶段正确进行工厂的整体设计，并制定出最精简、最高效的解决方案。以下将深入讨论示例研究。

11.6.1 催化剂改进

具有高馏分选择性的催化剂在提高产率的同时也可以提高能源效率。这些类型的催化剂减少化学 H_2消耗，降低天然气消耗，降低补充气体功率，并减少淬火的需要。在这个例子中，如图 11.8 所示(Zhu et al., 2011)，由于 H_2装置的消耗量较低，天然气进料功率减少了 80000Btu/bbl。在燃料当量的基础上，补充气压缩功率降低了 4000Btu/bbl。在燃料当量的基础上，循环气压缩功率降低了 500Btu/bbl。按燃料当量计算，总节能约为 85000Btu/bbl，相当于 50000Btu/bbl 加氢裂化装置每年节能约 1000 万美元。

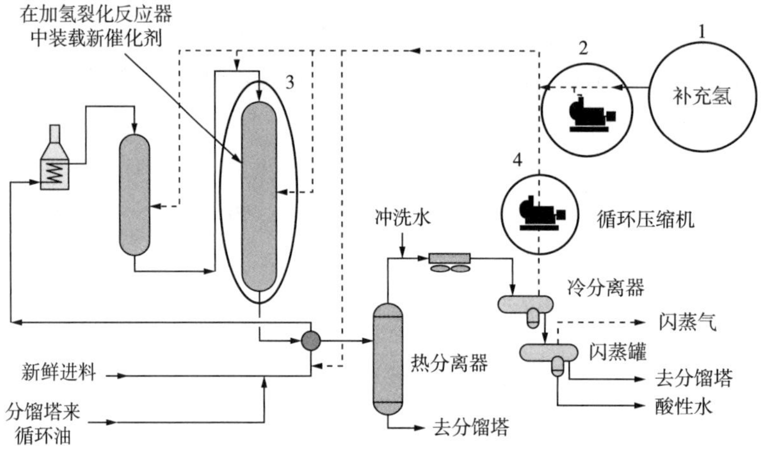

图 11.8 催化剂改进对工艺能效的影响

催化剂更换的好处：

① 化学 H_2 消耗量较低，减少了 H_2 装置的天然气消耗。

② 较低的化学 H_2 消耗减少了补充气压缩能量。

③ 较高的蒸馏物选择性降低了新蒸馏物催化剂中的热释放；需要较少急冷。

④ 较低的急冷要求减少了循环气体压缩机效用。

11.6.2 工艺流程改进

传统的加氢裂化工艺设计特点是一个普通的汽提塔，它接收两种成分非常不同的进料，一种来自冷闪蒸罐，另一种来自热闪蒸罐；典型设计如图 11.9 所示。汽提塔的处理目标是从进料中去除 H_2S。这两种进料源于首先进入热分离器的反应馏出物，含有热分离器轻产物的塔顶蒸汽进入冷闪蒸罐，而含有热分离器相对重产物的底部馏分进入热闪蒸罐。最终，热罐和冷罐的液体都被送入同一汽提塔。然后汽提塔塔底液成为主分馏塔的进料。这种工艺顺序的缺点可以概括为：分离后再混合再分离。

因此，这种单一汽提塔设计的低效性源于热闪蒸罐和冷闪蒸罐液体的混合，这会使上游的分离失效。为了避免这种低效的混合，建议使用两种汽提塔(Hoehn et al., 2013)，即接收热闪蒸罐液体作为进料的热汽提塔和使用冷闪蒸罐液体用作进料的冷汽提塔。此外，冷汽提塔塔底不通过主分馏塔进料加热器，而是直接进入主分馏塔。冷汽提塔塔底是单个汽提塔塔底部液体的一部分(图 11.10)。由于只有热汽提塔塔底通向主分馏塔进料加热器，因此加热器的负荷相应减少。图 11.10 展示了这一改进方案。这个思路听起来很有希望；然而，我们如何评价这个想法的效果呢？

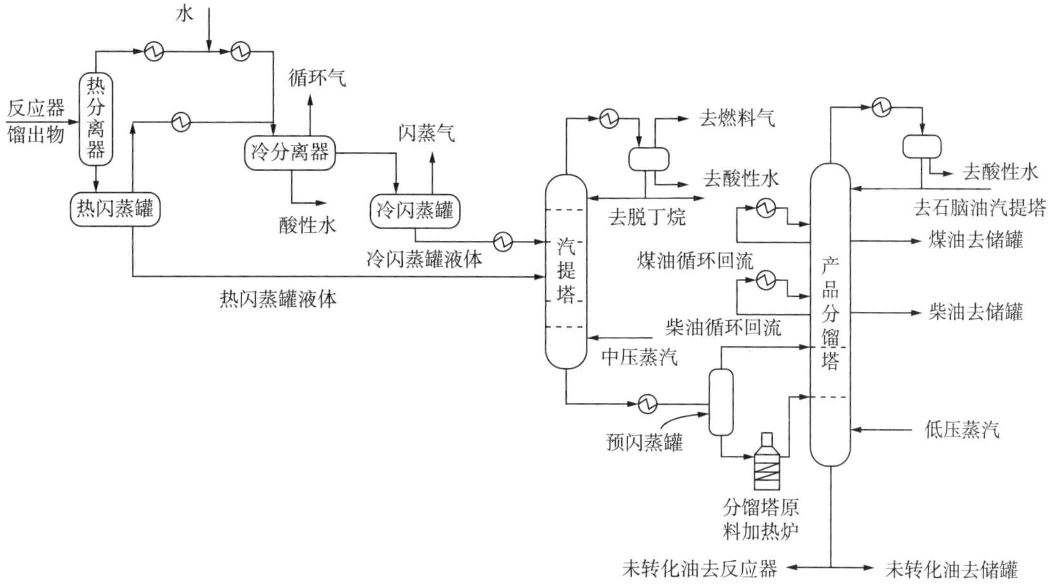

图 11.9　单级汽提分馏方案

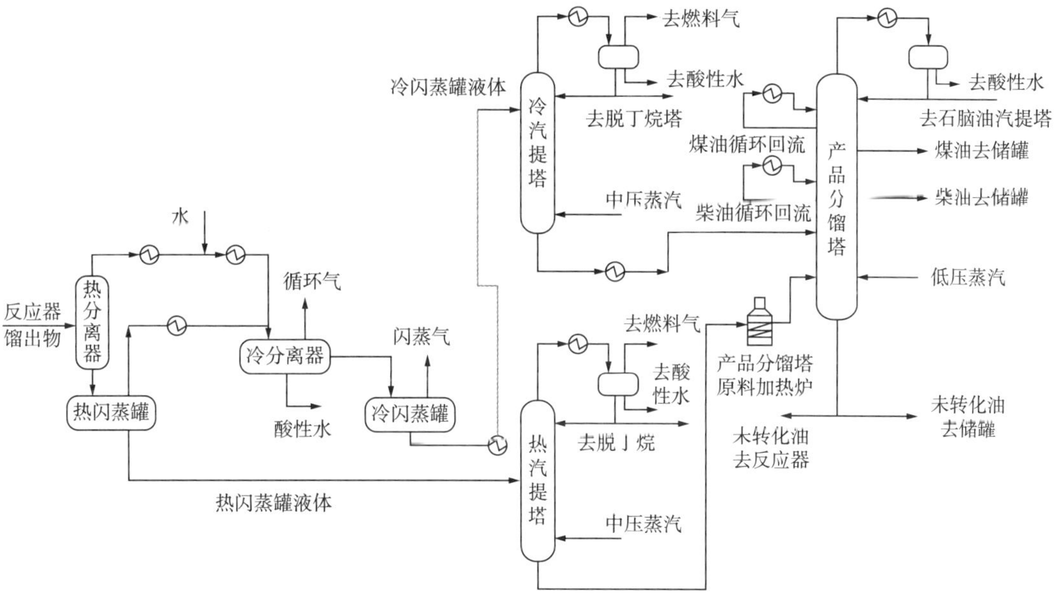

图 11.10　推荐的两级汽提分馏方案

让我们转向复合曲线来获得答案。单独获得单个汽提塔和两个汽提塔设计的物流数据，这些数据包括反应和分馏段。出于相对比较的目的，基于零度 ΔT_{min}(绝对夹点)绘制合成曲线。图 11.11 描述了单汽提塔的设计，表明净总热利用率(本例中为燃料)为 110MMBtu/h。相比之下，图 11.12 中的两个汽提塔设计显示了在零度 ΔT_{min}时所需的零净热效用。通过所提出的两种汽提塔设计，两种设计之间的净差异为 110MMBtu/h，这意味着分馏塔加热器负荷减少了 42%，或加氢裂化装置总能量减少了 23%。这一改进意义重大。

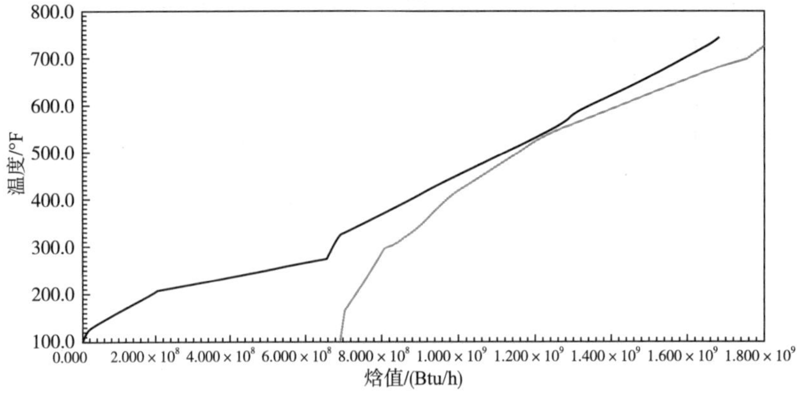

图 11.11　加氢裂化装置单级汽提复合曲线

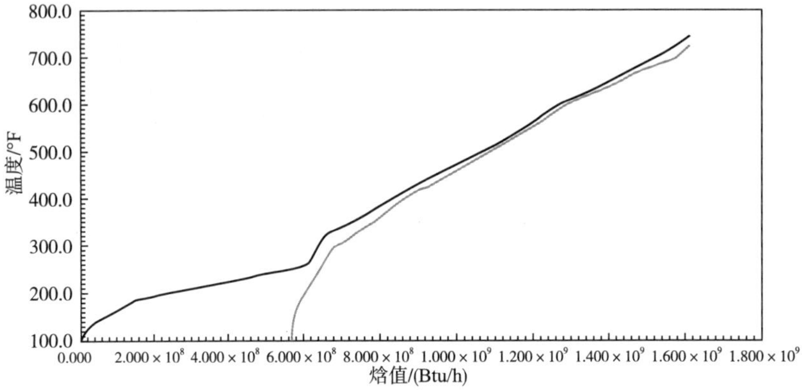

图 11.12　加氢裂化装置两级汽提复合曲线

此外，还生成了工艺 GCC 曲线，一条用于单汽提塔设计(见图 11.13)，另一条用于双汽提塔设计(见图 11.14)。夹点是 GCC 上的零焓点。从单个汽提塔 GCC(见图 11.13)可以观察到，工艺热曲线(夹点上方)急剧远离零焓，这表明需要大量的外部加热。相比之下，两个汽提塔设计的 GCC 更接近零焓，这意味着外部加热和冷却需求的减少。

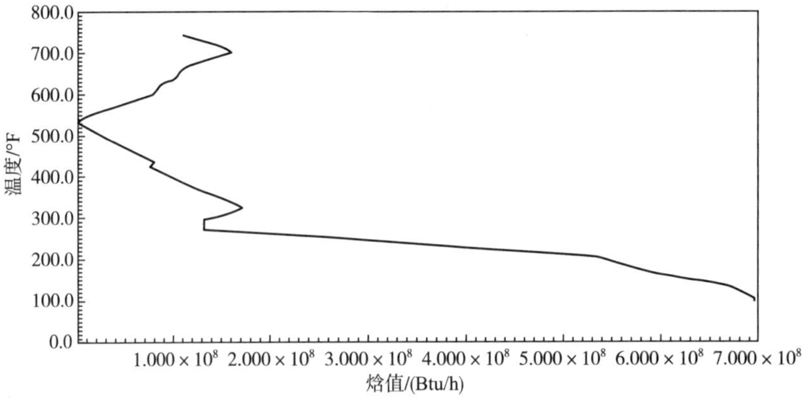

图 11.13　加氢裂化装置单级汽提大复合曲线

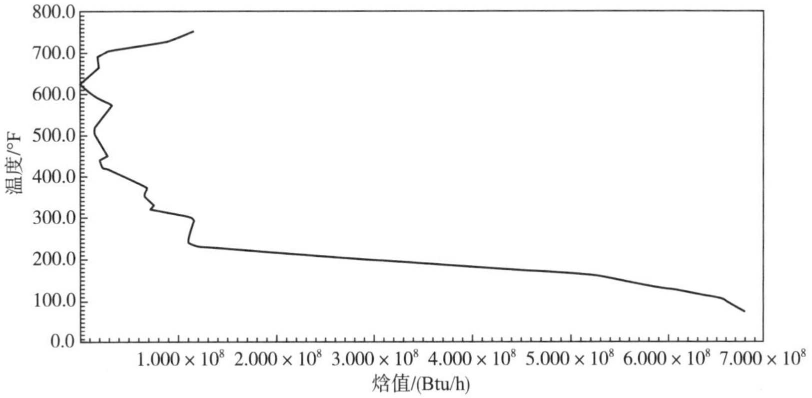

图 11.14　催化裂化装置两级汽提大复合曲线

尽管需要进一步的设计工作来完成两个汽提塔设计的设计细节，但复合曲线法能够在早期阶段显示两个汽提塔设计的重要性。由于收益已被证明是巨大的，因此有必要对细节进行进一步调查。简言之，更详细的成本效益分析表明，运营成本每年节省 250 万美元，设备成本每年节省 200 万美元。投资成本节省来自主分馏塔进料加热器的大幅缩小。尽管由于添加了第二个汽提塔而增加了投资成本，但与进料加热器节省的投资成本相比，这是微不足道的。投资成本可以通过其他设备创新进一步降低，例如具有用于两个汽提塔的公共高架系统，以及具有一个容器以通过将两个汽提塔堆叠在彼此顶部来容纳两个塔。

对于固定的工艺流程图和条件，复合曲线和总复合曲线将保持不变。在这种情况下，能量目标将指示给定 $\Delta T_{\min}$ 所需的夹点和最小冷热公用设施。然而，工艺设计工程师可能会感到受到固定物流流速和温度的限制，从而限制了其设计集成热回收系统的能力。这种愿望促使其探索流程变化，以改进当前的流程设计，因为如果流程得到优化就会获益颇丰。

显然，工艺改造将对流量、温度等物流数据产生深远影响。因此，复合曲线和总体复合曲线将与基础情况大不相同。上面的例子表明，这些曲线可以成为展示流程变化优势的强大工具。

11.6.3　先进技术的使用

这个例子是关于使用隔板精馏(DWC)技术来节省产品分馏所需的能量和资本的。由于市场机遇，一家现有炼油厂希望从目前生产的两种石脑油产品改为生产四种石脑油产品。使用传统设计，需要两个新塔。改造的亮点是场地空间，一个主要问题是新设备和相关配套基础设施所需的资金过高。本案例中讨论的创新不仅解决了场地空间问题，而且在很大程度上减少了资金和能源使用。让我们看看如何实现这些改进。

11.6.3.1　基本情况说明

流体催化裂化(FCC)被广泛用于将直馏常压瓦斯油、减压瓦斯油、某些常压渣油和重质原料转化为高辛烷值汽油、轻质燃料油和富含烯烃的轻质气体。来自催化裂化装置反应段的反应器馏出物被送去主分馏塔。主分馏塔的塔顶馏出物，包括不稳定汽油和轻馏分，在 FCC 不饱和气分离装置中进行处理。Meyers(2004)对 FCC 工艺进行了详细描述。

现有的不饱和气体分离装置如图 11.15 所示，它由吸收塔和分馏塔组成，将主分馏塔顶分离成汽油和其他所需的轻烃产品。根据该图，来自 FCC 主分馏塔接收器的塔顶气体被压缩并与主吸收塔底部和汽提塔塔顶气体混合，并被引导至高压分离器。来自该分离器的气体被输送至一级吸收塔，在那里与来自主分馏塔塔顶接收器的不稳定汽油接触，以回收 C_3 和 C_4 馏分。初级吸收塔尾气被引导至二级吸收塔或再吸收塔，其中来自主塔的轻循环油用于吸收进料中的 C_5 物质与剩余 C_3 和 C_4 馏分。再吸收塔的富吸收油返回 FCC 主分馏塔，塔顶气送去做燃料气或其他处理单元。

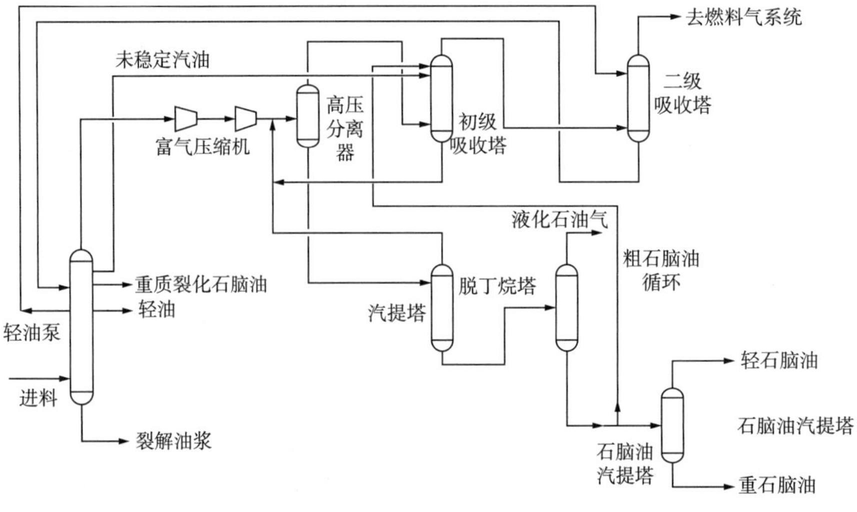

图 11-15　现有用于两种石脑油产品的石脑油分离流程

来自高压分离器的液体被输送到汽提塔，在汽提塔中 C_2物质在塔顶被去除并再循环回高压分离器。汽提塔的底部液体被送往脱丁烷塔，在那里分离烯烃、C_3、C_4产物。通常，25%~50%的脱丁烷汽油(全馏分石脑油)被回收至主吸收塔，以控制轻烃的回收。目前，已经削减了二次汽油。为了实现这一点，脱丁烷塔底部(稳定汽油)被送往石脑油分离器，以生产轻质和重质石脑油产品。

随着市场需求的增加，炼油厂希望用两种石脑油产品生产四种石脑油产品。如图 11.16 所示，如果使用传统设计，则需要两个新的塔和三个塔的直接序列来生产四种石脑油产品。然而，这种设计的亮点在于安装两个新塔的场地空间。问题变成了：有没有先进的分离技术可以解决场地空间问题?

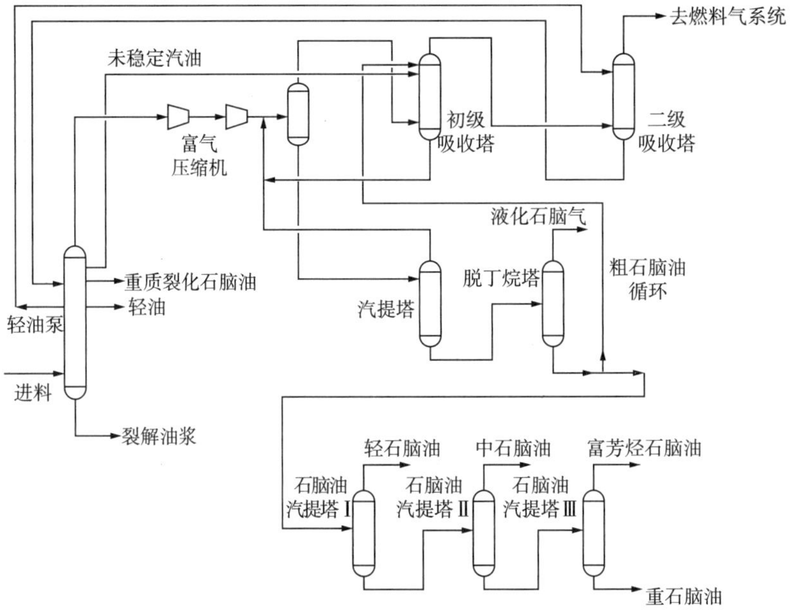

图 11.16　四种汽油产品石脑油分离的典型设计方案

11.6.3.2 隔板精馏技术

隔板精馏技术引起了炼油厂的注意，因为在一个塔内有一个隔板可以生产多个产品。Schultz 等(2002；Schultz and Zhu，2012；Alves et al.，2013)详细讨论了隔板塔的应用。

一方面，为了验证使用隔板塔的益处，针对两个石脑油分离器建立了模拟模型[图 11.17(a)]。生成了中石脑油的浓度分布图(图 11.18)。该分布图显示汽提塔Ⅰ中石脑油的分离效率低；石脑油的浓度从上到下逐渐升高，然后在塔的中间达到峰值，但向塔的底部急剧降低，这表明石脑油的分离未完成。浓度下降的原因是中、重石脑油在中间向塔底再混合。因此，必须再次进行中石脑油和重石脑油之间的分离，并将其容纳在汽提塔Ⅱ中，在该塔中必须由底部再沸器提供能量。因此，必须通过额外的分段和再沸来克服由于在两塔系统中再混合而导致的分离效率低的问题。

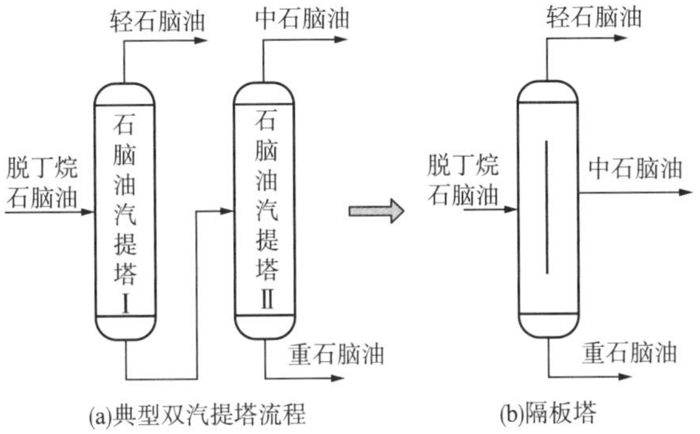

图 11.17　三种石脑油产品的分离

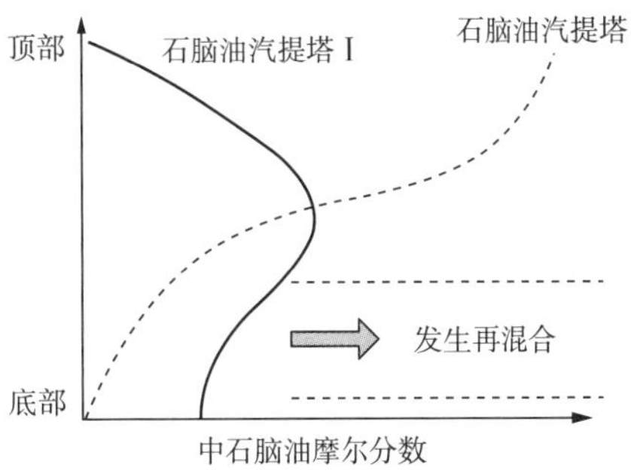

图 11.18　中石脑油的浓度分布

另一方面，模拟了一个隔板塔，其中垂直隔板将塔体分隔开，用于生产三种石脑油产品[图 11.17(b)]。将塔体分为两段，轻石脑油与其余部分的分离发生在塔左侧的隔板中，类似于汽提塔Ⅰ中发生的情况，而右侧的隔板作用类似于汽提塔Ⅱ，主要处理中、重石脑油之间的分离。在塔的中间抽出中石脑油，在那里其浓度达到峰值，不发生再混合。分离出的轻石脑油Ⅰ升到塔顶与左侧轻石脑油一起进入塔顶冷凝器。在这种情况下，与两个简单的塔相比，使用单个隔板塔可将再沸器负荷降低 25%。这种基于模拟的原理验证是通过将隔板精馏技术应用于石脑油分离的益处来证明的。然而，对于这个现有的石脑油系统来说，还不确定是否适合应用 DWC。已经发现，使用隔板精馏技术的标准是：①与其他产品相比，侧切的流量必须相对较大；②对介质石脑油产品的高纯度产品规格没有要求。

通过对催化裂化过程中石脑油分离的评估，发现这些条件很容易满足，因为对作为两种中间馏分石脑油产品的中芳烃和富芳烃石脑油没有严格的规范，而且这两种中间部分的数量相对较大。由于隔板精馏技术已成功应用于许多工艺，这增强了炼油厂应用该技术的信心。因此，得出的结论是：应用隔板塔是最有前途的石脑油分离工艺。

11.6.3.3 隔板精馏技术的应用

现在问题变得更加具体：如何将该技术应用于现有的气体分离装置？

由于场地空间的限制，改造团队正在研究对现有脱丁烷塔进行隔板塔改造(图 11.19)。通过采用隔板精馏技术改造脱丁烷塔，可以从塔顶回收液化石油气，并从侧馏分中回收轻石脑油。部分轻石脑油被回收，在初级吸收塔中作为吸收液使用，而不是目前设计中使用的全馏分石脑油(图 11.15)；因此可以显著减少再循环。脱丁烷塔底部馏分被引导至下游分离。当然，现有的石脑油分离器也进行了改造，通过插入金属壁来分隔塔。利用隔板精馏技术的石脑油分离器，又生产出三种石脑油产品，即中石脑油、富芳烃石脑油和重石脑油。

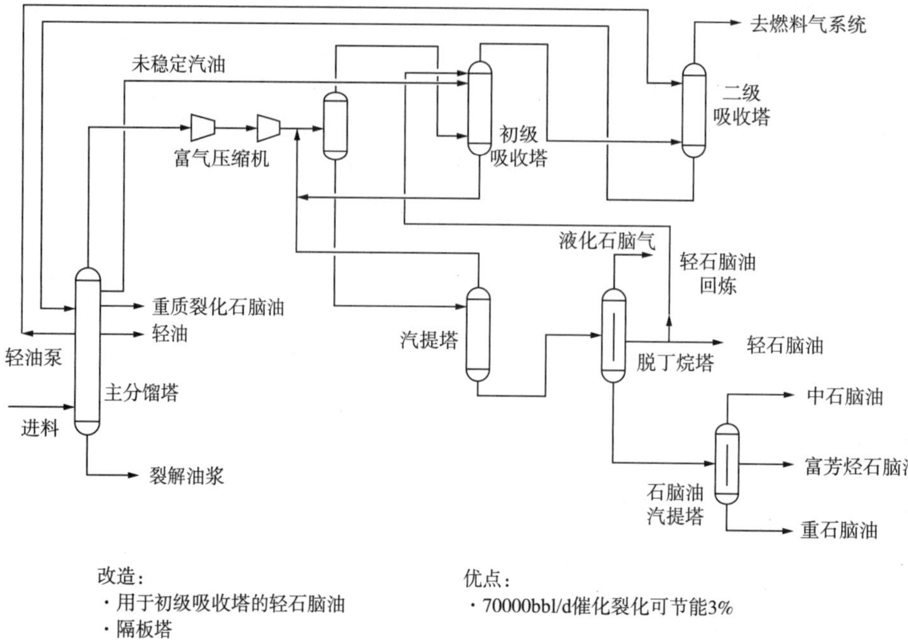

图 11.19　应用隔板精馏技术进行石脑油分离

隔板塔方法可将再沸器的总负荷降低 30%。同时，实现了可观的成本节约。采用隔板精馏技术改造石脑油分离方案，无须安装两个新塔即可生产四种石脑油产品。这解决了场地空间不足的问题。因此，尽管需要对现有的两个塔进行重大改造，但投资成本显著降低了约 25%。

11.6.4　将动力回收与现有蒸汽系统集成

这个案例研究的讨论来自 Couch and Leonard(2006)。使用此案例研究的目的是展示将发电涡轮机与现有蒸汽系统集成的好处。

11.6.4.1　动力回收涡轮机的说明

来自催化剂再生器的热烟气在约 13500℉下运行，通过涡轮机发电。安装这种动力回收涡轮机(PRT)的好处是，70000bbl/d 的 FCC 每年可节省约 650 万美元的运营成本。然而，由于高投资成本，FCC 烟气动力回收涡轮机的安装被视为“附件”，仅用于高电力成本地区的大处理量、相对高压力的 FCC 装置。为了使这项技术适用于更广泛的 FCC 运行装置，对将电力回收系统纳入 FCC 装置的方式进行了创新改进。这些创新显著提高了电力产量，并降低了装置回收能量的投资成本。

典型的 PRT 设计是一个五机组，包括热气烟机、主鼓风机、汽轮机、电机/发电机和齿轮箱(如有必要)。一个五机组回收系统如图 11.20 所示。在这种配置中，烟机连接到主鼓风机，并提供能量到轴的直接传递。将能量直接传递到主鼓风机可最大限度地减少动力传递损失，是最节能的配置。蒸汽轮机用于启动机组，蒸汽轮机和电机的组合可以提供在设计条件下运行鼓风机所需的动力，同时 PRT 烟机停止运行。启动后，当存在足够的烟气，且工艺条件稳定时，可以调试 PRT 烟机，而汽轮机将处于热备用状态运行。在这一点上，在下一次 FCC 装置停工之前，蒸汽轮机将成为一种边际利用资产。

11.6.4.2　蒸汽系统

如果我们查看催化裂化装置周围的蒸汽系统，可以确定从蒸汽排放中回收能量的机会。

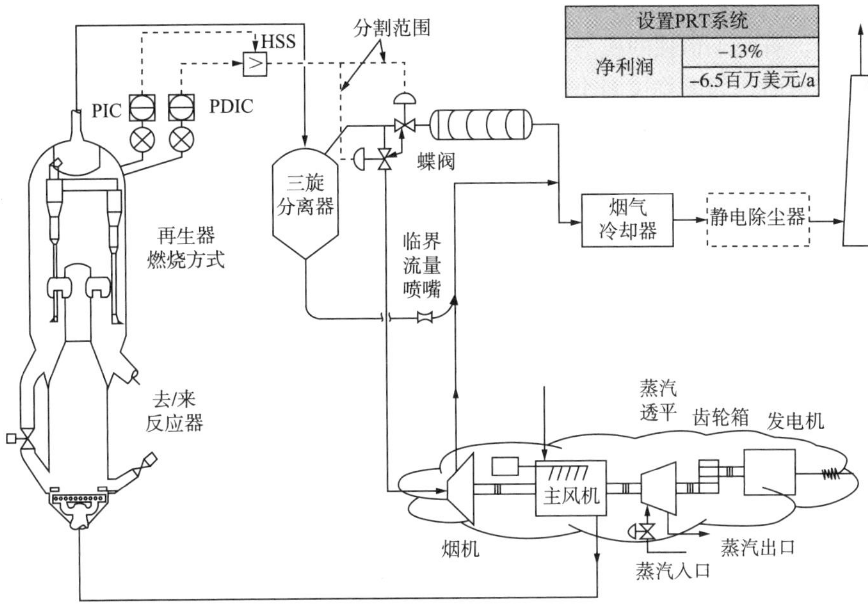

图 11.20　传统的五机组回收系统

典型的 FCC 可以从许多地方产生高压蒸汽，如烟气冷却器、废热锅炉以及主分馏塔底部。FCC 工艺还使用蒸汽作为进料雾化蒸汽、提升蒸汽和待生催化剂汽提蒸汽。通常将高压蒸汽排放至中压和低压蒸汽系统，以满足这些工艺需求。这里的机会是，如果可以安装蒸汽轮机来更换蒸汽排放阀，就可以产生电力(图 11.21)。可以调整蒸汽轮机的额定值，以从高压蒸汽排放中回收动力。例如，可以增加发电量，这将为 70000bbl/d 的 FCC 带来 260 万美元/a 的收入。如果从炼油厂蒸汽主集管引入额外的高压蒸汽，可以产生更多的动力。然而，在此类应用中安装蒸汽轮机的投资项目往往无法通过投资审查程序，因为安装蒸汽轮机和相关配套基础设施的成本太高，无法证明所产生的动力是合理且能覆盖成本的。

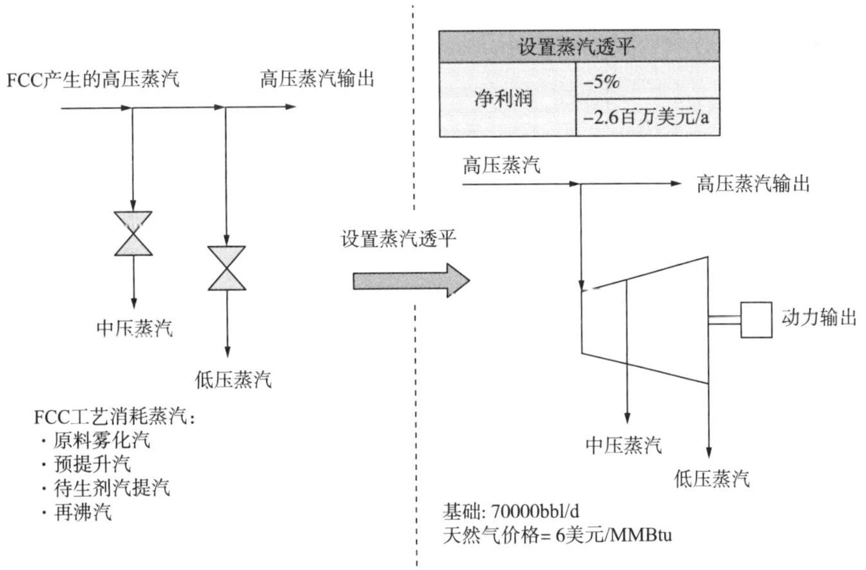

图 11.21　安装蒸汽涡轮机以取代放水阀

11.6.4.3 PRT 与汽轮机(ST)的集成

到目前为止，有两个单独的机会：一方面，在催化裂化中有热流气体 PRT，而另一方面有放空汽轮机。然而，如果将这两个机会分开处理，两台涡轮机都将需要一个单独的轴、齿轮箱和发电机，以及一个独立的地基、管道、电气基础设施和控制系统。这两种机会的投资成本都可能过高。

整合这两台涡轮机怎么样？其想法是在图 11.20 中的 PRT 五箱机组设计中更好地利用蒸汽轮机辅助装置进行启动。换言之，蒸汽涡轮机辅助装置成为放空涡轮机，并且正常的 FCC 工艺蒸汽可以通过该放空涡轮机。因此，放空涡轮机与 PRT 集成在一起，如图 11.22 所示。综合动力回收系统可在主风机由电机驱动的情况下发电。

在安装催化裂化烟气动力回收系统时，已经需要大部分辅助设备；即发电机、13.8kV 电缆、开关设备、地基、电气控制设备和变电站。与回收的潜在能量相比，将蒸汽放空涡轮机添加到动力回收系统的增量成本较低，并且该集成可以显著增加在 FCC 装置中安装动力回收系统的投资回报。这一想法将为同时实施 PRT 和放空汽轮机创造协同效应。70000bbl/d 的 FCC 每年可节省 910 万美元的运营成本。

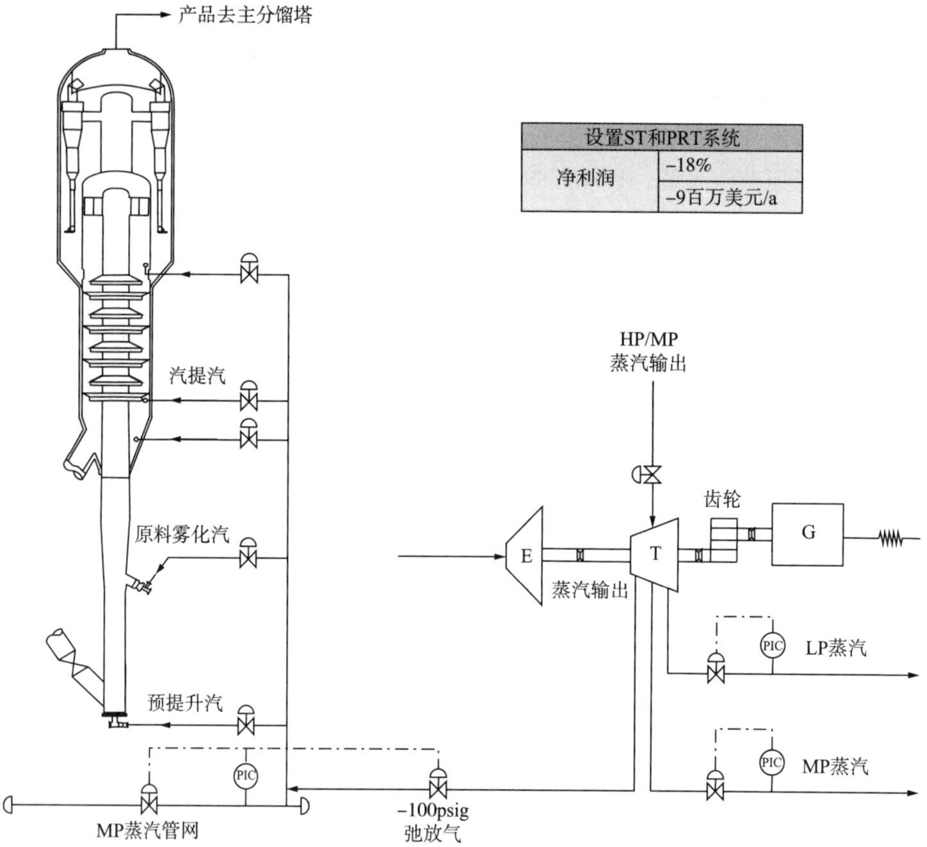

E：PRT烟机；T：蒸汽透平；G：发电机

图 11.22 放空涡轮机与 PRT 的集成

11.6.5 能量集成和工艺优化

这个例子是关于能量改造如何支持产能扩张和产量提高的(Zhu et al., 2011)。一家北美炼油厂希望将加氢裂化能力提高 15%，以满足该地区新的柴油需求，现有的流程设计如

图 11.23 所示。一项筛选研究指出了几个主要的瓶颈，这些瓶颈可能需要大量的资本投资，并使扩张在财务上不可行。在筛选研究中，以下设备将无法处理 15%的扩张，因为：

① 用于反应和分馏的加热器太小；

② 对于现有反应器来说，空间速度太高；

③ 分馏塔和脱丁烷塔将发生严重的溢流。

然而，炼油厂管理层希望科技单位进行更详细的评估，以寻求降低资本成本的可能。该评估的结果可总结如下。

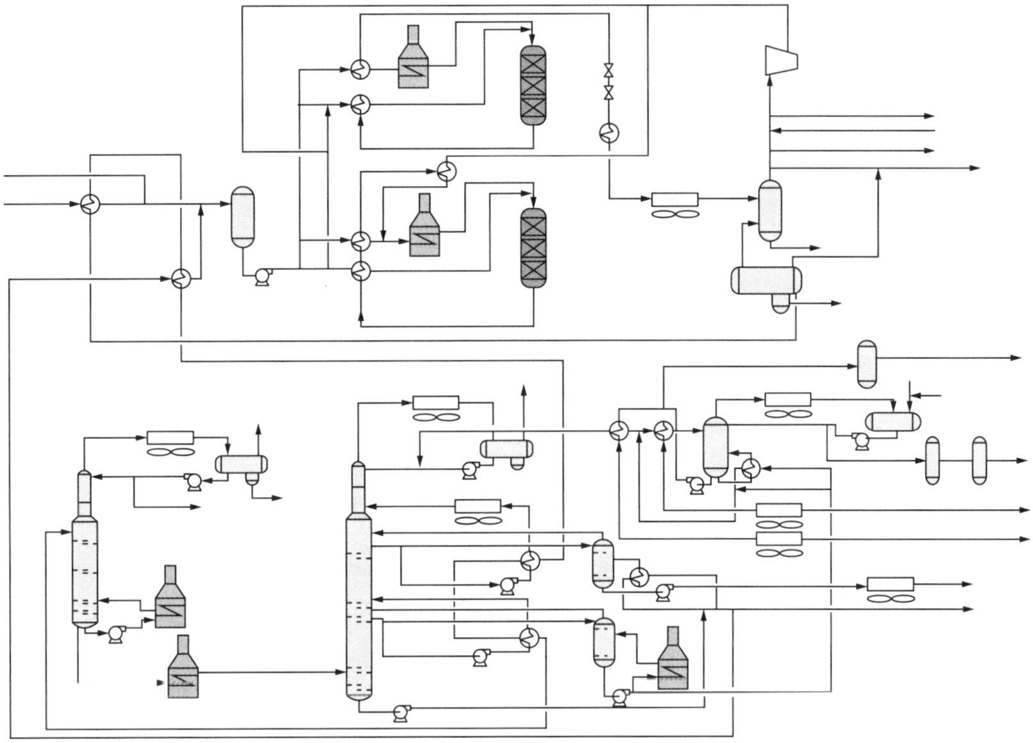

图 11.23　现有加氢裂化装置

11.6.5.1　消除加热炉瓶颈

为此，将网络夹点法(Zhu and Asante，1999)应用于现有的换热器网络。确定了减少反应器进料加热炉和分馏塔加热器的改造方案。因此，需要安装四个换热器(A~D)，使用反应器馏出物热量预热反应器进料和分馏进料(图 11.24)。仅凭节能，这些新换热器就可以将加热炉的总负荷减少 20%，回报期不到 2 年。因此，避免了对现有加热炉进行改造的需要。同时，确定了使用液体烟机进行动力回收的机会。在现有的设计中，2200psi(表)的高压液体通过阀门需要降压至 450psi(表)左右。

11.6.5.2　消除反应器瓶颈

加氢裂化装置设计于 20 世纪 70 年代。发现现有反应器内构件分布不良并不奇怪。通过安装更好的混合和分配装置，改善了气体和液体的分配，现有的反应器可以处理进料速率增加带来的高空速(图 11.25)。还使用了一种新的催化剂来解决柴油冷流特性问题。

11.6.5.3　消除分馏瓶颈

在评估分馏塔和脱丁烷塔时，模拟模型预测液体负载过高，从而导致降液管背压式夜泛。为

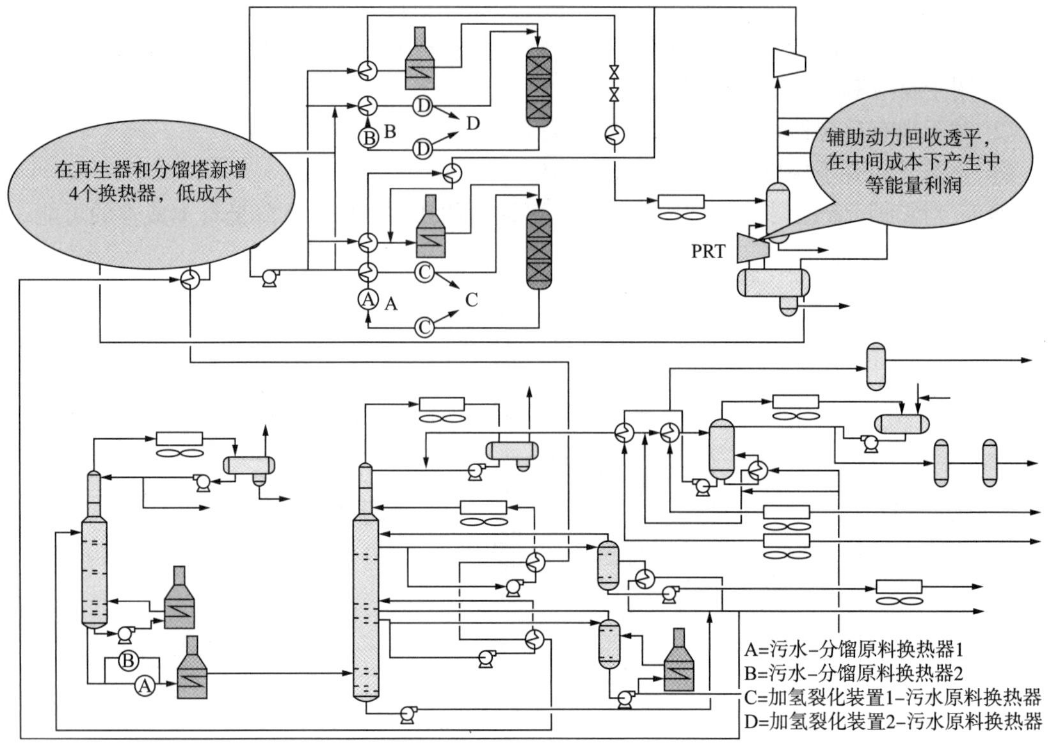

图 11.24　消除加热炉瓶颈的节能项目

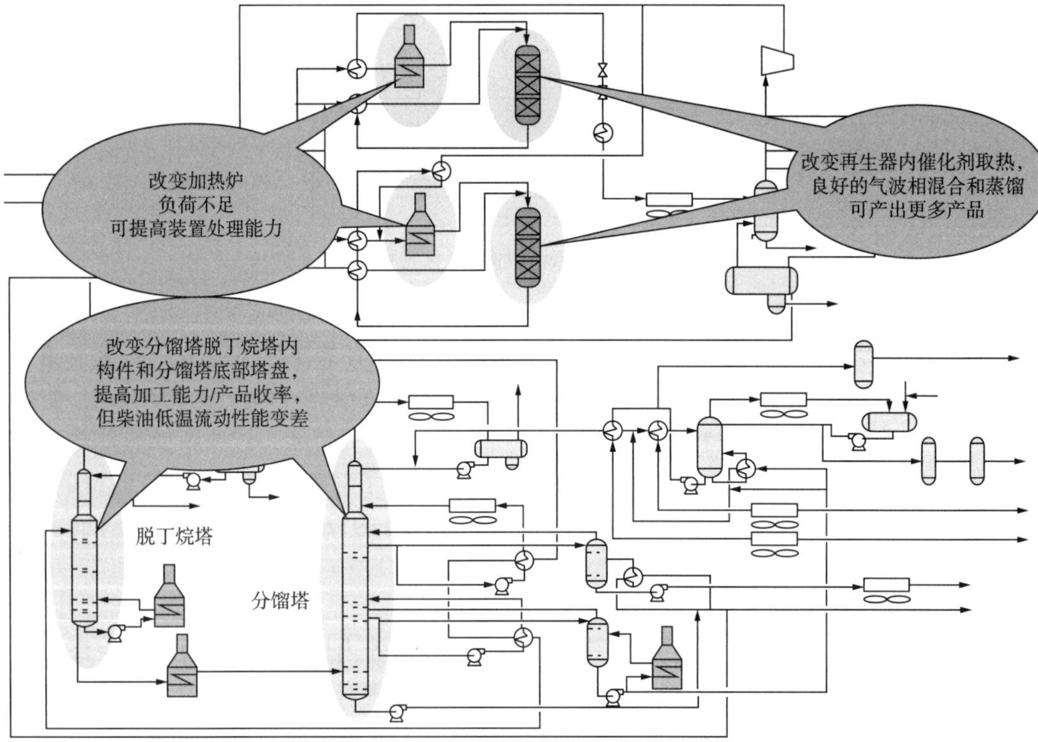

图 11.25　消除工艺瓶颈的反应和分馏项目

了避免这种情况，考虑更换UOP ECMD塔盘，因为UOP ECMD塔盘具有多个降液管和降液管的均衡负载。这一特性可以缓解降液管背压式液泛，从而使塔能够适应超过15%的进料速率增加。

在评估过程中，发现了一个新的机会。在分馏塔的当前操作中，对应于340℃ TBP切割点回炼油和柴油产品之间存在58℃的重叠。新设计的机组通常具有380~410℃的TBP切割点和10~30℃的间隙。分馏塔中的不良分离导致13%(质)的柴油馏分进入循环油(分馏塔底部)。由于大量的柴油馏分物质被回收，柴油产量因瓦斯油的过度转化而降低，过量的氢气被消耗掉。此外，与具有更好分离效果的单元相比，需要更高的反应转化深度，这导致更高活性的催化剂(或更短的催化剂寿命)和更高的温度。此外，在更高的反应转化深度下生产出更多的重芳烃(HPNA)组分。从回炼油中回收柴油的炼油厂利润可能为2000万美元/a。一个可能的解决方案是在底部添加几个塔盘。有利条件是有足够的可用空间来容纳塔底部的这些塔盘(图11.25)。

11.6.5.4 改造总结

总之，工艺装置的修改包括以下内容：

① 四个新的换热器，将两个反应分馏加热炉的负荷减少20%以上。因此，解决了加热炉的瓶颈问题。

② 安装有混合和分配装置的反应器内部构件，以避免添加新反应器或对现有两个反应器进行重大改造。

③ 处理柴油冷流特性问题的新型催化剂。

④ 更换分馏塔和脱丁烷塔的部分塔内件，以减轻液体负载，避免严重的降液管溢流。

⑤ 在塔的底部添加几个塔板，以将柴油进入回炼油中的比例从13%(质)降到小于4%(质)。

⑥ 由于进料膨胀不需要动力回收涡轮机，因此未在本改造中选择动力回收涡轮机。然而，它被认为是未来的一个重大节能项目。

总体研究确定了能源节约，并因为避免了昂贵的改造以最小的投资成本实现了所需的加工量增加。节能与工艺技术知识之间的协同作用对取得这些成果至关重要。炼油厂管理层对结果非常满意，并获得了董事会对这些项目的投资批准。

参 考 文 献

Alves J, Ulas Acikgoz S, Zhu XX (2013) Process for providing one or more streams, US PatentNo. 8, 414, 763, April 9.

Couch KA, Leonard EB (2006) Concepts for an overall refinery energy solution through novelintegration of FCC flue gas power recovery, NPRA Conference, San Antonia.

Dhole VR, Linnhoff B (1993) Distillation column targets, *Computers and Chemical Engineering*, 17(5/6), 549-560.

Glavic P, Kravanja Z, Homsak M (1988) Heat integration of reactors. 1. Criteria for the placement of reactors into process flowsheet, *Chemical Engineering Science*, 43, 593.

Hoehn RK, Bowman DM, Zhu XX (2013) Process for recovering hydroprocessed hydrocarbons with two strippers, Patent Publication No.: US 2013/0, 046, 125 A1.

Linnhoff B, Townsend DW, Boland D, Hewitt GF, Thomas BEA, Guy AR, Marsland RH(1982) *A User Guide on Process Integration for the Efficient Use of Energy*, IChemE, Rugby, UK.

Linnhoff B, Vredeveld DR (1984) Pinch technology has come of age, *Chemical Engineering Progress (CEP)*, 80(7), 33-34.

Meyers RA (2004). *Handbook of Petroleum Refining Processes*, Chapter 3, 3rd edition, McGraw-Hill.

Schultz, MA, Stewart DG, Harris, JM, Rosenblum, SP, Shakur, MS, O'Brien, DF (2002) Reduce costs with dividing-wall columns, *Chemical Engineering Progress (CEP)*, 98(5), 64-71.

Schultz MA, Zhu XX (2012) Zone or system for providing one or more streams, US Patent No. 8, 246, 816, August 21.

Townsend DW, Linnhoff B (1983a) Heat and power networks in process design. Part 1: Criteria for placement of heat engines and heat pumps in process networks, *AIChE Journal*, 29(5), 742-748.

Townsend DW, Linnhoff B (1983b) Heat and power networks in process design. Part II: Design procedure for equipment selection and process matching, *AIChE Journal*, 29(5), 748-771.

Zhu XX, Asante NDK (1999) Diagnosis and optimization approach for heat exchangernetwork retrofit, *AIChE Journal*, 45(7), 1488-1503.

Zhu XX, Maher G, Werba G (2011) Spend money to make money. *Hydrocarbon Engineering Journal*, pp. 34-38, September issue.

第三部分　流程系统测算和优化

12　蒸馏操作窗口

操作窗口定义了蒸馏塔的可行操作区域。如果可以确定该区域并使其可获得，工程师就可以知道蒸馏塔的性能状况以及其操作极限。本章阐述了对有关蒸馏设计和操作的特征、计算和标准的理解。

12.1　简介

分离广泛应用于流程工业，通常在反应过程之后从反应生成物中分离出所需的产物和副产物。分离的方式有很多种。在本章中，我们主要讨论蒸馏或分馏，它们也是流程工业中的主要的分离过程。

评估蒸馏塔应采用什么标准？如何知道塔是否稳定运行或接近最佳性能？操作人员可以使用哪些关键参数来同时优化产品分离和能量利用？如何才能维持最佳状态？这些是工程师经常提出的问题，也是本章的重点。

由于蒸馏是一个复杂的问题，本章旨在透过问题看本质，如可行操作区域的概念、关键操作参数以及从设计和操作优化蒸馏单元。为了有效理解，在不违背基本原理的情况下采用了简化的解释和象征性语言，本章旨在通过全面的示例重点关注这些内容。有关塔设计和操作的所有方面的详细阐述详见 Kister(1990，1992)。

12.2　蒸馏

复杂的蒸馏塔(见图 12.1)被设计和应用于从进料或产品中需要进一步分离才能得到的物质，以满足产品规格要求。蒸馏所需的能量以再沸或进料加热或蒸气注入的形式提供。循环泵应用于带走塔内多余的热量，以实现塔内局部所需的气液平衡。由于每个蒸馏塔的进料/产品不同，因而设计和操作不同，但基本原理是相同的。充分了解这些内容将为在操作限制条件下(工艺和设备限制)了解重点数据(关键指标)、工艺操作控制(操作参数)以及改进的方向(对过程和设备性能的影响)提供坚实的基础。

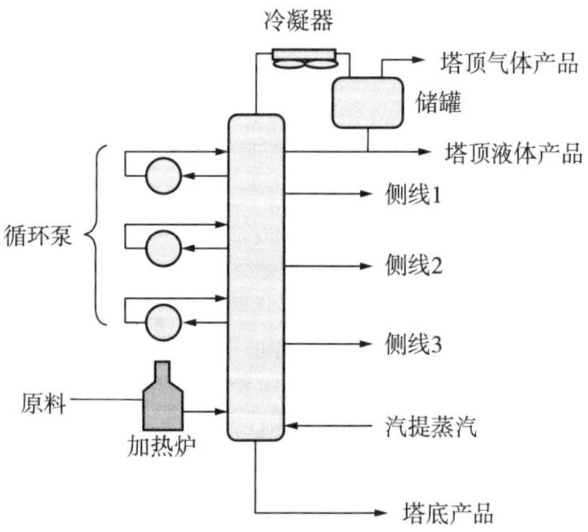

图 12.1　复杂蒸馏塔示意图

塔内的蒸馏分离源于轻组分和重组分之间的相对挥发性。蒸气在相对较高的温度下向上流动，遇到向下流动且相对温度较低的液体，在塔盘上蒸气和液体之间发生热传递，其结果是蒸气变冷使得蒸气中的重组分分离出来并变为液体向下流动。相反，液体被加热，因此轻组分闪蒸出来并作为向上传递的蒸气。在多级塔盘上发生接续蒸气和液体之间的热传递。总而言之发生了两件事：首先，蒸气和液体在每个塔盘上达到平衡；其次，向上流动的蒸气变得更轻、更冷，而向下流动的液体变得更重、更热。每个塔盘上蒸气和液体之间的传质极限由相平衡决定，这取决于相对挥发度。通过多次平衡，蒸馏塔实现从塔顶分离和生产轻质产品，从塔底分离和生产重质产品的目标。相对挥发度用来表示通过蒸馏将混合物中不同挥发度组分分离的难易程度。对于相对挥发性低(高)的混合物，需要具有更多(更少)塔板数的高(矮)塔。

蒸馏塔经常无法发挥其应有的性能，并且操作性能偏离设计。当进料条件和产品规格以及操作要求变化时，操作期间的能量使用通常不会得到优化。在某些情况下，产品质量可能优于规格指标。我们将其称为产品质量过剩，因为它消耗的能量超出了必要的范围。在其他情况下，蒸馏塔可能出现溢流等异常情况。在异常操作下，蒸馏效率突然下降，导致很少或几乎没有发生蒸馏分离。因此，在讨论操作窗口之前需要充分理解蒸馏效率这一主题。

12.3 蒸馏效率

蒸馏塔的最终目标是产品分离，蒸馏效率自然成为关键的性能指标。如果设计得当，塔的蒸馏效率可以提高 10%。在运行中，蒸馏效率较高的塔生产运行所需的能源消耗较少。

目前有许多不同的衡量效率的标准。让我们看一下两个常用的衡量标准，单板效率即默弗里板效率(Murphree，1925)和全塔效率。

默弗里板效率为：

$$\eta_{\mathrm{M}}=\frac{\text{塔板上实际蒸气变化}}{\text{塔板上理论蒸气变化量}}\times 100\% \tag{12.1}$$

图 12.2 可以更好地解释上述公式。式(12.1)中的分母为操作线到平衡曲线($\overline{AC}$)的垂直距离或蒸气组成差异，分子为操作线到实际浓度曲线($\overline{AB}$)的垂直距离或蒸气组成差异。例如，$\eta_{\mathrm{M2}}=\overline{AB}/\overline{AC}$表示第 2 块塔板的板效率。其他塔板效率可以依此类推。

全塔效率定义为理论塔板数与实际塔板数之比：

$$\eta_{\mathrm{o}}=\frac{N_{\text{理论}}}{N_{\text{实际}}}\times 100\% \tag{12.2}$$

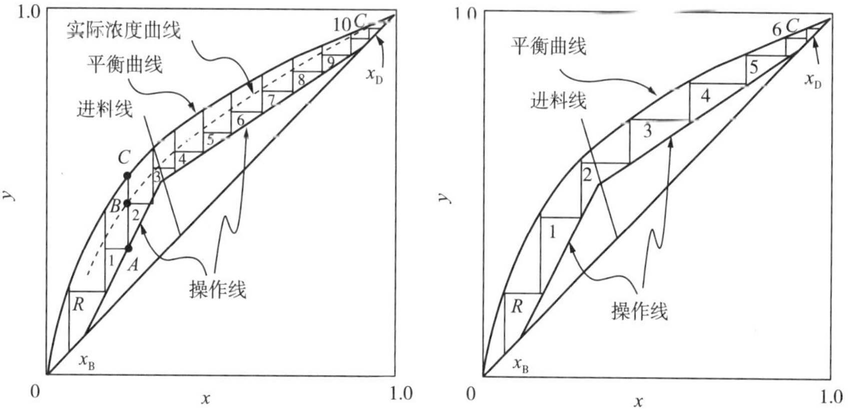

图 12.2 麦凯币-梯勒图

以图 12.2 为例，可见完成分离需要 12 块实际塔板，而理论塔板仅需要 8 块。冷凝器和再沸器计入理论塔板和实际塔板。因此，全塔效率为 67%(8/12×100%)。

全塔效率可将塔中发生的所有情况集中考虑。对于塔中每块塔盘基于恒定摩尔流率和恒定 η_M 假设，Lewis(1936)建立了默弗里板效率与全塔效率之间的一种关系，可表示为：

$$\eta_0=\frac{\ln[1+(\lambda-1)\eta_M]}{\ln\lambda} \tag{12.3}$$

式中：

$$\lambda=m\frac{V}{L} \tag{12.4}$$

方程(12.3)适用于精馏段和提馏段，因为这两个部分之间的 V/L 不同。在精馏段，与提馏段相比气体速率较高，液体速率较低。然而，在每块塔板中，方程(12.3)基于以下假设：直线的操作和平衡线以及恒定的 V/L 和 η_M。

对于带有循环泵、侧冷凝器或侧再沸器的复杂塔，以及有侧线的，可以将一个塔分为两个或更多的部分，然后将方程(12.3)中定义的效率应用于每个部分。这种效率计算方法需要给出各部分之间的内部 V/L 分布，而确定基础是各部分之间具有近恒定摩尔流率特征。对于图 12.2 中的示例，提馏段需要 3 块塔板(包括进料阶段，但不包括再沸器)，而理论上则需要两个。因此，该提馏段的效率为 67%。相比之下，精馏段需要 7 块塔板(不包括冷凝器)，而理论塔板则需要 4 个，这导致精馏段效率为 57%。总塔效率为 67%(包括再沸器和冷凝器)。生产中塔板效率通常为 60%~75%，塔板效率低于 50%的情况并不常见。

在生产和研发中对筛板塔板和浮阀塔板进行了许多板效率研究。大多数学术研究都是在尺寸较小的塔中进行的，无法用于工业应用；但工业数据是有专有的数据库的，较好的是 FRI 数据(Fractionation Research Inc.)，但该数据仅对 FRI 联盟成员开放。

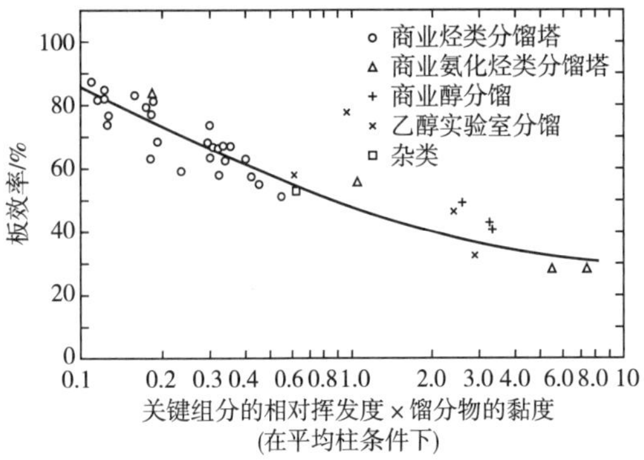

图 12.3 O'Connell 相关性
[源自 O'Connell(1946)，
经美国化学工程师学会许可转载]

最简单的方法是使用相关性方法确定全塔效率。如图 12.3 所示的 O'Connell(1946)相关性是工业塔效率的行业标准(Kister，1992)。

图 12.4 显示了平衡的塔效率的气液速率典型趋势。在效率曲线的中间，对应于稳定运行，尽管变化不大仍存在一个相对平坦的区域。具有良好调节功能的塔板，如与筛网塔板相比的浮阀塔板具有更宽的平坦或稳定的操作区域。在曲线的两侧，效率急剧下降，在低进料速率下，夹带过多时，效率均会降低，当发生液泛时，效率会急剧下降。优化的设计和操作就是延长稳定运行的边界。

对这些控制机制的理解可以深入了解如何优化塔的设计和运行，同时实现稳定的操作。

12.4 可行操作窗口的定义

我们如何确定塔的设计和运行是否可行，且实现令人满意的蒸馏操作呢？实现此目的的一个有效的工具是能力图或可行操作窗口。此操作窗口受塔盘容量的约束（见图 12.5）。任何特定的操作场景都代表此操作窗口内的操作点。塔进料速率的任何变化，产品速率、质量和操作条件，如进料温度、塔压力和回流速率将移动到窗口中的不同操作点。简言之，塔的设计和运行都是关于气液之间的平衡，最大目标是实现以最小的操作成本进行分离。

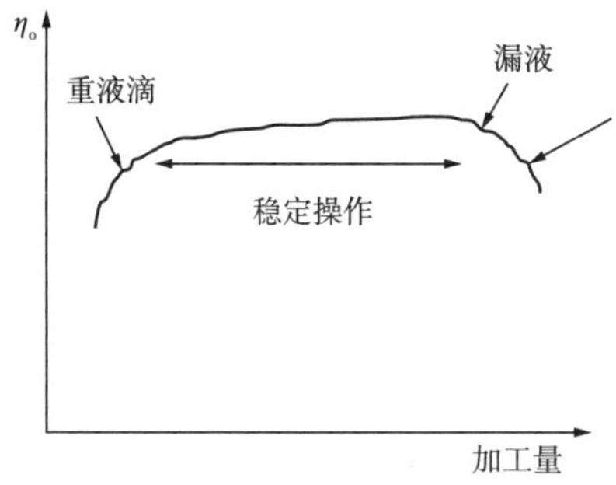

图 12.4　塔效率的典型趋势

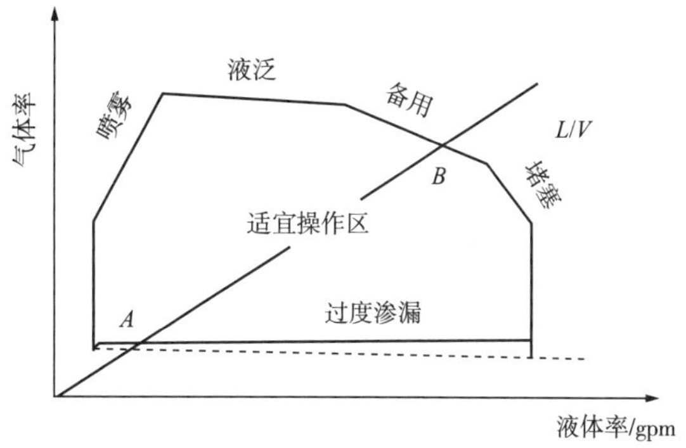

图 12.5　塔的容量限制

12.5　理解操作窗口

这里基于气液之间相对动量的概念，稍后将进行讨论。为了了解主要建模参数，使用图 12.6 进行说明。

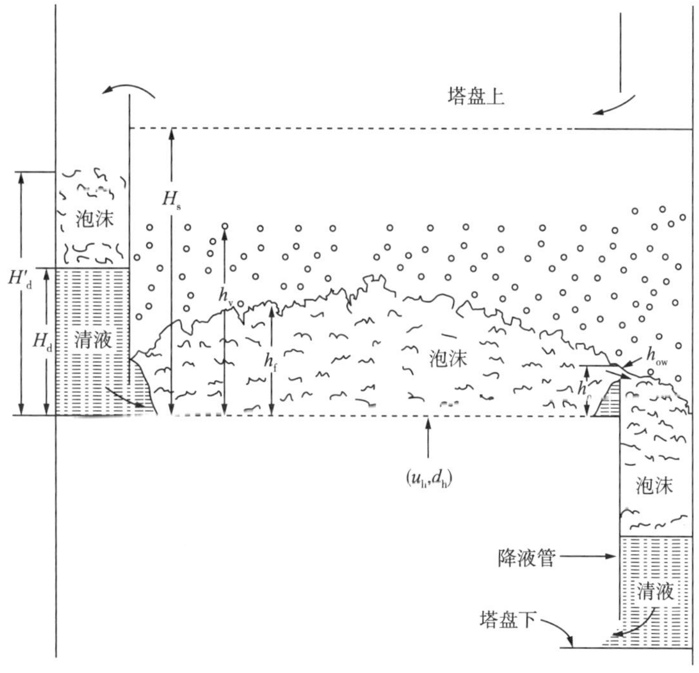

图 12.6　塔盘上的气液流动结构

相邻塔盘间距为 H_s。蒸气通过孔径为 d_h 的孔道向上流动。由于气液之间的动量交换而产生的泡沫高度为 h_f。液体高度 h_c 是为了建模而定义的泡沫等效液体高度，它是泡沫的高度，在没有蒸气的情况下，h_f 高度的泡沫可能会坍塌。蒸气连续向上流动并形成高度为 h_v 的两相层。在这个蒸气占主导地位的区域，蒸气处于连续相，但含有少量细小液滴形式的液体部分。相对动量的概念在气液之间是理解操作窗口的关键(Lockett，1986；Bennett and Kovak，2000)。

液体动量主要由重力产生，表示为塔盘上的液体高度或液体滞留量 h_c，而蒸气动量由通过穿孔向上流动的蒸气所产生的浮力产生，这由 $u_h d_h$ 表示，u_h 代表蒸气通过塔板孔时的速率。相对动量在很大程度上由比率来定义($h_c/u_h d_h$)。在 $h_c/u_h d_h$、u_h 较小和/或 d_h 较小的比率较高的情况下，蒸气与液体充分交换动量，这减缓了蒸气动量并延长了蒸气在液体区内的停留时间。蒸气和液体之间的相互作用导致更好的蒸馏效果。因为液体负载是液体高度 h_c 产生的原因，而蒸气负载是蒸气速度 u_h 产生的原因，小孔径 d_h 的蒸气和液体载荷组合促进蒸气和液体之间的传质并增强蒸馏。此外，在(h_c，u_h，d_h)的组合不合适的情况下，塔可能处于不稳定的运行状态。

第一个值得注意的不稳定操作是喷雾流，它发生在塔盘上蒸气含量高而液体含量低的情况下。人们可以想象喷雾操作中发生的情况，高蒸气动量导致液体被吹出并到达上方的塔盘，从而污染了上方的塔盘并破坏分离效果。在喷雾流下，随着上方塔板的液体被严重夹带，蒸馏效率急剧降低，可能降低为正常操作的一半。

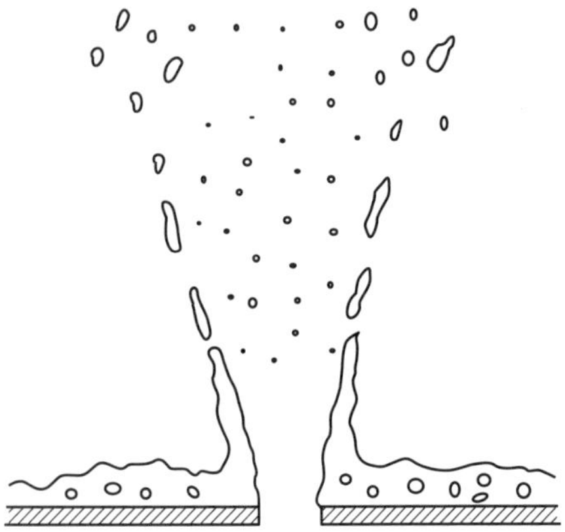

图 12.7　喷雾流

当蒸气动量比液体高得多，并且存在非常薄的液体层 h_c 时，在这种情况下，蒸气不能与液体充分交换动量，并保持较高的动量进入两相区。由此产生的喷雾流导致过量夹带液滴到上面的塔盘，见图 12.7。

喷雾流类似于流化或吹风效果，应在设计和操作中避免。因为防止喷雾相当于提高 $h_c/u_h d_h$ 的比率，可以采用两种有效的防喷雾方法设计。一种是以尖桩围栏堰为例增加液体负载。另一种是减小孔径 d_h，同时增加相同孔的面积。这两种方法对于极式塔、填料塔都可以。在喷雾状态下，浮阀塔板在容量和效率这两方面的性能都优于筛网塔板。

第二种异常操作是当泡沫液位到达塔盘上方时发生的塔盘溢流。当塔盘上同时承载液体和蒸气时，塔盘发生溢流并且因为有足够的蒸气动量而产生更高的泡沫高度 h_f。当 $h_v>H_S$ 时，蒸气将液滴带到塔盘时会发生夹带。

如果降液管能够处理额外的液体负载，那么在大量夹带的情况下，塔仍然可以以稳定的方式运行。但是，塔盘蒸馏效率的下降取决于夹带的量。如果蒸气速率进一步上升，蒸气动量的增加将泡沫推至上面的塔盘($h_f>H_S$)，会发生过量夹带，从而使蒸馏效率显著下降。因为这种情况发生在塔盘上，所以命名为塔盘溢流。塔可能无法在严重的塔盘溢流情况下实现稳定运行。在文献中，它通常被称为喷射溢流。

显然，塔径和塔盘间距 H_S 影响塔盘溢流的设计。较大的塔径可降低蒸气速度和液体滞留(h_c)，而高的塔盘间距增加了液体沉降空间。在操作中，重沸量是为了避免塔盘溢流而需要调整的主要参数。

第三种不稳定的操作是当液体集聚在降液管和降液管中的液体泡沫到达塔板上方时降液管溢流($H'_d>H_S$)。降液管溢流是由沿液体流动路径的高压降引起的。降液管溢流可能是降液管回流和/或噎塞引起的。一种情况，当降液管不能允许额外的液体自由流出时发生降液管回流(液体通道存在高压降时)(图 12.8)。在另一种情况中，当较大的泡沫顶部卡在降液管口中并阻止液体流过时，就会发生降液管噻塞(图 12.9)。

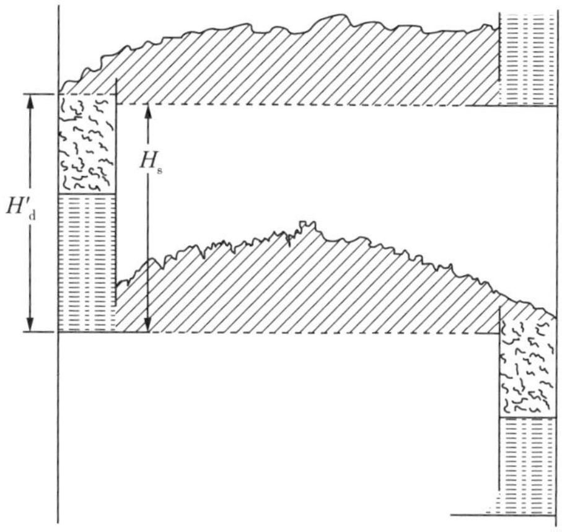

图 12.8　降液管回流

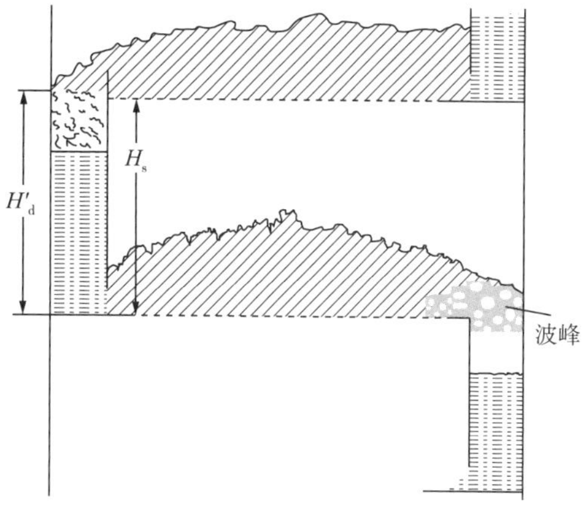

图 12.9　降液管噎塞

在降液管节流情况下，降液管液体存量增加，降液管液体回流，直到降液管泡沫液位到达上方塔盘($H'_d>H_s$)。这种现象被称为降液管节流。无论什么时候只要任何一个塔板发生降液管淹没，那么整个塔会很快被淹没。塔在降液管溢流下几乎没有蒸馏效果。相比之下，在塔板溢流情况下，液体仍然可以离开塔，尽管蒸馏效率受到影响，但仍可控制。降液管节流在设计中可以通过提供足够的降液管面积和间隙来避免，在降液管下方，并将塔板压降降至最低。降低回流速率，在实际操作中可以有效地避免降液管节流。

第四种不稳定的操作是在蒸气负荷过低的情况下发生的滴落。当蒸气动量不能支撑液体时，有些液体通过塔板孔下落并使蒸气上升路径受阻；因此，蒸馏受到影响。在最坏的情况下，所有的液体都流经塔板孔，这称为渗流。一座塔在一定的滴落量下仍然可以运行，尽管蒸馏效率降低；然而，在渗流状态下的操作非常不稳定。

漏液通常发生在当进料速率降低的调节操作中。对于有高调节操作的需求时的蒸馏，应考虑选择浮阀塔板而不是筛网塔板。通常，浮阀塔板可以实现 3∶1 和更高的调节比，筛网塔板可以实现 2∶1 和更低的调节比。

讨论过不稳定的操作后，如何才能实现稳定运行？在稳定运行的情况下，蒸气可以向上流动，而液体向下通过塔盘流动，这是通过两种塔盘几何结构来实现的。第一是塔盘的尺寸，它允许在塔盘上将蒸气转化为液体。塔盘尺寸包括塔径、间距、塔板流路、孔径和孔面积。另一个是降液管尺寸，包括降液管流动面积、间隙、堰型和堰长，塔板和降液管的尺寸一起称为塔尺寸，其在设计中确定。在操作中，适当的气液流量平衡是保证给定塔设计稳定运行的关键。平衡的蒸气和液体流量由液体和蒸气比(L/V)表示。进料速率和再沸负荷影响 L/V。回流比是再沸时再沸负荷的一个相关参数，因为再沸产生回流率。优选的稳定操作是定位操作点靠近操作窗的右上侧(RHS)，见图 12.5。这是因为这种操作的特点是高进料速率导致高蒸气和液体流量并因此具有高的蒸馏效率。基于此设计的塔上部 RHS 点可以实现较低的塔直径，从而降低给定的分离目标。

12.5.1 冲塔

如上所述，喷雾发生在大蒸气动量小液体重力的情况下。通过考虑蒸气和液体之间的密度差异，由 Lockett(1986)提出了描述相对动量的喷雾因子方程：

$$S_p = \frac{h_c}{u_h d_h}\left(\frac{\rho_L}{\rho_V}\right)^{0.5} \tag{12.5}$$

由于 Lockett 相关性是针对筛板开发的，Summers 和 Sloley(2007)通过在相关性中引入常数 K 将其扩展到阀塔板：

$$S_p = K\frac{h_c}{u_h d_h}\left(\frac{\rho_L}{\rho_V}\right)^{0.5} \tag{12.6}$$

$K=1$ 适用于筛网塔板，$K=2.5$ 适用于可移动和固定浮阀塔板。K 方程表明，浮阀塔板比筛网塔板具有较好的抑制夹带的能力。这是通过蒸气进入带有浮阀的水平塔板实现的，在低液位时可显著减少夹带。根据 Lockett(1986)、Summers、Sloley(2007)，方程(12.6)中喷雾因子 S_p 必须大于 2.78 才能避免冲塔状态。

Sakata 和 Yanagi(1979)关于筛网塔板的理论：当液体速率降低超过一定量时对应于 2gpm/in 的堰负荷(gpm，加仑/分钟)，蒸气速率必须降低以保持相同的夹带率。在非常小的堰负荷下，这种蒸气和液体速率的降低趋势表明了喷雾现象。这种趋势不同于随着流量的减少，蒸气速率增加的塔板液泛现象。

12.5.2 塔盘溢流

因为当蒸气负荷过高时会发生塔盘溢流，所以定义：

$$V_L = CFS\sqrt{\frac{\rho_V}{\rho_L-\rho_V}} \tag{12.7}$$

式中，CFS 为蒸气流量，ft^3/s。ρ_V 和 ρ_L 分别是蒸气和液体的密度。为了描述塔盘净面积 $A_N(A_T-A_d)$ 上的蒸气流量 V_L，定义：

$$C=\frac{V_L}{A_N}=\frac{CFS}{A_N}\sqrt{\frac{\rho_V}{\rho_L-\rho_V}} \tag{12.8}$$

蒸气速度 u 表示为：

$$u=\frac{CFS}{A_N} \tag{12.9}$$

因此：

$$C=u\sqrt{\frac{\rho_V}{\rho_L-\rho_V}} \tag{12.10}$$

然而，如何才能知道蒸气容量极限？这个问题可以通过在蒸气以及塔盘的液体之间进行力平衡来回答。假设体积为 v 的液体，重力为 $v(\rho_L-\rho_V)g$。同时，蒸气向上流动速度 u 和蒸气动量是 $f(\rho_V u^2/2)$，其中 f 是介于气液之间的德邦摩擦系数。

当两个力相等时，大部分液体保持漂浮在塔盘上。如果蒸气速度比 u 高一点点，液体都会被蒸气带走。将该阈值速度表示为 u_F，定义阈值极限条件为：

$$f\frac{\rho_V {u_F}^2}{2}=V(\rho_L-\rho_V)g \tag{12.11}$$

重新排列上面方程得出：

$$u_F = \sqrt{\frac{2vg}{f}}\sqrt{\frac{\rho_L - \rho_V}{\rho_V}} \tag{12.12}$$

由于难以测量实际塔中的体积 v 和摩擦系数 f，采用 C_F(洪泛因子)表示：

$$C_F = \sqrt{\frac{2vg}{f}} \tag{12.13}$$

因此，u_F的方程可以表示为：

$$u_F = C_F\sqrt{\frac{\rho_L - \rho_V}{\rho_V}} \tag{12.14}$$

为了预测 C_F，Fair(1961)提出了 C_F 相关性，如图 12.10 所示。

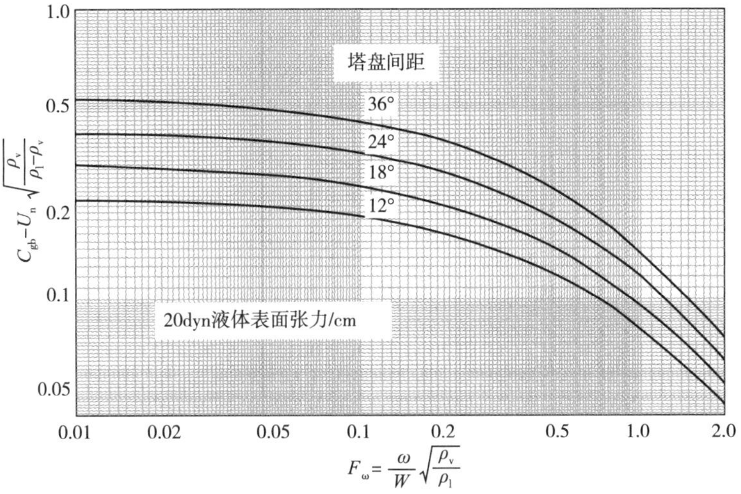

图 12.10　C_F相关性

Summers(2011)通过以下公式将 Fair 的相关性转换为方程形式，忽略具有非常低的液体流量部分：

$$C_F = \left(\frac{H_S}{24}\right)^{0.5}(0.455 - 0.0055\rho_V^2) \tag{12.15}$$

对于发泡材料，系数 S_F通常与材料的发泡倾向有关。这个发泡趋势越高，S_F 值越低，反之亦然。从实用性的角度来看，使用该系数的目的是提供设计裕度，以说明与经验的相关性。与该系数相关的详细讨论见 Kister(1992)，基于 Glitsch(1974)研究的典型的系统因子在表 12.1中给出。

表 12.1　系统因子

项目	数值
非起泡，常规系统	1.00
氟系统，如 BF_3、氟利昂	0.90
中度起泡，如油吸收剂、氨和乙二醇再生器	0.85
大量起泡，如氨和乙二醇吸收剂	0.73
严重起泡，如甲酮、乙醇酮装置	0.60
泡沫稳定系统，如烧碱再生器	0.30~0.60

用上述方程代替方程中的 C_F 项得到：

$$u_F=\left(\frac{H_S}{24}\right)^{0.5}(0.455-0.0055\rho_V^2)\sqrt{\frac{\rho_L-\rho_V}{\rho_V}} \tag{12.16}$$

定义了塔盘溢流的实际操作的接近程度：

$$溢流(\%)=\frac{u}{u_F}\times100\% \tag{12.17}$$

Glitsch 基于气液流量的相关性(Glitsch，1974)可以说是最广泛使用的：

$$溢流(\%)=\frac{V_L+(GPM\times FPL)/13000}{C_F A_a} \tag{12.18}$$

FPL 是液体流动路径长度，A_a 是有效面积。假设 $FPL=A_a/L_w$，Weiland 和 Resetaris (2002)将上面的方程中的第二项重新排列为：

$$溢流(\%)=\frac{V_L}{C_F A_a}+\frac{W_L}{13000C_F} \tag{12.19}$$

其中：

$$W_L=\frac{GPM}{L_w} \tag{12.20}$$

式中，W_L 是堰负荷载，gpm/in；L_w 是出口堰的长度，in。根据方程式(12.20)可知，气液都有助于塔板溢流，尽管蒸气在塔板溢流中占主导地位。但是对于降液管溢流，堰荷载起着更主要的作用，这将在下文中进行讨论。

很明显，当塔板溢流接近100%时，蒸馏塔就已经被淹没了。为防止这种现象，在设计塔时要一定的余量。Hower 和 Kister(1991)建议蒸馏塔通常设计为80%~85%，小型塔通常为65%~77%。对于真空塔通常为75%~77%。

影响塔板溢流的主要因素包括塔直径、塔板间距，以及气液流量。在操作中，三个关键参数可用于控制溢流，即进料速率、塔压力和再沸负荷(回流速率取决于再沸)。当进料速率升高或塔压力降低时，或再沸负荷越高，蒸发的液体越多，因此蒸气速度越高，该塔将在更接近淹塔的情况下工作。相反，降低进料速率或者提高塔压或降低再沸负荷可能会抑制塔板溢流。然而，它们是有代价的。显然，进料速率的降低将直接影响塔的产量和经济效益。压力增大可以使塔更加稳定，但会影响相对挥发性和蒸馏效率。此外，增加回流速率有助于蒸馏，因为它减少了所需的理论阶段，并提供了一种方法以改善塔内的传质。但是，请记住，回流速率是由再沸腾决定的。更高的回流速率需要额外的再沸负荷。

12.5.3 降液管溢流

降液管溢流是由塔板流动路径上过大的流体阻力引起的。图12.11显示的降液管液位取决于塔盘的液压平衡，可以根据下面的伯努利方程，基于两个液位得出：

$$H_d+\frac{p_1}{\rho_L g}=h_c+\frac{p_2}{\rho_L g}+h_{da} \tag{12.21}$$

式中，H_d 为降液管中的液体高度；h_c 为在塔盘上的净液体高度或液体容纳量；h_{da} 是降液管裙板高度。所有这些高度的单位都是英寸(in)。

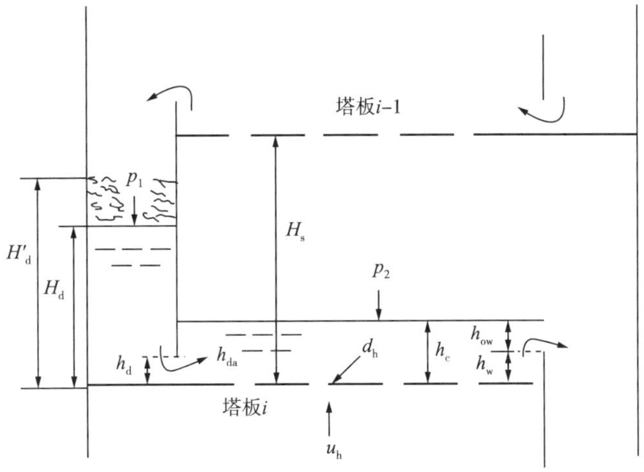

图 12.11　塔盘液压系统的关键参数(此图用于模型说明)

将塔盘压降定义为：

$$h_t = \frac{\Delta p}{\rho_L g} = \frac{p_2 - p_1}{\rho_L g}$$

因此，公式(12.21)可变为：

$$H_d = h_c + h_t + h_{da} \tag{12.22}$$

$h_t = \Delta p/(\rho_L g)$是由于蒸气导致的净液高度与塔板压降的等效值。

通过孔的压降，称为干压降(h_d)，液体塔板上液体的压降，称为湿压降(h_l)。如方程(12.22)定义，H_d 也可以称为液体经降液管和塔盘的总水力压头。

降液管液位为 H_d 时是否发生降液管溢流到达上面的塔板？事实上，溢流发生得比这早。这是因为有一层液体泡沫在澄清液体的顶部。泡沫一到达上面的塔盘，就会被淹没。因此，包括泡沫液位在内的液体高度为 $H'_d = H_d/\varphi_d(\varphi_d \leqslant 1)$，其中 φ_d 是降液管泡沫密度。保守地说，我们假设降液管溢流极限为 80%，因此降液管容量表示为：

$$H'_d = \frac{H_d}{\varphi_d} = 80\%(H_s + h_w) \tag{12.23}$$

将方程(12.22)和方程(12.23)组合：

$$\frac{h_c + h_t + h_{da}}{\varphi_d} = 80\%(H_s + h_w) \tag{12.24}$$

式中，h_w 为出口堰高度，in；φ_d 为降液管泡沫密度，通过它可以建立一个安全裕度，为 0.3~0.4 表示高发泡倾向，为 0.6~0.7 表示低发泡倾向，为 0.5 表示平均值。

显然，如果知道液体的净高度，就可以估计降液管的 H_d。然而，预测 H_d 并不简单。由于 H_d 由三个部分组成，即澄清液高度 h_c、塔板压降 h_t 和降液管压降 h_{da}，下面逐一讨论。

12.5.3.1　澄清液高度 h_c

可通过下式计算：

$$h_c = h_w + h_{ow} + h_g/2 \tag{12.25}$$

式中，h_{ow}是出口堰上的液体高度(见图 12.11)，in；h_g是液体必须沿着塔盘流动路径克服的水力梯度，in。过大的梯度可能会导致液位低。然而，对于大多数塔板而言，水力梯度可以忽略不计。从压降计算中省略此项(Ludwig，1979；Fair et al.，1984)。因此方程可以简化为：

$$h_c = h_w + h_{ow} \tag{12.26}$$

对于分段堰，通过 Francis 堰公式(Bolles，1963)进行计算：

$$h_{ow} = 0.48F_w\left(\frac{GPM}{L_w}\right)^{2/3} \tag{12.27}$$

式中，F_w 是堰收缩系数，在快速确定尺寸时可以忽略。在大多数情况下 $F_w \approx 1$。

堰荷载 $W_L = GPM/L_w$，这是一个重要参数。堰的下限负载为 2～3gpm/in。而上限为 7～13gpm/in(Kister，1992)。什么时候堰的荷载小于下限，堰的收缩应考虑人为增加堰荷载以避免喷雾。当堰荷载大于上限时，必须进行多次过流用于减少堰负载，以避免塔盘和降液管溢流。

h_{ow}可用于确定出口堰高度 h_w。在正常压力应用中，液位 h_c 在 2～4in，因此 h_w 可以通过下式确定：

$$2 - h_{ow} \leqslant h_w \leqslant 4 - h_{ow} \tag{12.28}$$

对于真空条件，h_c 可能为 1.2in。因此，我们有：

$$1.0 - h_{ow} \leqslant h_w \leqslant 1.2 - h_{ow} \tag{12.29}$$

随着出口堰高度 h_w 相对较高，澄清液高度 h_c 增加，并且蒸气和液体的接触时间增加。从而提高了蒸馏效率。然而，出口堰高度过高可能会影响降液管溢流和塔盘容量。

Bernard 和 Sargent(1966)的研究表明，对清澈液体的估计，压降计算的高度对于某些应用不够理想。相反，h_c 可以基于泡沫密度 φ_f 通过泡沫高度(h_f)计算。

$$h_c = \varphi_f h_f \tag{12.30}$$

φ_f 可以通过 Colwell 相关性(1981)计算，详细讨论可以参见 Kister(1992)。

12.5.3.2 降液管压降 h_{da}

基于 Bolles(1963)计算：

$$h_{da} = 0.03\left(\frac{GPM}{100A_a}\right)^2 \tag{12.31}$$

式中，A_{da}是降液管间隙处的流动面积，也称为降液管裙板，ft^2。A_{da}应该占据降液管中最受限制的区域。

12.5.3.3 塔盘压降 h_t

包括干压降和湿压降：

$$h_t = h_d + h_l \tag{12.32}$$

首先，干压降(h_d)是蒸气流过孔或浮阀时的压降。根据定义，h_d 的表达式根据孔口相关性确定。

对于筛板塔盘，干压降 h_d 可以表示为：

$$h_d = K\frac{\rho_V}{\rho_L}u_h^2 \tag{12.33}$$

其中，

$$u_h = \frac{CFS}{A_h}$$

式中，u_h 是以 ft^3/s 为单位的空穴蒸气速度。K 的计算基于孔口系数 C_v，$K = 0.186/C_v$。C_v 可参照 Lockett(1986)的研究。

对于浮阀塔板，干压降 h_d 随浮阀位置而变化，即部分打开或完全打开。当阀门部分打开时，在中低蒸气负荷下，干压降更多地取决于浮阀重量，而不是蒸气速率。相反，在阀门完全打开时，蒸气速率、干压降遵循孔口相关性。Glitsch(1974)提供了以下浮阀塔板干压降的相关性。

部分打开：

$$h_d = 1.35t_m \frac{\rho_m}{\rho_L} + K_1 \frac{\rho_V}{\rho_L} u_h^2 \tag{12.34a}$$

全部打开：

$$h_d = K_2 \frac{\rho_V}{\rho_L} u_h^2 \tag{12.34b}$$

式中，t_m 为阀门厚度，in；ρ_m 为阀门金属密度，lb/ft^3；压降系数 K_1 和 K_2 取决于阀门类型和重量。以科赫-格利奇(Koch-Gritsch)A(V-1)型为例，$t_m = 0.134in$，$K_1 = 0.20$，$K_2 = 0.86$。

湿压降 h_l 表示蒸气通过塔板上的液体的压降，可以按比例建模，塔板净液高度为：

$$h_l = \beta h_c \tag{12.35}$$

式中，β 为塔板曝气因子，对于筛网塔板和浮阀塔板具有不同的相关性。h_l 也可以通过以下公式从泡沫高度计算：

$$h_l = \varphi_t h_f \tag{12.36}$$

式中，φ_t 为相对泡沫密度。已知的 β 和 φ_t 相关性是筛网塔板的 Smith(1963)相关性和浮阀塔板的 Klein(1982)相关性。

计算干压降和湿压降后，可以确定塔板压降如下所示：

对于筛盘：

$$h_t = h_d + h_l = K \frac{\rho_V}{\rho_L} u_h^2 + \beta h_c \tag{12.37}$$

对于阀盘，

部分打开：

$$h_t = \left(1.35t_m \frac{\rho_m}{\rho_L} + K_1 \frac{\rho_V}{\rho_L} u_h^2\right) + \beta h_c \tag{12.38a}$$

全部打开：

$$h_t = K_2 \frac{\rho_V}{\rho_L} u_h^2 + \beta h_c \tag{12.38b}$$

12.5.3.4 总压头 H_d

到目前为止，已经得到 $H_d = h_t + h_c + h_{da}$，以及基于这三个部分的讨论。

对于筛盘 H_d，联合方程(12.27)、方程(12.31)、方程(12.37)可得：

$$H_d = \left(K \frac{\rho_V}{\rho_L} u_h^2 + \beta h_c\right) + \left[h_w + 0.48F_w \left(\frac{GPM}{L_w}\right)^{2/3}\right] + 0.03\left(\frac{GPM}{100A_a}\right)^2 \tag{12.39}$$

根据方程(12.20)、方程(12.26)、方程(12.27)，以及 $A_{da} = L_w h_c$，重新排列方程(12.39)可得到 H_d 的简化式：

$$H_d = K\frac{\rho_V}{\rho_L}u_h^2 + (1+\beta)h_w + (1+\beta)0.48F_w(W_L)^{2/3} + 0.03\left(\frac{W_L}{100h_{c1}}\right)^2 \tag{12.40}$$

对于阀板部分打开的 H_d：

结合方程(12.27)、方程(12.31)、方程(12.38a)可得：

$$H_d = \left(1.35t_m\frac{\rho_m}{\rho_L} + K_1\frac{\rho_V}{\rho_L}u_h^2 + \beta h_c\right) + \left[h_w + 0.48F_w\left(\frac{GPM}{L_w}\right)^{2/3}\right] + 0.03\left(\frac{W_L}{100h_{c1}}\right)^2 \tag{12.41}$$

方程(12.41)的简化式可表示为：

$$H_d = \left(1.35t_m\frac{\rho_m}{\rho_L} + K_1\frac{\rho_V}{\rho_L}u_h^2\right) + (1+\beta)h_w + (1+\beta)0.48F_w(W_L)^{2/3} + 0.03\left(\frac{W_L}{100h_{c1}}\right)^2 \tag{12.42}$$

对于阀板全部打开的 H_d：

结合方程(12.27)、方程(12.31)、方程(12.38b)可得：

$$H_d = \left(K_2\frac{\rho_V}{\rho_L}u_h^2 + \beta h_c\right) + \left[h_w + 0.48F_w\left(\frac{GPM}{L_w}\right)^{2/3}\right] + 0.03\left(\frac{GPM}{100A_a}\right)^2 \tag{12.43}$$

方程(12.43)的简化式可表示为：

$$H_d = K_2\frac{\rho_V}{\rho_L}u_h^2 + (1+\beta)h_w + (1+\beta)0.48F_w(W_L)^{2/3} + 0.03\left(\frac{W_L}{100h_{a1}}\right)^2 \tag{12.44}$$

在塔设计中，增加塔板间距、降液管间隙和塔板流动通道可以有效避免降液管的溢流。相比于在塔板切线方向增加长度的高昂费用，增加塔板间距更经济。在操作中，降低进料速率和回流速率可以避免降液管溢流。

12.5.4 降液管节流环

当大的液流堵塞降液管入口时，降液管发生阻塞，因此阻塞降液管中的液体流(见图12.9)，导致液体淤积到塔板。根本原因是降液管速度过高，导致降液管入口处的过度摩擦损失。

最大降液管速度决定了液体容量极限，它可以通过几个不同的相关性预测。根据 Kister(1992)的研究，Glitsch 相关性(Glitsch，1974)倾向于预测最高的降液管液体负载，Koch 相关性(Koch，1982)预测降液管液体负荷最低值，而 Nutter 相关性(Nutter，1981)介于两者之间。Glitsch 相关性更受关注。

Glitsch 相关性可以表示为：

$$\left.\begin{aligned} Q_{D,max}^1 &= 250 \\ Q_{D,max}^2 &= 41\sqrt{\rho_L-\rho_V} \\ Q_{D,max}^3 &= 7.5\sqrt{H_S(\rho_L-\rho_V)} \\ Q_{D,max} &= [\min(Q_{D,max}^1,\ Q_{D,max}^2,\ Q_{D,max}^3)]\times SF \end{aligned}\right\} \tag{12.45}$$

其中，降液管液体负荷 Q_D 是以 gpm 为单位除以降液管面积 A_D(ft^2)。方程(12.45)中 $Q_{D,max}^3$的相关性针对不同的塔板间距绘制在《格列奇(Clitsh)压舱物塔板设计手册》(1974)中，该图在图 12.12 中重现。SF 是折减系数，在无折减的情况下 $SF=1$。

为了快速确定塔盘大小，Summers(2011)开发了简化版的 Glitsch 相关性。首先，提取图12.12 中不同曲线上的数据点以生成 $V_{D,max}$ 的单个数据图(最大降液管入口速度)，见图 12.13。

$$V_{D,max} = 0.1747\ln(\rho_L-\rho_V) - 0.2536 \tag{12.46}$$

必须注意的是，$V_{D,max}$和$Q_{D,max}$描述了相同的概念，即最大降液管负荷，但$V_{D,max}$的单位为 ft/s，而$Q_{D,max}$的单位为 gpm/ft^2。

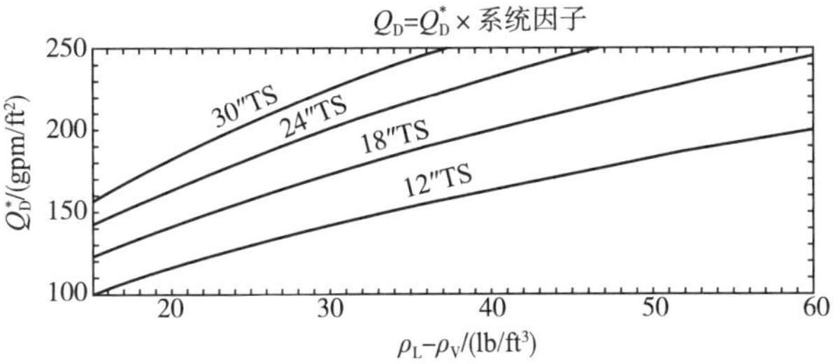

图 12.12　Glitsch 设计图中的降液管设计速度曲线(1974)

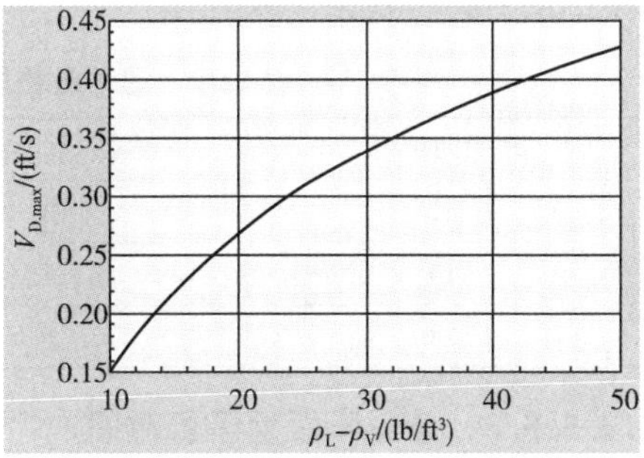

图 12.13　基于 Glitsch 图 4 的最大降液管速度相关性(1974)

方程(12.46)表达了 Summers 相关性与塔盘间距的关系，表明密度差越大蒸气从降液管中的泡沫中逸出越快。Summers(2011)指出这种关联适用于非泡沫化情况。对于发泡情况必须应用系数。由于此相关性与塔板间距无关，并给出了对最大降液管速度的稍微保守的估计，Summers(2011)证明了这种相关性可以有效地用于快速计算塔盘尺寸。

Koch 相关性(Koch，1982)和 Nutter 相关性(Nutter，1981)基于最小停留时间标准，该标准被转化为最大降液管负荷，即：

$$Q_{D,max} = 448.8 \frac{H_s}{12\tau_R} \tag{12.47}$$

12.5.5　堰荷载限制

堰荷载对稳定运行起着至关重要的作用。这是因为喷雾流可能发生在低堰荷载时，而降液管溢流可能发生在高堰荷载时。对于非常低的液体装载量，填料可能比塔板更可取。

指导原则是：当液体小于 $4gpm/ft^2$ 时考虑填料，当液体大于 $14gpm/ft^2$ 时使用塔板。

12.5.5.1　最小堰荷载

当出口堰上方的液体高度小于 0.25~0.5in 的极限(Chase，1967；Davis and Gordon，1961；Kister，1992)，堰上方有足够的液体高度提供了稳定的液体分布。我们可以将 Francis 相关性应用于方程(12.27)，以确定最小堰荷载：

$$h_{ow,min} = 0.48 F_w W_L^{2/3} = 0.25 \sim 0.5(in)$$

计算 W_L 收率：

$$W_{L,min} = \left(\frac{h_{ow,min}}{0.48 F_w}\right)^{3/2} = 0.4 \sim 1.0(gpm/in) \tag{12.48}$$

上述$W_{L,min}$由 Glitsch(1974)、Koch(1982)和 Lockett(1986)推荐。当堰荷载接近$W_{L,min}$时，可能会在塔板上发生溢流。根据 Summers 和 Sloley(2007)的研究，当实际液体流量很小时避免溢流的最有效方法是使用围栏出口堰，人为增加堰荷载。

12.5.5.2　最大堰荷载

当堰荷载过高超过最大限度时，需采用多流程操作。Kister(1990)建议使用 7~13gpm/in。每个单程作为堰荷载极限。Resetaris 和 Ogundeji(2009)提出，最大堰荷载应根据塔盘间距确定。换言之，不同的堰荷载极限应用于不同的塔盘间距。例如，较高的塔盘间距可以适应更高的堰荷载，反之亦然。Resetaris 和 Ogundeji 的论点是将塔盘流通过的次数减至最少，与单程塔板相比，多程塔板具有更低的蒸馏效率和更高的塔板成本。这一论点与表 12.2 中所示的 Nutter 数据一致。

表 12.2　堰荷载极限与塔盘间距(Nutter Engineering，1981)

塔盘间距/in	单程 $W_{L,max}$/(gpm/in)	塔盘间距/in	单程 $W_{L,max}$/(gpm/in)
12	3	21	10
15	5	24	13
18	8		

12.5.5.3　最短降液管停留时间

方程(12.47)可转换为最小停留时间：

$$\tau_{R,min}=448.8\frac{A_d H_S}{12GPM_{max}} \tag{12.49}$$

从方程可见，降液管面积 A_d 必须足够大，以确保液体有充分的停留时间，使蒸气能从下降液体中分离。液体进入下面的塔盘时可以相对无蒸气。否则，停留时间过短可能导致蒸气与液体分离不充分，然后阻塞降液管。对于低发泡倾向流体，最短降液管停留时间为 3s，高发泡倾向的流体停留时间为 6~7s，平均 4~5s。

12.5.6　过度漏液

当蒸气流量非常大时，在调节操作中通常会出现过度滴落使液体流动路径短路并且直接通过塔盘孔下落的情况。少量漏液是可以容忍的。然而，当液体下降时，通孔增加并超过一定百分比，就会发生漏液和蒸馏效率下降。作为指导原则，25%的渗漏率对应于 10%的蒸馏效率损失。如果蒸气速率降低，直到所有液体都流过塔盘孔，并且没有到达降液管，这种情况被称为倾倒。漏液点可以设置在 25%~30%的范围内。尽管没有可靠的方法可用于准确预测漏液速率，塔盘可以设计在漏液点以上。在漏液点和倾倒点之间有一个机理尚不清楚的灰色区域。

漏液的机制是塔盘上蒸气之间的力向上，液体重力向下。正常情况下操作时，蒸气动量高于重力。如果蒸气动量太高，蒸气会将液体带到塔板上方，并导致喷雾流和塔盘溢流。相反，如果蒸气动量太弱，液体通过塔板孔漏下滴落。当蒸气动量等于液体重力时：

$$h_d+h_\sigma=h_w+h_{ow} \tag{12.50}$$

方程(12.50)右侧，净液体高度 $h_c=h_w+h_{ow}$；左侧，蒸气动力由 h_d(蒸气通过塔板孔所需的干压降)，以及 h_σ(与气泡形成相关的表面强度)组成。Fair 等(1984)给出的 h_σ 为：

$$h_\sigma=\frac{0.04}{\rho_L d_h} \tag{12.51}$$

式中，d_h 为孔径，in；σ 为表面张力，dyn/in。

对应于漏液点可以使用 Fair 的相关性(Fair，1963)计算：

$$溢流百分比=\frac{h_d+h_\sigma}{(h_d+h_\sigma)_{min}} \tag{12.52}$$

上述 Fair 的漏液点法适用于筛板。Bolles(1976)将其扩展到浮阀板，详见 Bolles 的文章。漏液的速率受堰荷载与最小蒸气荷载、筛板孔数以及阀板数量和阀板重量的影响。经验表明，设计良好的阀盘必须保持漏液点低于阀门打开时的蒸气流量。为此，浮阀盘设计应避免使用过多的浮阀。

为了实现有效的调节操作，制造商通常指定两个浮阀重量。当轻阀打开时，重阀仍然关闭，这减少了有效的气泡面积，从而避免了滴落。此外，漏液通常发生在降液管裙板区域的出口。因此，保持塔盘的水平是至关重要的。

为了安全起见，公式中 80%的漏液点可用作漏液点极限，如果漏液百分比大于 80%，则有必要对渗漏率进行评估，论述如下：

Lockett 和 Banik(1986)将渗漏率 W 的相关性总结为：

$$\frac{W}{A_{\mathrm{h}}}=\frac{29.45}{\sqrt{Fr_{\mathrm{h}}}}-44.18 \tag{12.53}$$

其中，Fr_{h} 是弗劳德数，表示为：

$$Fr_{\mathrm{h}}=0.373\,\frac{u_{\mathrm{h}}^{2}}{h_{\mathrm{L}}}\frac{\rho_{\mathrm{V}}}{\rho_{\mathrm{L}}-\rho_{\mathrm{V}}} \tag{12.54}$$

Colwell 和 O'Bara(1989)提出了另一种渗漏率相关性，即：

$$\frac{W}{A_{\mathrm{h}}}=\frac{1841}{Fr_{\mathrm{h}}^{1.533}} \tag{12.55}$$

Colwell 和 O'Bara 建议对于弗劳德数小于 0.2 的情况应用方程(12.53)，对于较大弗劳德数应用式(12.55)。对于高压塔[>165psi(绝)]，建议使用 Hsieh 和 McNulty(1986)相关性，并在那里提供详细信息。渗流比定义为：

$$w=W/GPM \tag{12.56}$$

在渗流点以上，$w=0$；在倾倒点 $w=1$。在渗流点和倾倒点之间发生渗流。即使低于渗流点，也可以接受调节操作，但是 w 小于 0.1 时，塔板效率不会受到严重影响。增加蒸气流量并减少清液高度可以帮助避免渗流。

12.5.7 恒定 *L/V* 操作线

对于没有任何泵回路或旁路的简单塔，有两个部分，即在进料板以上的精馏部分和在进料板以下的提馏部分。精馏部分的蒸气速率高于液体速率，而提馏部分则相反。*L/V* 是蒸馏可能发生的标识。对于大多数塔而言，*L/V* 为 0.3~3.0。此范围之外的 *L/V* 可能会导致分割不清或过于精细的蒸馏。确定 *L/V* 是能量优化的主要部分，后续将进行详细讨论。当蒸馏塔在恒定的 *L/V* 下运行时，操作区域被缩减为图 12.5 所示的一条直线，其中 *L/V* 为斜率，A 和 B 为两个极限。当相同的塔在不同的 *L/V* 下运行时，操作线的斜率会发生变化。操作调整包括进料速率和成分的变化，产品速率和规格以及塔的操作条件，如压力、温度和回流速率的变化。这些变化会导致操作界面内的操作点发生变化。下面将讨论这些变化的影响。

12.6 典型容量限制

此处给出的典型容量限制作为一般准则，具体限制需要根据工艺条件和塔设计开发而定。有三个与容量相关的限制，分别是喷雾、射流淹没和渗流。喷雾限制设置为 2.78，当喷雾因子 S_{p} 按方程式计算小于 2.78 时，流态为喷雾。射流淹没限制为 75%~85%，其中较低限制适用于减压塔和常压塔，而较高限制应用于中高压塔[>165psi(绝)]。对于低压塔，应考虑使用浮阀塔盘，因为它们在抑制喷雾方面比筛板塔盘更好。为了避免使用过大直径和高度带来的过多备用容量，塔应设计为高淹没系数。因此，正确确定这两个参数是塔设计的首要任务。渗流限制设置为 Fair 渗流点的 90%或者渗流率的 10%。

液体有两个容量限制，分别是降液管回流限制和降液管速度限制。降液管回流限制基于泡沫液位设定为液体沉降高度的 80%。降液管速度限制为允许的最大速度的 75%，以避免降液管阻塞。塔板通道数是影响降液管最重要的参数，因此也影响这两个降液管限制。

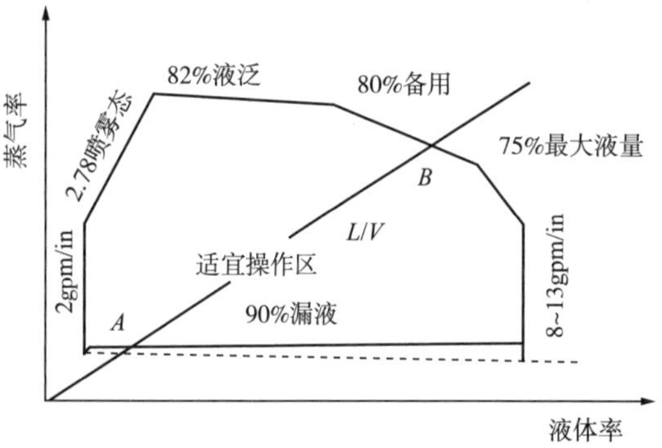

图 12.14　典型容量

最后，基于堰板负载有两个容量限制。一方面，为了稳定运行，最小堰板负载需要设置为 2gpm/in。如果堰板负载小于此限制，应考虑使用栅栏堰来人为增加堰板负载。另一方面，当堰板负载大于每个通道对应的最大限制时(表 12.2 中的塔板间距)，应考虑多次通过。

根据容量指导方针，图 12.14 中展示了典型的容量图或操作窗口，尽管特定应用需要不同的容量限制。

12.7　设计参数的影响

工业塔中有三种常见的流动状态，即喷雾态、泡沫态和乳化态，这些状态是蒸气和液体接触的结果(见图 12.15)。在这些流动状态中，泡沫态是最受青睐的，因为它提高了蒸馏效率并促进了稳定运行。泡沫态之所以具有较高的蒸馏效率，根本原因在于液体以细小的液滴形式渗透到连续的蒸气相中，而蒸气以气泡形式渗透到连续的液体相中。泡沫态具有最高的蒸气/液体界面积特性，增强了气液之间的传质。相比之下，喷雾态具有过高的向上蒸气动量，导致液体过多地带走。此外，乳化态具有过低的向上蒸气动量，导致液体无法渗透到蒸气相中，故传质效果差。因此，避免喷雾，减少乳化，并增强泡沫流动是设计考虑的重点。

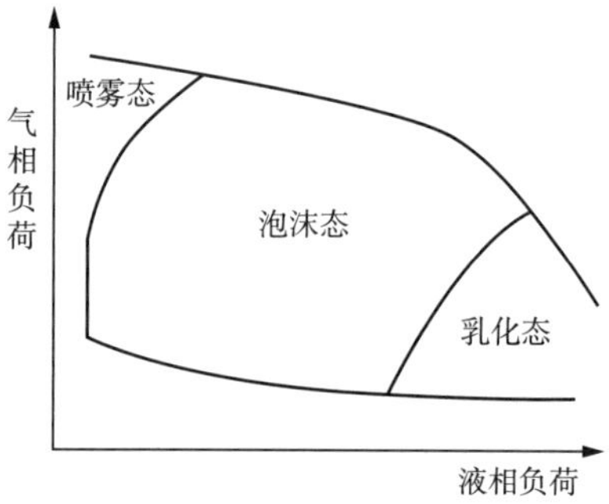

图 12.15　蒸馏中的流动状态

不同参数的影响可以用一个简单概念更好地解释，即动量交换：

$$S_p = K\frac{h_c}{u_h d_h}\left(\frac{\rho_L}{\rho_V}\right)^{0.5}$$

式中，h_c 为液体的重力作用；$u_h d_h$ 为密度乘以蒸气动量。喷雾流发生时，S_p 的值为 2.78。因此，设计工作应努力使 S_p 在 2.78 以上。

12.7.1　压力的影响

真空和低压条件会增加蒸气载荷，但以牺牲液体载荷为代价，导致 S_p 较低，从而促进了喷雾流。与筛板相比，浮阀塔板更容易以泡沫状态运行，这表现为更高的 K 值。因此，常见做法是在真空和低压应用中使用浮阀塔板。同时，使用浮阀(用于小 d_h)和增加浮阀数量(用于小 u_h)来增加 S_p。

与低压塔相反，高压塔的特点是蒸气载荷低而液体载荷高，因此更容易发生降液管的淹没。可以采用多通道板或逆流板，如 UOP MD/ECMD、Shell HiFi、Sulzer 高容量或 Koch-Glitsch 高性能板，以增加堰板长度并减少堰板负载。

12.7.2 塔径和板间距

较大的直径(D)和较低的板间距(H_S)将增加液体载荷的能力，而不是蒸气载荷，从而导致较高的 S_p。换句话说，粗矮的塔(低 H_S/D)抑制了喷雾，将操作点转向泡沫和乳状物。高瘦的塔(高 H_S/D)可以阻止乳状物，将操作点向左移向喷雾和泡沫。此外，与单通道板相比，多通道板也会减少液体载荷，将操作点向左移。通常在真空塔中可以看到粗矮的塔，而在高压应用中则是高瘦的塔。

12.7.3 液气比

塔的精馏段倾向于以喷雾状态运行，而提馏段则倾向于以乳状物状态运行，这是由段间的液体和蒸气载荷特性决定的，即相对于提馏段，精馏段的蒸气载荷较高，而液体载荷较低。

12.7.4 孔径和孔面积比

较大的孔径有利于喷雾。相反，较小的孔径会减小 d_h，从而增加 S_p并抑制喷雾。因此，在考虑结垢、板材料、厚度和标准尺寸的情况下，尽可能使用最小的实际孔径是有益的。相反，较小的孔面积比会促进喷雾，因为它增加了 u_h，从而降低了 S_p。因此，在倾向于喷雾的流动状态下，一种解决方案是设计具有更多孔数量和较小孔径的板。对于促进乳状物状态的条件，较低的孔面积比可以通过增加蒸气速度来增加蒸气和液体的接触。较低的孔面积比可以扩大筛板的操作窗口。

12.7.5 溢流槽高度

溢流槽高度存在一个最优值。高出口溢流槽促进泡沫形成，因为它增加了 h_c，从而提高了 S_p。然而，这是以更高的塔盘压降和较低的塔盘容量为代价的。压降的增加速度高于效率。因此，拥有过高的出口溢流槽并不有利。此外，在非常低的溢流槽高度下，液体容量较低，导致质量传递降低，损害了塔盘的效率。

12.7.6 塔板类型

筛板由于较低的资本成本和较少的维护需求，具有广泛的应用。然而，浮阀塔板可以促进泡沫区域形成，从而实现比筛板高 20%的精馏效率(Anderdson et al., 1976)。此外，与2∶1 的筛板相比，浮阀塔板可以实现 3∶1 的调节比。然而，浮阀塔板的缺点是更高的压降和成本。

12.7.7 总结

综上，喷雾区域的主要特点有：①低操作压力；②低溢流槽负荷；③小塔径；④高塔盘间距；⑤大孔径；⑥低开孔率。简而言之，在低压力下，具有大孔径的高而细的筛板塔具有喷雾的倾向。

反之，与筛板相比，尽管浮阀塔板更昂贵但浮阀塔板提供更高的精馏效率(Anderson 等，1976)和更大的调节比。

12.8 设计核查表

设计核查表可以作为对塔设计的审查的保障，以避免在后期出现任何意外。工程公司通常都有一个设计核查表。如表 12.3 所示，尽管此例具有适应性，但可以根据应用流程添加额外的项目。如前所述，一个塔被分成基于进料和抽取位置的各个部分。因此，应对每个部分进行核查。

表 12.3 塔设计清单示例(Kister，1992；Lockett，1986；Glitsch，1974；Nutter Eng.，1981)

检查项目	典型限制	计算基准	评价	推荐值	改进潜力
内部 L/V/%	下限=0.3 上限=3	摩尔百分数	浮阀塔板比筛板更能抑制喷雾	在这个范围内	
倾斜的因素 S_p/(s/ft)	2.78	方程(12.6)(Lockett，1986；Summers and Sloley，2007)	如果超出此范围，会出现斜率大或易分馏的情况。如果得到意外的液气比，检查气相和流相负荷	>2.78	增加塔径和开放面积；减少孔径；考虑阀盘
塔板溢流/%	75~85	方程(12.18)(Glitsch，1974)	真空塔 75%~77%； 普通塔 85%~85%； 小塔 77%	新设计>50； 改造设计>85	增加塔径和塔板间距
降液管泡沫替代/%	80	方程(12.24)	泡沫的高度代替纯液体高度	<80	增加塔板间距、考虑多程塔板、增加降液管间隙
降液管速度限制	75	方程(12.45)(Glitsch，1974)		>65	如果大于限制值，考虑使用多程塔板及倾斜降液管
溢流负荷量	上限=2； 下限=8~13	方程(12.48)用于最小限制(Glitsch，1974；Koch，1982；Lockett，1986)	单一通道和直堰的限制	>4 且小于表 12.2 中的最大限制	当大于上限时考虑使用多个通道。如果低于 4gpm/in，可以考虑减少通过次数。当小于 2gpm/in 时，使用阻塞堰或挡板堰
漏液	90%正常泄漏液点或 10%泄漏率	方程(12.52)(Fair，1963)		>10%泄漏率	减少孔面积和出口堰高度。选择合适的孔径或液体负载
开孔率/%	5%		尽可能减小分馏孔直径和分馏孔面积，提高分馏效率	7~15	如果低于 5%，使用很少的通道和短流道长度
流道长度(FPL)/in	18		便于检查和维护	>18	
塔盘间距/in	15~24		便于检查和维护	>15	
堰长/in	5		安装下行水管时，便于手动操作	>5	

12.9 开发操作窗口的示例计算

以下示例旨在增进对塔盘设计、操作窗口和容量限制的理解。总体的塔盘设计程序指南是首先确保正确设置塔盘的直径和间距，考虑到喷雾和塔盘液泛，其次充分考虑降液管的回流和阻塞，最后适当地调整降液管道的大小。最佳设计的指导原则是当比较替代设计时，通常成本最低的设计是最好的。这里采用的计算方法基于 Summers(2011)，其中塔径是根据气液负荷以及堰负荷共同确定的，而堰负荷被用作迭代参数以确定塔板的经过次数。这种方法简单直观，对于快速评估非常有效。

示例 12.1 塔盘设计和液力评估

为了在实验室中分离环己醇和苯酚混合物而设计了一座塔。任务是根据最受限制的塔盘，即塔顶部条件，生成塔盘的设计，如表 12.4 所示。

表 12.4 塔顶条件

蒸气				液体				
温度/℉	流量/(lb/h)	*CFS*/(ft^3/s)	ρ_V/(lb/ft^3)	流量/(lb/h)	*GPM*/(gal/m)	ρ_L/(lb/ft^3)	σ/(mN/m)	μ/cP
331	19659	28.00	0.195	17346	42.0	51.51	32.0	0.727

直径计算的工作指南：

步骤 1：假设 H_S 和 W_L。根据液泛和溢流槽负荷的标准进行调整。

步骤 2：根据方程式计算最大降液管速度 $V_{D,max}$，从而确定降液管面积 A_d。

步骤 3：使用方程(12.57)计算塔盘的有效面积 A_a。

步骤 4：总塔盘面积 $A_T=A_a+2A_d$，然后计算塔径。

步骤 5：计算降液管道宽度 w_d 和溢流槽长度 L_w。

计算过程如图 12.16 所示，详细计算内容如下。

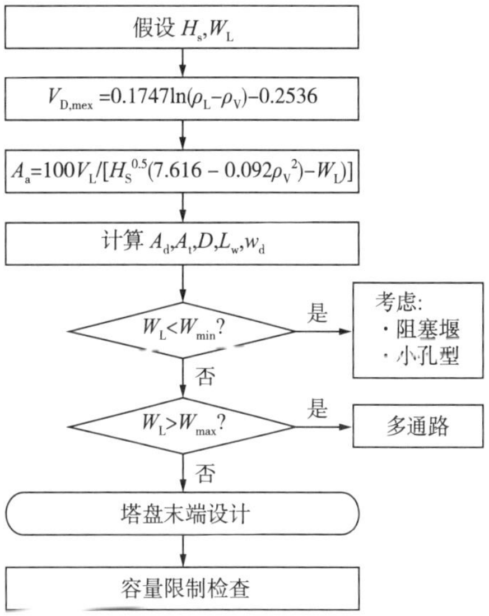

图 12.16 塔盘设计程序

12.9.1 塔径的测定

(1) 第一次测试

首先让我们假设塔板间距和堰荷载分别为 $H_S=18in$，$W_L=5gpm/in$。

下行区域：

采用方程(12.46)得到：

$$V_{D,max}=0.1747\ln(\rho_L-\rho_V)-0.2536=0.43(ft/s)$$

因为液体速率为 42gpm(0.094ft^3/s)，下降顶部区域变为：

$$A_d=\frac{L}{V_{D,max}}=\frac{0.094}{0.43}=0.22(ft^2)$$

使下降底部面积为 0.13ft^2，等于顶部面积的 60%。

塔板区域：

蒸气负荷可根据公式计算：

$$V_L = CFS\sqrt{\frac{\rho_V}{\rho_L-\rho_V}} = 28\sqrt{\frac{0.195}{51.1-0.195}} = 1.73(\text{ft}^3/\text{s})$$

为了快速确定塔盘尺寸，Summers(2011)主要基于以下因素得出了相关性方程(12.18)(Glitsch 泛点关联式 13；Glitsch，1974)，表示为：

$$A_a = \frac{100V_L}{H_S^{0.5}(7.616-0.092\rho_V^2)-1.1W_L} \tag{12.57}$$

应用方程(12.57)得到：

$$A_a = \frac{100\times1.73}{18^{0.5}(7.616-0.092\times0.195^2)-1.1\times5} = 6.44(\text{ft}^2)$$

因此，总塔盘面积和塔盘直径可以通过以下公式计算：

$$A_T = A_a + A_a^{top} + A_a^{bttm} = 6.44+0.22+0.12 = 6.79(\text{ft}^2)$$

则塔径可计算为：

$$D = \sqrt{\frac{4A_t}{\pi}} = \sqrt{\frac{4\times6.79}{3.14}} = 2.94(\text{ft})$$

将塔径 D 向上取整为 3ft。请注意，由于该塔用于实验室测试，所以对塔板来说直径较小。堰长 L_w 是圆中的弦长，而堰宽 W_d 是高度，如图 12.17 所示。从几何关系来看，弧形面积(A_d)、高度(与降液管宽度 W_d 相同)和半径($r=D/2$)之间存在一定关系。

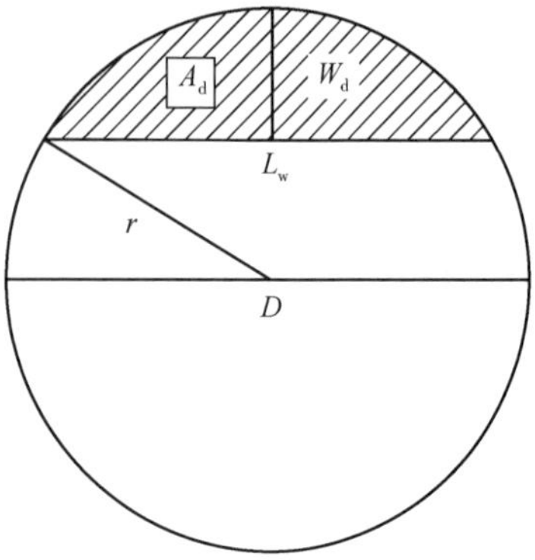

图 12.17 从 W_d 和 r 推导出 A_d

$$A_d = r^2\cos^{-1}\frac{r-w_d}{r} - (r-W_d)\sqrt{2rW_d-W_d^{\ 2}} \tag{12.58a}$$

由于 $A_d = 0.22\text{ft}^2$，$r = D/2 = 1.5\text{ft}$，可计算得 W_d 为 2.5in[根据式(12.58a)]。然而，降液管的最小宽度应为 5in，原因为在安装液管时便于手动操作。

(2) 第二次测试

$W_d = 5\text{in}$，$D = 3\text{ft}$，A_d 可以根据公式计算得到，$A_d = 0.59\ \text{ft}^2$。

L_w 可以按下式计算：

$$L_w = 2\sqrt{r^2-(r-W_d)^2} = 2\sqrt{\left(\frac{3}{2}\right)^2-\left(\frac{3}{2}-\frac{5}{12}\right)^2} = 2(\text{ft}) \tag{12.58b}$$

流道长度(FPL)的计算公式为：

$$FPL = D-2W_d = 3-2\times\frac{5}{12} = 2.2(\text{ft})$$

图 12.18 展示了塔盘的布局。然后可以计算溢流槽负荷为：

$$W_L = \frac{GPM}{L_w} = \frac{42}{2\times12} = 1.75(\text{gpm/in})$$

然而，这个溢流槽负荷低于 2gpm/in 的下限，可能导致流体化和精馏效率降低。为了防止这种情况发生，采用了栅栏式溢流槽来人为增加溢流槽负荷。假设溢流槽长度的 60%被栅齿阻挡，因此有效的溢流槽长度为 0.8ft。在这种情况下，溢流槽负荷变为：

$$W_L=\frac{GPM}{L_w}=\frac{42}{0.8\times12}=4.37(\text{gpm/in})$$

(3) 第三次测试

第三次测试结果可行，继续进行到第四次测试，最终确定了塔盘的布局。测试结果总结在表 12.5 中。

12.9.2 塔盘布局

通过次数：采用单一流动路径是可行的，因为它低于表 12.2 中基于 18in 塔盘间距的溢流槽负荷限制 8gpm/in。

降液管和溢流槽类型：为简便起见，选择了垂直降液管和弦状溢流槽。采用栅栏式溢流槽(阻挡型溢流槽)人为增加溢流槽负荷，以避免流体化。

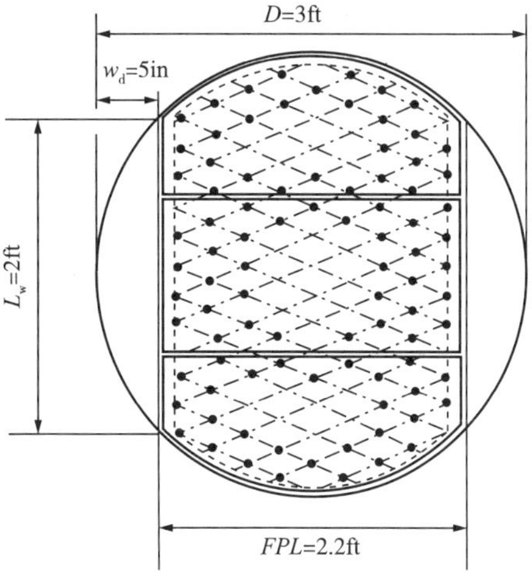

图 12.18 示例问题的塔盘布局

阀板或筛板的选择：由于塔压接近常压，选择了浮阀板。在低压力下，喷雾区域可能占主导地位，而阀板在产生泡沫方面比筛板更有效。此应用选择了科赫-格利奇(Koch-Glitsch)A(V-1)浮动阀。

表 12.5 塔盘直径计算测试

塔盘布局	测试 1	测试 2	测试 3	测试 4
降液管顶面积 A_d/ft^2	0.22	0.59	0.59	0.59
降液管底面积(60%A_d)/ft^2	0.13	0.36	0.36	0.36
堰负荷 W_L/(gpm/in)	5.00	1.75	尖桩栅栏堰⟶4.37	4.37
活性区域面积 A_a/ft^2	6.44	6.12	6.28	6.12
总面积 $A_T=A_a+2A_d$/ft^2	6.79	7.07	7.23	7.07
净面积 $A_N=A_T-A_d$/ft^2	6.57	6.47	6.64	6.47
直径 $D=(4A_T/\pi)^{1/2}$/ft	2.94	3.00	3.03	3.00
堰长 L_w/ft	1.51	2.00	2.00	2.00
有效堰长 L_{wo}/ft	1.51	2.00	0.80	0.80
堰宽 w_d/in	2.52	5.00	5.00	5.00
流道长度(FPL)/ft	2.52	2.17	2.20	2.17

阀的数量：Koch-Glitsch A(V-1)型的标准阀密度为每平方英尺 12 个。因此，阀的数量可以通过以下方程计算：

$$N=12A_a=12\times6.12=73$$

孔直径：孔直径根据孔因子 F 计算为：

$$F_{hc}=u_{hc}\sqrt{\rho_V} \tag{12.59}$$

假设所选阀在 $F_{hc}=9.5$ 时打开。因此，

$$u_{hc}=F_{hc}/(\rho_V)^{1/2}=21.5\text{ft/s}$$

根据 u_h 和 d_h 的关系，以确保正确的气泡生成，可以使用下面的方程：

$$u_h=\frac{CFS}{N(\pi/4)d_h^2} \tag{12.60}$$

因此，对于给定的 $u_{hc}=21.5ft/s$，d_h 变为：

$$d_h=\sqrt{\frac{CFS}{N(\pi/4)u_h}}=\sqrt{\frac{28}{73\times(3.14/4)\times21.5}}=0.15(ft)=1.8(in)$$

由于此设计案例的液体负荷较小，为了防止喷雾，更希望减小蒸气动量，使得相对动量 h_c/u_hd_h 增加以抑制喷雾流。为此，选择了 $d_h=1.5in$。则实际蒸气孔速度为：

$$u_h=\frac{28}{73(3.14/4)(1.5/12)^2}=31(ft/s)>u_{bc}=21.5(ft/s)$$

因为实际孔速度 u_h 大于临界孔速度 u_{hc}，浮阀将打开，同时，可以推导出浮阀在整个直径上的开口百分比：

$$\Psi_h=N\left(\frac{d_h}{D}\right)^2\times100\%=73\left(\frac{1.5/12}{3}\right)^2\times100\%=13\%$$

溢流槽上的液位 h_{ow}：为了快速计算，假设溢流槽修正因子 $F_w=1$。在大多数情况下，F_w 接近于1。应用 Francis 相关公式当溢流槽负荷为 4.37gpm/in 时，得到：

$$h_{ow}=0.48F_wW_L^{2/3}=0.48\times1\times4.37^{2/3}=1.28(in)$$

溢流槽高度 h_w：通过忽略塔盘上的液体高度梯度，并基于 $h_{ow}=1.28in$，应用方程得到：

$$0.72\leqslant h_w\leqslant2.72in$$

设 $h_w=2$ in 作为在(0.72, 2.72)范围内的平均值。则后清液高度变为：

$$h_c=h_w+h_{ow}=2+1.28=3.28(in)$$

降液管清空 h_{cl}：假设液封 $h_s=0.5in$，即溢流槽高度 h_w 超过降液管清空 h_{cl} 0.5in。因此，

$$h_{cl}=h_w-0.5=2.0-0.5=1.5(in)$$

选择降液管清空 h_{cl}需要考虑良好的降液管密封；同时还需要避免降液管出口处的压降过高。降液管清空太小可能会导致降液管堵塞。降液管布局如表 12.6 所示，至此，进行了初步的塔设计，提供了塔的几何形状和塔盘布局。

表 12.6 降液管布局示例

下水管布局	数值或型号
堰长 L_w/ft	2.0
堰高 h_w/in	2.0
液体过堰高度 h_{ow}/in	1.28
纯液体高度 $h_c=h_{ow}+h_w$/in	3.28
直流密封 h_s/in	0.5
直流间隙 $h_{cl}=h_w-h_s$/in	1.5
直流间隙面积 $A_{da}=L_wh_c1/12/ft^2$	0.25
流量通道	1
降液管类型	倾斜
堰形	齿形栅栏和多边形出口堰
塔盘类型	浮阀
浮阀总数 N/(12 个阀门/ft^2)	73
浮阀类型	KG 浮阀 A(V-1)

12.9.3 液力性能评估

进行了塔盘尺寸和布局设计后，只完成了一半的工作。剩下的问题是：塔的产能或操作窗口是多少，塔能否提供令人满意的性能？这些问题只能通过进行液力学计算来回答，涉及喷雾区域、塔盘液泛、降液管液泛、降液管阻塞和漏液。

喷雾流检查：使用 Summers 和 Sloley(2007)的喷雾因子相关公式：

$$S_p = K\frac{h_c}{u_h d_h}\left(\frac{\rho_L}{\rho_V}\right)^{0.5} = 2.5\frac{3.3}{31\times 1.5}\left(\frac{51.51}{0.195}\right)^{0.5} = 2.88$$

在这种情况下，对于阀盘，使用 $K=2.5$。由于喷雾因子为 2.88，大于 2.78，塔盘设计点将远离喷雾区域。

塔盘液泛检查：使用 Summers(2011)推广的 Fair CF-factor 相关公式：

$$C_F = \left(\frac{18}{24}\right)^{0.5}\times(0.455-0.0055\times 0.195^2) = 0.394$$

然后，我们应用方程基于 18in 的塔盘间距和假设 $SF=0.9$ 来计算液泛时的蒸汽速度。

$$u_F = SF\times C_F\sqrt{\frac{\rho_L-\rho_V}{\rho_V}} = 0.9\times 0.394\times\sqrt{\frac{51.51-0.195}{0.195}} = 5.75(\text{ft/s})$$

应用实际蒸气速度的方程得到：

$$u_N = \frac{CFS}{A_N} = \frac{28}{6.47} = 4.33(\text{ft/s})$$

根据方程(12.17)计算的液泛百分比为：

$$\text{液泛百分比} = \frac{u_N}{u_F} = \frac{4.33}{5.75} = 0.753 = 75.3\%$$

作为另一种计算方式，应用方程(12.18)表达的 Glitsch 液泛相关性(Glitsch，1974)。对于蒸气负荷 $V_L=1.73\text{ft}^3/\text{s}$，$GPM=42$，$FPL=2.2\text{ft}(26.4\text{in})$ 和 $C_F=0.394$；可以使用方程评估 Glitsch 液泛水平：

对于此示例，两种液泛计算都给出类似的液泛百分比。因此，可以预期塔盘设计在正常操作中的液泛百分比小于 80%，则液体带走量将小于 0.1lb 液体/lb 蒸气。应注意，Glitsch 液泛相关性(Glitsch，1974)是工业精馏中最常用的液泛相关性之一。

$$\text{液泛百分比} = \frac{V_L+(GPM\times FPL/13000)}{C_F A_a} = \frac{1.73+(42\times 26.4/13000)}{0.394\times 6.12} = 75.2\%$$

降液管堵塞百分比：根据方程(12.22)，降液管中的总清液高度为：

$$H_d = h_c + h_t + h_{da}$$

降液管中泡沫的高度是 H_d/φ，其中 φ 是泡沫密度。假设泡沫高度与液位高度的比值为 80%。为了稳定运行，液体容积必须满足方程(12.23)中定义的条件。

$$\frac{H_d/\varphi}{H_S+h_w} \leqslant 80\%$$

下面，我们将计算各个液力损失。

清液高度 $h_c = h_w + h_{ow} = 2+1.28 = 3.28(\text{in})$

干压降 h_d：对于厚度为 0.134in 的 KG 阀型 A(V-1)，$K=0.86$。基于 $u_h=31\text{ft/s}$ 和 $d_h=1.5\text{in}$，应用方程(12.34b)得到：

$$h_d = K_2 \frac{\rho_V}{\rho_L} u_h^2 = 0.86 \times \frac{0.195}{51.51} 31^2 = 3.13(\text{in})$$

湿压降 h_l 是蒸气通过塔盘上的汽化液体产生的压降。h_l 可以通过使用方程(12.35)计算：

$$h_l = \beta h_c = 0.58 \times 3.28 = 1.90(\text{in})$$

式中，β 是塔盘汽化因子，基于阀盘的相关性(Klein，1982)确定为 0.58。

因此，塔盘压降可以计算为：

$$h_t = h_d + h_l = 3.13 + 1.90 = 5.03(\text{in})$$

根据方程(12.31)计算的降液管裙板压降是：

$$h_{da} = 0.03 \left(\frac{GPM}{100A_{da}} \right)^2 = 0.03 \left(\frac{42}{100 \times 0.25} \right)^2 = 0.085(\text{in})$$

在降液管中的总液体高度或降液管液柱高度是：

$$H_d = h_c + h_t + h_{da} = 3.28 + 5.03 + 0.085 = 8.4(\text{in})$$

根据 Glitsch 的相关性(Glitsch，1974)，泡沫密度 $\phi = 0.6$。

$$\frac{H_d / \phi}{H_S + h_w} = \frac{8.4/0.6}{18+2} = 70\% < 80\%$$

因此，不会发生降液管液泛。

降液管阻塞：降液管液体容量的计算基于方程(12.47)(Koch，1982)和方程(12.46)(Summers，2011)。首先应用方程(12.47)，由于采用了倾斜的降液管，降液管面积 A_d 为顶部和底部降液管面积的平均值：

$$A_d = (0.59 + 0.36)/2 = 0.48(\text{ft}^2)$$

因此，降液管液体负荷为：

$$Q_D = \frac{GPM}{A_d} = \frac{42}{0.48} = 87.5(\text{gpm/ft}^2)$$

假设最小停留时间 $\tau_{D,min} = 5\text{s}$，应用方程(12.47)给出最大降液管液体负荷：

$$Q_{D,max} = 448.8 \frac{H_S}{12\tau_{D,min}} = 448.8 \frac{8}{12 \times 5} = 134.6(\text{gpm/ft}^2)$$

$$Q_{D,max}\% = \frac{Q_D}{SF \times Q_{D,max}} = \frac{87.5}{0.9 \times 134.6} = 72\% < 75\%$$

或者，应用方程(12.46)得到：

$$V_{D,max} = 0.1747\ln(51.51 - 0.195) - 0.2536 = 0.434(\text{ft/s})$$

基于先前计算的 Q_D，实际降液管中液体的速度可以转换为：

$$Q_D = 87.5\text{gpm/ft}^2 \Rightarrow V_D = 0.2\text{ft/s}$$

则：

$$Q_{D,max}\% = \frac{V_D}{SF \times V_{D,max}} = \frac{0.2}{0.9 \times 0.434} = 51\% < 75\%$$

我们可以通过使用方程(12.49)中的降液管中的液体停留时间进行二次核查：

$$\tau_R = 448.8 \frac{A_d H_S}{12GPM} = 448.8 \frac{0.48 \times 18}{12 \times 42} = 7.7(\text{s}) > \tau_{min} = 5\text{s}$$

因此，在正常操作中不会发生降液管阻塞。

12.9.4 塔盘设计摘要

至此已经获得了塔盘布局并进行了液力评估。总结见表 12.7~表 12.9。

表 12.7 塔盘设计整体总结

项目	数值	项目	数值
塔直径 D/ft	3.0	塔盘类型	阀式
塔盘间距 H_S/in	18	塔盘厚度/in	0.134
通过次数	1	阀总数/(12 个/ft^2)	73

表 12.8 塔盘布局总结

项目	数值	项目	数值
塔盘总面积 A_T/ft^2	7.07	有效堰长 L_{we}/ft	0.80
塔有效流动面积 A_a/ft^2	6.12	降液管宽度 W_d/in	5.00
降液管类型	倾斜	出口堰上的液体高度 h_{ow}/in	1.28
堰类型	弦	出口堰高 h_w/in	2.00
堰形状	尖桩栅栏	降液管净空面积 A_{da}/ft^2	0.25
降液管面积 A_d(顶部)/ft^2	0.59	降液管间隙 h_{cl}/in	1.50
降液管面积 A_d(底部)/ft^2	0.36	流道长度(*FPL*)/ft	2.20
出口堰长 L_w/ft	2.00		

表 12.9 水力性能总结

水力性能	数值	水力性能	数值
1. 喷雾系数(限值=2.78)	2.88	4. 托盘压降	
2. 塔盘溢流(限值=82%)		干压降 h_d/in	3.13
基于 Fair 的相关系数	75.30%	湿压降 h_l/in	1.90
基于 Glitsch 相关性	75.20%	总压降 h_t/in	5.03
3. 降液管容量限制		5. 降液管水力	
基于 Glitsch(1974)的降液管回流	70%	降液管回流(以清液计)/in	8.42
基于 Summers(2011)的降液管流速	51%	降液管泡沫密度 φ	0.60
基于 Koch(1982)的降液管流速	72%	降液管裙板压头损失 h_{da}/in	0.08
停留时间/s	7.7		

12.9.5 可行的操作窗口

塔布局设计似乎已经完成，但在塔布局限制下是否可行？事实上，如果能够可视化塔性能图或操作窗口，将会非常有帮助。这可以帮助了解当前塔设计的水平以及塔在操作中的灵活性。以下讨论用于展示生成此示例问题的操作窗口的过程。

获得操作窗口的工作指南：

① 喷雾状态、塔盘液泛、降液管液泛、降液管堵塞、漏液进行水力学计算来解答。

② 将蒸气和液体流速定义为变量。

③ 根据这些限制下的容量方程导出蒸气和液体流速之间的关系。

④ 在气液流速的图表上绘制这些容量限制的关系。

12.9.5.1 容量限制的计算

喷雾限制：使用喷雾因子 2.78，应用方程(12.61)得到：

$$S_p = K\frac{h_c}{u_h d_h}\left(\frac{\rho_L}{\rho_V}\right)^{0.5} = 2.5\times\frac{2+h_{ow}}{u_h\times1.5}\left(\frac{51.51}{0.195}\right)^{0.5} = 2.78 \tag{12.61}$$

应用 Francis 相关性计算：

$$h_{ow} = 0.48\left(\frac{GPM}{L_w}\right)^{2/3} = 0.48\left(\frac{GPM}{0.8\times12}\right)^{2/3} = 0.106\times GPM^{2/3} \tag{12.62}$$

u_h 的孔速度表达式为：

$$u_h = \frac{CFS}{A_h} = \frac{CFS}{N_h(\pi/4)d_h^2} = \frac{CFS}{73\times(3.141/4)\times(1.5/12)^2} = 1.11\times CFS \tag{12.63}$$

为了简化数学表达式，令 $G_V = CFS$，$G_L = GPM$。用方程(12.62)和方程(12.63)替换方程(12.61)中的 h_{ow} 和 u_h 得到：

$$2.5\times\frac{2+0.106G_L^{2/3}}{1.11G_V\times1.5}\left(\frac{51.51}{0.195}\right)^{0.5} = 2.78$$

解 G_V 得：

$$G_V = 17.56+0.93G_L^{2/3} \tag{12.64}$$

方程(12.64)定义了 G_V 和 G_L 之间在 2.78 喷雾因子限制下的关系，将显示在 G_V-G_L 图上。蒸气液泛极限：假设 82% 蒸气容量处为液泛极限。采用方程(12.7)、方程(12.18)得到：

$$液泛百分比 = \frac{CFS\sqrt{\rho_L-\rho_V}+GPM\times FPL/13000}{C_F\times A_a} = 82\%$$

其中 C_F 由方程(12.15)计算得到：

$$C_F = \left(\frac{H_S}{24}\right)^{0.5}(0.455-0.0055\rho_V^2) = \left(\frac{18}{24}\right)^{0.5}[0.45-0.0055\times(0.195)^2] = 0.394$$

因此，上述液泛百分比可以表示为：

$$\frac{G_V\sqrt{0.195/(51.51-0.195)}+G_L(2.17\times12)/13000}{0.394\times6.12} = 82\%$$

求解 G_V 得到线性淹没极限：

$$G_V = 32.05-0.032G_L \tag{12.65}$$

方程(12.65)定义了 G_V 和 G_L 之间的关系，形成了 82%淹没时的蒸气容量限制。降液管高度限制：允许的最大降液管液体高度由塔板间距和出口堰高度决定。当降液管中的液体泡沫达到上方塔板时发生降液管液泛。假设最大液泛限制为 80%，泡沫密度 $\varphi = 0.6$(Kister, 1992)。应用方程(12.23)得到：

$$H_d = 0.8\varphi(H_S+h_w) \tag{12.66a}$$

方程(12.66a)的右边变为：

$$0.8\varphi(H_S+h_w) = 0.8\times0.6\times(18+2) = 9.6(\text{in}) \tag{12.66b}$$

方程(12.66a)的左边变为：

$$H_d = h_t + h_c + h_{da} = (h_d + h_l) + (h_w + h_{ow}) + h_{da}$$

令 $h_l = \beta_{hc} = \beta(h_w + h_{ow})$，并使方程左右两边相等，方程(12.66b)变为：

$$h_d + \beta(h_w + h_{ow}) + h_w + h_{ow} + h_{da} = 9.6 \tag{12.67}$$

假设 $\beta = 0.58$(Kister，1992)。对于给定的 $h_w = 2\text{in}$，重新排列方程(12.67)得到：

$$h_d + 1.58h_{ow} + h_{da} = 6.44 \tag{12.68}$$

h_d 是根据方程(12.34b)，u_h是根据方程(12.60)表示为蒸气流量的函数，$G_V(CFS)$；而 h_{ow}和 h_{da}是根据方程(12.27)和方程(12.31)表示为液体流量的函数，$G_L(GPM)$：

$$\left.\begin{aligned} h_d &= K_2\frac{\rho_V}{\rho_L}u_h^2 = 0.86\times\frac{0.195}{51.51}\times\left(\frac{G_V}{73\times\pi/4\times(1.5/12)^2}\right)^2 = 0.004G_V^2 \\ h_{ow} &= 0.48F_w\left(\frac{G_L}{L_w}\right)^{2/3} = 0.48\left(\frac{G_L}{0.8\times12}\right)^{2/3} = 0.106(G_L)^{2/3} \\ h_{da} &= 0.03\left(\frac{G_L}{100A_{da}}\right)^2 = 0.03\left(\frac{G_L}{100\times0.25}\right)^2 = 4.8\times10^{-5}G_L^2 \end{aligned}\right\} \tag{12.69}$$

将方程(12.68)中的 h_d、h_{ow}和 h_{da}替换为方程(12.69)中的相应表达式，然后解出 G_V 得到：

$$G_V^2 = 1610 - 41.9G_L^{2/3} - 0.012G_L^2 \tag{12.70}$$

方程(12.70)定义了 G_V 和 G_L 的关系，形成了降液管 80%溢流时的容量极限。

最大液体负荷限制：根据表 12.2，单程允许的最大堰负荷为 8gpm/in。请注意，有效的堰长度 $L_{we} = 0.8\text{ft}$，因为使用了尖桩栅栏堰，所以有限堰长度 L_w 为 2ft。因此，最大液体负荷可以计算为：

$$G_{L,\max} = 8\times L_{we} = 8\times(0.8\times12) = 76.8(\text{gpm}) \tag{12.71}$$

从方程(12.49)计算出最小停留时间为：

$$\tau_{\min} = \frac{448.8A_d(H_S/12)}{G_{L,\max}} = \frac{448.8\times(0.59+0.36)/2(18/12)}{76.8} = 4.2(\text{s})$$

这个最小停留时间与 Kister(1992)建议的 $\tau_{\min} = 3\sim5\text{s}$ 的指导方针一致。当液体流速超过 $\tau_{\min}$时，入口处没有足够的时间将蒸气与液体分离，大的泡沫带形成并阻塞降液管入口的流动通道，导致降液管堵塞。

最小液体负荷限制：根据 Kister(1990)的说法，必须保持的液体高度 h_{ow} 大于 0.25～0.5in，以确保在操作过程中保持稳定的流动并完全覆盖出口堰。通过应用方程进行这种情况的计算，得到：

$$h_{ow,\min} - 0.48\left(\frac{G_{L,\min}}{L_{we}}\right)^{2/3}$$

采用 $h_{ow,\min} =$ 0.5in 进行保守考虑。重新排列上述方程得到：

$$G_{L,\min} = L_{we}\left(\frac{h_{ow,\min}}{0.48}\right)^{3/2} = (0.8\times12)\left(\frac{0.5}{0.48}\right)^{3/2} = 10.2(\text{gpm}) \tag{12.72}$$

最小堰负荷限制变为：

$$W_{L,\min} = \frac{G_{L,\min}}{L_{we}} = \frac{10.2}{0.8\times12} = 1.06(\text{gpm/in})$$

最小蒸气载荷限制：假设此塔操作有 60%的调节灵活性。对于浮阀塔板，应考虑打开阀门所需的最小蒸气动量。由于这个最小动量对应于 60%调节时的 F 因子为 4，应用 F 因子方程给出：

$$F_{\min} = u_{h,\min}\sqrt{\rho_V} = 4$$

因此，

$$u_{h,\min}=\frac{F_{\min}}{\sqrt{\rho_V}}=\frac{4}{\sqrt{0.195}}=9.06(\text{ft/s})$$

而

$$G_{V,\min}=u_{h,\min}N\frac{\pi}{4}d_h^2=9.06\times73\times\frac{3.14}{4}\times\left(\frac{1.5}{12}\right)^2=8.1(\text{ft}^3/\text{s}) \tag{12.73}$$

设计点和常数 G_V/G_L 线：塔布局设计的基础是 28*CFS* 和 42*GPM*，这给出：

$$G_L/G_V=42/48=1.5 \tag{12.74}$$

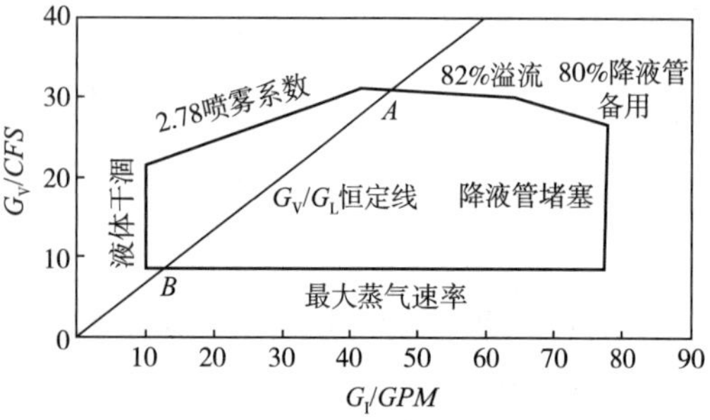

图 12.19　示例问题的操作窗口

G_L/G_V 接近 0.3～3.0 范围内的中值（表 12.3），表明这是一个良好的蒸馏状态。在这个范围之外的操作可能意味着分割不清或者分离过度。

12.9.5.2　将所有容量限制整合在一起生成容量图

根据以上得到的容量限制，我们已经准备好根据 G_V-G_L 关系生成一个容量图。

通过在 $G_V(CFS)-G_L(GPM)$ 轴上绘制方程组（12.76），我们得到了该示例问题的容量图或操作窗口，如图 12.19 所示。该图定义了该示例问题的可行操作区域。必须强调的是，能力图取决于具体蒸馏的物理条件。

$$\left.\begin{array}{lll}
\text{喷雾系数为 2.78：} & G_V=17.56+0.93G_L^{2/3} & (12.64)\\
\text{溢流为 82\%：} & G_V=32.05-0.032G_L & (12.65)\\
\text{80\%降液管备用：} & G_V^2=1610-41.9G_L^{2/3}-0.012G_L^2 & (12.70)\\
\text{最大堰负荷为 8gpm/in：} & G_{L,\max}=76.8 & (12.71)\\
\text{堰负荷 1.1gpm/in：} & G_{L,\min}=10.2 & (12.72)\\
\text{阀门关闭时的蒸气负荷：} & G_{V,\min}=8.1 & (12.73)\\
\text{设计点：} & G_L/G_V=1.5 & (12.74)
\end{array}\right\}\quad(12.76)$$

12.9.5.3　容量图解读

从容量图或操作窗口（图 12.19）可见：

① 操作区域的上限受到喷雾和塔板液泛的限制。在低液体负荷下，喷雾是主导因素，而在中等和大液体负荷下，塔板液泛变为主导。

② 大液体负荷下，降液流量限制。相对于 2.5in，使用了 5in 的降液管宽度，考虑了降液管的安装和维护需求。

③ 基于 G_L/G_V 为1.5，可以确定操作线（*AB*）。上限是 *A* 点（G_L=45.87*GPM* 和 G_V=30.6*CFS*），它是常数 G_V/G_L 线和塔板液泛线的交点。下限是 *B* 点（G_L= 12.15*GPM* 和 G_V=8.1*CFS*），它是常数 G_V/G_L 线和最小蒸气限制的交点。操作灵活性是 $G_{V(A)}/G_{V(B)}$= 30.6/8.1=3.77。

④ 设计点位于操作区域或 *AB* 线的中间，G_L/G_V 为 1.5。因此，该塔在处理重要的工艺变化（如进料速率和操作条件的变化）时具有很高的操作灵活性。

这是否意味着这个塔设计是最佳的？答案可能是否定的，因为还有其他待确定的替代塔板设计。图 12.16 中的相同设计程序可用于生成替代设计。正如前文提到的，塔板设计中首先要确定的是塔直径和塔板间距。它们之间的一般变化趋势是：一方面，当塔板间距增加(减小)时，塔直径减小(增加)，从而导致高瘦型(矮胖型)的塔。另一方面，不同的塔板设计提供不同的容量限制，导致不同的操作窗口。因此，精馏效率将不同，重新汽化(再沸)和冷凝所需的能量将不同，投资费用也将不同。

一般来说，在比较替代设计选项时，包括资本和公用工程成本在内的最低成本通常寻求经济解决方案的选择，除非特殊情况需要更昂贵的设计，比如进行产能扩能的改造。在运行中，应该寻求在满足产量和产品质量的同时实现最小能源成本的操作。在某些情况下，塔的能源使用，如进料加热、汽提蒸汽和重新汽化(再沸)，不能按照进料速率、产品速率和质量等过程变化的比例进行调整，这可能导致能源浪费。

因此，设计一座既具有最低总成本(资本和公用工程)又能够在处理过程变化时提供足够运行灵活性的塔是一项具有挑战性的任务。相反，运行中的挑战是在可行的范围内确定最佳操作条件，使得该塔以最有效的方式运行。关于塔操作优化的讨论和指导将在第 13 章中给出。

12.10 结论

从上面的操作窗口讨论中，关键要点总结如下：

动量交换和气液之间的平衡是理解稳定操作机理的关键概念。塔容量图定义了操作窗口。相对于液体负荷，蒸气负荷过高可能导致塔板液泛(溢流)。相反，液体负荷过高是下行流体液泛的主要原因。此外，液体相对于蒸气的负荷过低可能导致渗漏，而液体负荷过低和蒸气负荷过高可能导致喷雾流。

喷雾机制可以通过 $h_c/u_h d_h$ 来更好地解释，这是液体和蒸气的动量比。喷雾因子在方程(12.6)中基于 Lockett(1986)定义，其值为 2.78，为喷雾限制值。为了避免喷雾，需要增加堰载荷，减少蒸汽载荷和/或孔径。

塔板淹没最好通过方程(12.18)(Glitsch 泛点关联式 13；Glitsch，1974)描述。蒸气负载和堰负载都与塔径定义的气体开放面积以及塔板间距定义的沉降空间有关。因此，塔径和塔板间距是两个主要的设计参数，而进料率、塔压和重沸量是避免塔板溢流的主要操作参数。

降液管淹没受塔板压降、堰负载和降液管围堰的综合影响。确定降液管淹没的是液体泡沫水平，而不是清液高度。这一事实是在方程(12.24)中明确说明的。为了在设计中防止降液管淹没，必须明确提供降液管尺寸。从方程(12.40)、方程(12.42)和方程(12.44)可知，进料率和重沸量是避免降液管淹没的主要操作参数。

渗漏能力更多地与调节操作有关。通常，方程(12.52)定义的 80%渗漏被用作渗漏限制值。相较于 2∶1 的筛板，3∶1 的浮阀板可以提供更好的调节能力。换句话说，浮阀板可以在正常负载的 30%下运行，渗漏率低于 10%。

常压或减压的塔板，建议使用浮阀板，因为它对喷雾流的抵抗力更强。对于低液体负载应用，可以使用带有拦板堰的塔板来人为增加液体负载。然而，对于较低液体负载可能导致拦板失败的情况，应使用填料塔。作为经验法则，当液体负载小于 4gpm/ft^2 时使用填料，当液体负载大于 14gpm/ft^2 时使用塔板。在两者之间选择哪种塔板可根据实际情况确定。

符号对照表

A_a　有效(鼓泡)面积，ft^2

A_d　降液管顶部面积，ft^2

A_{da}　降液管挡板下面积，ft^2

A_h　塔盘孔面积，ft^2

A_N	塔净面积(塔横截面积减去降液管顶部面积)，ft^2
A_T	塔总横截面积，ft^2
C	C 因子(描述蒸汽负荷)，ft/s
CFS	蒸气流量，ft^3/s
C_F	液泛时的 C 因子，ft/s
d_h	塔盘孔径，in
D	塔径，ft
f	蒸气与液体间的摩擦系数，无量纲
F_{hc}	孔因子，无量纲
FPL	流径长度(从入口降液管边缘到出口堰的距离)，in
F_{hc}	孔 F 因子，无量纲
Fr	弗劳德数，无量纲
F_w	堰校正因子，无量纲
g	重力加速度，$32.2ft/s^2$
GPM	加仑每分钟，gal/min
G_L	液体流量(GPM)，gal/min
G_U	蒸气流量(CFS)，ft^3/s
h_c	液体高度或持液量，in(液柱)
h_{cl}	降液管下间隙，in
h_d	干板压降，in(液柱)
h_{da}	通过降液管挡板的清液高度，in(液柱)
h_f	塔盘上泡沫高度，in(泡沫)
h_g	塔盘上水力梯度(高低清液高度差)，in(液柱)
h_l	通过塔盘上充气液层的压降，in(液柱)
h_{ow}	出口堰上液头，in(液柱)
h_s	降液管密封高度，in
h_t	塔盘压降 in(液柱)
h_v	两相层(泡沫和蒸气)高度，in(泡沫+蒸气)
h_w	出口堰高度，in
h_σ	与气泡形成相关的表面张力压头损失，in(液柱)
C_v	孔流系数(用于干板压降 h_d 计算)，无量纲
H_s	塔盘间距，in
H_d	降液管液高，in(液柱)
H'_d	降液管泡沫头，in(泡沫)
L	液体流量，gpm
L_w	出口堰长度，in
N	每平方英尺阀数，个/ft^2
p	压力，atm
ΔP	压降，in(液柱)
Q_D	降液管液体负荷，gpm/ft^2
$Q_{D.max}$	最大降液管液体负荷，gpm/ft^2

SF　降额因子，无量纲
S_p　雾沫因子，s/ft
t_m　阀厚度，in
u_h　蒸气孔速，ft/s
u　速度，ft/s
u_F　液泛时蒸气速速，ft/s
v　体积，ft^3
V　蒸气流量，ft^3/s
$V_{D.max}$　最大降液管夹带速度，ft/s
V_L　蒸气负荷，lb/ft^3
w　漏液比，无量纲
W　漏液速率，gpm
w_d　降液管宽度，in
W_L　堰液体负荷，gpm/in

希腊字母

α　相对挥发度，无量纲
β　塔盘充气因子，无量纲
λ　平衡曲线斜率与组分平衡线斜率之比，无量纲
ρ　密度，lb/ft^3
ρ_m　阀金属密度，lb/ft^3
σ　表面张力，dyne/in
μ　液体黏度，cP
τ_R　降液管停留时间，s
φ_d　降液管泡沫密度，无量纲
φ_f　泡沫密度，无量纲
φ_t　相对泡沫密度，无量纲
ψ　阀开度百分比，%
η_M　默弗里塔盘效率，无量纲
η_o　塔总效率，无量纲

下标

l(L)　液体
v(V)　蒸气

参 考 文 献

Anderson RH, Garnett G, WinkleMV (1976) Efficiency comparison of valve and sieve trays in distillation columns, *Ind. Eng. Chem.*, *Process Des. Dev.*, 15(1), 96-100.
Bennett BL, Kovak KW (2000) Optimize distillation columns, *Chemical Engineering Progress*, 96(5), 19-34.
Bernard JDT, Sargent RWH (1966) Hydrodynamic performance of a sieve-plate distillation column, *Trans. Inst. Chem. Eng.*, 44, 314.
Bolles WL (1963) in Smith BD (ed), *Design of Equilibrium Stage Process*, McGraw-Hill.
Bolles WL (1976) *Chemical Engineering Progress*, 72(9), 43.
Chase JD (1967) Sieve tray design, *Chemical Engineering*, July, 105.
Colwell CJ (1981) Clear liquid height and froth density on sieve trays, *Ind. Eng. Chem. Process Des. Dev.*, 20, 298-307.
Colwell CJ, O'Bara JT (1989) Paper presented at AIChE Spring Meeting, Houston, April.

Davis JA, Gordon KF (1961) What to consider in your tray design, *Petro/Chem Engineering*, Oct., 230.
Fair JR (1961) Design of direct contact gas coolers, *Petro/Chem Engineering*, 33(10), 45.
Fair JR (1963) in Smith BD (ed), *Design of Equilibrium Stage Processes*, McGraw-Hill.
Fair JR, Steinmeyer DE, Penney WR, Crocker BB (1984) Chapter 18, in Perry RH, Green DW (eds), *Chemical Engineering's Handbook*, 6th edition, McGraw-Hill.
Glitsch (1974) *Ballast Tray Design Manual*, 3rd edition, Bulletin No. 4900, Texas, Glitsch Inc.
Hower TC, Kister HZ (1991) Solve process column problems, Parts 1 and 2, *Hydrocarbon Processing*, May and June.
Hsieh CL, McNulty KJ (1986) Paper presented at the AIChE Annual Meeting, Miami Beach, Florida, November.
Kister HZ (1990) *Distillation Operation*, McGraw-Hill.
Kister HZ (1992) *Distillation Design*, McGraw-Hill.
Klein GF (1982) Simplified model calculates valve-tray pressure drop, *Chemical Engineering*, 89(9), 81-85.
Koch Engineering Company Inc. (1982) *Design Manual-Flexibility*, Bulletin 960-1, Kansas.
Lewis WK (1936) *Industrial and Engineering Chemistry*, 28, pp. 399.
Lockett MJ (1986) *Distillation Tray Fundamentals*, Cambridge University Press, Cambridge, England, pp. 35.
Lockett MJ, Banik S (1986) *Industrial and Engineering Chemistry Process Design and Development*, 25, 561.
Ludwig FE (1979) *Applied Process Design for Chemical and Petrochemical Plants*, 2nd edition, Vol. 2, Gulf Publishing.
McCabe WL, Thiele EW (1925) Graphic design of fractionation columns, *Industrial and Engineering Chemistry*, 17, 605-611.
Murphree EV (1925) Graphical rectifying column calculations, *Industrial and Engineering Chemistry*, 17, 960.
Nutter Engineering (1981) *Float Valve Design Manual*, Rev. 1, pp. 10, Tulsa, Oklahoma. O'Connell HE (1946) *Transactions of AIChE*, 42, 741.
Resetarits MR, Ogundeji, AY (2009) On distillation tray weir loadings, AIChE Spring Meeting, Florida, April.
Sakata M, Yanagi T (1979) Performance of a commercial-scale sieve tray, I. Chem. E Symposium Series, No. 56.
Smith BD (1963) *Design of Equilibrium Stage Processes*, McGraw-Hill, Inc.
Summers DR (2004) Performance diagrams: all your tray hydraulics in one place, AIChE Annual Meeting—Distillation Symposium, Austin, Paper 228f.
Summers DR (2011) A novel approach to quick sizing trayed towers, AIChE Spring Meeting, Chicago, March.
Summers DR, Sloley A (2007) How to handle low-liquid loadings, *Hydrocarbon Processing*, January, p. 67.
Weiland RH, Resetarits MR (2002) New uses for old distillation equations, AIChE Spring Meeting, New Orleans, Louisiana, March, 11-14.

13 蒸馏系统评估

对分离系统进行良好的评估可以深入了解系统中的复杂的相互作用，并助力了解系统的运行情况。尽管这可能是一项具有挑战性的任务，但如果做得好，可以在提高运营利润率以及产生丰富的流程知识方面产生巨大的好处，这些知识对系统的运营来说是无价的。

13.1 简介

蒸馏是将多组分流转化为所需产品的工艺单元的核心，并且占能源消耗的大部分。提高能源利用率、降低生产成本和增强操作灵活性正在促使人们越来越关注设计和操作期间蒸馏塔优化。对蒸馏基础知识、可行的操作和设备限制的充分了解将使工艺工程师能够深入了解蒸馏性能。

13.2 定义基本情况

塔性能评估的第一步是模拟原始塔设计，因为原始塔数据表不可用或不准确的情况并不常见。为此，选择合适的状态方程(气液平衡)至关重要。对于碳氢化合物分离，常选用Peng-Robinson 状态方程模型。通过提供工艺数据，包括进料和产品流量和组成，以及塔数据，包括温度和压力、进料塔板、理论板数和回流比，模拟将产生质量和组成平衡以及热平衡，表明再沸和冷凝的作用。

工艺模型需要使用不同的工艺条件来验证模型的精度。预测的产品产率、纯度和组成，以及关键操作参数，如回流率和再沸/冷凝换热量，可以与实测数据进行比较。在某些情况下，需要进行性能测试以收集关键数据，以便与模拟结果进行比较，以验证模拟的准确性和可靠性。为此，性能测试必须在稳定和平稳的条件下进行，以模拟稳态运行。

确定模拟的准确性后可开展评估塔的性能，因为复制原始设计数据的目的是了解基本情况下塔的水力学性能和热性能，并利用良好的基本情况进行假设分析，以确定改进的方向。

定义基本情况的一个重要方面是将所有关键的物料和热平衡数据汇总到一张表中，包括重要的物料流量、温度、压力和组成数据，可以一目了然地看到塔的性能情况。一个例子是图 13.1 和表 13.1 中所示的热泵 C_3 分离器。在建立这样的表格时，建议为每个参数包括仪表的位号做好储存，这样数据就可以方便地从历史记录中检索出来，以便将来评估塔的性能时产生不同时间的对比。

表 13.1　C_3 热泵分离器主要数据集

数据	位号	数值	准确度
进料速度/(bbl/d)	FE-8845	4975	-50
进料温度/°F	高温计	87	
最高压力/psi(表)	PI-8831	100	

续表

数据	位号	数值	准确度
ΔP/psi	PDI-8827	9.2	
最高温度/℉	TI-8774	53	
底部温度/℉	高温计	73	
比较吸入温度/℉	高温计	55	
比较放电压力/psi(表)	PC-8832	230	
比较放电温度/℉	TI-8776	119	
比较放电温度/℉	高温计	135	
主要回流率/($MMft^3$/d)	FT-8858	34550	过低
主要回流温度/℉	高温计	74	
节流回流率/(bbl/d)	FT-8857	600	
节流回流温度/℉	高温计	99.5	
底部流量/(bbl/d)	FT-8864	1060	-50
丙烯产品温度/℉	高温计	110	
丙烯流量/(bbl/d)	FT-8860	3840	-100
上方组成($C_3^=$)/%(体)	AR869-3	92.1	-0.5
底部组成(C_3^-)/%(体)	AR869-2	97.1	-0.1

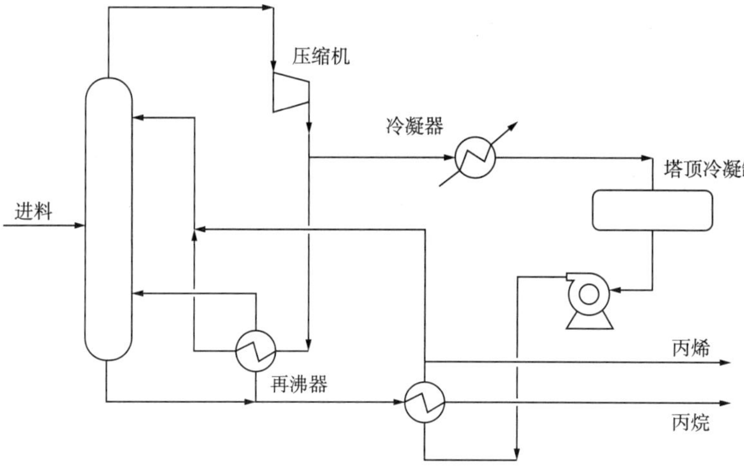

图 13.1　热泵 C_3 分离

表中的最后一列显示了相应参数的高低值。准确性是通过记录稳态期间的运行情况，并注意在这段时间内各种仪表的平均高低值来确定的。这些信息在建立热量和物质平衡以及闭合百分比时可能非常有帮助。通常，较小的流量可能比较大的流量具有更高的不准确性，但并不会严重影响物料平衡。因此，了解哪些流股在确定物料或热平衡时具有最高的可靠性是很重要的。记录获取数据的日期和时间段以供将来参考也是非常重要的。在典型的塔评估中，可以看到需要哪些数据的快速参考。

定义基准工况就是确定目标塔的基准运行状态，这需要提取两种类型的数据。一种是过程数据，即进料和产品的参数，如流量和组成，而另一种是塔的操作数据，包括温度、压力和回流率。前者定义了物料和组成平衡，而后者则围绕塔设置了热平衡，表 13.2 中给出了 C_2 分离塔的示例。由于开发可靠的基本情况作为评估的基础的重要性，Summers(2009)对此进行了详细的讨论。关于理解模拟和测量之间的差异，可以参考 Kister(2006)的著作。

表 13.2　C_2 分离器的热和质量平衡

组成	进料	通风孔	乙烯产品	稀释乙烯产品	乙烷塔底物
氢气	0.0016%	0.26%	0.21μL/L	0	0
二氧化碳	0.0001%	0.0006%	0.0002%	0.61μL/L	0
甲烷/%	0.091	14.45	0.007	0.007	0
乙烯/%	77.77	85.28	99.8	80.44	1.55
乙烷/%	21.66	0.0002	0.109	19.56	96.17
丙烯/%	0.291	0	0	0.002	1.37
丙烷/%	0.0071	0	0	0	0.033
异丁烷/%	0.187	0	0	0	0.88
合计/lb	100000[a]	588	71853	6292	21265
状态	蒸气	蒸气	液体	液体	液体
温度/℃	-13.0	-43.4	-29.8	-26.1	-7.0
压强/psi(表)	340	250	270.5	276.2	279.7
DA-2410 冷凝器压力	250			psi(表)	
DA-2410 顶压	251			psi(表)	
DA-2404 冷凝器压力	269.9			psi(表)	
DA-2404 顶压	269.9			psi(表)	
排气冷凝器负荷[b]	0.73			MMBtu/h	
冷凝器负荷[b]	29.87			MMBtu/h	
再沸器负荷[b]	23.18			MMBtu/h	
侧再沸器负荷[b]	13.17			MMBtu/h	
DA-2410 回流速率[a]	4730			lb/h	
DA-2410 回流温度	-43.4			℃	
DA-2410 最高温度	36.1			℃	
DA-2410 蒸气速率[a]	5318			lb/h	
DA-2404 回流速率[a]	349370			lb/h	
DA-2404 回流温度	-33.7			℃	
DA-2404 最高温度	-30.4			℃	

资料来源：Summers(2009)，经 AIChE 许可转载。

注：[a] 所有流量调整到 100klb 的给料基础上，以适应真正的容量单位；

[b]所有比例调整为 100klb 给料基础。

13.3　缺失和不完整数据的计算

工厂历史数据是最好的来源，但它们通常不完整。旧的工艺单元尤其如此。为了避免浪费时间和重复性工作，需要确保关键仪表正常工作，仪器工程师可以帮助验证。在大多数情况下，设计和操作数据至关重要，有助于理解差异和查找原因。例如，关于换热器结垢的知识可以大大帮助评估当前操作性能。主要消耗品和任何关键输入都必须仔细核实。验证的第一步是将设计数据与操作数据进行比较并进行一些调整。第一次验证可以将重要的数据与不重要的数据分开，从而避免追求高精度和收集微小数据以及烦琐细节耗费精力。

由于大多数换热器的相关性都是基于经验的，因此当已知所有必要的数据时，换热器的传热计算准确率在85%~90%。当某些数据必须估算时，准确性会变得更差。然而，这种准确性足以判断一个换热器是否能按预期运行。

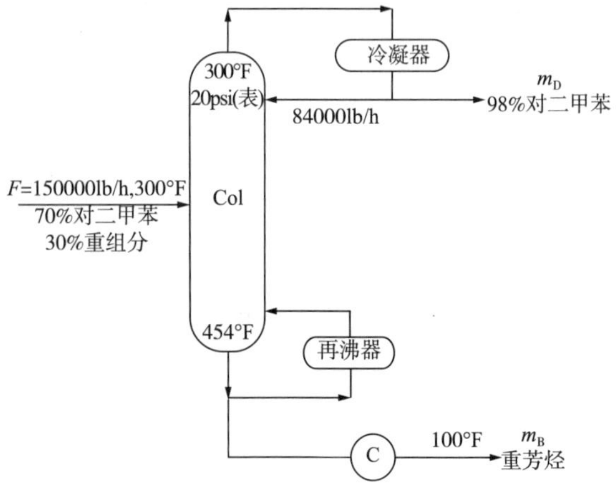

图 13.2　使用热量/质量平衡来获取缺失的数据

示例 13.1 获取丢失数据

在许多情况下，快捷计算可以填补这些空白。Kenney（Kenney，1984）的书中的一个例子很好地说明了如何做到这一点。考虑图 13.2 中的塔，对于许多工厂来说，冷却水流量没有被测量，顶部产物通过液位控制出口。然而，由于进料速率和组成以及顶部产物的组成是已知的，许多缺失的数据可以通过能量和物料平衡推导出来。

在这个问题中，要从含有较重芳烃的物流中回收对二甲苯。两种产品速率都没有被测量，但是进料速率和回流速率以及顶部产物的对二甲苯含量是已知的。没有测量任何换热器的热负荷。通过一个便捷的来源获取一些数据，可以估算出塔的能量使用。

对二甲苯的给定数据：正常沸点为 138.5℃。

估算对二甲苯的产品速率，顶部冷凝器、底部冷却器和再沸器的热负荷。

解决方案：

① 计算对二甲苯的产品速率：对对二甲苯和物料平衡进行组分平衡可得：

$$70\%\times F=98\%\times m_D,\quad m_D=\frac{0.70\times150000}{0.98}=107143(\text{lb/h})$$

$$m_B=F-m_D=150000-107143=42857(\text{lb/h})$$

式中，F 是进料速率。

② 计算底部冷却器的负荷：底部冷却器中排出的热量为：

$$Q_{\text{bottom cooler}}=m_B\times C_p\times\Delta T=42857\times0.8\times(454-150)/10^6=10.4(\text{MMBtu/h})$$

如果外推的比热容数据有误，则计算出的负荷将变化 0.1 Btu/(lb·℉)。这在其他数据的精度范围内。

③ 计算顶部冷凝器负荷：

$$m_{\text{overhead}}=107143+84000=191143(\text{lb/h})$$

情况 1：没有过冷，冷凝器的负荷是：

$$Q_{\text{condenser}}=m_{\text{overhead}}\times q_{\text{latent}}=191143\times146.2/10^6=27.9(\text{MMBtu/h})$$

情况 2：假设过冷温度为 30℉，冷凝器负荷为潜热负荷和过冷负荷之和，可计算为：

$$Q_{condenser}=m_{overhead}\times q_{latent}+m_{overhead}\times C_p\times\Delta T$$

$$=191143\times(146.2+0.55\times30)/10^6=31.1(MMBtu/h)$$

④ 计算再沸器负荷：应用塔周围的能量平衡表明，再沸器的负荷是冷凝器负荷和将底部从 300℃升高到 454℃所需热量的总和。

情况 1：塔顶没有过冷，再沸器的负荷是：

$$Q_{reboiler}=Q_{condenser}+m_B\times C_p\times\Delta T=27.9+42857\times0.8\times(454-300)/10^6=33.2(MMBtu/h)$$

情况 2：30℉的塔顶过冷，再沸器的负荷为：

$$Q_{reboiler}=Q_{condenser}+m_B\times C_p\times\Delta T=31.1+42857\times0.8\times(454-300)/10^6=36.4(MMBtu/h)$$

根据这些估算，建立了冷凝器、再沸器和冷却器的热负荷，为过程模拟提供了基础。

13.4 建立过程模拟

通过逐盘平衡计算质量和热平衡，利用进料和产品的数据以及塔操作条件，可以进行塔模拟。给定进料和产品的数据，包括流量和组成，以及压力和温度等塔操作条件，还有再沸器负荷，塔模拟可以模拟当前操作的质量和热平衡。表 13.2 展示了进行 C_2 分馏塔模拟所需的数据示例。

对于一些涉及含有许多组分的流体的过程，可能很难收集所有组分进行模拟。在这种情况下，可以应用虚拟组分的概念，将一组组分合并成具有相似物理性质的虚拟组分。对于石油精炼过程，原油和精炼产品是许多不同化合物的混合物，无法根据化学分析进行表征。因此，石油工业采用了一种基于碳原子数和不饱和键数的蒸馏温度的方法来描述烃化合物，并使用蒸馏温度和性质来定义原油和产品。例如，商用喷气燃料可以通过 ASTM D-86 蒸馏温度范围来表示，其煤油沸点范围为 401℉(10%馏出温度)至 572℉(终馏点)，而航空汽油(石脑油)也可以通过 122℉至 338℉ (终馏点)的蒸馏范围来表示。这些方法可以帮助描述原油和产品的特性，从而为模拟提供必要的数据和依据。

第一步是进料模拟。如果有详细的进料分析数据，包括组分和条件数据，则可以在模拟中轻松定义进料。否则，可以通过已知流量和组分的所有产品的总和来反推进料。

第二步是确定进料板的位置。在模拟塔时应使用理论级数。如果已知板效率，则可以根据实际进料板和板效率确定进料板的理论级数。然而，通常情况下板效率是未知的。在这种情况下，可能需要进行样品实验。建议在离进料板一级的位置取样。模拟中的进料点应与理论级数相隔一级，这样可以最好地匹配样品组成。从进料板取样会使组成受进料影响较大，因此无法真实地代表塔内组成。

第三步是确定所需的理论级数。通过定义进料、确定上述的进料板和给定的产品条件，可以建立塔模拟。对于简单的具有两种产品的塔，一种来自顶部，另一种来自底部，可以通过测量的回流率来确定所需的理论级数。对于给定的回流率，所需的理论级数是能够匹配产品规格的级数。对于涉及分流和泵回流的复杂塔，应该分段模拟，因为塔热平衡由回流率和塔循环回流共同定义。建议从顶部到底部模拟复杂的塔。顶部有一个顶部产品、一个分流和一个与分流相邻的循环回流。对于给定的回流率和循环回流功率，顶部的理论级数是通过匹配给定的产品规格来确定的。然后相邻的部分依此类推。

模拟可以为进行其他评估任务提供坚实的基础，下面将讨论这些任务。

13.5 热量和物料平衡评估

评估精馏系统的早期步骤之一是获得良好的物料和能量平衡。否则，评估可能导致误导性的结论。

物质和能量平衡可以基于进料和能量的输入以及产品和能量的输出来建立。进行塔物料平衡的目的是确保进料和产品的准确测量，并获得理想的产品。能量平衡是为了验证是否考虑了所有主要能量输入源，并实现了能量的高效利用。

热输入是分馏的驱动力。对于简单的分馏塔，热输入源于进料和底部再沸器，而热量则从产品和顶部冷凝器中取走。对于复杂的分馏塔，会生产多种产品，同时循环回流会被用来取走塔中的过剩热量，并将其回收供工艺使用。

物质和能量平衡都应该基于稳态运行进行，因为这是远离任何瞬态过度淹没或渗漏操作的稳定操作。一方面，稳态操作可以从历史数据中观察到，当过程数据在非常狭窄的范围内保持基本不变时就视为稳态操作。另一方面，稳态操作可以在对塔进行操作调整后的最短时间内获得。

$$t_{\min}=\frac{M_{\text{hold}}R_{\text{f}}}{F} \tag{13.1}$$

式中，M_{hold}为储槽和接收罐中物料滞留量的总和；R_{f} 为回流比；F 为塔进料速率。对于任何分馏塔，都有整体质量平衡和组分质量平衡，遵循质量守恒定律。

用于整体质量平衡：

$$\text{总质量输入}=\text{总质量输出} \tag{13.2}$$

对于组分质量平衡：

$$\text{成分}\,j\,\text{的总输入}=\text{成分}\,j\,\text{的总输出} \tag{13.3}$$

同样，热平衡遵循能量守恒定律：

$$\text{总热量输入}=\text{总热量输出} \tag{13.4}$$

13.5.1 物料平衡评估

对物料平衡和关键组分平衡的良好理解可以帮助最大限度地提高理想产品产量，同时最小化非理想产品的产生。通常情况下，可以通过在线测量获取原料和产品的质量流量。关键组分的测量可以通过在线分析仪器或实验室测试获得。大多数塔每天都会取样，并就地分析。然而，这些实验室通常只能测量特定的关键化合物，无法测量原料中涉及的所有多组分的完整谱系。因此，除非塔中原料只包含少数组分，否则完整的组分平衡通常需要特殊的实验室来完成，而这很可能需要来自工厂以外的实验室。在这种情况下，需要非常小心地处理组成，并了解实验室提供的测量单位。不过，对于烃类精馏塔而言，单个组分无法完全表征，可能难以获得完整的组分平衡。但对于大多数化工和天然气精馏塔，可以建立单独的组分平衡。

当物料平衡达到至少±10%的偏差[（总质量输入−总质量输出）/总质量输入]时，对于塔的评估是可以接受的（Summers，2009）。对于烃类过程，损失率可能高达±5%。通常，欠佳的质量平衡是由部分物料流的压降和流量之间的传输误差引起的。大多数流量计是压差式的，如果未正确使用物性将压降转换为流量，则可能会提供错误的读数。在某些情况下，可以通过流量计校准来纠正错误读数，包括正确的调零和量程。仪表工程师可以帮助解决与流量计相关的问题。

示例 13.2 整体质量平衡评估

这个例子来自一个加氢裂化过程中的主分馏塔，该过程用于生产石脑油、煤油和柴油产品。底部产品被称为未转化油，其中一部分被回收到反应中进行进一步转化，其余部分作为燃料油销售到市场。表 13.3 显示了分馏塔的物料平衡，包括预期产量与实际产量的对比，以及在线测量的进料和产品的流量。

表 13.3　分馏塔的物料平衡

项目	液相收率/%	液相收率/%		产品/(bbl/d)		原料/(bbl/d)
		塔顶	塔底	塔顶	塔底	
石脑油	35.2	35.2		18130		
煤油	22.1	23.7		12200		
柴油	23.6			9968		
渣油	19.1	19.3	21.8		9968	
合计	100	78.2	21.8	40298	9968	51548

让我们来看看塔的整体物料平衡。以每天桶数计量的产品速率分别为 18130bbl 的石脑油、12200bbl 的煤油、9968bbl 的柴油和 9968bbl 的未转化油，总计 50266bbl。测量的总量 50266bbl 与实际进料速率 51548bbl 之间的差异为 3%(体)。由于轻端产品未进行测量，通常约占进料的 3%。因此，塔的物料平衡在不到 1%的不确定性下具有良好的闭合度。

从这个物料平衡中我们可以学到什么？首先观察到的是，比预期多生产了 1.6%的煤油。可简单地解释为在特定时间，塔以最大化煤油产量操作，因为当时煤油在当地市场更有价值。相反，柴油的产量少了 4.3%，这让人感到惊讶。负责塔操作的工艺工程师想到了两个可能的原因：一个原因是煤油占据了柴油 1.6%的产量，而另一个原因是 2.7%(4.3%-1.6%)的柴油流失到了底部的未转化油中。如果后者是真的，这可能会导致显著的产量损失，应该予以解决。

这只是一种事后的猜测，可能是错误的。预期的产量来自基于经验相关性的产量估计，有时可能会给出不准确的估计。底部产品的蒸馏温度可能会提供这个问题的答案。因此，进行了塔的模拟，结果显示底部产品的 5%蒸馏温度为 645℉。这个温度范围应该属于柴油。很明显，未转化油中含有大量的柴油，这些柴油本应以合理的价格销售到市场。柴油价格为 2.45 美元/gal，因此在这种塔操作下每天损失了 143000 美元，如果这个问题没有解决，可能会损失 5000 万美元/a。这个损失足够引起人们的重视，以确保迅速采取措施进行故障排除。总之，调查揭示了两个根本原因：第一个原因是塔底部的汽提蒸汽不足，因为它是基于原始设计点进行恒定控制的。尽管多年来通量增加了 10%，进料变得更重，但汽提蒸汽速率并没有改变。调整后，柴油的回收率得到了提升。原因在于向塔中引入更多的汽提蒸汽会降低烃的分压，从而有助于从底部提取更多的柴油组分。第二个原因是底部区域缺乏塔板，因为塔的设计是用于处理比它现在处理的更轻的进料。改造项目计划在停工期进行，在底部区域增加一些塔板。

评论：简单的质量平衡确定了主要的产量损失。

示例 13.3 组分质量平衡评估

石脑油加氢处理装置中的汽提塔的一个用处是需要去除腐蚀性的硫化氢，其可能毒害下游石脑油重整装置中的催化剂。另一个作用是尽可能多地从汽提塔底部去除 C_5，因为 C_5 对石脑油重整反应没有贡献。

汽提塔在考虑这两个目标的情况下进行操作。然而，实验室测试显示了 C_5 组分的分布。汽提塔底部含有 2%(摩)的 C_5，这超过了底部希望去除的 C_5 含量，这是不可取的。观察到了以下负面结果：因为 C_5 不参与催化重整反应，C_5 物质不仅占据了反应器中的空间，降低了反应器的处理量，还消耗了重整反应器的进料加热器中的额外热量。

一旦问题被确定，工艺工程师与控制工程师讨论了这个问题，控制工程师迅速改变了汽提塔的再沸器热负荷和回流率的设定点。随着再沸器热负荷的增加，回流率增加，顶部区域的分馏得到改善，因此更多的 C_5 被从底部蒸出。

评论：因此，组分质量平衡可以帮助确定关键组分从分离中切割的理想位置。不恰当的分离不仅会造成能源损失，还会对产率产生负面影响。

13.5.2 热平衡评估

塔的热平衡评估的一个重要部分是检查回流率和温度，这决定了冷凝器和再沸器的热负荷。测量回流温度很重要，因为当回流被过冷时，它会显著影响热平衡。示例 13.1 展示了回流过冷的影响。

测量回流率的常见问题是，回流流量计通常在启动时设置，然后再也不进行调整。因此，回流流量通常是不可靠的。回流比作为一个重要的操作参数被检查和监测，但回流率的绝对值很少被监测。然而，为了获得正确的热平衡，必须检查和校准回流流量计，以实现至少 5%的热平衡闭合度[(总热输入-总热输出)/总热输入]。只有有了这种精度的热平衡，塔板效率才能被准确地确定(Summers，2009)。

13.6 塔效率评估

应建立塔的基准效率。通过将实际效率与基准效率进行比较，可以获得随时间变化的效率趋势，并看到较差分离的迹象。良好的效率通常表明塔的正常运行，而低效率则表明不稳定运行的迹象，这需要进行塔的评级评估，以揭示异常的根本原因，从而确定改善措施。

蒸馏效率的计算需要进行过程模拟。根据理论级数(N_{eq})、塔板段数和实际塔板数(N_{act})，可以分别确定塔的截面效率和整体效率。对于一个从顶部和底部各产生一个产品，并带有一个冷凝器和一个再沸器的简单塔，分离效率可以通过方程(13.5)计算得到：

$$\eta_o = \frac{N_{eq}}{N_{act}} \tag{13.5}$$

例如，麦凯币-蒂勒图(McCabe and Thiele，1925)在图 13.3 中指出，与 8 个理论塔板相比，需要 12 个实际塔板。部分冷凝器和部分再沸器在理论和实际中都被计算在内。因此，整体塔效率为 67%。

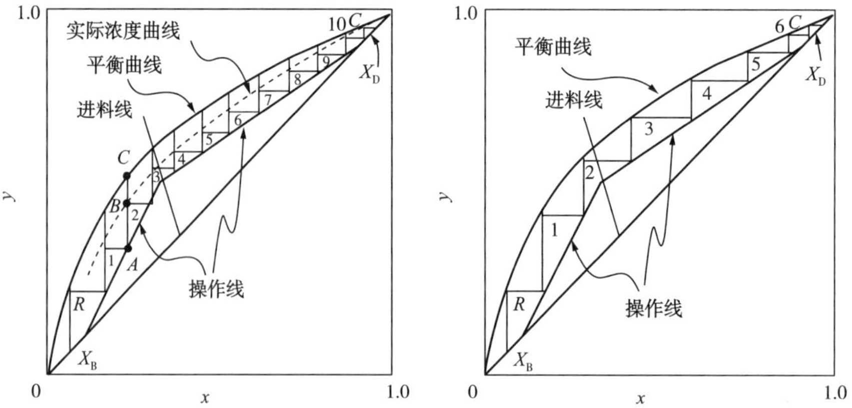

图 13.3 麦凯币-蒂勒图

对于复杂的塔板，方程(13.5)无法给出正确的答案，因为它只适用于每个部分。相反，O'Connell(1946)的分馏相关图(见图12.3)被广泛用于整体塔效率，是工业塔效率的标准。Lockett将O'Connell的图转化为一个普遍的方程，如下所示：

$$\eta_o = 0.492(\mu\alpha)^{-0.245} \tag{13.6}$$

式中，μ为液体的黏度；α为相对挥发度；这些是基于塔顶和底部之间的平均温度和压力计算的。因此，O'Connell相关性表明，较高的黏度会导致效率降低，因为液相阻力更大，而较高的相对挥发度也会降低效率，因为它增加了液相阻力的重要性。

O'Connell的相关图(见图12.3)和Lockett的方程(13.6)是基于工业塔的效率数据点开发的，它们并不揭示改善效率的根本原因以及如何、为什么要这样做。

因此，存在的问题是：有哪些因素影响了塔的分离效率?

主要有三种类型的参数：第一种是流动性质，如相对挥发度和黏度，这些是固有的。第二种是塔板布局设计，如塔板类型(筛板或浮阀板)、流动路径长度、塔径、塔板间距和堰板长度，这些影响了气液的平衡和流动状态。第三种是工艺条件，如塔板进料速率和再沸量。这些参数的共同作用在于影响气液之间的平衡。

在稳定运行区域，效率变化很小，如第12章所述，而在可行区域之外，效率急剧下降。图13.4显示了塔效率随着气液速率平衡变化的典型趋势。在对应于稳定运行的效率曲线中间，尽管有边缘变化，但有一个相对平坦的区域。具有良好调节特性的塔板，如浮阀板，与筛板相比，具有更宽的平坦区域或稳定运行区域。在曲线的两侧，效率急剧下降。在进料速率较低时调整运行效率下降，并且在发生漏液时急剧下降。此外，在过量夹带情况下，效率降低，因此当发生泛液时急剧下降。设计和操作的优化倾向于将塔推向稳定运行的边界。关于这些控制机理的详细讨论已在第12章中提供，它们揭示了如何优化塔的设计和运行，同时实现稳定运行。

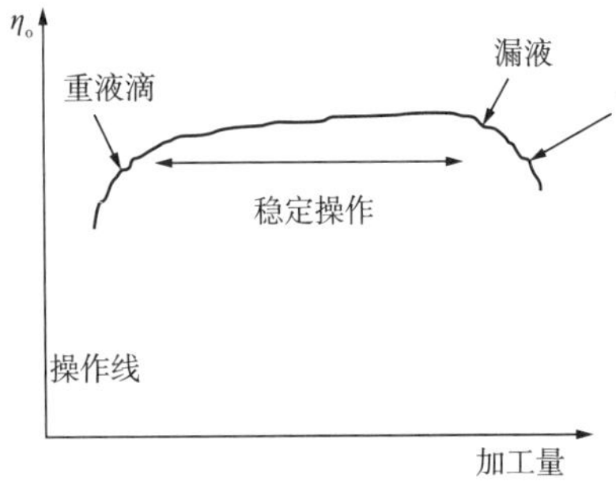

图13.4　塔效率典型曲线

效率评估可以检测出效率低的部分，从而可以找到根本原因。由于蒸气或液体流量过大，部分或整个塔板可能会发生液泛，可能是由于进料和产品的条件发生了变化，包括速率、组成和产品规格。也可能是由于再沸量过高、进料温度过高和塔压力过低或者以上因素的组合。对于进料组成变化的情况，可以追溯到上游的加工问题。

从改造的角度来看，当处理液体流量过高时，可以使用高效塔板，如UOP MD/ECMD、Shell HiFi、Sulzer高容量或Koch-Glitsch高性能塔板。对于液体流量过低的情况，使用带挡板的溢流槽或填料可能是解决办法。对于蒸气流量过高，可以考虑使用浮阀塔板。塔板损坏也可能导致塔操作的故障。无论哪种情况，识别低分离效率会触发对根本原因和解决方案的探寻。

示例13.4 使用O'Connell相关性的总体效率估计

这个例子来自Wankat(1988)。使用筛板精馏塔分离由50%(摩)正己烷和50%(摩)正庚烷组成的饱和液体进料。塔板间距为24in。平均塔压力为114.7lb/in^{2}绝对压力。馏出液的组成是99.9%(摩)的正己烷和0.1%(摩)的正庚烷。进料速率为1000lbmol/h。内部回流比L/V为0.8。该塔有再沸器和冷凝器，试估算整体效率。解决方案：要应用方程(13.6)，我们需要在塔的平均温度和压力下估算 α 和 μ。可以从修正的 DePriester 图表(Dodyburjor, 1978)中获取塔的温度，如下表所示：

x_{C_6}	0.000	0.341	0.398	0.500	1.000
y_{C_6}	0.000	0.545	0.609	0.700	1.000
T/℃	98.4	85.0	83.7	80.0	69.0

相对挥发度 $\alpha=(y/x)/[(1-y)/(1-x)]$。

可以用几种方法估算平均温度：

平均温度 $T=(98.4+69.0)/2=83.7$；根据上表，可插值得到 $T=83.7$℃时的 x 和 y。因此，$\alpha=2.36$，对应 $T=83.7$℃。如果 $x=0.5$ 时的平均温度为 $T=80$℃，$\alpha=2.33$，对应 $T=80$℃。差别不大。使用 $\alpha=2.35$ 对应 $T=82.5$℃。

进料液体的黏度可以从 Reid 等(1977)的研究中估算得到：

$$\ln\mu_{mix}=x_1\ln\mu_1+x_2\ln\mu_2 \tag{13.7}$$

可以从以下方程估算纯组分的黏度：

式中，μ 单位为 cP，T 单位为 K(Reid 等，1977)。

$$\log_{10}\mu=A\left(\frac{1}{T}-\frac{1}{B}\right) \tag{13.8}$$

nC_6： $A=362.79$，$B=207.08$；nC_7： $A=436.73$，$B=232.53$。

两个方程对 μ_{mix} 和 μ 给出了 $\mu_{C_6}=0.186$，$\mu_{C_7}=0.224$，以及 $\mu_{mix}=0.204$。因此，$\alpha\mu_{mix}=0.479$。应用方程(13.6)得到 $\eta_0=58.9\%$，与 O'Connell 相关图得到的 $\eta_0=59.0\%$基本一致。为了保险起见，应该使用较低的值。

13.7 运行概况评估

另一种简单的评估方法是通过模拟生成的塔内流量、温度、压力和组成的塔板剖面图的评估方法。通过这些剖面图，我们可以观察到塔内的运行情况，就像通过 X 光照片可以观察到人体内部一样。

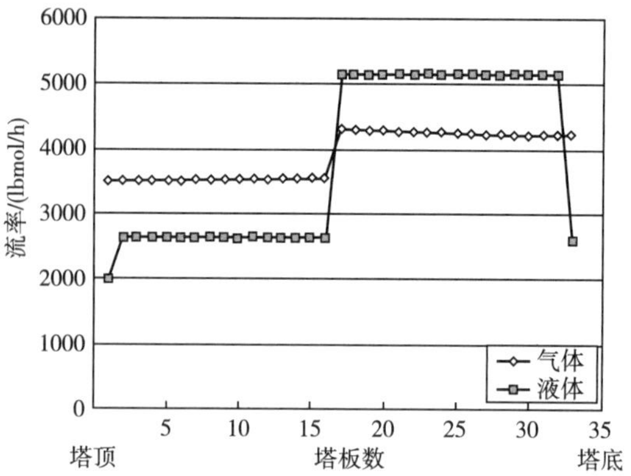

图 13.5 塔流剖面示例

1）流量剖面图显示了塔内从一个塔板到另一个塔板的气液流动情况，其中在进料板和提取板处会出现突变。一般来说，在进料板以上一直到冷凝器的精馏段，蒸气流量大于液体流量，而在进料板以下的回流段则相反。作为流量估算的一部分，进料在进料板的条件下闪蒸。流量估算的重要性不在于绝对值，而在于 L/V 的值，它决定了内部回流和操作线的斜率。详见图 13.5。

2）温度剖面显示了从再沸器到冷凝器的温度呈单调下降的一般趋势。图 13.6 显示了一个温度剖面的示例，其中曲线陡峭的部分是轻组分和重组分明显分离的地方。在某些情况下，温度剖面在某些塔板上呈现出阶梯状，表示这些塔板上几乎没有温度变化。在这些平坦的区域，几乎没有分离发生。当有大量塔板时，台阶更加明显，代表了操作线非常接近平衡曲线的挤压区，关键组分之间的相对挥发度非常小，对应的分馏也比较困难。

显然，当塔或某个部分发生塞堵或漏液时，会得到平坦的温度剖面，因为没有分馏发生。

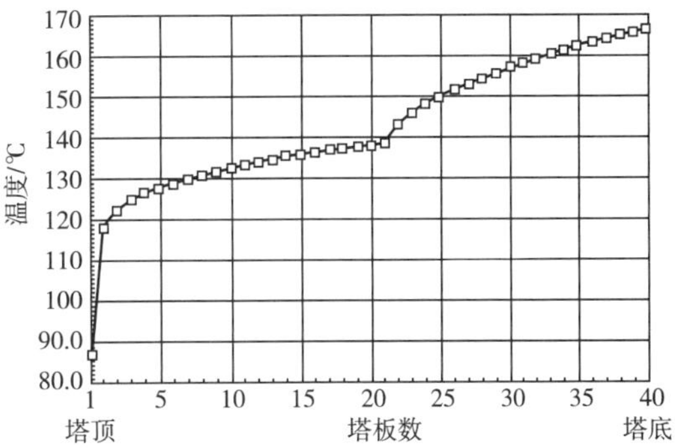

图 13.6 苯-甲苯分离塔温度分布示例

3）塔的压降剖面也可以指示异常操作。塔或某个部分的压降过低表明可能存在漏液或流道窜流现象，而过高的压降则表明存在塔塞现象。Lieberman（1991）根据他的操作经验推荐了一种更简单的评估塔塞状况的方法。Lieberman 的方法指出，当满足以下条件时发生塔塞：

$$\frac{\Delta P}{Sp_L N_T H_S} \geqslant 22\% \sim 25\% \tag{13.9}$$

式中，ΔP 为压降，表示塔顶和再沸器出口之间的总压降，或者是某个部分的压降；Sp_L 为塔板上液体的平均比重；N_T 为塔板的数量；H_S 为塔板间距，in。

4）组成剖面可以揭示塔内发生的分离情况。对于组分平衡来说，了解塔的进料和产品流的组成非常重要。对大多数塔每天都会进行取样，并就地进行分析。然而，这些实验室通常用于测量可能污染最终产品的某些关键化合物，而没有能力测量多组分塔进料的完整光谱。因此，除非塔只有少量组分的进料，否则完整的组分平衡通常需要特殊的实验室来完成，这很可能需要从外部获得。需要了解实验室提供的组分浓度计量单位。这些数据往往不会明确标注是以摩尔分数、体积分数还是质量分数为计量单位。

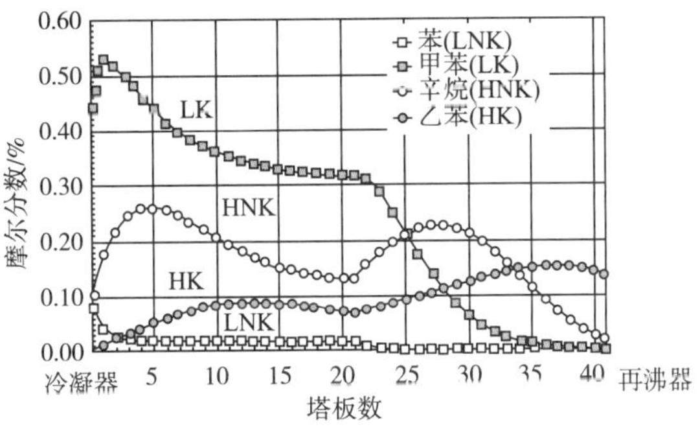

图 13.7 甲苯-乙苯分离的示例组成概况

图 13.7 显示了甲苯（轻组分，LK）与乙苯（重组分，HK）分离的组成剖面。图中给出了这四种组分的液体摩尔分数。第 21 级是进料级。

关注更明显的甲苯摩尔分数曲线。甲苯的浓度从塔底向上以单调的方式增加，直到在塔顶达到峰值，但在接收器处下降。这是因为苯、非关键轻组分是最易挥发的组分，在接收器处达到峰值。

重组分乙苯的浓度在塔中自上向下单调递增，直到在再沸器上方几个阶段外达到峰值，因为它是最不容易挥发的组分。

非重质关键（HNK）辛烷的浓度剖面最为复杂，因为它在整个塔内上下波动，出现两个峰值，这和它与其他化合物在这些级别上的竞争以及它们的浓缩方式有关。从进料级 21 级到 28 级，分离发生在 LK 甲苯与 HK 乙苯和 HNK 辛烷之间。因此，乙苯和辛烷的浓度都增加，而甲苯的浓度减少。从 29 级到 40 级，LK 甲苯的浓度继续下降，达到非常低的水平，分离主要发生在 HK 乙苯和 HNK 辛烷之间。在这一部分，辛烷的浓度急剧下降，而乙苯的浓度增加，但在底部略微下降。总之，从进料级开始，辛烷的浓度增加，直到在 28 级达到峰值，然后浓度朝塔底递减，在辛烷浓度曲线上形成了第一个峰值。

从 15 级到 5 级，LK 甲苯被分离出来，与此同时，发生了 HK 乙苯和 HNK 辛烷之间的分离，乙苯的浓度下降，而辛烷的浓度上升，直到在 5 级达到峰值。在 5 级以上至塔顶，分离发生在 LK 甲苯与 HK 乙苯和 HNK 辛烷之间，甲苯的浓度上升，并在顶部达到峰值。相反，HNK 辛烷的浓度急剧下降，而 HK 乙苯的浓度减少到可区分的水平。总之，辛烷的浓度从 15 级增加到 5 级，并在 5 级达到峰值，然后急剧减少，在辛烷浓度中形成了第二个峰值。

13.8 塔评估

塔模拟只是模仿当前操作，可以提供蒸气和液体负荷作为评估的基础，而评估将告诉我们塔在当前条件下与可行操作窗口的关系，这在第 12 章中有详细讨论。

塔评估用于分析工艺条件改变对塔性能的影响。当考虑将现有塔用于新工况时，也可以应用塔评估。简而言之，塔的评估可以回答三个问题：

1）塔是否能够在可行操作范围内通过增加加工量或改变工艺条件来运行？操作窗口的计算在第 12 章中有详细展示。通过模拟得到的内部液气比，可以确定当前操作点与操作窗口的关系。

2）在新工况下，塔的水力性能如何？操作压降可以根据第 12 章中讨论的水力计算来计算。

3）在新工况下，塔的限制因素是什么？这些限制可能来自塔的大小、塔板间距、降液管几何尺寸，等等。

对于现有塔是否适用于不同条件或新工况，可以建立标准作为现有塔的适用性的必要和充分条件：①操作点必须落在操作窗口内；②操作压降必须小于允许的压降。

当这两个条件满足时，现有塔适用于其额定条件之外的不同条件。当工艺条件发生重大变化时，应进行评估以确保塔能够在新条件下充分地完成任务。否则，要么改变操作条件，要么确定对现有塔的改造。

为什么我们希望将塔用于其设计目的之外的服务？主要原因是改造现有塔比购买新塔成本更低，速度更快。现有塔很少能完全适用于新业务。然而，工程师们渴望应对改造现有设备的挑战，因为他们需要寻求现有资产的最经济解决方案。

塔的额定评估可以通过供应商的塔模拟软件进行。塔模拟提供了进行塔额定评估所需的基本数据。在从模拟转移到额定评估时，塔被分成各个部分，并且选择每个部分中气液负荷最高的级别来代表该部分，因为这个塔板是整个部分中受限制最严格的塔板。因此，该级别的数据被输入塔模拟软件中。输入数据包括：①来自模拟的气液负荷和物理性质的数据；②塔板布局。应用评级软件将给出容量限制(见图 12.14)，如塔板溢流、降液器回流和液泛、最大蒸气容量、最大液体容量、泡沫/喷雾转变、压降、干塔板压降、降液管流速、堰负荷等。

评级评估软件将指示当前操作点与操作窗口的关系，从而揭示塔所遇到的操作限制。如果使用蒸气和液体体积负荷绘制性能图表，则可以表示塔板性能，而不受操作压力和组成的影响。

13.9 塔热积分评估

塔热积分评估的方法如图 13.8 所示，可应用于新设计和改造设计。让我们逐步解释以下方法。*T*-*H* 图是塔总复合曲线(CGCC)，在第 11 章中已经讨论过。

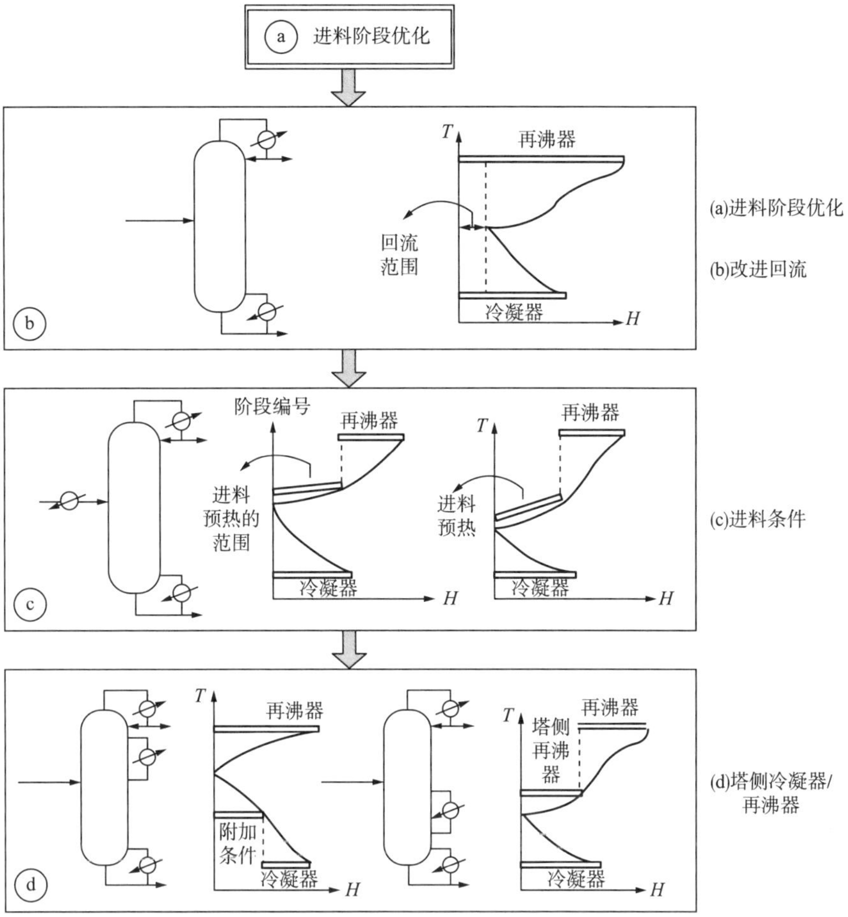

图 13.8 使用 CGCC 来确定列改进

13.9.1 进料级优化

在进行塔热分析之前，首先在模拟中优化塔的进料级位置，因为进料级可能会与塔改造的其他选项产生强烈的相互制约。这可以通过在模拟中尝试不同的进料级位置并评估其对再沸点热负荷的影响来实现。

原则上，可能有几个级别可以用作进料级。当进料级太低时，在进料级下方的区域中温度会出现大幅跳变，因为组分的变化比必要的变化要大。为达到塔釜产品规格所需的组分变化，需要更多的再沸点热负荷，导致底部汽化量过大、气液负荷过高。由于流量较大，底部可能在操作中发生液泛或需要更大的直径。将进料放得太高并不像将进料放得太低那样具有戏剧性的变化。

由于进料级优化的目标是在不需要额外塔板的情况下最小化分离所需的再沸点热负荷，因此可以得到再沸点热负荷与级数的曲线图(见图 13.9)。最佳的进料级应位于斜率变化较小的平坦区域。

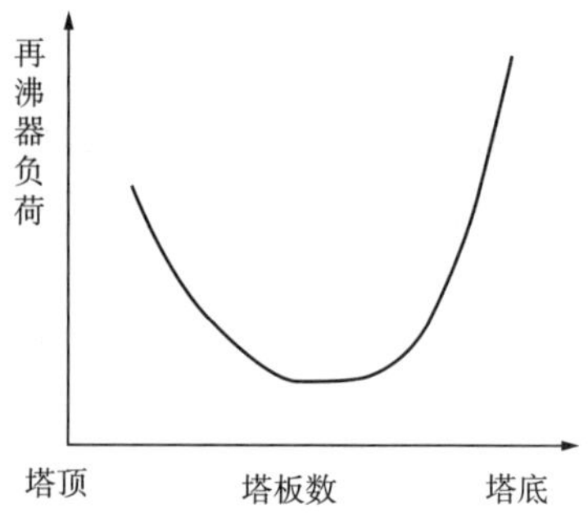

图 13.9　进料阶段优化

在完成进料级优化后获得塔的 CGCC，这将成为下一步优化的基础。

13.9.2　回流比优化

下一步是为塔板优化回流比。如图 13.8(b)所示，垂直轴和 CGCC(塔板浓度-塔板位置曲线)的交点之间的水平间隙是回流改进的范围。当减少回流比时，CGCC 将靠近垂直轴。在进行其他热改进之前，必须考虑回流比优化，因为这将直接节省再沸器和冷凝器的热负荷。对于新的塔板，可以通过增加级数来减少回流比。对于现有的塔板，在产品质量优于指标要求时，可以通过减少再沸器的热负荷来减少回流率。

13.9.3　进料调节优化

在回流改进之后，下一步是处理进料的预热或冷却。一般来说，进料调节提供的温度级别比侧向冷凝/再沸要温和得多。此外，进料调节是处于塔板之外的，因此比侧向冷凝和再沸更容易实施。图 13.8(c)中显示了在进料点附近出现“急剧变化”的塔板 H(H 为焓)CGCC，表明了进行进料预热的可能性。成功的进料预热可以将热负荷从再沸器转移到进料进行预热。进料预冷同样适用。

13.9.4　侧向冷凝/再沸优化

在进料调节之后，应考虑侧向冷凝/再沸。图 13.8(d)描述了 CGCC，显示了侧向冷凝和再沸的潜力。通过配置适当的侧向再沸器可以将热负荷从底部再沸转移到侧向再沸而不会产生显著的回流变化。

13.10　重新使用现有塔板的指导原则

接下来讨论的指导原则主要是由 Wankat(1988)推荐的，当现有的塔板无法产生所需的产品纯度时，可以探索以下事项，按照成本递增的顺序：

① 弄清产品规格是否可以放宽。99.5%的纯度比 99.99%更容易获得。

② 增加回流比，看是否可以满足产品指标。记住要检查塔板蒸气容量是否足够，因为增加回流比可能会导致塔板液相淹没的问题。还要检查现有的再沸器和冷凝器是否足够大。如果塔板可以生产更纯净的产品，通常减少回流比可以使产品重新符合指标，同时也可降低运行成本。

③ 改变进料温度。这种改变可能需要改变进料级，并可能导致最佳进料位置。

④ 在最佳级别增加新的进料级，以满足产品规格。

⑤ 考虑用更高效或更紧密的塔板级或新的填料替换现有的塔板内部构件。虽相对昂贵，但比新塔板便宜。

⑥ 检查两个现有塔板是否可以串联以实现所需的分离效果。进料可以在任意一塔板的进料级或两者之间引入。由于塔板不同部分的蒸气负荷要求不同，因此塔板不需要具有相同的直径。

⑦ 添加一个短塔板以增加总塔板数。

如果塔板的蒸气负荷超过限制，则意味着现有的塔板直径不够大，工程师可以考虑：

① 减少回流比运行，从而减少蒸气负荷；但是，可能会使满足产品规格变得困难。

② 以更高的压力运行，这会增加蒸气密度。需要检查塔板是否能够在增加的压力下运行。

③ 使用两个并联的塔板。

④ 用更大的降液管替换现有的降液管。

⑤ 用更高容量的塔板或填料替换现有的塔板或填料。

此外，如果塔板直径太大，蒸气速度将太低。塔板将以太低的效率运行，在严重情况下可能无法运行，因为液体可能会通过孔洞倒出。工程师可以考虑：

① 降低塔板压力以减小蒸气密度和蒸气速度。

② 增加回流比(或增加再沸器热负荷)。

③ 回收一些凝馏液和底部产品。

利用现有的塔板进行新服务通常需要创造性的解决方案。因此，这既具有挑战性又具有价值。

符号对照表

C_p	比热容
F	进料速率
H_S	塔板间距
M	质量流量
N_T	总塔板数
N_{eq}	理论塔板数
N_{act}	实际塔板数
ΔP	压降
q	潜热
Q	热含量
R_f	塔回流比
Sp_L	塔板上液体平均比重
t	时间
T	温度
α	相对挥发度
μ	液体黏度
η_0	塔总效率

参 考 文 献

Dodyburjor DB (1978) SI units for distribution coefficients, *Chem. Eng. Prog.*, April, p. 85, *AIChE*.

Kenny WF (1984) *Energy Conservation in the Process Industries*, Academic Press, Inc.

Kister HZ (2006) *Distillation Troubleshooting*, *AIChE*-John Wiley & Sons.

Lieberman N (1991) *Troubleshooting Process Operation*, 3rd edition, PennWell.

McCabe WL, Thiele EW (1925) Graphic design of fractionation columns, *Industrial and Engineering Chemistry*, 17, 605-611.

O'Connell HE (1946) *Plate efficiency of fractionating columns and absorbers*, *Trans. AIChE*, 42, p. 741.

Reid RC, Prausnitz JM, Sherwood TK (1977) *The Properties of Gases and Liquids*, 3rd edition, McGraw-Hill, New York.

Summers DR (2004) Performance diagrams: all your tray hydraulics in one place, *AIChE* Annual Meeting—Distillation Symposium, Austin, Paper 228f.

Summers DR (2009) How to properly evaluate and document tower performance, *AIChE Spring Meeting*, April 27, Florida.

Wankat PC (1988) *Equilibrium Staged Separations*, PTR Prentice Hall, New Jersey.

14 蒸馏系统优化

工艺操作涉及能源消耗和产品生产质量之间的平衡，对其优化有利于提高运营利润和节省能源。操作优化是一项具有挑战性的任务，因为优化过程中需要发现许多隐藏的潜力，并且对目前的瓶颈进行探索。

14.1 简介

蒸馏是工艺装置的核心，也是主要的能源消耗环节。蒸馏塔的设计和操作涉及能源使用和产品回收之间的权衡。当能源消耗低于设计值时，产品回收率和质量可能会受到影响。当能源消耗大于设计值时，产品质量优于设计指标，称为产品质量过剩。而在异常操作中，无论消耗多少能源，都无法获得合格产品。

然而，降低蒸馏过程的能源消耗并不容易。这是因为蒸馏系统涉及许多操作参数，包括过程电量限制以内和之外的参数，尤其是原料和产品的条件以及原料和产品的价格变化给该过程的经济性运行增加了更多复杂性。此特征导致操作参数具有很广的动态范围。此外，大部分参数之间的相互影响呈非线性，并且对其操作有许多限制，使得过程优化的任务进一步复杂化。如果可以放宽一些限制，则可以显著提高运营利润率。

第 12 章讨论了蒸馏塔可行运行区域的概念，第 13 章讨论了性能评估。本章重点讨论可运行区域内的经济性操作优化。

14.2 蒸馏塔优化基础

蒸馏塔工艺优化是一项艰巨的任务，因为产品定价和装置限制每天或每周发生变化，但改变装置操作理念和解决装置硬件问题可能需要数周甚至数月才能完成。即使在确定并实施了改善性能的措施后，如果改善的期望下降，操作往往会回到旧的、更舒适的工况。因此，强烈建议对于复杂的系统，应在先进过程控制(APC)中实施性能优化，以定期、一致、自动的方式使塔在最经济的模式下运行。

为了建立可持续的蒸馏塔优化，必须定义关键操作参数，并建立相关性以了解关键参数之间的关系。最后，必须开发优化目标函数来确定关键参数的最佳设定点。优化可以通过两种方式进行：一种是基于半手动的，另一种是基于 APC 的。采用半手动方法，一些操作参数是手动调整的，而优化是以离线方式完成的。相比之下，采用 APC 方法时，运行参数会自动调整，同时优化会在线完成。然而，这两种方法都采用了优化的共同点：使用目标函数基于经济权衡得出关键参数的最佳设定点；相关性来表示关键参数和约束之间的关系，以定义过程和设备限制。值得注意的是，优化推动了获得最佳解决方案的操作限制，并且放松敏感约束可以产生显著的效果。同时，优化可以获得最佳解决方案的操作参数下限，从而降低限制范围有利于提高利润。

14.2.1 关键操作参数

正如第 4 章中广泛讨论的那样，定义主要操作参数或关键指标非常重要，因为它们可以描述过程和能源性能。关键指标可以是简单的操作参数，如所需的产物速率、塔顶回流比、塔溢流、塔温、压力等。从关键指标的名称来看，所确定的参数很重要，并且对过程和能源性能具有重大影响。

尽管影响分馏和能源使用的主要操作参数因塔而异，但仍可以识别常见的操作参数，并且充分理解它们对于生成良好的相关性和优化模型的至关重要。

14.2.1.1 回流比

回流比定义为回流量与馏出量(R/D)或回流量与进料速率(R/F)之比。本质上，回流比的设定是为了使塔顶温度达到特定要求，从而确保馏出物(塔顶产物)符合质量标准。此外，回流比提供了足够的内部液体流以平衡塔中的蒸气流。回流由塔再沸器或进料加热器的能量产生。一方面，较低的回流比可以节省能源，但回流比过低会影响产品质量。另一方面，如果产品质量优于目标产品规格，过高的回流比可能会浪费能源。在这种情况下，高出产品规格的部分被视为质量过剩，而过剩的质量无法在价格中进行体现。

运营中的最佳回流比取决于运营利润，运营利润定义为产品销售额减去原料成本和能源成本的差额。当能源成本太高时，可能会推动操作向较低回流比方向发展，反之亦然。

在塔设计中，最佳回流比是根据再沸器的运行成本和塔的固有成本之间的权衡来确定的。换句话说，使用更多的分离塔盘需要更少的回流比，进而需要更少的再沸能量，但代价是额外的成本。最小回流比是根据 Underwood(1948)计算得到的。塔需要无限大的塔板数才能达到最小回流比。为了使塔操作可行且成本可承受，使用大于最小值的回流比。典型回流比为最小回流比的 1.1~1.3 倍。回流比越高，理论级数越少，塔的投资成本越低，但代价是再沸器的负荷越高。

14.2.1.2 过汽化

过汽化定义为进料汽化区内部回流与进料速率的比值。根据定义，过汽化表示蒸发的原料的百分比超过塔顶产品抽出量的百分比。过汽化是回流速率、进料温度和塔压的函数。

过汽化是由塔顶回流比产生的，而回流比是由再沸产生的。因此，可以说过汽化是由再沸器或原料加热器产生的。过汽化表明回流比足以在整个塔内进行适当的分离。小的过汽化意味着较少的再沸器负荷，从而节省能源，但它可能会对分馏效率产生负面影响，从而影响产品质量，反之亦然。因此，过汽化将塔的分馏效率和能源效率联系在一起。当塔在过高、过低汽化率的异常操作下运行时，即使存在较高的过汽化料，塔的产品质量也可能很差。

过汽化通常控制在 2%~3%。专注于汽化量的操作策略将使塔质量卡边操作；塔在接近 1% 的过汽化情况下运行的情况并不罕见。如果塔产生中间产品，并在下游进行进一步加工，那么这种低回流操作可能是有益的。在这种情况下，这种操作可以提高能源效率以及高经济利润。

14.2.1.3 压力

较低的压力通常可以节省能源。这是因为塔压越低，液体蒸发所需的热量就越少，因此所需的能量就越少。这会导致更好的分馏，因为蒸气更容易渗透到塔盘上的液体中。

冷凝器压力控制塔压力，从而控制进料盘压力。塔顶设有压力阀，可用于控制塔压。塔压力的下限由塔顶冷凝负荷、净气体压缩机容量和塔溢流条件决定。在较长的停工期间，将压力降低至设备极限可以避免倾倒。许多新的 APC 系统都实施了压力控制。

一方面，塔顶冷凝器中的换热器结垢可能会导致更高的压降，从而导致塔压升高。另一方面，较高的回流比可能导致塔顶回路中的高压降，从而导致塔压较高。

14.2.1.4 原料温度

较热的进料可以促进进料汽化，从而减少再沸器负荷。然而，较高温度的进料可能会产生过多的蒸气，从而导致精馏段溢流。对于现有塔，最佳进料温度对应于最低的再沸负荷，同时塔可以满足产品规格。

14.2.1.5 汽提蒸汽

有些塔的进料区可能有汽提蒸汽。汽提蒸汽通过降低闪蒸区压力，提高轻质组分与重组分的相对挥发度以增加分离。分馏塔的汽提蒸汽根据扬程进行控制，而汽提塔的汽提蒸汽根据汽提塔产品规格进行控制。请注意，过多的汽提蒸汽可能会导致高能耗，还会导致塔顶系统中的蒸气负荷限制。

14.2.1.6 循环回流卡

许多分馏塔都有循环回流以除去塔关键部分的多余热量。增加循环回流速率的效果是降低循环回流上方塔板中的内部回流比，但会增加循环回流下方的内部回流比。因此，循环回流负荷的变化会影响分馏。此外，循环回流速率和回流温度影响通过换热网络的热回收。优化循环回流负荷和温度并不简单，因为只能在模拟模型中评估对分馏和热回收的影响。与过程模拟相结合的 APC 应用程序应该能够处理这种优化。

14.2.1.7 塔顶温度

在炎热天气下，塔顶翅片风机冷凝器的性能可能会受到限制，从而导致塔顶温度升高。结果，有价值的组分可能蒸发成塔顶蒸气，导致收率损失。降低顶部温度的方法有多种，如增加冷却水流量、打开空气冷却器的备用顶部风扇以及增加回流比。此外，当塔顶温度太低时，冷凝器中可能会发生硫或盐冷凝并导致腐蚀。

14.2.2 参数之间的关系

操作参数之间如何相互关联？哪些参数对分馏和能源利用更为敏感？改变一个参数会有什么影响？了解这些可以为操作改进提供指导。确定关键指标的目的是理解工艺产能、产量和能源利用之间的密切关联，以便在操作边际最大化的目标下优化操作。在传统观点中，能源利用被视为支持性角色。从工艺中提出的任何能源利用量都应该得到落实。这种理念忽视了优化能源利用以获得更高产能和更好产量的协同机会。在发展相关性时，需要将能源与产品产量和质量联系起来。其中一个例子在第 4 章中有详细讨论。这些相关性可以应用于操作优化。对于自动控制，这些相关性可以被实施到一个 APC 系统中，该系统确定独立操作参数的设定点。对于手动控制，可以根据相关性获得独立参数的操作目标。工艺模拟可能是发展主要参数相关性的很好工具。为了做到这一点，可以基于进料条件(速率和组成)和塔的条件(温度、压力、理论塔板数)来开发塔的模拟模型。在模拟中，产品规格被设定为设定点，操作参数(如回流比和再沸点)可以被调整以满足产品规格。模拟模型根据空白条件下的性能测试数据进行验证和修正。可以生成不同的操作案例，并将模拟结果转移到一个包含因变量和自变量关系的电子表格中，然后应用回归方法来推导相关性。在处理涉及多个变量的相关性时，确定对工艺经济最有影响力的参数经济敏感性分析发挥至关重要的作用。例如，在一个脱丁烷塔中，回流比和回流罐压力对产品质量和再沸点的敏感性比其他任何操作参数都要高。在操作中正确地处理最敏感的参数能够获得最大的效益。

14.2.3 参数优化

塔的作用是产品分离。因此，塔的优化是为了最大化边际操作并最小化能源使用。这一处理目标可以在一个目标函数中进行数学描述，其中目标函数中的参数与其他处理参数相关联。所有这些参数被定义为两种形式的约束：不等式方程(大于和小于)，用于描述操作的最小和最大操作限制；表示这些参数之间关系的等式方程。因此，这些约束形成了一个可行的操作区域，在优化过程中目标函数受到约束。目标函数加上一组约束形成一个优化模型。解决这个模型的结果产生了操作参数的设定点，这些设定点可以在操作中进行调整，以实现在目标函数中定义的最大操作边际。

一个过程优化模型的通用形式如下：

$$\text{最大化目标函数 } Z = \sum_i c_i P_i - \sum_j c_j P_j - \sum_k c_k Q_k$$

$$f_n(X_c,\ X_m,\ P,\ F,\ Q) = 0;\ n = 1,\ 2,\ \cdots,\ N_1$$

$$X_{c,\min} \leqslant f_l(X_c) \leqslant X_{c,\max};\ l = 1,\ 2,\ \cdots,\ N_2$$

$$X_{m,\min} \leqslant f_p(X_m) \leqslant X_{m,\max};\ p = 1,\ 2,\ \cdots,\ N_3$$

式中，c_i 代表产品的单价，c_j 代表原料的单价，c_k 代表包括蒸汽、燃料和电力在内的能源的单位成本。F 和 P 代表原料和产品的质量流量，Q 代表能量的数量。实质上，目标函数 Z 代表了以能源为代价，从原料升级到产品的价值。X 代表操作参数，而 X_c 代表塔的控制变量，X_m 代表被操纵的变量。$f(X_c,\ X_m,\ P,\ F,\ Q)$代表关系约束。

在这些约束条件下最大化目标函数 Z，通过合适限制操作参数的值，将会改变相关参数，使得经济价值 Z 最大。此时，操作参数达到最佳值，可以作为闭环或开环控制的设定点。

在构建优化模型时，最重要的是包括所有影响操作边际的主要操作参数。然后，建立相关性来描述主要参数之间的关系，以及主要参数与其他操作参数之间的关系。在定义操作限制时，非常重要的是要区分软约束和硬约束。硬约束指的是机械性能限制，例如，塔板液体限制、压缩机流量限制或炉子热通量限制等。确保硬约束必须得到满足的同时，放宽软约束可能在改善操作边际方面发挥重要作用。

14.2.4 放宽软约束以提高利润

设法放宽工厂限制是提高营业利润率的最重要任务之一。从数学上讲，放宽约束将导致一个较大的操作区域，并将目标函数推向扩大区域的边缘。但最重要的是，在现实中如何放宽工厂限制？设备额定分析可能是识别设备富余能力和限制的非常有效的方法。利用富余能力可以使工艺能力扩展至15%~20%，并且可以在没有或者只有很少的投资成本的情况下改进项目。可行性研究的重要部分是找到克服软约束的方法，有时也包括硬约束。设备额定分析的细节将在第22章进行讨论。

设备的三个一般限制是压力、温度和材质，因为每个设备都是根据这些参数的限制设计的。如果确定设备将以高于设计极限的压力运行，一种选择是更换设备，通常会产生高昂的成本，类似于操作温度将超过设计极限的情况。另一个选择是调整工艺条件克服约束。然而，如果发现材质不符合要求，这可能是一个重大的硬约束，并且需要尽早引起设计师的注意。在某些情况下，如果设计师同意，设备仍然可以使用，工厂需采取行动进行常规检查。

对于加垫炉，限制可能是热通量或管壁温度。前者适用于压降大于20psi的加热炉，这是最常见的情况。后者适用于低压降加热炉。当加热炉的处理量必须增加以处理远远大于设计值的处理量时，现有的加热炉可能无法满足要求。安装新的加热炉可能非常昂贵。避免这种情况的最有效方法是通过工艺热回收增加进料预热，增加进料蒸汽预热器或在加热炉中增加换热面积。

对于分离/精馏塔，主要限制是塔盘的负荷。通常，塔设计时考虑了 80%~85%的塔盘液泛。在操作中，塔可以更加稳定地运行，以达到 90%甚至 95%的液泛限制。如果产品指标可以放宽，则可以通过增加通量来达到液泛限制。如果在改造中需要更高的通量，可以部分或完全更换旧的塔盘，使用更高容量的塔盘。尽管成本高昂，但比安装新的塔要便宜。

对于压缩机，当流量或扬程达到容量限制时，直接解决方案是减少气体流量。替代方案包括通过变速齿轮增加转速，或者在转子上增加叶轮或增加增压压缩机。同样，对于泵，主要约束是流量或扬程的容量不足。一种低成本的解决方案是用更大尺寸的叶轮进行替换。另一种解决方案是增加增压泵。

对于换热器，其约束因素往往是换热面积不足。可以通过增加更多的管数或对现有换热器进行管增强的方法来增加换热面积；但是增加面积通常只能达到 20%。超过此值，可能需要并联一个新的壳程用以降低压降。

上述限制发生在内部系统限制(ISBL)中。然而，同样重要的是要确定外部系统限制(OSBL)，如场外公用工程、布局、管道、变电站等。例如，一个改造项目需要额外的高压蒸汽用于工艺，但现有的蒸汽系统可能会达到高压蒸汽发生的锅炉容量上限。安装新锅炉可能会影响改造项目的经济性。另一个改造案例可能需要安装一个新的换热器，在 ISBL 条件下是合理的，但连接换热器中两个工艺流的管道距离太远，成本太高。较新的改造方案是安装一个 5MW 的新电动机来替代蒸汽透平驱动重整装置中的循环气压缩机，电动化的优势是透平的发电效率低，而电力非常便宜。然而，该方案被认为不可行，因为新电动机的电力需求超出了附近变电站的容量。安装一个新的变电站可能需要花费数百万美元。实际项目中可能会发生许多 ISBL 和 OSBL 的限制，就不一一赘述了。

14.3 蒸馏系统的能量优化

蒸馏塔的运行涉及能源利用和产品回收之间的权衡。最优权衡点决定了操作参数的目标。操作参数包括回流比、进料温度、塔温度、再沸器热量、塔压等。问题是：如何实现塔的最经济运行？

例如，一个包括脱丁烷塔(见图 14.1)的例子，White(2012)对此进行了详细的解释。此例为优化分离塔提供了视角和原则指导。此例得到 AIChE 的许可引用。

此例中的进料和产品规格以及价格列在表 14.1 中。两种产品都有分层级要求：符合要求的产品的价格远高于未达到要求的产品。如果顶部产品丁烷达到要求，即 C_5 含量小于 3%，它将被送往下游装置进行进一步加工，最终销售。不符合要求的丁烷将被用作燃料，其价值低于作为产品销售价。同样，底部产品戊烷，如果达到要求，将用于生产高价值产品。否则，它将被送入罐中进行再加工。在操作中，操作员改变塔温度和回流比以实现产品要求。

表 14.1 产品规格和价格

物流	成分	价格
原料 20000bbl/d	25%C_3	60 美元/bbl
	25%nC_4	
	25%nC_5	
	25%nC_6	

续表

物流	成分	价格
塔底产品 C_5	≤5%C_4	80 美元/bbl
	>5%C_4	60 美元/bbl
塔顶产品 C_4	≤3%C_5	60 美元/bbl
	>3%C_5	40 美元/bbl
蒸汽		15 美元/MBtu

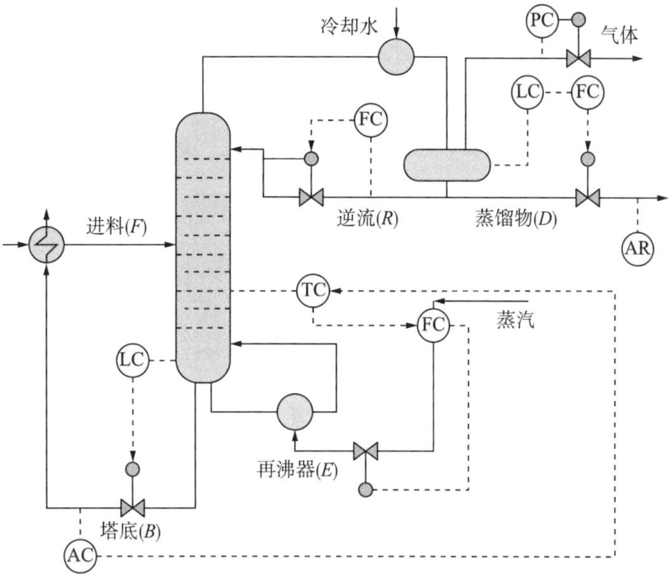

图 14.1　脱丁烷塔实例：基于回流比的能量优化

14.3.1　制定经济价值函数

代表塔经济运行边际的目标函数（经济价值）如图 14.2 所示，定义为产品价值（顶部丁烷产品和底部戊烷产品）与进料和能源成本之间的差值。该价值函数具有两个不连续点：第一个不连续点出现在底部产品的组成为约 1% 丁烷时，对应于顶部产品从不符合要求到符合要求的变化。第二个不连续点出现在底部产品的丁烷含量达到 5% 时产品由符合要求变为不符合要求。

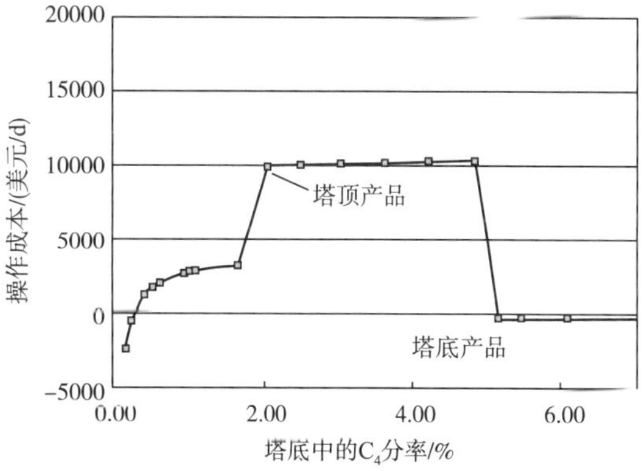

图 14.2　营业利润率与底部组成的关系

14.3.2　用塔底温度设定操作目标

为了选择底部温度目标，首先假设回流比是固定的，底部产品符合要求，但顶部产品由于其高戊烷含量而不符合要求。这将对应于非常高的底部温度。当底部温度慢慢降低时，底部产品的数量增加，但底部的丁烷百分比也同时增加。随着戊烷产品的增加，总产品价值也会提高。图 14.2 中的中间线代表了这种操作。

通常，会选择一个温度目标，使得底部组成尽可能接近要求限制。由于外部干扰和回路控制行为的限制，控制性能会存在一定的可变性。如果组成控制不佳且具有较高的方差，观察到的组成概率分布可能会像图 14.3 所示的正态分布一样与操作边际相关。有关使用正态分布来表示操作数据的更详细解释见第 4 章。

产品组成目标是观察到的组成分布的均值，如图 14.3 所示。图 14.3 中操作边际的均值是根据观察到的分布的加权平均组成来计算的，即每个组成的百分比乘以该组成处的边际值。

图 14.3 显示了塔的一部分操作使底部产品不符合要求。均值产品价值并不对应于产品组成的均值，而产品组成的均值是操作目标。这是由于操作边际的非对称性和不符合要求产品的低价值。

通过改善控制阀性能和减少测量误差来减少可变性之后，操作边际的新均值在相同的操作目标或底部组成目标下增加(见图 14.4)。可见，减少可变性会导致操作边际均值的增加。

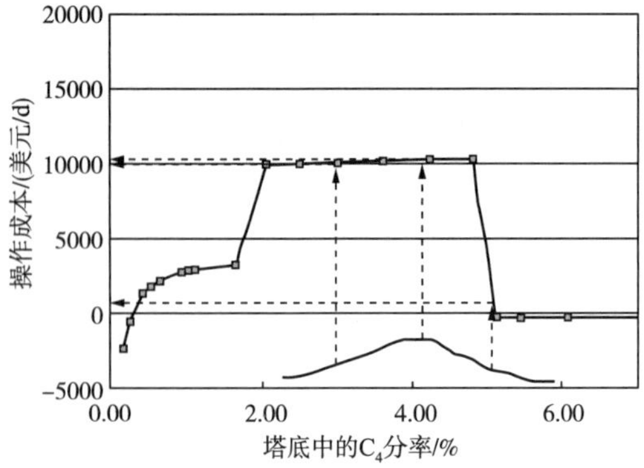

图 14.3　成分正态分布与营业利润率的关系

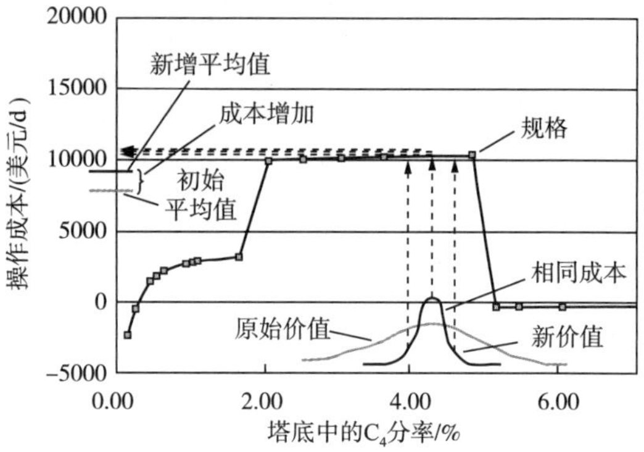

图 14.4　改进的成分正态分布与营业利润率的关系

14.3.3　用塔回流比设定操作目标

上述讨论都是关于恒定的回流比。下面考虑回流比变化而底部温度保持恒定的情况。原则上，回流比提供了塔内分离所需的内部回流，它是由进料加热炉或再沸器产生的。因此，较低的回流比可以节省能源，但是过低的回流比可能会影响产品质量。较高的回流比可以改善更有价值产品的生产。

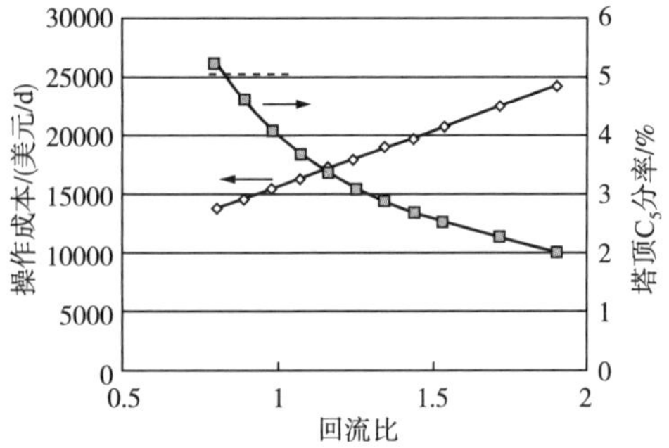

图 14.5　能量分离权衡

在塔设计中，回流比是基于再沸器的运行成本和塔的固有成本之间的权衡来确定的。换句话说，使用更多的分离级数需要更少的回流比，因此需要更少的再沸能量，但需要额外的固有成本。然而，在操作中，最佳的回流比是基于产品价值和能源成本之间的权衡来确定的。当回流比增加时，分离效果会提高，但再沸能耗会增加(见图 14.5)。因此，顶部产品率会减少，而底部产品率会增加。如图 14.5 所示，再沸能耗与回流比呈线性关系，但产品率是非线性的，并呈现出与再沸能耗不同的趋势。

图 14.6 显示了在假设产品价格恒定的情况下，对不同能源价格的操作边际。最佳的回流比取决于能源价格。在能源价格较高时，最佳回流比处于最小值，这使得塔能够保持顶部产品符合要求。在能源价格较低时，最佳回流比会增加。故而即使组成限制是固定的，操作目标应该是能源成本的函数，而不是一个固定的数字，通常会观察到分离塔的回流比超出最佳值 50% 的情况。对于所讨论的脱丁烷塔操作，这样的操作可能会导致超过 50 万美元/a 的操作边际成本。

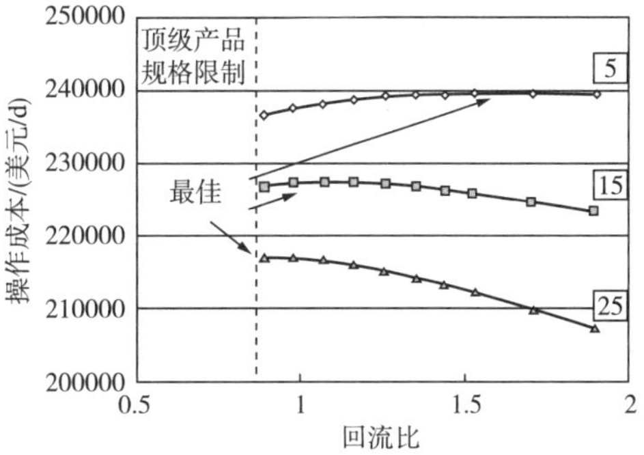

图 14.6　最佳回流比取决于原料及用能价格

14.3.4　操作压力设置

通常，降低分离塔的操作压力可以减少能源消耗。因为塔压越低，液体蒸发所需的热量就越少(因此需要的能量也就越少)，同时蒸气更容易渗透到塔板上的液体中(因此分离效果更好)。然而，许多分离塔的操作压力远高于其潜在的最低压力。原因如下：

首先，改变塔的压力需要同时改变底部温度设定点，以保持产品组成合格。这在手动操作上很难做到，需要先进的组成控制。

其次，改变塔的压力会对其他方面产生影响，如废气率的变化、再沸器能耗的变化以及装置的水力特性变化。在部分冷凝的情况下，压力控制可能会影响顶部回收器的液位。尽管这些影响是客观存在的，但有时其影响程度会被夸大，并以此作为不做任何改变的理由。

最后，工厂人员经常无法就处理重大干扰所需的操作边际达成一致意见。例如，人们经常关心空冷器对暴风雨的动态响应以及整体控制系统处理此类情况的能力。对于塔而言，一个设计良好的整体控制系统可以弥补这些干扰带来的不足。

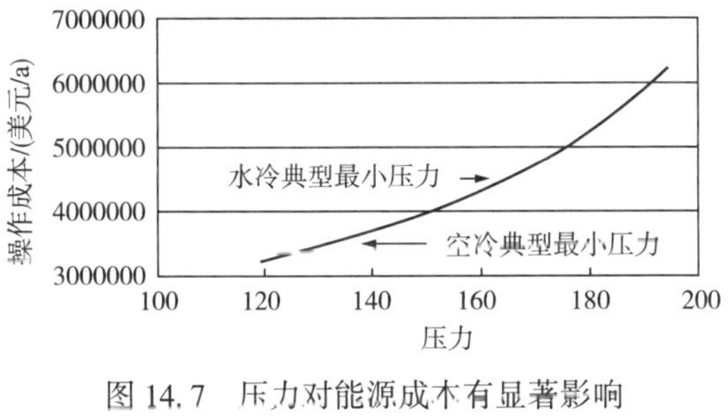

图 14.7　压力对能源成本有显著影响

冷凝器的压力控制着塔的压力，因此也控制着进料塔板的压力。顶部压力阀，可以用于控制塔的压力。塔的最低压力限制由塔顶冷凝能耗、净气体压缩机容量和塔的液体回流情况确定。许多新的高级过程控制(APC)系统正在使用压力控制来节省能源。通过长期调整可将压力降低到设备极限附近以提高效率(图 14.7)。

14.4　总体工艺优化

示例源于 Loe 和 Pults(2001)，并经许可。此例解释了对单个脱异戊烷分馏塔的操作改进。为此，首先对当前操作进行模拟和评估。然后确定改进机会，并确定限制因素。通过优化塔内外部条件，得到了最佳方案。与历史操作相比，对此塔的改进在前六个月带来了超过 50 万美元的收益。

14.4.1 基础

脱异戊烷分馏塔(DIP)如图14.8所示，处理两个来源的轻质直馏石脑油。脱丁烷塔底部主要由异戊烷和正戊烷(iC_5和nC_5)组成，还有少量的丁烷和C_6以上的组分。来自石脑油分馏塔的顶部馏分主要包含C_5和C_6烷烃化合物，还有一些苯和C_6环烷烃，以及少量的丁烷。DIP的混合进料通常在9000~15000bbl/d的范围内。

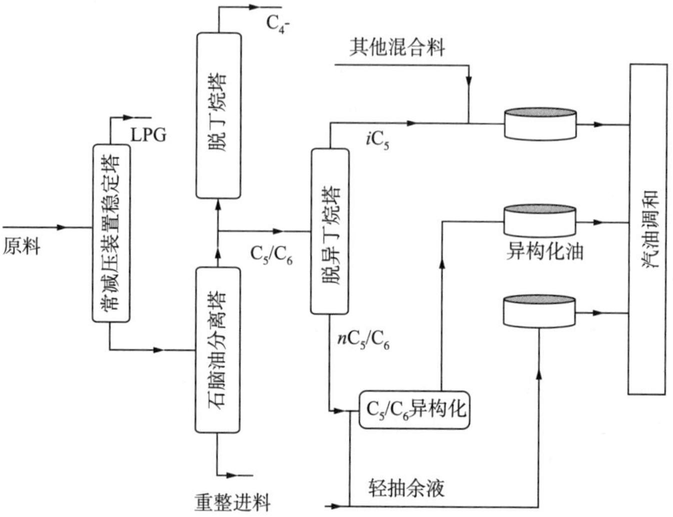

图14.8 脱异戊烷流程

DIP的顶部产品通常富含异戊烷，并与其他辛烷值高、雷德蒸气压(RVP)低的汽油组分一起用于汽油调和。而富含nC_5和C_6烷烃的DIP底部馏分则与芳烃萃取装置的轻馏分一起，被送往轻质石脑油异构化装置。

与典型的脱异戊烷分馏塔使用的70多个塔板相比，DIP塔只有50个塔板。因此，DIP塔经常难以在异戊烷和正戊烷组分之间实现良好的分离。

14.4.2 操作现状评估

以往DIP塔的运行目标是顶部馏分中nC_5的含量为10%，底部产品中iC_5的含量为20%~30%。据称，该塔受到再沸器或冷凝器负荷的限制。两个蒸汽再沸器中的一个已经停用了一段时间，20%~30%的冷凝器散热风扇电机未运行，需要维修。DIP设备并不是维护的优先事项，部分原因是没有计算出再沸器或冷凝器停用的经济损失。此外，如果两个再沸器都投入使用，担心塔可能会发生涌流。

DIP的过程控制是通过配备自动过程控制(APC)算法的分布式控制系统(DCS)完成的。控制器被设定为顶部馏分中nC_5为10%，产品中10%为iC_5，并且会增加再沸器蒸汽和回流率，直到达到流量的最大限制值。塔压力也由APC控制在指定范围内，如果塔压力超过其最大限制值，也可能间接限制再沸器负荷。基于塔温度和压力的推测性估计产品iC_5和nC_5的质量，并且偏差值会根据实验室每日的数据不断更新。

为了建立历史性能基准，收集了过去一年的操作和实验室数据，去除了已知设备故障或单位体积不平衡的时间。数据显示，DIP顶部馏分中nC_5的平均含量为19%，底部产品中iC_5的平均含量为27%，产品质量变化很大，如图14.9所示。顶部产品中正丁烷的平均含量为18%，表明上游分馏塔中脱丁烷效果不佳。

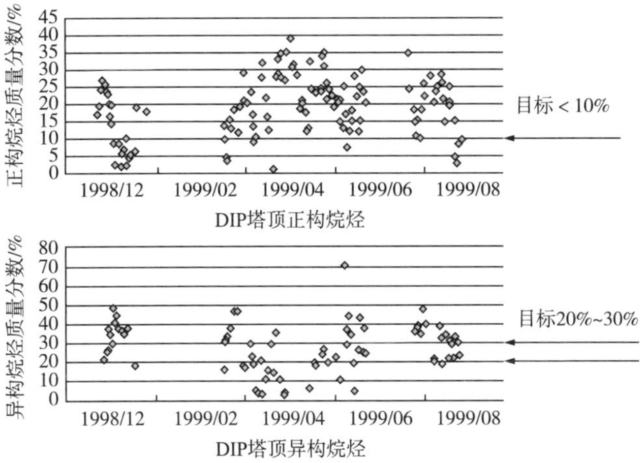

图 14.9　DIP 性能的变化

塔的工艺设计显示再沸器负荷为 51000lb/h 的蒸汽，但收集的数据平均只有 27000lb/h。数据显示再沸器负荷存在不规则的变化。

14.4.3　模拟

利用平均处理和实验室数据，恒定塔的进料速率和组分、回流率、塔压力和顶部速率。对 DIP 进行了模拟建模。模拟结果显示，再沸器热负荷、塔温度和组分与装置操作数据相符，如表 14.2 所示。

表 14.2　模拟结果与 DIP 操作数据

结果	数据	模型
再沸量/(MMBtu/h)	23.6	23.7
塔顶温度/℉	143	153
塔底温度/℉	179	183
塔顶正构 C_5 含量/%	18	16
塔底异构 C_5 含量/%	31	30

校准模型用于评估设计再沸器热负荷下 DIP 的性能，以确定可用的冷凝器热负荷和塔盘容量是否足够。如表 14.3 所示，该操作的预测冷凝器热负荷仅略高于设计值，而塔盘参数表明不太可能发生塔盘液面上升。此外，iC_5 和 nC_5 的分离与以往操作相比有了显著改善，这与所预期的塔流量的增加一致。

表 14.3　设计再沸器热负荷的仿真结果

结果	数据	模型
再沸量/(MMBtu/h)	48.8	48.8
冷凝量/(MMBtu/h)	45.0	48.1
最大塔板流率/%	85	74
最大降液管回流/%	50	37
塔顶正构 C_5 含量/%		5
塔底异构 C_5 含量/%		18

14.4.4 定义目标函数

DIP 塔的盈利能力是基于将 iC_5 和 nC_5 分离的价值来确定的，iC_5 用于直接调和汽油，nC_5 用作 C_5/C_6 异构化装置的进料，减去为此目的而产生的公用工程和下游异构化装置的成本。轻质进料组分，如正丁烷，被假定总是会被分馏到 DIP 的顶部产物中，而比 nC_5 重的组分则总是被假定存在于 DIP 的底部产物中。因此，盈利能力计算中只考虑了 iC_5 和 nC_5 组分的处理情况。故用于优化 DIP 塔的目标函数被定义为 DIP 升级价值=顶部价值 + 底部价值/进料价值 + 再沸器蒸汽成本-异构化操作成本-异构化装置产能损失：DIP 进料和顶部价值是根据该流股中 iC_5 和 nC_5 的汽油调和价值计算的，并对这些组分的辛烷值和 RVP 与传统普通汽油的数值进行了修正。DIP 底部产物通常在异构化装置中加工，出口的 C_5 的 75%被假定为 iC_5。在这种平衡转化后，得到的 iC_5/nC_5 流股的价值被计算为上述进料和顶部的汽油调和价值。再沸器蒸汽成本是根据假定从炼油厂燃料气中获得 70%的发电效率来计算的，异构化装置的运行成本(用于燃料、电力和催化剂)被假定为炼油计划模型中每桶使用的相同数值。有时，异构化装置的进料可能超过其处理能力。如果产生额外的 DIP 底部产物，则可用于处理芳烃萃取装置的轻馏分的产能将减少。因此，对于在该装置上加工额外的 DIP 塔底部产物的机会成本，或者称为异构化装置产能损失，是通过评估轻馏分的辛烷值升级来估计的。

14.4.5 离线优化结果

一旦确定了经济评价标准，则在模拟模型中实施此标准。通过过程模拟进行了大量案例研究，以确定在不同情景下 DIP 塔的最佳操作点。结果显示，在几乎所有的经济和操作情况下，将 DIP 再沸器的工作量最大化到最大限度会带来最高的盈利能力。对于随后的案例研究，模拟是在最大再沸器工作量下完成的，并且塔压和顶部产物中 nC_5 含量也被固定。这些约束条件完全规定了塔的操作条件。首先对 DIP 的盈利能力进行了研究，假设异构化装置有可用产能。变化 DIP 进料速率和顶部 nC_5 含量，计算盈利能力，如图 14.10 所示。

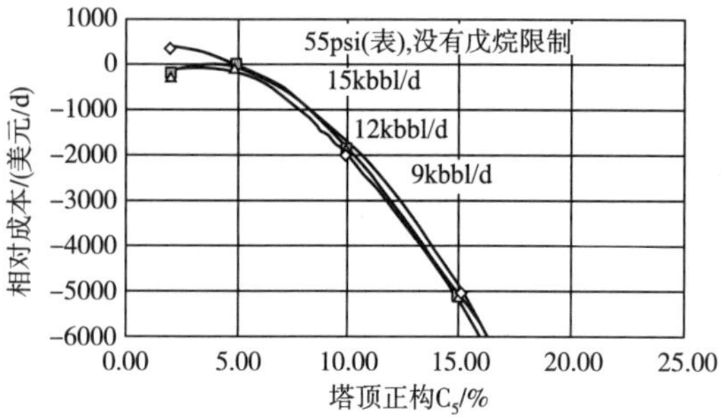

图 14.10 无 Isom 容量约束的优化

这项分析表明，无论塔的进料速率如何，最佳目标是顶部大约含 5%的 nC_5。

然后，在假设异构化装置处于最大进料速率的情况下，对盈利能力进行了检查，额外生产 DIP 底油将导致绕过异构化装置的轻馏分直接进入汽油调和。损失轻馏分辛烷值升级的成本可能在每桶 2 美元至 5 美元之间变化，因此进行了这两种情景的模拟案例，如图 14.11 所示。在此情况下，DIP 顶部的最佳 nC_5 目标取决于塔的进料速率。在低进料速率下，可用的再沸器能力足以获得 iC_5 和 nC_5 组分之间的良好分离，因此当目标为顶部含 5%的 nC_5 时，只有很少的 iC_5 组分会流失到 DIP 底部。在较高的进料速率下，更多的 iC_5 会流失到底部流股中，此时增加顶部 nC_5 含量目标更有可能盈利，这样可以减少 DIP 底部产物流到异构化装置，并允许额外的轻馏分升级。因此，最佳的顶部 nC_5 目标在 5%~20%，取决于 DIP 的进料速率和轻馏分升级的价值。根据上述确定的最佳塔操作与历史性能的比较，改善 DIP 分馏，每年可获得约 150 万美元的收益。

14.4.6 优化实施

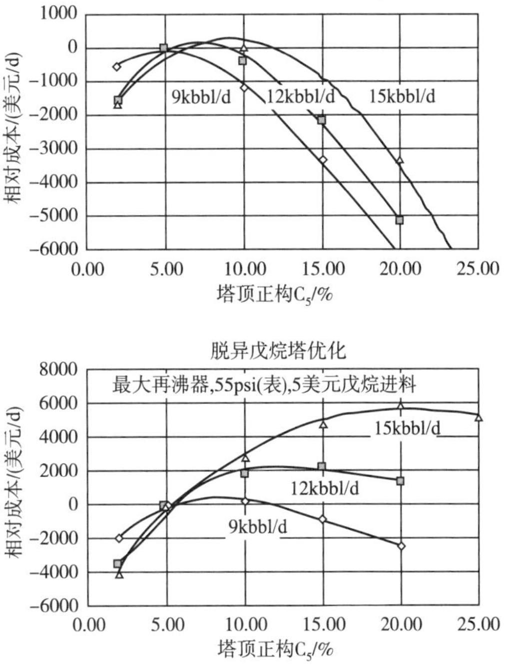

图 14.11 具有 Isom 容量约束的优化

为了实现上述优化结果所示的收益，需要进行几项单元硬件、过程控制和操作理念的改变。首先，显然两个再沸器都是必需的，因此备用换热管束通过了泄漏测试，并由运营部门重新投入使用。还迅速修复了几台风扇散热器电机，以确保设计冷凝器可用，并且塔超压不会限制再沸器的负荷。其次，将 DIP 顶部 nC_5 的最佳目标引入 APC 系统。DIP DCS 系统上的 APC 控制器被重新配置以在 nC_5 目标下运行，同时最大限度地利用塔压的高限制来限制再沸器负荷。APC 系统允许 DIP 操作保持在经济最优状态，考虑到异构化装置的产能和当天的经济状况。最后，转变新的操作理念也对改善 DIP 性能至关重要。操作员和单元监督员接受了关于最大限度利用再沸器负荷和设置顶部 nC_5 目标的重要性的培训。底部流中的 iC_5 含量仍然通过实验室和推断分析进行测量，但不再是塔控制变量。每天跟踪再沸器负荷和顶部 nC_5，并且在每周的运营和规划会议上对这些关键绩效指标的表现进行讨论。

14.4.7 在线优化结果

新的优化策略实施后不久，对改善 DIP 分馏的经济收益进行了月度平均跟踪。图 14.12 显示了实际月度平均经济数据、单元操作和实验室数据，与基线操作相比的经济表现。在夏季，当辛烷值达到最高水平时，有几种情况实现了每月超过 10 万美元的收益。随着春季和秋季辛烷值的下降，改善的 DIP 分馏带来的收益也相应减少。

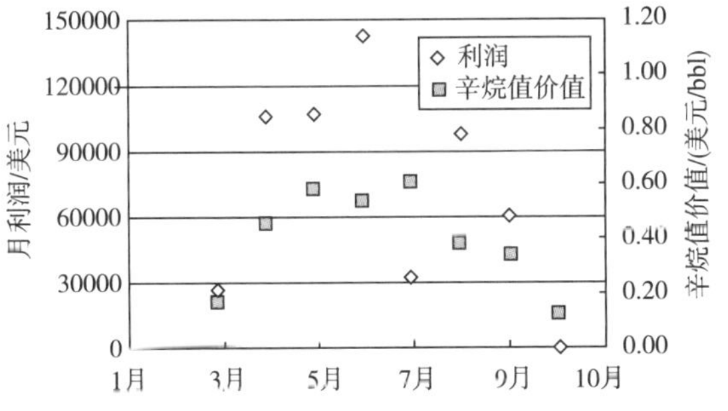

图 14.12 DIP 经济性提升

7 月份的收益显著下降是由于 DIP 塔的运行不佳，这是由原油装置稳定塔中的丁烷含量较高引起的。C_4 使 DIP 塔压力增加到其安全操作限制，并且再沸器负荷被削减以避免塔压力过大导致了 7 月份部分时间内的分馏效率和盈利能力的下降，成为在维持改善的 DIP 性能难点之一。

14.4.8 持续收益

如果不持续关注，很多因素会导致像脱异戊烷塔这样的优化改进往往会随着时间的推移而逐渐减弱的情况。对新性能水平的难点处理必须立现立改，无论其是由硬件或控制问题，还是误解或操作变化所导致。跟踪这项改造的经济效益是维持变革的关键因素，因为了解性能下降所带来的利润损失有助于在炼油厂内确定工作优先级。在改善的 DIP 运行的前六个月出现了几个问题减少了该塔的利润，这些问题得到了迅速解决使优化得以持续。

第一个挑战是在夏季，炼油厂凝结水部分路线的改变导致了对 DIP 再沸器中的凝结水处理量的水力限制。这导致再沸器负荷减少，从而降低了分馏效率。经济计算清楚地表明，从额外再沸器负荷中获得的收益远远高于回收凝结水的价值。因此，凝结水被安全地排放到下水道，直到正常的凝结水管道操作得以恢复。再沸器负荷恢复到最大值后，DIP 的操作余量再次提高。

第二个挑战出现在注意到 DIP 回流罐温度已经超过了 140℉，高于推荐的储罐运行温度下限。最初，再沸器负荷被降低以确保安全运行。然而，在与储罐区操作人员讨论问题时，发现 DIP 顶部混合了几个更大的流股之后才进入汽油调和罐。计算表明，DIP 运行温度对储罐温度的影响很小，因此 DIP 再沸器负荷再次增加。

另一个在维持再沸器负荷方面的问题是，由于原料中的丁烷含量增加，DIP 塔压力增加。然而，发现塔的最大压力远低于容器设计压力，因此在适当的变更管理审查后，可以增加塔的安全运行限制。模拟建模显示，如果再沸器负荷能够保持在最大值附近在更高的压力下运行，对塔的盈利能力影响不大。压力限制被提高后，塔的性能再次提高。

DIP 的盈利能力第四次减少是因为 APC 控制器开始无故地削减再沸器负荷。进一步调查显示，由于计算机故障，顶部流的预测 nC_5 含量偏离了实验室值。纠正后 DIP 操作恢复正常。

尽管所有这些障碍在短期内减少了盈利能力，但及时识别和解决这些限制避免了潜在的长期低效益。

14.5 结论

利润改进过程包括几个阶段：首先，必须评估当前的性能，评估上游和下游的限制以及装置设备的限制。通过使用适当的过程模拟，可以获得对装置操作如何进行优化的理解。然后，制定新的操作策略以提高盈利能力。实施该策略需要在全厂统一思想，可能需要升级或维修工艺设备，以使其在期望条件下运行。跟踪关键操作参数以及装置的经济性能，并在工厂内分发这些结果对于维持改进至关重要，因为这个过程会展现盈利能力的恶化。利润改进过程需要工厂内技术、操作、安全、环境和经济部门的参与。

参 考 文 献

Loe B, Pults J (2001) Implementing and sustaining process optimization improvements on a deisopentanizer tower, *AIChE Spring Meeting*, April, Houston.

Underwood AJV (1948) Fractional distillation of multi-component mixtures, *Chemical Engineering Progress*, 44, 603.

White DC (2012) Optimizing energy use in distillation, *Chemical Engineering Process* (*CEP*), *AIChE*, March, 35-41.

第四部分　公用工程系统评估与优化

15　蒸汽动力系统建模

蒸汽和动力系统中关键设备的建模对于建立蒸汽和动力平衡至关重要，蒸汽和动力平衡可以表示工艺蒸汽和动力需求，并对生产变化作出响应。

15.1　引言

蒸汽和动力系统中的设备通常包括锅炉、汽轮机、放空阀、蒸汽闪蒸回收、减温器、温度控制系统、蒸汽疏水器、冷凝水收集系统、除氧器等。锅炉产生的蒸汽通过管道分配系统到达最终用户，其包括蒸汽管线或蒸汽集管(大管道)以及连接到各个用户的输送管道。对于额定压力较低的用户，蒸汽通过放空阀或涡轮机来降低压力。蒸汽疏水器被放置在蒸汽加热设备的后端，以将蒸汽保留在设备内，直到其冷凝，从而将蒸汽的潜热有效地转移到工艺中。蒸汽疏水器也安装在蒸汽管道的低点，以收集冷凝水，避免水塞形成水锤。高压冷凝液进入闪蒸罐回收蒸汽，而低压冷凝液进入中央冷凝液罐，用泵输送至除氧器，在除氧器中与补给水混合。根据补给水的来源，可以使用水调节系统来提供各种水平/类型的水处理。将低压蒸汽注入除氧器以去除不凝物。因此，减温器用于通过将水与蒸汽混合来将过热蒸汽转化为饱和状态。对于需要控制工艺温度的应用，使用温度控制器来控制蒸汽流速。

尽管在公共资源中对蒸汽和动力系统的设备进行了广泛而详细的讨论，但本章侧重于关键设备的建模，以满足蒸汽和动力系统建模的需要。

15.2　锅炉

锅炉的类型有很多，主要取决于蒸汽压力、蒸汽产生量和燃料类型。传热模式是每种锅炉类型的名称。两种主要形式是“火管”和“水管”。如果燃烧气体在管的内侧，水在管的外侧，则锅炉被称为火管锅炉。相反，如果水在管内，火焰在管外，则锅炉被称为水管锅炉。这两种类型都是较老旧的技术，自工业时代就已经使用，并且每种技术都有自己的应用范围。其他类型的锅炉的重要性要低得多，并且应用范围较窄。

由于碳钢的材料极限，HP(高压)蒸汽的压力被限制在最大值[42bar(610lb/in^2)]左右。合金必须考虑超过该压力，与碳钢相比，其成本可能非常高。VHP(特高压)蒸汽的压力可以达到1500psi(表)，并且VHP蒸汽的优点是其比HP蒸汽有更高的发电效率。因此，在工艺装置中选择VHP蒸汽是一个经济的决策。通常，VHP蒸汽用于位于锅炉房的蒸汽轮机发电。通过这种方式，VHP蒸汽集管的运行长度被最小化。

15.2.1　火管锅炉

火管锅炉(见图15.1)有一个大的圆柱形外壳，对蒸汽压力和蒸汽量施加了机械限制。蒸汽压力的经济极限约为20bar(290lb/in^2)。火管锅炉在中小型低压蒸汽生产中最经济且占主导地位。

15.2.2 水管锅炉

水管锅炉(图 15.2)具有更高的蒸汽压力和蒸汽产能。水管锅炉有多种配置。最常见的配置是，大量单独的管道位于对流段，对流段与管道上部的汽包和底部的汽包相连。水处理的污垢和残留物沉淀在水罐中，通过定期排污将其清除。对于这种类型的锅炉蒸汽压力可以是 1500lb/in^2 用于发电厂发电，或者大约 610lb/mm^2 用于工艺。

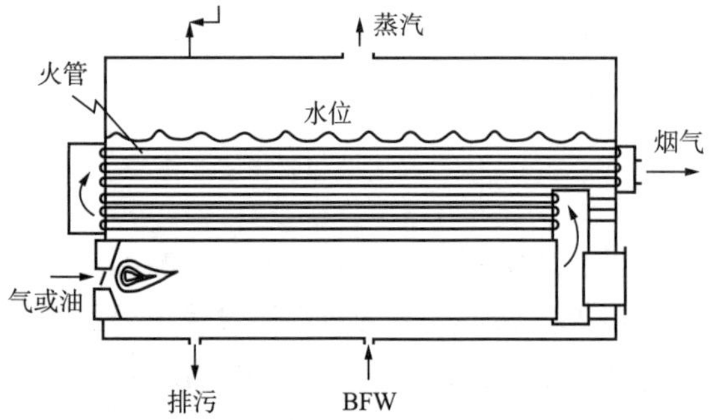

图 15.1　火管锅炉

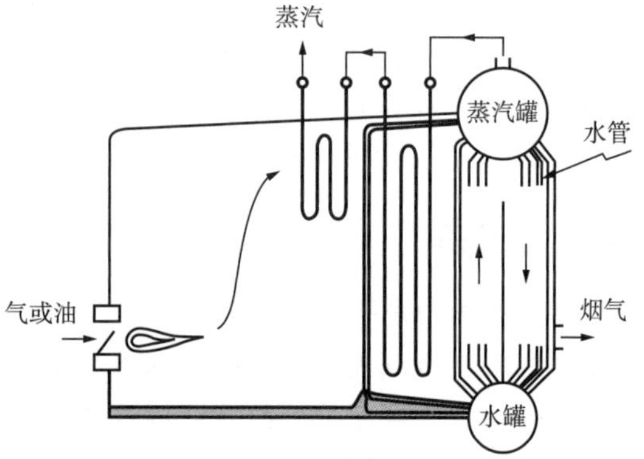

图 15.2　水管锅炉

15.2.3 组装式锅炉

组装式锅炉之所以被称为组装式锅炉，是因为它是一个完整的设备，包括燃烧器、液位控制装置、给水泵以及所有必要的锅炉配件和安装件。一旦交付到现场，它只需要蒸汽、水、排污管道、燃料供应和电气连接就可以投入使用。由于其模块化设计，组装式锅炉的主要特点是体积小，易于使用。因此，此功能允许快速安装，并将减少热损失和装置场地空间。在选择组装式锅炉时，了解蒸汽需求是非常重要的。有许多变量可能会影响组装式锅炉的成功实施。

15.2.4 排污

一方面，锅炉需要排污以去除浓缩的溶解固体并控制水质。缺乏排污可能导致锅炉给水(BFW)的 pH 值升高，这可能导致腐蚀。排放不足也可能导致杂质夹带到蒸汽中。另一方面，过度排污会浪费能源、水和化学品。最佳排污率由多种因素决定，包括锅炉类型和容量、操作压力、水处理和补给水质量。相对较大的锅炉的排污率为 2%~4%，较小的锅炉为 4%~8%。如果补给水含有高浓度的固体，则最高可达 10%。根据锅炉的类型和压力参考排污的工业标准来指导排污量。

15.2.5 锅炉效率

有三个运行参数会影响锅炉效率，即过量空气、空气温度和锅炉给水(BFW)温度。控制过量空气是为了实现完全燃烧。过量空气过多会消耗额外的燃料来将冷空气加热到燃烧温度。进入锅炉的空气和锅炉给水温度越高，所需的燃料就越少。这就是为什么通常会采用空气和锅炉给水预热。

15.2.6 锅炉建模

两种类型的锅炉都可以用图 15.3 和方程(15.1)、方程(15.2)来描述。

$$Q_{Steam}=M_{Steam}\times(h_{Steam}-h_{BFW}) \tag{15.1}$$

$$\eta_{Boiler}=\frac{Q_{Steam}}{Q_{Fuel}} \tag{15.2}$$

式中，Q 为热负荷，Btu/h；M_{Steam} 为净蒸汽流量，lb/h；h 为焓，Btu/lb；η 为锅炉效率。锅炉产生的一些蒸汽在内部供给旋转蒸汽轮机，以运行水循环泵和风机。

15.3 除氧器

除氧器(见图 15.4)是一种广泛用于从锅炉给水中汽提氧气和其他溶解气体的装置。特别是，锅炉给水中的溶解氧附着在金属管道和其他金属设备的壁上，会对蒸汽系统造成严重的腐蚀损坏。锅炉给水用于对水进行除氧的蒸汽必须达到饱和温度。如果水是冷的，则表明水没有被完全处理。

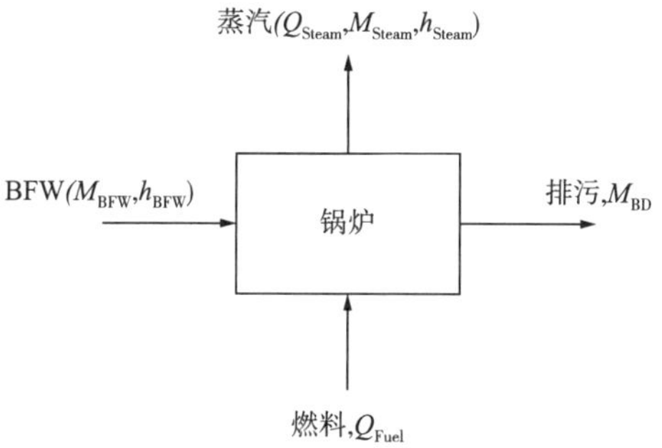

图 15.3 锅炉建模

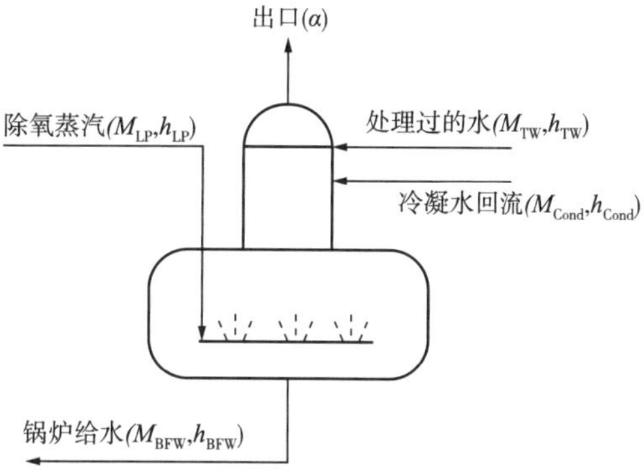

图 15.4 除氧器

除氧器周围的热量和质量平衡可以描述为：

$$M_{LP}\times(h_{LP}-h_{TW})\times(1-\alpha)=M_{BFW}\times(h_{BFW}-h_{TW})-M_{Cond}\times(h_{Cond}-h_{TW}) \tag{15.3}$$

$$M_{BFW}=M_{LP}(1-\alpha)+M_{Cond}+M_{TW} \tag{15.4}$$

式中，M 为质量流量，klb/h；h 为焓，Btu/lb；α 为排出的脱气蒸汽的百分数，通常为3%。

15.4 蒸汽轮机

蒸汽轮机在加工工业中用于驱动泵和压缩机以及发电是很常见的。在许多情况下，冷凝式涡轮机发电，其使用 VHP 蒸汽[1500psi(表)]以获得更高的发电效率，而背压式涡轮机用于运行工艺驱动器，低压下的排出蒸汽用于工艺加热。这种应用被称为热电联产。尽管发电效率低于冷凝式涡轮机，但是背压式涡轮机具有接近锅炉效率的高热电联产效率。

对于大型蒸汽涡轮机，等熵效率可以在 50%~70%，而小型涡轮机的效率要低得多，根据速度、马力(hp)和压力条件有很大的变化。效率随涡轮机负荷而变化，这可以用效率曲线来描述。该曲线可用于基于特定涡轮机负荷来确定实际蒸汽速率。

两个参数，即理论蒸汽速率和汽轮机等熵效率，可以用来确定汽轮机产生一定功率所需的实际蒸汽速率。理论蒸汽速率用理想膨胀来描述。理想膨胀背后的假设是，膨胀过程中没有热损失和水力损失，导致熵变化为零(见图 15.5)。因此，理论蒸汽速率是产生一定功率所需的最小值。事实上，损失发生在蒸汽膨胀中，等熵效率描述了实际膨胀中导致偏离理想膨胀的不可逆损失：

$$\eta_{is}=\frac{h_1-h_2'}{h_1-h_2} \tag{15.5}$$

如果 η_{is}是已知的，从蒸汽涡轮机实际产生的功率可以计算为：

$$W=(h_1-h_2')/3413=(h_1-h_2)\eta_{is}/3413 \tag{15.6}$$

式中，3413 为转换因子，Btu/(kW · h)；蒸汽焓(h)为 Btu/lb。等熵膨胀的焓变可以从莫利尔蒸汽图中找到(Mollier，1923)。

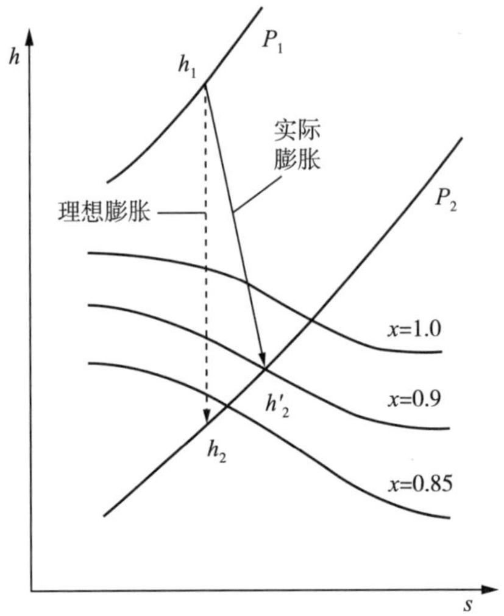

图 15.5　理想膨胀和实际膨胀

示例 15.1　蒸汽涡轮机的估计

蒸汽速率考虑一个等熵效率为 50%的 HP-MP 涡轮机(见图 15.6)，给出的蒸汽条件如下：HP 进口温度和压力分别为 750℉和 600psi(表)；MP 排气压力为 150psi(表)。该涡轮机用于驱动动力需求为 300kW 的泵。实际需要的蒸汽流量是多少?

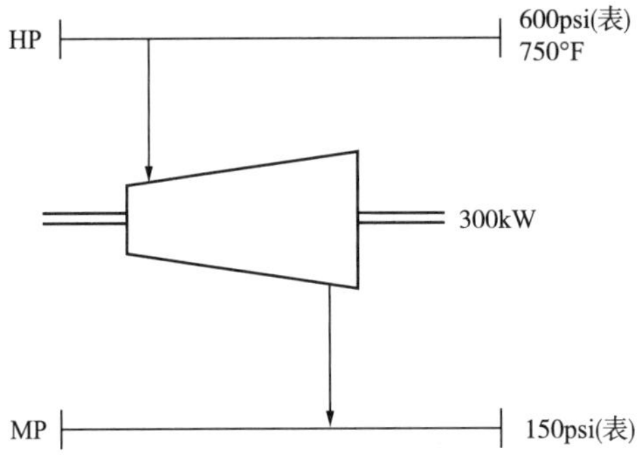

图 15.6　蒸汽涡轮机

答案：

Mollier h-S 图(见图 15.7)(Mollier，1923)用于根据蒸汽条件确定蒸汽焓。发现入口蒸汽焓为 1380Btu/lb。沿着垂直线(熵为零变化)，入口蒸汽膨胀并降低其压力，在 150psi(表)下以 1238Btu/lb 的焓排出。因此，焓变($\Delta h_{theoretic}$)为 142Btu/lb 或 330kJ/kg，得出理论蒸汽速率为：

$$m_{\text{theoretic}} = \frac{3600}{\Delta h_{\text{theoretic}}} = \frac{3600}{330} = 10.9\text{kg}/(\text{kW} \cdot \text{h}) = 24\text{lb}/(\text{kW} \cdot \text{h}) \tag{15.7}$$

比蒸汽速率是：

$$m_{\text{acual}} = \frac{m_{\text{theoretic}}}{\eta_{\text{is}}} = \frac{24}{0.5} = 48[\text{lb}/(\text{kW} \cdot \text{h})] \tag{15.8a}$$

故，实际蒸汽速率是：

$$\begin{aligned} M_{\text{actual}} &= m_{\text{actual}} \times W \\ &= 48\text{lb}/(\text{kW} \cdot \text{h}) \times 300\text{kW} = 14400\text{lb/h} \end{aligned} \tag{15.8b}$$

到目前为止，我们定义了等熵效率，它描述了实际膨胀与理想膨胀的偏差。然而，什么可以用来描述发电的热力学效率？它是发电循环效率（η_{cycle}），其定义为发电量与燃料消耗量：

$$\eta_{\text{cycle}} = \frac{\text{轴功率}(\text{kW} \cdot \text{h})}{\text{基准燃料}(\text{kW} \cdot \text{h})} = \frac{W}{Q_{\text{fuel}}} \tag{15.9}$$

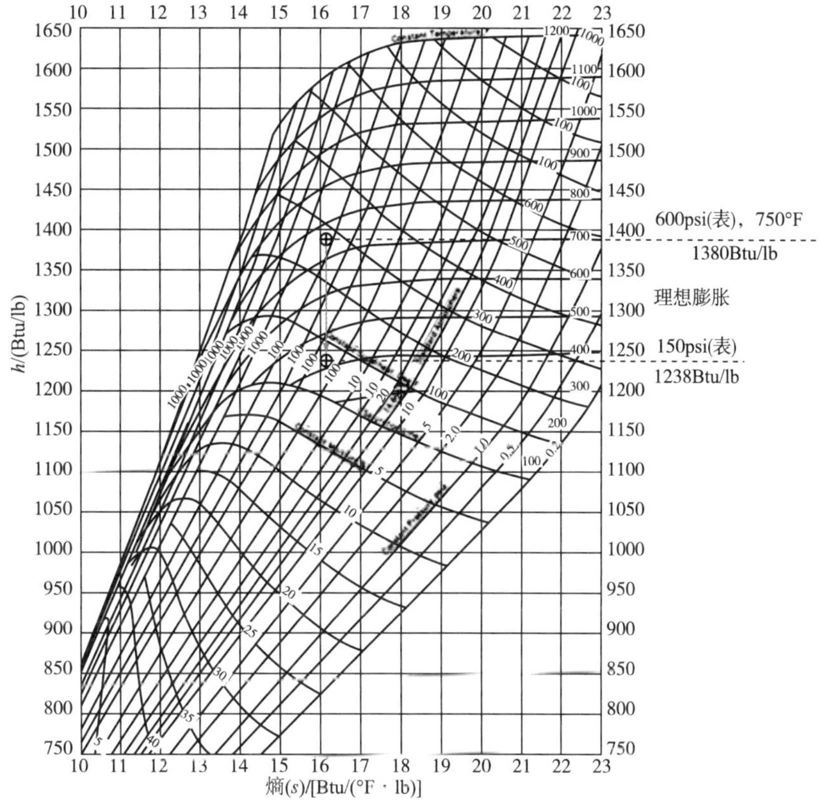

图 15.7 莫利尔(h-S)蒸汽图[来自 Kutz(1998)，经威利许可复制]

由于蒸汽是汽轮机的热输入，蒸汽热必须追溯到燃料：

$$Q_{\text{fuel}} = FE_{\text{steam}} \times M_{\text{actual, seam}} \tag{15.10}$$

因此，汽轮机的循环效率可以具体表示为：

$$\eta_{\text{cycle}} = \frac{W(\text{kW}) \times 3414(\text{Bu}/(\text{kW} \cdot \text{h}))}{FE_{\text{steam}}(\text{Btu/lb}) \times M_{\text{actual, steam}}(\text{lb/h})} = \frac{3414}{FE_{\text{steam}} \times m_{\text{actual, steam}}} \tag{15.11}$$

作为幅度的指示，蒸汽输入为 VHP、压力为 1500psi(表)的冷凝式涡轮机的 η_{cycle} 为 37.5%，比蒸汽速率为 9.09lb/(kW · h)。蒸汽入口压力为 610psi(表)(HP)和 200psi(表)(MP)的冷凝式涡轮机的 η_{cycle} 分别为 32.0%和 24.5%，比蒸汽速率分别为 10.67lb/(kW · h)和 13.9lb/(kW · h)。

在应用中，一些蒸汽轮机会进行多次抽汽。这种蒸汽轮机的建模变得更加复杂，需要仿真工具来帮助完成。这种复杂涡轮机建模的基础是制造业提供的涡轮机能力图。该图定义了任何可行涡轮机的操作窗口。图中的每个操作点表示蒸汽输入、抽汽率和总发电量。考虑具有高压蒸汽输入、一个中压抽汽和一个冷凝流的涡轮机。在运行中，高压蒸汽输入是已知的，因为它是在线测量的，而中压抽汽率是由中压蒸汽集管平衡决定的。在给定这两个流量的情况下，涡轮机产生一定的功率。为了模拟这一点，将这种复杂的涡轮机简化为两个简单的涡轮机：一个是 HP-MP 抽汽涡轮机，另一个是 MP-冷凝涡轮机。冷凝率由 HP 输入和 MP 输出的差值确定。平均等熵效率用于两个涡轮机。对于给定的 HP 蒸汽输入和抽汽率，模拟确定了等熵效率，在该等熵效率下，两台涡轮机使总功率等于能力图上所示的量。作为在图中模拟一组代表性操作点的结果，可以获得等熵效率矩阵。使用回归方法，可以基于矩阵生成效率相关性，该矩阵成为复杂涡轮机的模型，并可用于预测任何给定 HP 蒸汽速率和发汽速率的发电量。

15.5 燃气轮机

燃气轮机是一种内燃发动机。它由一个用于空气压缩的压缩机，与一个用于发电的膨胀涡轮机相连，中间有一个燃烧室(见图 15.8)。燃料进入燃烧器与压缩空气混合并点燃。烟气是高温高压下的燃烧产物，它膨胀并旋转烟机以产生动力。部分功率用于运行压缩机，其余为净功率输出。

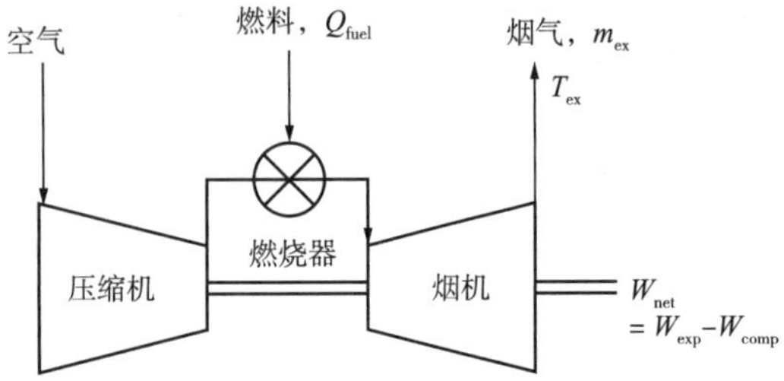

图 15.8 燃气轮机

在流程工业的许多应用中，燃气轮机主要用于发电，尽管在某些情况下它可以用作过程驱动器。燃气轮机可以与蒸汽轮机耦合以形成 CCGT(联合循环燃气轮机)。废气温度高达 450~550℃。当它被用于蒸汽发电时，蒸汽可以旋转蒸汽涡轮机以产生更多的电力。这大大提高了发电效率，使 CCGT 的发电效率达到 60%或更高。相比之下，根据燃气轮机的类型和尺寸，仅标准发电效率就在 20%~40%。

燃气轮机有两种类型，即工业型和航空衍生型。相比之下，前者更便宜，单轴坚固，无须大修，运行时间更长，但效率较低。后者更轻，具有双轴、高效率和更好的部分负荷性能。工业燃气轮机的标准负荷从 250kW 到 250MW 不等。

在蒸汽和动力系统的背景下对燃气轮机进行建模，目的是了解给定净功率输出(W_{net})和燃料效率的燃料消耗(Q_{fuel})。了解排气质量流量(m_{ex})和温度(T_{ex})也很重要，它们决定了与汽轮机循环的整合机会。燃气轮机性能曲线由制造商提供。举例说明，关键参数由以下方程描述(Manninen and Zhu，1999)：

对于工业燃气轮机：

$$Q_{fuel}=2.84\times W_{net}+7.33 \tag{15.12}$$

$$m_{ex}=2.9\times W_{net} \tag{15.13}$$

$$T_{ex}=0.4\times W_{net}+493.42 \tag{15.14}$$

对于航空衍生型燃气轮机：

$$Q_{fuel}=2.35\times W_{net}+7.75 \tag{15.15}$$

$$m_{ex}=3.1\times W_{net} \tag{15.16}$$

$$T_{ex}=-1.0\times W_{net}+512.24 \tag{15.17}$$

对于两种类型的燃气轮机：

$$\eta_{cycle}=\frac{W_{net}}{Q_{fuel}} \tag{15.18}$$

其中，Q_{fuel}和 W_{net}均以 MW 为单位。

15.6 放空阀

装置中为了使用工艺蒸汽，蒸汽压力和温度都可以降低。这是因为工艺设备的额定压力和温度不高。此外，较低压力下的蒸汽潜热较高，因此使用较低压力的蒸汽需要较少的蒸汽循环。减压设备是蒸汽放空阀。

降低蒸汽压力会增加低压下的减温，但对降低温度几乎没有作用。放空阀也可以看作蒸汽减温的一种方式。通过放空阀的减压过程的主要特征是焓基本保持不变。

为了便于说明，请考虑制造商提供的表 15.1 中所示的示例阀门特性(C_v)。

表 15.1　高压减压控制阀的阀门特性

位置/%	10	20	30	40	50	60	70	80	90	100
C_v	7.3	15.8	25.6	36.5	49.2	62.5	77.9	95.6	111.7	122.4

根据控制阀中的流量特性，相同阀开度的质量流量不同。表 15.1 中示例阀门的质量流量方程由制造商提供，并列示为：

$$M=1.31C_vP_i(\text{对于扼流})，\text{当}\frac{P_o}{P_i}\leqslant 58\%\text{时} \tag{15.19}$$

和

$$M=1.72C_v\sqrt{(P_i+P_o)(P_i-P_o)}(\text{对于非扼流}) \tag{15.20}$$

式中，M 为蒸汽流量，lb/h；P_i和 P_o为控制阀的入口和出口压力，psi(绝)。

当出口压力远低于入口压力，且出口和入口压力之比小于 58%时，就会发生节流。正如预期的那样，节流模式下的蒸汽流量比非节流模式下小得多。因此，在确定阀门是否在节流或非节流下运行时至关重要。选择不当会导致放空流量被低估或被高估。

在现场，通常测量阀门开度。因此，建模任务变成了基于阀门位置开发蒸汽流量的相关性。

要做到这一点，第一步是根据节流或非节流选择使用哪个方程。第二步是应用所选方程，根据 C_v计算蒸汽流量，然后将流量合并到阀门特性表中，并将其扩展到表 15.2。第三步是根据阀门位置建立蒸汽流量的相关性。

表 15.2　阀门位置和蒸汽速率方程(15.19)和方程(15.20)之间的关系

位置/%	10	20	30	40	50	60	70	80	90	100
C_v	7.3	15.8	25.6	36.5	49.2	62.5	77.9	95.6	111.7	122.4
M_1/(klb/h)	7.3	16.0	25.8	36.8	49.6	63.0	78.5	96.4	112.6	123.4
M_2/(klb/h)	6.0	13.0	21.0	29.9	40.4	51.3	63.9	78.5	91.6	100.4

注：M_1：非扼流；M_2：扼流。

通常，二阶多项式方程足以捕获非线性。为此，在表 15.2 的基础上，建立了如图 15.9 所示的相关关系，表 15.2 描述了阀门位置 V_p 和蒸汽流量 M 之间的关系：

$$M_1 = 46.8V_p^2 + 82.8V_p - 2.5\text{(对非扼流)} \tag{15.21a}$$

$$M_2 = 38.0V_p^2 + 67.3V_p - 2.1\text{(对扼流)} \tag{15.21b}$$

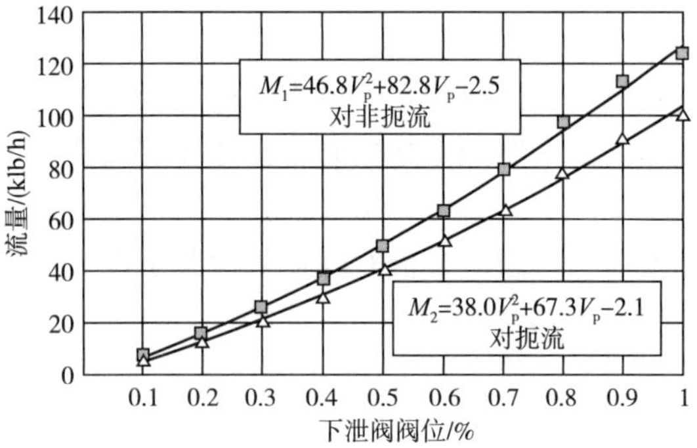

图 15.9　蒸汽放空阀的建模

15.7　蒸汽减温器

为了降低蒸汽的温度，使用了一种向过热蒸汽中加水的装置。通常，使用清洁的冷凝水，因为使用优质的水来冷却蒸汽是很重要的。通过改变加水量，可以控制温度。如果在所涉及的实际压力下，温度降至饱和蒸汽温度的 10℃以内，则该装置被称为减温器(见图 15.10)。

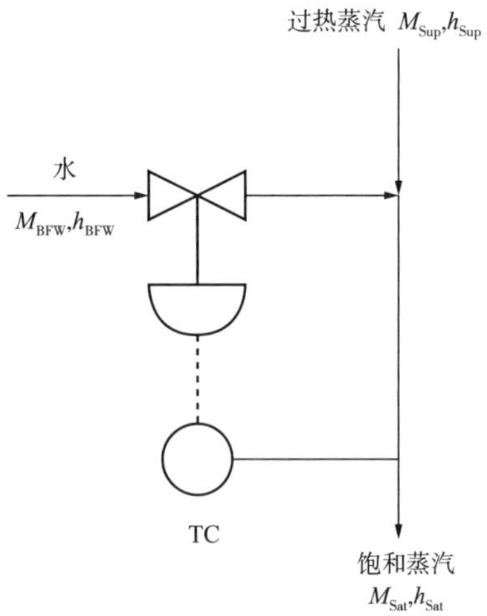

图 15.10　减温器

热平衡和质量平衡可以推导出下列方程。给出了入口蒸汽的蒸汽温度和压力，并且可以应用平衡方程来确定下游集管中给定蒸汽温度和量的入口蒸汽和水的量。

$$M_{\text{Sat}} \times h_{\text{Sat}} = M_{\text{Sup}} \times h_{\text{Sup}} + M_{\text{BFW}} \times h_{\text{BFW}} \tag{15.22}$$

$$M_{\text{Sat}} = M_{\text{Sup}} + M_{\text{BFW}} \tag{15.23}$$

15.8 蒸汽闪蒸罐

蒸汽闪蒸罐是一种蒸汽回收装置。闪蒸蒸汽发生在蒸汽冷凝水或锅炉排污压力下降的汽包处，导致部分冷凝水或蒸汽锅炉排污蒸发形成蒸汽，从而产生低压蒸汽(图 15.11)。对于低压冷凝水，闪蒸蒸汽可忽略不计，因此不值得回收。然而，对于中压和高压冷凝水，回收闪蒸蒸汽是很重要的。

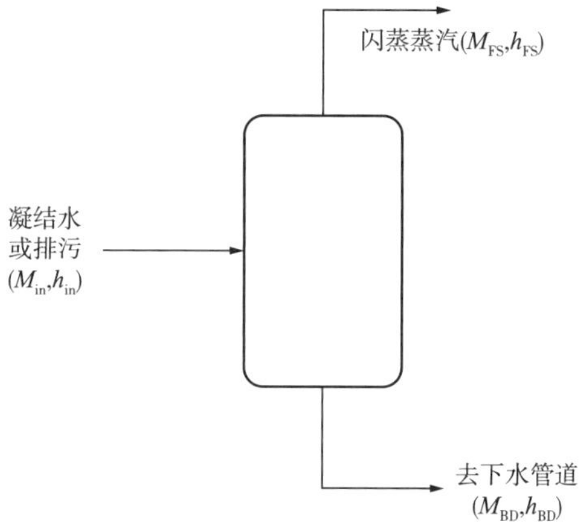

图 15.11　蒸汽闪蒸罐

闪蒸罐的热量和质量平衡可用于根据入口和出口条件确定闪蒸蒸汽的量。

$$M_{\text{FS}}^{\text{LP}} \times h_{\text{FS}}^{\text{LP}} = M_{\text{in}} \times h_{\text{in}} - M_{\text{BD}} \times h_{\text{Cond}}^{\text{LP}} \tag{15.24}$$

$$M_{\text{FS}}^{\text{LP}} = M_{\text{in}} - M_{\text{BD}} \tag{15.25}$$

15.9 疏水阀

疏水阀是每个蒸汽系统中用于去除冷凝水和不凝物的自动阀。常见的应用是，对于工艺加热，疏水阀将蒸汽保持在设备内，直到蒸汽冷凝，从而将蒸汽潜热转移到工艺中。当蒸汽凝结成冷凝水时，疏水阀打开排出冷凝水，并将其输送至冷凝水系统，最后输送至除氧器。另一个常见的应用是，蒸汽管道中也使用蒸汽疏水器来去除管道中的冷凝水，以避免可能会对设备造成损坏的水锤，然后将冷凝液输送至冷凝液系统。

如果运行正常，疏水阀的蒸汽损失可以忽略不计。然而，当疏水阀发生故障时，阀门会卡在打开或关闭位置。打开位置的故障类似于蒸汽系统中有一个与疏水阀内部排放通道大小相同的孔，蒸汽从通道中泄漏出来。如果蒸汽泄漏到冷凝水管道中，当热蒸汽接触到冷却到蒸汽温度以下的冷凝水时，可能会发生水锤。关闭位置的故障会导致蒸汽设备停止运行，因为它无法排出冷凝水。在关闭位置的滴水弯发生故障是危险的，因为凝结水的碎片会留在蒸汽管线中，导致水锤，这可能会造成重大损坏。一些栓塞倾向于在开放的位置失效，而其他栓塞倾向于在关闭的位置失效。这种趋势也可能受到蒸汽系统特性的影响。

现场有数百个蒸汽疏水器，如果没有最佳的维护，其中许多可能会出现故障。这就是为什么最常见的能源浪费是“坏”蒸汽疏水器的蒸汽泄漏。

通过使用通用孔板方程，可以很容易地估计泄漏率：

$$M_{\text{leak}} = C_{\text{v}}\left(\frac{1}{4}\pi d^2\right)\sqrt{2gH} \tag{15.26}$$

式中，M_{leak}为泄漏蒸汽，m^3/s；C_v为孔口系数；d为孔的等效直径，m；g为重力加速度($9.81m/s^2$)；H为作用在节流孔(仪表)上的液压头。

15.10 蒸汽分配损失

蒸汽通过蒸汽集管和输出管从源头分配到最终用户的位置。由于蒸汽管道绝缘不良、蒸汽泄漏、蒸汽疏水器损失、冷凝水损失、排气和减压，可能会造成大量蒸汽和冷凝水损失。根据蒸汽系统的设计和运行情况，与蒸汽和冷凝水损失相关的总能量损失可能在锅炉燃烧燃料的10%~30%。损失需要反映在蒸汽平衡中，这将在第16章中讨论。

符号对照表

C_v	阀孔板系数
d	孔的等效直径
FE	燃料当量
g	重力加速度($9.81m/s^2$)
h	焓
H	作用在阀孔上的液压头
M	质量流量
m	比流量
P_i、P_o	控制阀进出口压力
Q	热负荷
V_p	控制阀开启位置
W	轴功率

希腊字母

α	除氧蒸汽排放率
η	效率
η_{cycle}	发电效率

参 考 文 献

Kutz M (1998) *Mechanical Engineers' Handbook*, 2nd edition, John Wiley & Sons.

Manninen J, Zhu XX (1999) Optimal gas turbine integration to the process industries, *Ind. Eng. Chem. Res.*, 38, 4317-4329.

Mollier R (1923) Ein neues diagram für dampfluftgemische, *ZVDI*, 67(9), 869-872.

16 建立蒸汽平衡

建立蒸汽平衡是实现有效能源管理的重要一步，因为它可以概述产生的能源量与实际使用的能源量。这一差距可以将注意力引向业务和资本项目的改进机会。不准确的蒸汽平衡可能会误导对能源改善项目的评估。

16.1 引言

尽管生产过程中消耗了能源，但任何数量的进口天然气、电力和蒸汽的成本都是以锅炉房为终端计量和支付的。作为资产管理人或资产主管，管理蒸汽和电力系统的最终目标是以最低的费用满足工艺能源需求，这是通过锅炉房定期收到的账单来衡量的。

建立蒸汽和动力的平衡至关重要。要做到这一点，蒸汽平衡必须具有高精度。良好的蒸汽平衡可以判断使用量与生成量，从而可以快速识别运行不良的设备。

我们将从这一章中学到两件事：第一个是如何从头开始建立一个完整的蒸汽平衡，通过一个真实的例子来说明；第二个是验证平衡，使其更加可信。

16.2 蒸汽平衡生成指南

建立蒸汽平衡的第一件事是收集所有蒸汽压力水平的蒸汽生成和使用的相关数据，以及蒸汽输出流量、凝结水回流率、锅炉给水(BFW)等。在过程工业中最常见的蒸汽系统采用三个蒸汽集管[高压(HP)、中压(MP)和低压(LP)]，虽然有蒸汽系统的四个集管系统[特高压(VHP)、HP、MP和LP]或(HP、MP、LP、LLP)。有时，使用双头系统(HP和LP)。通常，VHP、HP、MP、LP和LLP的压力水平分别为1500psi(表)、600psi(表)、180psi(表)、60psi(表)和25psi(表)。LLP代表非常低的压力。

一旦输出了数据，就应该绘制一张蒸汽平衡流程图(即所谓的蒸汽工艺流程图，PFD)，并将这些数据放在PFD中的每个蒸汽集管上(见图16.1)。蒸汽PFD是一个非常强大的视觉辅助工具，因为它可以一眼看到复杂的蒸汽系统。

对于具有三个蒸汽集管的普通蒸汽系统，平衡步骤通常从高压集管开始。高压蒸汽主要来自蒸汽锅炉以及工艺炉的对流段。虽然高压蒸汽主要用于汽轮机泵和压缩机的工艺驱动器，但它也可用于在相对较高的温度下运行的塔再沸。

作为最佳实践，HP蒸汽在每个产生和使用点进行测量。总的HP发电量是通过将锅炉和工艺的所有单独发电量相加来计算的，这些发电量应与所有HP使用量相平衡。总HP使用量是所有单个用户的总和，包括向放空阀供应的HP蒸汽。

相同的程序适用于中压和低压蒸汽集管。中压和低压蒸汽主要用作分馏塔的再沸和汽提，以及减压塔的喷射器。此外，低压蒸汽还有多种用途，如炉内雾化蒸汽、伴热、厂外储罐加热、锅炉给水预热、除氧等。中压和低压蒸汽有不同的来源，包括工艺产生的废热蒸汽发生器、汽轮机排出的蒸汽和放空阀。

对于没有测量仪表的最终用户，应根据工艺条件建立相关性，以估计蒸汽流量。建立良好相关性的关键是确定影响能量使用的主要操作变量。

作为指导原则，高压、中压和低压蒸汽集管应分别保持至少97%、95%和90%的精度。

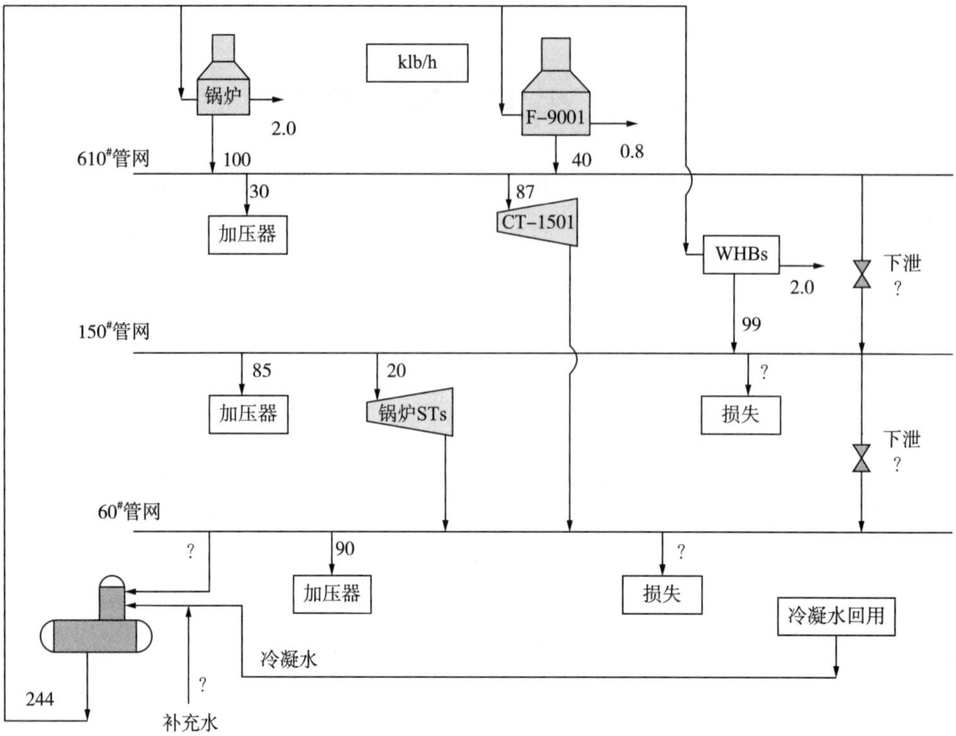

图 16.1　步骤 1：编制一张缺少流量的蒸汽 PFD 草图

这种不准确可能归因于仪表的错误校准、蒸汽损失的不确定性以及对未测量流量的估计。蒸汽平衡最困难的任务是高精度地平衡低压集管，因为现场有许多未测量的低压流量和损失。

然而，作为一个起点，应该努力实现良好的 HP 和 MP 平衡。如果它们不处于良好的平衡状态，则应确定不平衡的原因，并采取措施保持高精度，因为高压和中压蒸汽非常昂贵。

16.3　产生蒸汽平衡的工作示例

开发蒸汽平衡，用于运行监督以及识别蒸汽系统的改进机会。锅炉、涡轮机、除氧器(DA)、放空阀、减温器和蒸汽闪蒸罐的模型在前一章中进行了讨论。历史记录和分布式控制系统(DCS)数据将连接到蒸汽平衡系统，以便满足由于工艺变化、机组开启或关闭以及天气变化而产生的蒸汽和动力需求时蒸汽系统能够保持动态平衡。

作为一项总体指导方针，开发蒸汽平衡早期阶段的重点应放在捕获所有主要用户和发电量上，并确保这些流量的测量和计算是正确的。不应严格追求高精度，因为在早期阶段把所需数据收集在一起更重要，而在后期可以提高精度。由于缺乏蒸汽流量和条件的测量和信息，因此很难对旧设施进行蒸汽平衡。在这种情况下，将非常需要根据经验和计算进行估计。

以下示例说明了开发蒸汽平衡的两种不同方法和基本步骤。

16.3.1　蒸汽平衡自上而下的方法

当测量高压蒸汽产生量并且知道每个来源的蒸汽量时，应采用自上而下的方法，首先进行高压集管平衡，然后向下进行中压、低压的平衡。

16.3.1.1 步骤1：开发一个具有未知流量的蒸汽系统 PFD

该步骤的挑战是开发一个蒸汽 PFD，并根据测量和估计将蒸汽的使用和产生组合在一起，如图 16.1 所示。蒸汽产生量和主要蒸汽使用量通常是在线测量的，而一些使用量是根据设计任务和经验估计的。常见的情况是，相当多的蒸汽流量没有被测量，导致根据蒸汽平衡确定的流量缺失。为了简化说明，我们假设缺失的流量包括减压流量、补给水、除氧 LP、冷凝水回流和蒸汽损失。同时假设所有蒸汽发生器的平均排污量为 2%。

16.3.1.2 步骤2：计算缺失流量

① HP 集管平衡。平衡启动高压蒸汽集管。高压蒸汽由专用锅炉和工艺炉(F-9001)的对流段产生，其中辐射段用于工艺进料加热。高压蒸汽用于一些高温工艺和运行气体压缩机的 CT-1501 汽轮机。所有这些流量都是在线测量的，但剩余的高压流量(在这种情况下未测量)通过放空阀，作为中压蒸汽的补充供应。表 16.1 显示了 HP 集管的平衡情况。

表 16.1 HP 集管平衡

输入/(klb/h)		输出/(klb/h)	
锅炉	100	$HP_{下泄}$	?
F-9001	40	CT-1501	87
		工艺过程	30
总计	140	总计	$117+HP_{下泄}$

我们有：

$$140=117+HP_{下泄} \tag{16.1}$$

因此：

$$HP_{下泄}=23klb/h$$

② MP 集管平衡。对于中压集管，主要输入来自两台废热锅炉(WHB)。MP 蒸汽用于工艺再沸和汽提，以及在两台汽轮机中运行锅炉房的水循环泵和风机。MP 放空量未知，将与 $MP_{损失}$ 一起确定。蒸汽损失是由蒸汽泄漏和疏水阀损失造成的。当 HP 减压等于 23 时，表 16.2 显示了 MP 集管的平衡。

表 16.2 MP 集管平衡

输入/(klb/h)		输出/(klb/h)	
$HP_{下泄}$	23	$MP_{下泄}$	?
WHBs	99	工艺过程	85
		锅炉透平	20
		$MP_{损失}$	?
总计	122	总计	$105+MP_{下泄}+MP_{损失}$

显然，我们可以推导出：

$$122=105+MP_{下泄}+MP_{损失} \tag{16.2}$$

我们无法计算 $MP_{下泄}$ 和 $MP_{损失}$，因为一个方程中有两个变量。我们必须依赖其他方程式。

③ 低压集管平衡。对于低压集管，抽汽涡轮机提供主要蒸汽，中压减压补充蒸汽供应，

这是未知的。低压蒸汽使用包括工艺和除氧。无从得知关闭之后是否会造成低压蒸汽损失。在某些情况下，没有测量各种低压蒸汽消耗量，如伴热、储罐加热和雾化，并且工厂中不知道每种单独使用的量。在蒸汽平衡中，总量可以包括在蒸汽损失中，但损失的量必须建立在对系统的理解与合理的估计之上。低压(LP)集管平衡如表16.3所示。

表16.3　LP集管平衡

输入/(klb/h)		输出/(klb/h)	
锅炉PTs	20	工艺过程	90
CT-1501	87	除氧器	?
$MP_{下泄}$	?	$LP_{损失}$	?
总计	$107+MP_{下泄}$	总计	$90+LP_{损失}+$除氧器

有：

$$107+MP_{下泄}=90+DA\ LP(\text{除氧器的低压蒸汽耗量})+LP_{损失} \qquad (16.3)$$

由方程(16.2)和方程(16.3)求解DA LP：

$$DA\ LP=34-MP_{损失}-LP_{损失} \qquad (16.4)$$

④ 除氧器平衡。除氧器平衡如表16.4所示，其中有三个未知数，即DA LP蒸汽、补给用处理水(Makeup)和冷凝水回流。计算锅炉给水，其等于锅炉、F-9001炉和废热锅炉产生的蒸汽加上排污量。假设平均排放量为2%。一小部分低压蒸汽(通常为5%)从除氧器中排出，以去除任何不凝物。如果没有不凝物，则不需要排气。为了简单起见，假设除氧器中没有排气。

表16.4　除氧器平衡

输入/(klb/h)		输出/(klb/h)	
DA LP	?	锅炉给水	244
冷凝水回流	?		
Makeup	?		
总计	DA LP+冷凝水回流+Makeup	总计	244

可以推导出：

$$DA\ LP+\text{冷疑水回流}+Makeup=244 \qquad (16.5)$$

⑤ 解决未知问题。方程(16.4)和方程(16.5)有五个未知数，即DA LP速率、$MP_{损失}$、$LP_{损失}$、冷凝水回流和Makeup速率。用五个未知数解三个方程是不可能的。要求出解，我们必须做出一些假设。

在大多数实际情况下，$LP_{损失}$高于$MP_{损失}$。因此，第一个假设是$MP_{损失}$是$LP_{损失}$的一半，并且该假设将两个未知数减少为一个。第二个假设是70%的冷凝水回流用于工艺蒸汽。这一假设给出了144klb/h的冷凝水回流。第三，DA LP速率假设为BFW的12%，即29klb/h。由于这三个假设，五个未知数减少为两个，可以通过方程(16.4)和方程(16.5)求解。

假设除氧蒸汽为29klb/h，则$LP_{损失}$和$MP_{损失}$可根据方程(16.4)计算为：

$$LP_{损失}=3.3+MP_{损失}=1.7klb/h$$

然后根据方程(16.2)确定MP减压值：

$$MP_{下泄}=15.3\text{klb/h}$$

Makeup 是由方程式(16.5)计算得到的：

$$\text{Makeup}=72\text{klb/h}$$

到目前为止，我们解决了所有未知因素，因此形成了如图 16.2 所示的闭合平衡。

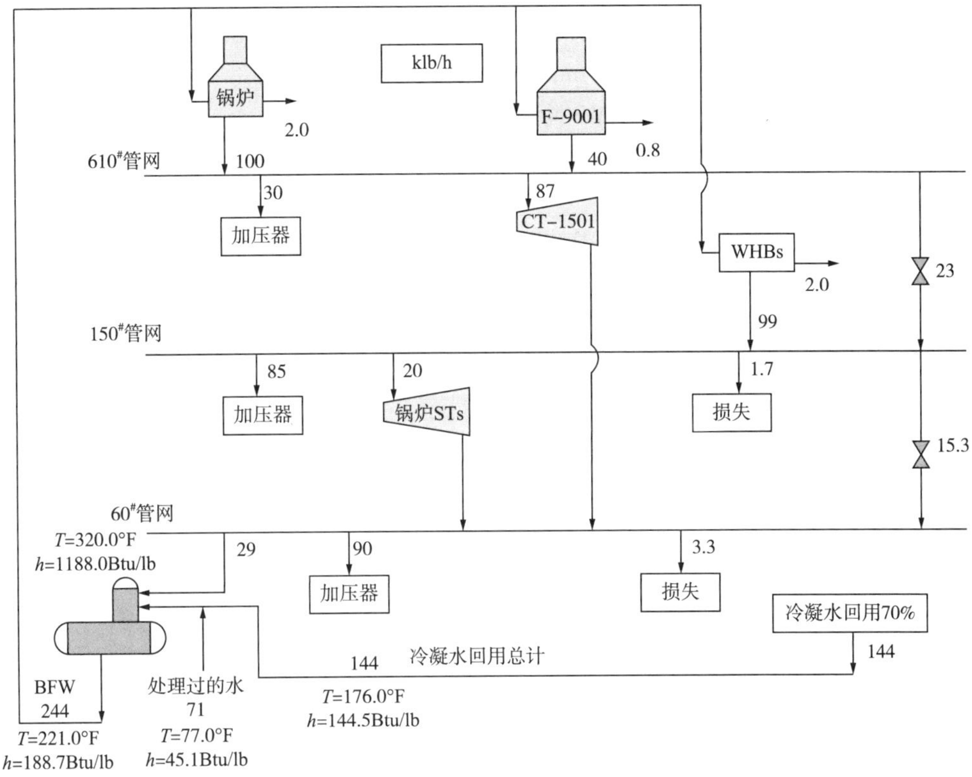

图 16.2 步骤 2：假设 DA LP 来解决缺失的物流

缺失流量是每个炼油厂特有的，取决于测量结果。例如，如果测量用于除氧的低压蒸汽，则冷凝水回流可能是根据 DA 平衡确定的缺失流量。在测量 DA 蒸汽和总冷凝水回流的情况下，可以通过平衡程序确定 LP 和 $MP_{损失}$。

16.3.1.3 步骤 3：计算 DA LP 并修正平衡

29klb/h 的 DA LP 蒸汽以前是根据经验假设的，这里根据除氧器周围的热量和质量平衡进行了验证：

$$m_{DA}\times(h_{DA}-h_{TW})\times(1-\alpha)=m_{BFW}\times(h_{BFW}-h_{TW})\quad m_{Cond}\times(h_{Cond}-h_{TW}) \tag{16.6}$$

$$m_{DA}(1-\alpha)+m_{Cond}+m_{TW}=m_{BFW} \tag{16.7}$$

式中，m 为质量流量，klb/h；h 为焓，Btu/lb；α 为排放的 DA 蒸汽的百分数。通常，如果 DA 蒸汽未冷凝，则 α 为 5%。否则，α 为零。为了简单起见，本例假设为 0。

对于给定的 244klb/h 的 BFW 流量和 144klb/h 冷凝水回流，DA LP 流量可根据方程(16.6)得出：

$$m_{DA\ LP}=\frac{m_{BFW}\times(h_{BFW}-h_{TW})-m_{Cond}\times(h_{Cond}-h_{TW})}{(h_{DA\ LP}-h_{TW})\times(1-\alpha)} \tag{16.8}$$

这样，

$$m_{DA\ LP}=\frac{244\times(188.7-45.1)-144\times(144.5-45.1)}{(1188-45.1)}=18(klb/h)$$

计算了 18klb/h 的 DA LP 速率，对方程(16.4)重新排列：

$$18=34-MP_{损失}-LP_{损失}$$

基于 $MP_{损失}$ 等于 $LP_{损失}$ 的一半的假设，因此：

$$LP_{损失}=10.6klb/h,\ MP_{损失}=5.3(klb/h)$$

然后可以根据公式(16.2)计算 MP 降低：

$$MP_{下泄}=122-105-MP_{损失}=11.7(klb/h)$$

求解方程(16.5)得到 Makeup：

$$Makeup=244-DA\ LP-冷凝水回流=82(klb/h)$$

收敛蒸汽平衡如图 16.3 所示。

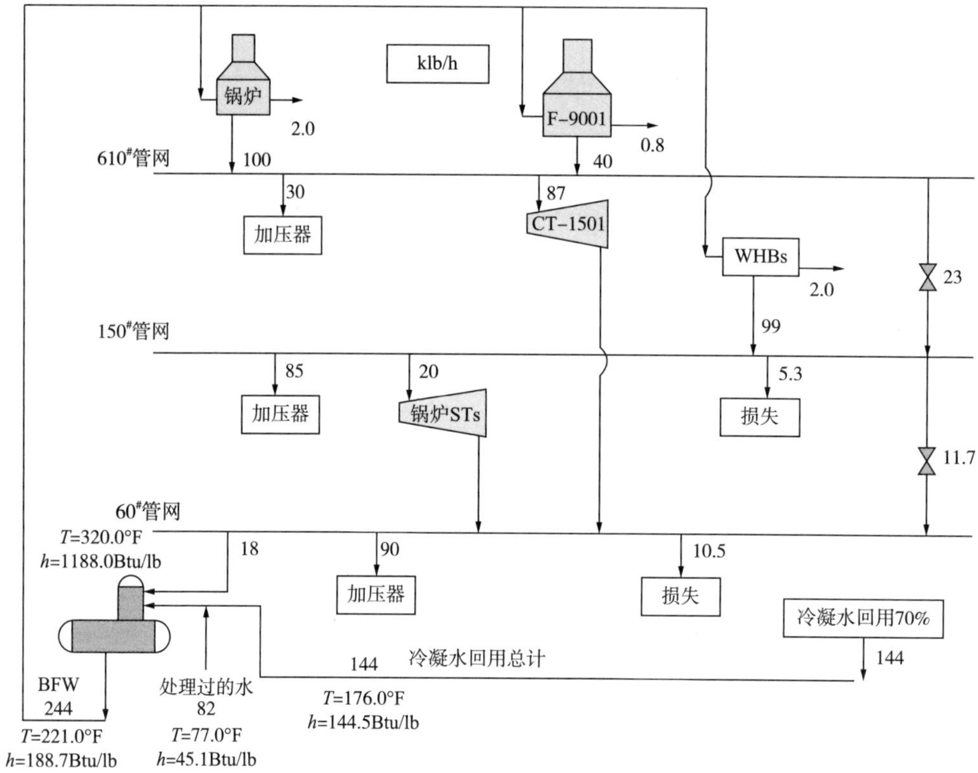

图 16.3 步骤 3：基于除氧蒸汽的集中蒸汽平衡

如果测量了补给率，但冷凝物返回率未知，该怎么办?

下面将对此情景进行讨论。

16.3.2 蒸汽平衡自下而上的方法

当一些产生的高压蒸汽未知时，自下而上的方法可能是建立蒸汽平衡的正确方法。这种方法适用于上述相同的例子，但假设产生的锅炉蒸汽是未知的，并根据蒸汽平衡来确定。

16.3.2.1 步骤 1：开发具有未知流量的蒸汽 PFD

蒸汽 PFD 如图 16.4 所示，除锅炉蒸汽未知外，其余相同。

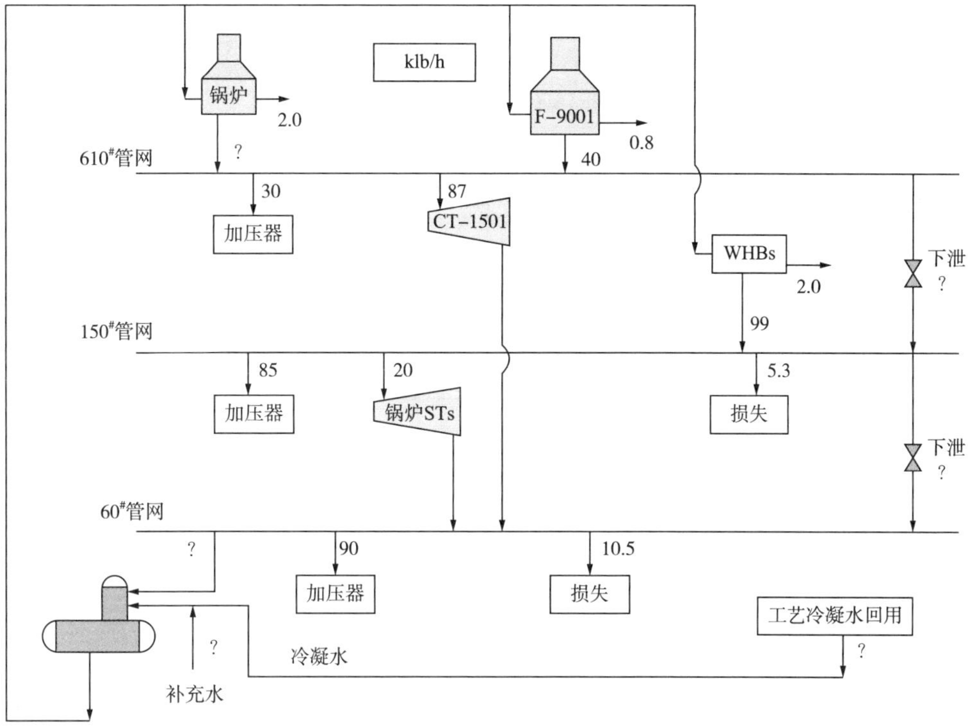

图 16.4 步骤 1：开发缺少流量的蒸汽 PFD

16.3.2.2 步骤 2：计算缺失流量

平衡从低压集管开始，向上至中压和高压集管，直到锅炉。平衡程序的发起是对除氧器的 LP 为 25klb/h 的假设。

（1）LP 集管平衡（见表 16.5）

$$107+MP_{下泄}=126 \rightarrow MP_{下泄}=126-107=19(klb/h)$$

表 16.5 LP 集管平衡

输入/(klb/h)		输出/(klb/h)	
锅炉 STs	20	工艺过程	90
CT-1501	87	除氧器	25
$MP_{下泄}$	?	$LP_{损失}$	11
总计	$107+MP_{下泄}$	总计	126

（2）MP 集管平衡（见表 16.6）

$$99+HP_{下泄}=129 \rightarrow HP_{下泄}=129-99=30(klb/h)$$

（3）HP 集管平衡（见表 16.7）

$$40+锅炉蒸汽=147 \rightarrow 锅炉蒸汽=147-40=107(klb/h)$$

（4）锅炉给水（BFW）平衡

锅炉给水为锅炉给水需求、F-9001 的流量和废热锅炉产生的蒸汽的总和。假设 2%的下限，则有：

$$BFW=(107+40+99)\times1.02=251(klb/h)$$

(5) 除氧器平衡(见表 16.8)

$$25+冷凝水回流+Makeup=251\rightarrow Makeup=251-25-冷凝水回流$$

表 16.6　MP 集管平衡

输入/(klb/h)		输出/(klb/h)	
$HP_{下泄}$	?	$MP_{下泄}$	19
WHBs	99	工艺过程	85
		CT-1601	20
		$MP_{损失}$	5
总计	$99+HP_{下泄}$	总计	129

表 16.7　HP 集管平衡

输入/(klb/h)		输出/(klb/h)	
锅炉蒸汽	?	$HP_{下泄}$	30
F-9001	40	CT-1501	87
		工艺过程	30
总计	40+锅炉蒸汽	总计	147

表 16.8　除氧器平衡

输入/(klb/h)		输出/(klb/h)	
DA LP	25	锅炉给水	251
冷凝水回流	?		
Makeup	?		
总计	25+冷凝水回流+Makeup	总计	251

假设冷凝水回流率为 70%，得到：

$$冷凝水回流=(30+85+90)\times 0.7=144(klb/h)$$

$$Makeup=251-25-144=82(klb/h)$$

到目前为止，所有缺失的物流都得到了解决，结果如图 16.5 所示。问题是：这种蒸汽平衡是收敛的吗？

16.3.2.3　步骤 3：迭代计算 DA LP 的收敛性

为了检查收敛性，必须根据方程(16.8)验证延迟蒸汽：

$$m_{DA\ LP}=\frac{m_{BFW}\times(h_{BFW}-h_{TW})-m_{Cond}\times(h_{Cond}-h_{TW})}{(h_{DA\ LP}-h_{TW})\times(1-\alpha)}$$

即，

$$m_{DA\ LP}=\frac{251\times(188.7-45.1)-144\times(144.5-45.1)}{(1188.0-45.1)\times(1-0.05)}=19(klb/h)$$

对于新计算出的 19klb/h 的 DA 蒸汽，重复上述计算缺失流量的程序，得出闭合蒸汽平衡，如图 16.6 所示。

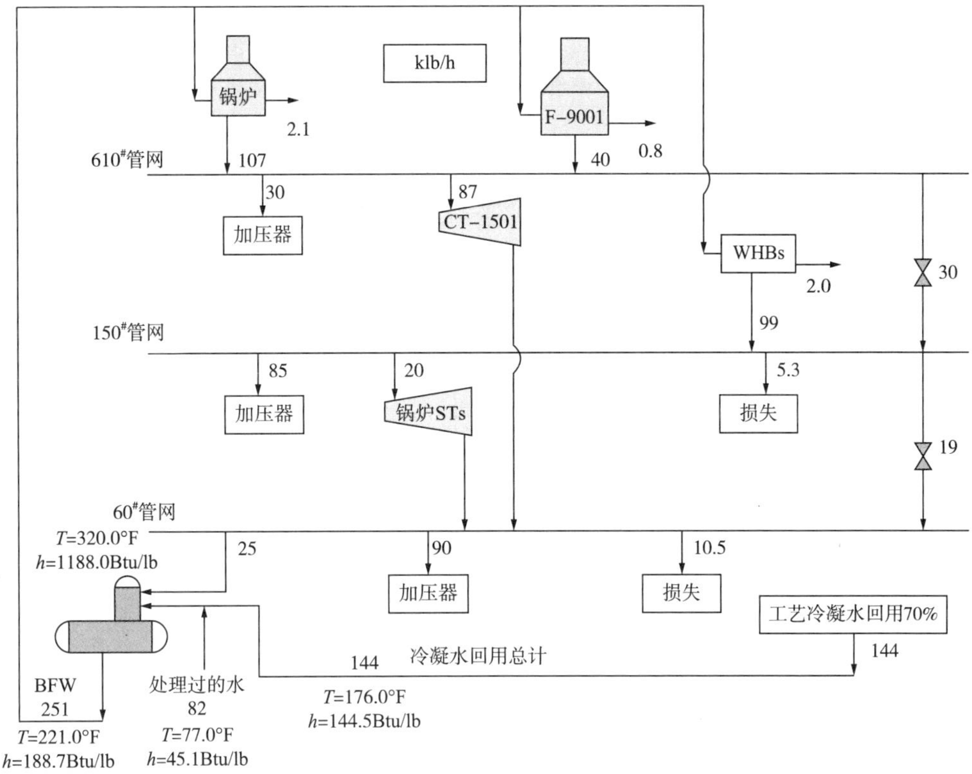

图 16.5　步骤 2：假设 DA 蒸汽流量开始迭代

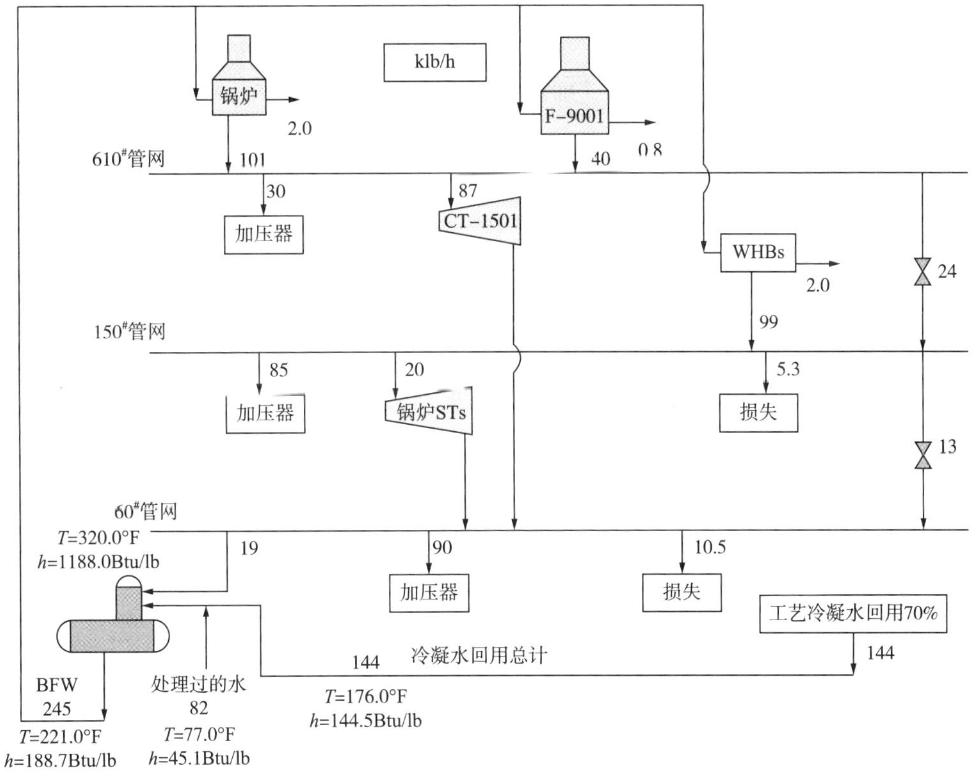

图 16.6　步骤 3a：迭代计算 DA 蒸汽流量

可以观察到，基于之前 251klb/h 的 BFW 速率来确定 19klb/h DA 蒸汽。然而，新推导的蒸汽平衡表明 BFW 速率为 245klb/h。因此，必须基于 245klb/h 的 BFW 速率重新计算 DA 蒸汽，并且需要新的迭代，直到直接相邻的两次迭代之间的 DA 蒸汽速率相同。

经过多次迭代重新计算 DA 蒸汽，最终获得收敛蒸汽平衡，如图 16.7 所示。可以观察到，这种蒸汽平衡与图 16.3 相同。图 16.3 中的平衡是基于自上而下的方法开发的，因为高压蒸汽的产生是已知的。相反，图 16.7 中的平衡是通过自下而上的方法获得的，因为其中一个产生的高压蒸汽是未知的。然而，对于相同的蒸汽系统，不同的方法可以达到相同的收敛平衡。

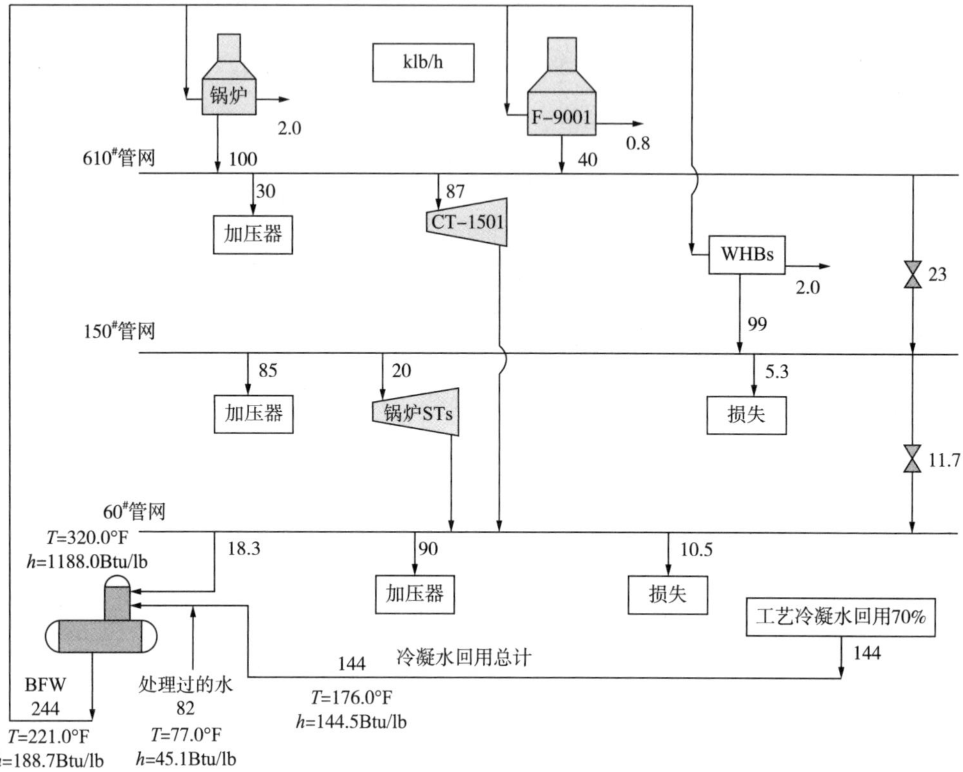

图 16.7　步骤 3b：基于 DA 蒸汽迭代的集中蒸汽平衡

16.4　产生蒸汽平衡的示例

图 16.8 中的示例比前一个更为复杂。蒸汽平衡的方法是自上而下的方法，因为蒸汽产生是测量和已知的。另一个区别是测量除氧蒸汽。将展示如何根据 DA 蒸汽计算冷凝水总回流。

16.4.1　HP 集管平衡(表 16.9)

高压蒸汽由三台专用锅炉、加氢装置中的废热锅炉(H-9001)和工艺炉(F-6001)的对流段产生。在这种情况下，净蒸汽产生量是已知的。高压蒸汽用于 C-7105 塔的再沸以及运行气体压缩机 CT-1401 和 CT-1501 的蒸汽轮机。剩余的高压蒸汽通过下泄阀，作为中压蒸汽的补充供应。包括高压蒸汽减压在内的所有流量都是在线测量的。

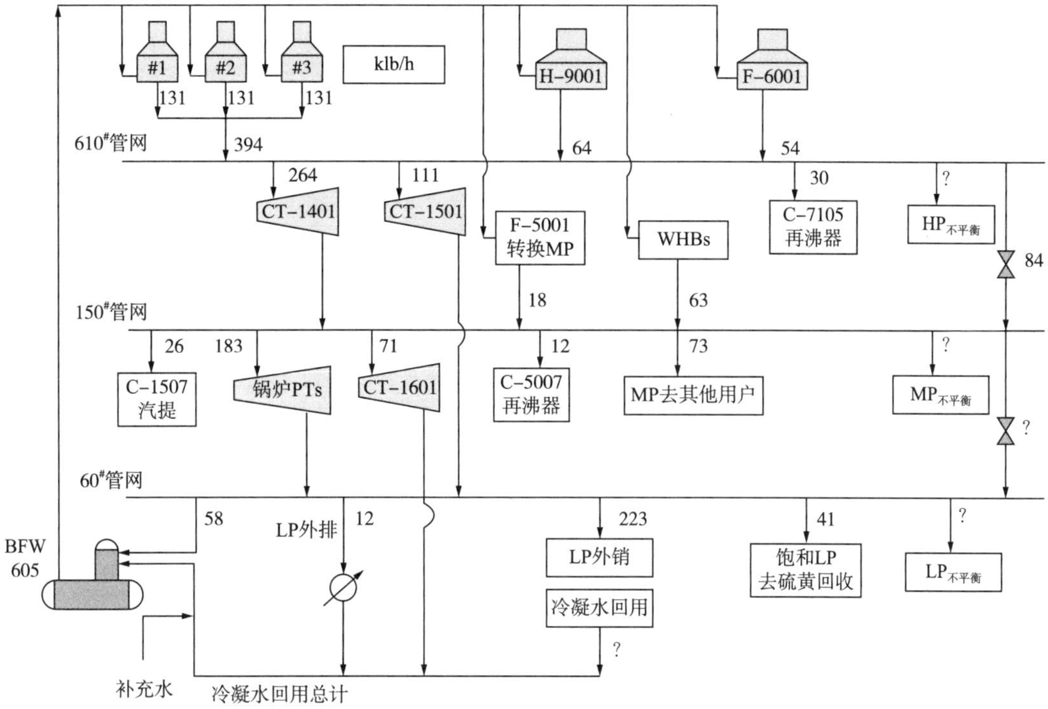

图 16.8　缺少流量的蒸汽系统的实例

$$HP_{不平衡}=512-489=23(klb/h)$$

这种不平衡是由计量误差引起的，相当于总高压蒸汽输入的5%，与最佳实践指南建议的3%或更低相比，这是不可接受的。我们稍后将对此进行讨论，以确定不平衡的根本原因，并以更高的精度结束平衡。

表 16.9　HP 集管平衡

输入/(klb/h)		输出/(klb/h)	
锅炉	394	$HP_{下泄}$	84
H-9001	64	CT-1401	264
F-6001	54	CT-1501	111
		C-7105 再沸器	30
		$HP_{不平衡}$	?
总计	512	总计	$489+HP_{不平衡}$

16.4.2　MP 集管平衡

对于 MP 集管，蒸汽输入来自工艺燃烧加热炉 F-5001，其中辐射段用于工艺进料加热，而对流段用于中压蒸汽生成。中压蒸汽也由 CT-1401 汽轮机的抽汽、高压减压和两个废热锅炉组成。此外，MP 用于塔再沸和汽提，以及汽轮机和中压蒸汽减压。CT-1601 涡轮机运行压缩机，锅炉附属透平设备包括四个用于运行锅炉水循环泵的小型涡轮机和三个 AD 风扇。由于未测量 MP 放空量，因此它是未知的，需要与 MP 不平衡一起确定。

中压蒸汽不平衡包括计量误差、疏水器造成的蒸汽损失、泄漏等。表 16.10 显示了 MP 集管的平衡。

表 16.10 MP 集管平衡

输入/(klb/h)		输出/(klb/h)	
CT-1401	264	$MP_{下泄}$	?
F-5001 转换 MP	18	C-1507 汽提蒸汽	26
废热锅炉	63	锅炉附属透平设备	183
$HP_{下泄}$	84	CT-1601	71
		C-5007 再沸器	12
		其他用户	73
		$MP_{不平衡}$	?
总计	429	总计	$365+MP_{下泄}+MP_{不平衡}$

16.4.3 LP 集管平衡

对于 LP 集管，几个抽汽涡轮机与 MP 放空一起提供输入，这是未知的。低压蒸汽用户包括用于硫回收工艺的饱和低压蒸汽、除氧器、其他用户和低压蒸汽排放。闭路是由计量误差、未计量流量、蒸汽疏水器损失、泄漏等引起的低压蒸汽不平衡。其他用户包括伴热、储罐加热等。低压蒸汽排放用于低压蒸汽冷凝，这是处理低压蒸汽的更好方法，而不是排放到大气中。同样，LP 集管平衡见表 16.11。

表 16.11 LP 集管平衡

输入/(klb/h)		输出/(klb/h)	
锅炉附属透平设备	183	其他用户	222
CT-1501	111	$LP_{外排}$	12
$MP_{下泄}$	?	硫黄回收装置	41
		除氧器	58
		$LP_{不平衡}$	?
总计	$294+MP_{下泄}$	总计	$333+LP_{不平衡}$

最佳实践建议应测量减压蒸汽流量。然而，不适用于未测量中压蒸汽和低压蒸汽减压的示范装置。这导致了一些未知因素。让我们看看如何解决这些问题以完成平衡。要做到这一点，必须做出一些假设来完成平衡。

16.4.4 除氧器平衡

除氧器平衡(见表 16.12)有两个未知数，即作为补给的处理水和冷凝水回流。锅炉给水提供给三台锅炉，H-9001、F-6001 和 F-5001 炉的对流段以及两台废热锅炉的蒸汽产生。假设平均排污率为 2%，BFW 总量可计算为 BFW 速率 = (394+64+54+18+63)×1.02 = 605(klb/h)。

表 16.12　除氧器平衡

输入/(klb/h)		输出/(klb/h)	
冷凝水回流	?	锅炉给水	605
DA LP	58		
Makeup	?		
总计	58+冷凝水回流+Makeup	总计	605

16.4.5　解决未知问题

对于 MP 集管，

$$365+MP_{下泄}+MP_{不平衡}=429$$

对于 LP 集管，

$$294+MP_{下泄}=333+LP_{不平衡}$$

给出了上述方程的 MP 放空问题的求解方法：

$$71+MP_{不平衡}=96-LP_{不平衡}$$

或，

$$MP_{不平衡}=25-LP_{不平衡}$$

在大多数实际情况下，$LP_{不平衡}$高于 $MP_{不平衡}$。如果我们假设 $MP_{不平衡}$是 $LP_{不平衡}$的一半，该假设分别给出了 $MP_{不平衡}$和 $LP_{不平衡}$的 8.3klb/h 和 16.7klb/h。因此，$MP_{下泄}=333-294+LP_{不平衡}=55.7$(klb/h)。

最后两个参数，即冷凝水回流和补给水，尚待确定。表 16.12 仅提供了一个方程，如下所示，我们需要找到另一个方程。

$$58+冷凝水回流+Makeup=605$$

方程(16.6)可用于推导冷凝水总回流的计算，如下所示：

$$m_{Cond}=\frac{m_{BFW}\times(h_{BFW}-h_{TW})-m_{DA\ LP}\times(h_{DA\ LP}-h_{TW})}{(h_{Cond}-h_{TW})} \tag{16.9}$$

即，

$$m_{Cond}=\frac{605\times(188.7-45.1)-58\times(1188.0-45.1)}{(144.5-45.1)}=207(klb/h)$$

那么，

$$补充=605-58-207=340(klb/h)$$

$$冷凝水总回流=20.7-12-71=124(klb/h)$$

因此，所有缺失的流量都得到了解决，并完成了整体蒸汽平衡，如图 16.9 所示。

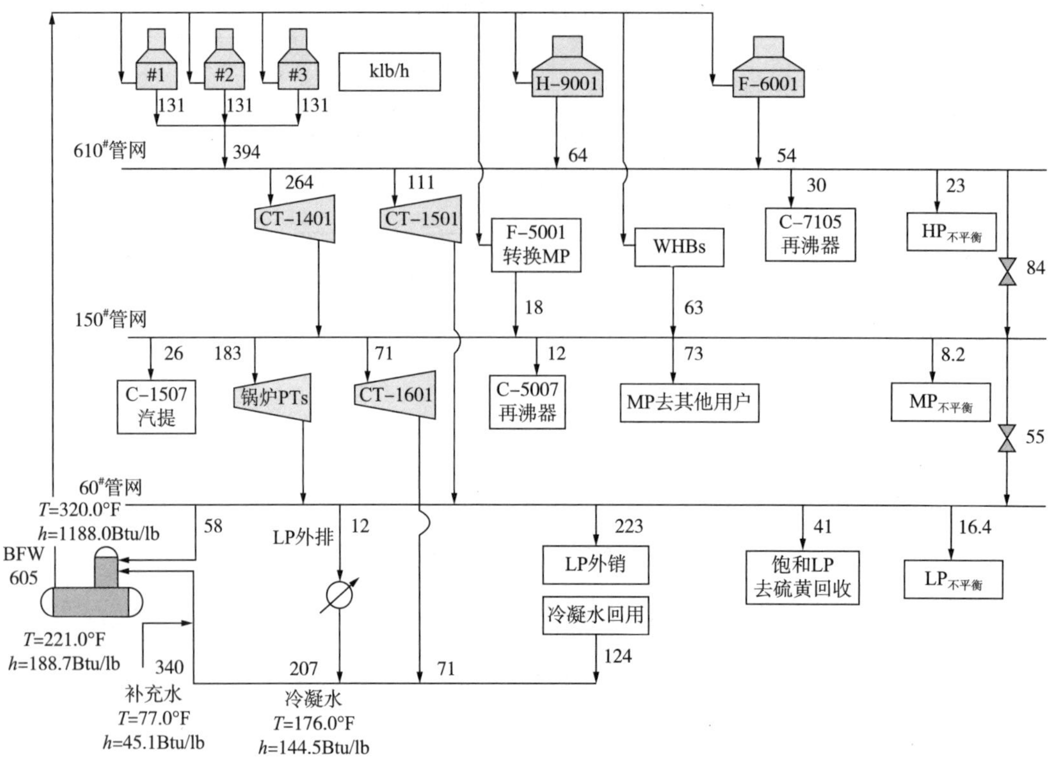

图 16.9　已完成的蒸汽平衡

根据这种蒸汽平衡，可以快速得出一些关键观察结果：

① 冷凝水回流仅为 43%，而最佳实践为 70%~80%。冷凝水损失浪费钱（水采购、泵送和化学处理）和热量（热冷凝水）。假设将实现 70%的冷凝水回流，这可以使冷凝水总回流达 203klb/h，而目前在冷凝水回流为 43%时为 125klb/h。由于热冷凝水温度为 120℃，因此可节省 13.5MMBtu/h。此外，假设冷凝水为 2 美元/klb，则 78（=203-125）klb/h 的冷凝水回收每年可节省约 130 万美元。

② 存在大量的放空流量，这是以潜在电力为代价的。例如，如果安装蒸汽轮机代替放空阀，84klb/h 高压蒸汽到中压蒸汽放空可产生 1.9MW 的功率，而 56klb/h 中压蒸汽到低压蒸汽放空可产生 1.5MW 的功率。

③ 有一个大型冷凝式涡轮机，冷凝式涡轮机的热效率低于 30%，与背压式涡轮机或电机相比非常低。

16.5　验证蒸汽平衡

综合整体蒸汽平衡是一项艰巨的任务，因为根据运行数据、建模、相关性和经验，开发这样一个全面的蒸汽平衡可能需要数周或数月的时间。通过上述全部各路系统的核算和模拟，最后我们可以振臂高呼，蒸汽系统平衡我通关了！

如果你在建立了蒸汽平衡后感到荣耀，这是可以理解的。当你一眼就能看到能源生产、分配和需求的复杂蒸汽网络时，它会给你一种自豪感。

你的同事可能会问你：它准备好申请运营监督和机会评估了吗？这是一个事关重大的问题。蒸汽和动力系统的机会价值数百万美元。

以图 16.9 中的蒸汽平衡为例，它是否足够好，可以部署？答案是一个大大的“否”！第一个原因是 $HP_{不平衡}$为 5%，而最佳实践为 3%或更低。这种不平衡级联到中压和低压集管。第二个原因是许多小型蒸汽用户使用常数，这些常数是根据标称工艺条件确定的。然而，当生产和外部环境发生变化时，测量的用户会相应地改变，但这些常数不会改变。尽管大多数未测量的用户使用量可能很小，但累积起来，它们可能会对整体蒸汽平衡产生重大影响。

16.5.1 控制阀验证

图 16.9 中 84klb/h 的放空流量是通过在线测量获得的。为了检测该测量中的任何误差，任务包括验证所使用的相关性，现场检查控制阀的腐蚀情况，以及检查从控制阀到 DCS 的数字传输。

16.5.1.1 任务 1：验证相关性

对于图 16.9 中的高压放空控制阀，在 DCS 中使用非节流流量相关性对放空阀进行建模。这是正确的吗？为了回答这个问题，从制造手册中查找了节流的条件，发现了两个方程：

$$m=1.31C_vP_i \quad (\text{对扼流})，当\frac{P_o}{P_i}\leqslant 58\%时 \tag{16.10}$$

$$m=1.72C_v\sqrt{(P_i+P_o)(P_i-P_o)} \quad (\text{对非扼流}) \tag{16.11}$$

式中，m 为蒸汽流量，lb/h；P_i和 P_o为控制阀的入口和出口压力，psi(绝)。

对于现有的控制阀，入口压力[624.7psi(绝)]和出口压力[164.7psi(绝)]之比仅为 26%。因此，基于 75%开启时的数值位置，应用节流流量方程(16.10)得出 71.2klb/h 的放空流量。节流流量小于非节流流量。通过纠正这个错误，HP 集管中仍然存在很大的不平衡。还有什么地方出了问题？研究仍在继续。

16.5.1.2 任务 2：检查控制阀是否有侵蚀

现场检查表明发生了严重侵蚀。这意味着 DCS 中的相关性可能会低估实际放空流量。为了证明这一怀疑，对每个 HP 用户进行了仪表校准，然后对放空流量进行反算，得出放空流量为 97klb/h，仪表读数为 84klb/h。在 DCS 相关性中添加了一个因子，用于对控制阀进行建模，以反映侵蚀情况。同时，要求提供维修清单以解决问题。

16.5.2 验证汽轮机

图 16.9 中的 CT-1401、CT-1501 和 CT-1601 等大型涡轮机用于驱动工艺压缩机，并测量蒸汽流量。其他四台小型涡轮机被归为“锅炉附属透平设备”，用于运行锅炉水循环泵和三台 AD 风机。这些小型涡轮机没有经过测量，是根据蒸汽平衡的设计性能进行建模的。然而，尽管几年前就进行了维护，但这些涡轮机已经运行了 15 年多，没有更换涡轮机叶片。这些涡轮机能否以与设计相同的性能水平运行？为了证实这一怀疑，我们在一个寒冷潮湿的早晨来到户外，用红外枪测量了温度。由于测量是在外部管道上进行的，因此进行了以下校正，以将管道表面温度转换为管道内的流体温度：

$$T_f=T_m+0.06(T_m-T_a) \tag{16.12}$$

式中，T_f、T_m和 T_a是管道中的流体、测量值和环境温度(Lieberman，1991)，℉。

通过校正后的测量温度，对实际汽轮机性能进行了评估。首先，涡轮机的设计性能可以在数据表中找到，它还指示了蒸汽速率、绝热效率和泵运行的轴功率输出。然后，根据测得的温度和给定的入口和出口蒸汽集管压力计算涡轮机的蒸汽流量。

研究发现，当前条件下的估计蒸汽速率平均比设计性能高 10%。原因是涡轮机性能随着时间的推移而下降，出口温度升高反映了这一点。因此，锅炉驱动器和 CT-1601 的蒸汽速率分别调整为 210klb/h（对 183klb/h）和 90klb/h（对 71klb/h）。

在验证结束时，用新计算的流量对蒸汽平衡进行了修改，得到了如图 16.10 所示的修订蒸汽平衡。这种不平衡完全符合最佳实践准则。

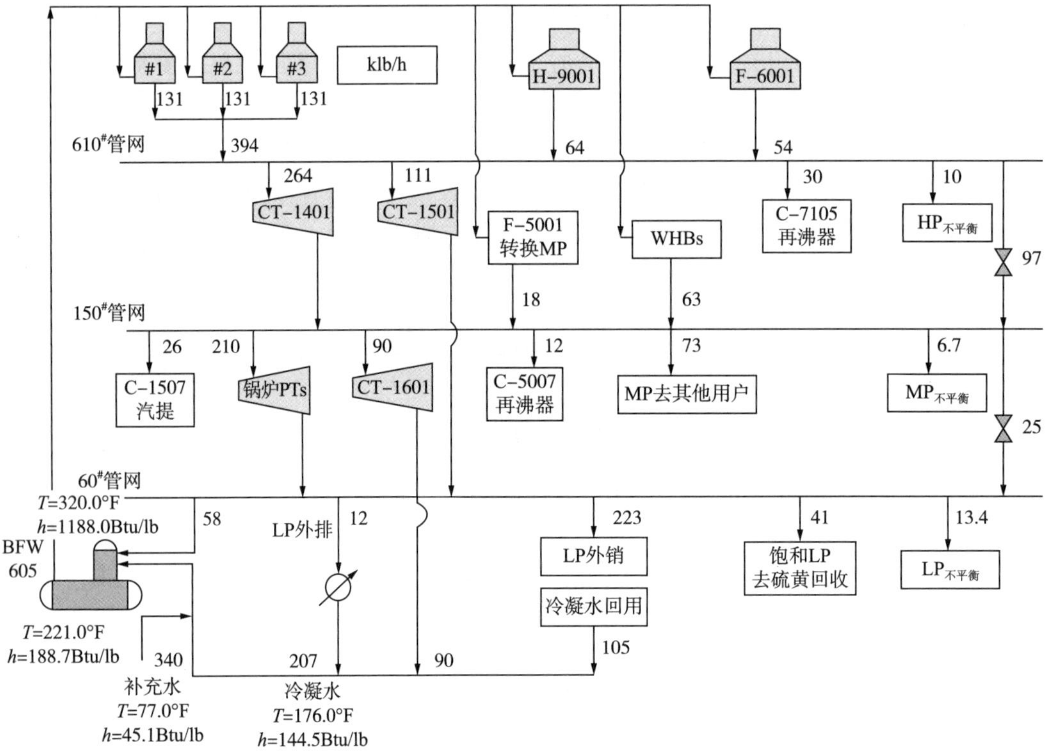

图 16.10　调整蒸汽平衡

16.6　结语

建立蒸汽平衡是开发现场蒸汽平衡的重要一步，因为它可以使复杂的蒸汽网络一目了然，为独立发电和使用提供见解，并有助于识别锅炉房和工艺中的协同机会。

在开发蒸汽平衡时，早期阶段的重点应放在确保所有蒸汽使用合理的用户都被包括在内；其中一些是实测数据，另一些是基于有根据的猜测。在此阶段应避免精度过高，直到不平衡分析表明需要更精确的数据。

蒸汽平衡的精度取决于应用场合。在使用蒸汽平衡作为集思广益的方法以获得改进想法的情况下，没有必要拥有高精度的蒸汽平衡。例如，图 16.3 中的蒸汽平衡足够好，可以精确定位与大放空流量、冷凝式涡轮机和潜在的大的低压蒸汽损失相关的定向机会。

然而，如果蒸汽平衡用于运行监督则需要具有高精度的蒸汽平衡和对过程变化的蒸汽动态响应。这是因为蒸汽平衡反映了工艺能量需求的变化条件，并为能源供应优化奠定了基础，以通过优化锅炉和涡轮机的负载和优化提供能源的途径来实现最小化产生蒸汽和电力的总成本的目标。

符号对照表

C_v	阀孔板系数
m	蒸汽流量
P_i、P_o	控制阀进、出口压力
T	温度

希腊字母

α	除氧蒸汽排放率

参 考 文 献

Lieberman NP（1991）*Trouble Shooting Process Operations*, 3rd edition, PellWell Books.

17　确定蒸汽真实价格

不准确的蒸汽定价可能会影响能源优化和商业投资决策。在大多数工厂中，报告的蒸汽成本是基于典型生产的平均蒸汽价格。尽管平均蒸汽成本为企业财务预算和报告提供了一种方便的方式，但它在管理蒸汽系统以最大限度地减少真实成本方面几乎没有价值。相比之下，边际蒸汽价格可以表明使用点的真实蒸汽成本。

17.1　引言

装置人员可能会对蒸汽价格产生混淆和误解。我们谈论的蒸汽价格是基于使用点(边际蒸汽价格)还是锅炉房的总蒸汽价格(平均蒸汽价格)？蒸汽应该在生产点还是使用点定价？蒸汽价格包括固定成本和可变成本吗？蒸汽的平均价格是否因不同的加工量而不同？为什么蒸汽价格是基于蒸汽焓而不是成本获得的？这些是本章重点论述的问题。

只要可能，真正的蒸汽价格应该在早期阶段制定，以提高工厂的能源效率。蒸汽按成本定价，工程师和运营商将努力降低能源运营成本，并确定有益的节能项目。因此，蒸汽的定价应满足以下目标：

① 优化蒸汽和动力系统的运行；

② 抓住动力出口/进口的市场现货机会；

③ 优化发电机和汽轮机之间的驱动器选择；

④ 促进工艺热集成；

⑤ 最大限度地减少能源损失；

⑥ 确定装置现代化的投资机会，包括热电联产；

⑦ 为提高能效的资本项目提供信贷。

在确定节能项目的效益时，了解真实的可变和固定蒸汽成本是很重要的。不准确的蒸汽成本可能导致能源项目投资的浪费，并误导能源运营的改善。

17.2　锅炉产生蒸汽的成本

锅炉蒸汽具体成本是直接计算的，并且可以如下面所讨论的那样清楚地定义。中压和低压蒸汽定价时会出现歧义，这将在后续章节中讨论。

锅炉产生蒸汽的成本包括以下几部分：

(1) 每 1000klb 蒸汽的可变成本

① 燃料(C_F)；

② 新鲜水供应(C_{RW})；

③ 水化学处理(C_{CH})；

④ 水泵和锅炉风机(C_{PW})的功率要求。

(2) 固定成本

① 折旧(RC_{Inv})：C_{Inv}是资本投资，R 是每年折旧的 C_{Inv} 的一部分；

② 维护和人工成本(C_M)：包括材料和人工；

③ 其他成本(C_0)：包括环境控制。

因此，锅炉蒸汽产生的具体总成本 C_{ST} 可以表示为：

$$C_{var}=C_F+C_{RW}+C_{CH}+C_{PW} \tag{17.1}$$

$$C_{fix}=\frac{R\cdot C_{Inv}+C_M+C_O}{\sum m} \tag{17.2}$$

$$C_{ST}=C_{fix}+C_{var} \tag{17.3}$$

式中，C_{fix} 为年化固定成本，美元/klb；C_{var} 为可变成本，美元/klb；$\sum m$ 为锅炉产生的总蒸汽量，klb/a。

示例 17.1　锅炉蒸汽的可变和固定成本

计算图 17.1 中锅炉蒸汽产生的平均成本。考虑两台锅炉，在 615psi(绝)和 700℉的条件下，其高压蒸汽容量为 250klb/h，锅炉的安装成本为 2000 万美元。由于备用系数和工艺变化，锅炉的额定容量高于正常蒸汽生产能力。锅炉和相关设备的操作需要两名操作员，费用为 60000 美元/(人・a)。锅炉的平均效率为 80%，燃料价格为 6 美元/MMBtu。其他相关数据见表 17.1。

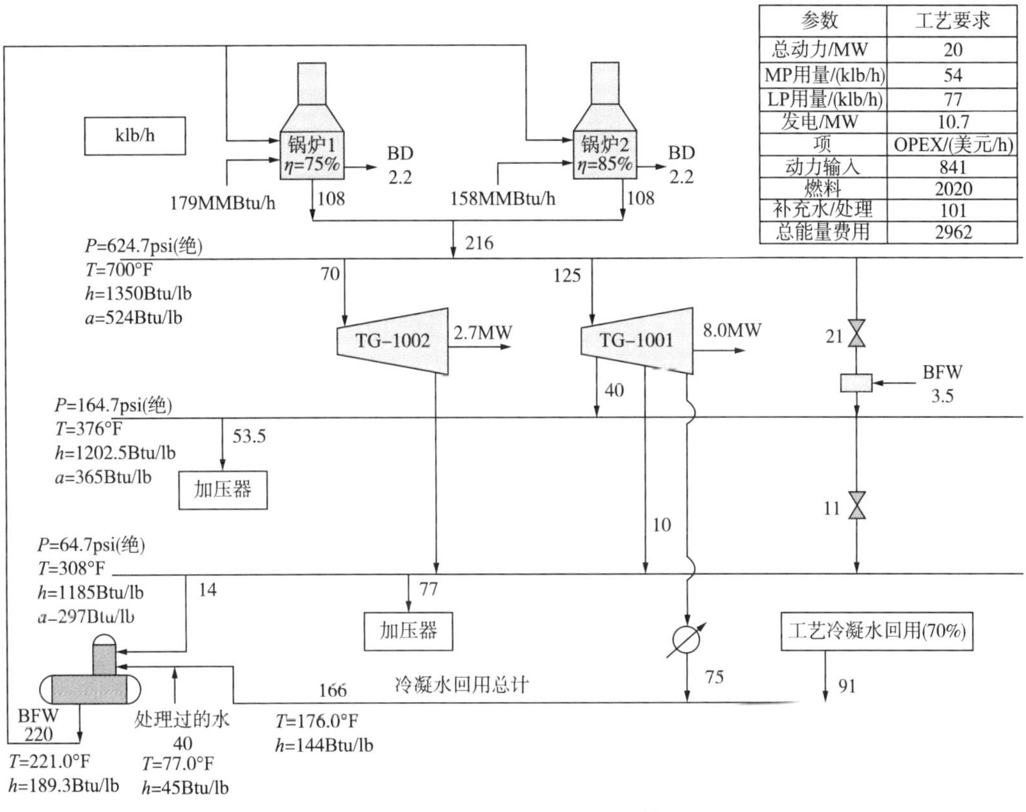

图 17.1　蒸汽系统配置示例

解决方案：假设资本折旧为资本的 15%，维护成本为资本的 2%。根据方程(17.2)，年化固定成本可计算为：

$$C_{fix}=\frac{(0.15+0.02)\times(20\times10^6)+2\times(60000)\times3}{250\times365\times24}=1.7(\text{美元/klb})$$

适用于年薪的系数 3 包括公司员工的杂项费用。应注意的是，无论蒸汽产生量如何，固定成本都将保持不变。相比之下，可变成本反映了蒸汽的产生量。根据方程(17.1)和表 17.1中的数据，可变成本计算为：

$$C_{var}=1.56\times6+0.02+0.74+0.62+1.10+0.05=11.9(\text{美元/klb})$$

因此，根据方程(17.3)，特定蒸汽成本是：

$$C_{ST}=C_{fix}+C_{var}=1.7+11.9=13.6(\text{美元/klb})$$

表 17.1　固定成本和可变成本计算的基础数据

项目	每 klb 蒸汽	项目	每 klb 蒸汽
平均锅炉燃料/MMBtu	1.56	锅炉处理能力/百万美元	20
新鲜水/美元	0.02	*R* 脱氯因子(对处理量)/%	15
水处理费用/美元	0.74	维护成本(对处理量)/%	2
水预热和输送/美元	0.62	两名员工/(美元/a)	120000
除氧蒸汽/美元	1.10	员工成本系数	3
FD 风扇/美元	0.05	C_{fix}(固定成本)/(美元/1000lb 蒸汽)	1.7
C_{var}(可变费用)/(美元/klb 蒸汽)	11.9	$C_{ST}=C_{var}+C_{fix}$/(美元/klb 蒸汽)	13.6

注：燃料价格：6 美元/MMBtu。

需要对 1.56MMBtu/klb 蒸汽的具体燃料消耗量进行一些解释。5%～10%的锅炉总蒸汽在内部用于旋转蒸汽轮机，以运行水循环泵和风机。平均而言，假定 7%的内部蒸汽使用量。1 号和 2 号锅炉的锅炉效率分别为 75%和 85%。因此，总燃油消耗量可以计算为：

$$Q_{B1}=\frac{(1+0.07)\times108\times(1350-189.3)}{0.75\times1000}=178.8(\text{MMBtu/h})$$

$$Q_{B2}=\frac{(1+0.07)\times108\times(1350-189.3)}{0.85\times1000}=157.8(\text{MMBtu/h})$$

具体油耗为：

$$q_{fuel}=\frac{178.8+157.8}{216}=1.56(\text{MMBtu/klb})$$

有三个主要成本组成部分：燃料、锅炉给水(包括新鲜水)、化学处理、泵输送和加热，以及固定成本，包括资本和维护以及环境相关成本。表 17.2 显示了基于 6 美元/MMBtu 燃料价格的这三种成本的细分情况。在这种情况下，燃料成本占主导地位，占 69%，所有其他成本占 31%。

尽管原则上应严格估计成本构成，但用基于燃料成本的近似值来估计可变蒸汽价格可能是一个很好的选择：

$$C_{var}=(1+x)\times C_F \tag{17.4}$$

式中，x 为其他成本的百分数，通常在 20%～40%，平均为 30%。

如果将方程(17.4)应用于示例 17.1，则仅基于 C_F即可快速估计 C_{var}为 12.2 美元/klb[=(1+0.3)×9.4)(见表 17.2)]。该 C_{var}相当接近之前根据锅炉给水相关分项成本计算的 11.9 美元/klb。

上述蒸汽成本是蒸汽产生的平均成本。运行蒸汽成本可能因不同的产品价格、蒸汽系统运行以及燃料和电力价格而有所不同。关于固定成本，重要的是要了解固定成本将在什么水平上发生变化——例如，我们何时需要增加或减少运营商的数量？蒸汽成本可能会受到生产率的影响，这一事实对一些人来说并不直观。然而，对于前面显示的给定计算细节，读者应该能够找出原因。

表 17.2　锅炉蒸汽成本的明细

项目	金额/(美元/klb)	占比/%	项目	金额/(美元/klb)	占比/%
燃料(C_F)	9.4	68.9	固定费用(C_{fix})	1.7	12.6
BFW(C_{BFW})	2.5	18.7	总费用	13.6	100

17.3　基于焓值的蒸汽定价

流程工业中最常见的蒸汽定价方法是基于蒸汽焓值。该方法很简单：对于给定的发电压力下的蒸汽成本，较低压力蒸汽的价格取决于该蒸汽所含热量与生成压力蒸汽所含热量的比值。换言之，高压蒸汽是由锅炉产生的，高压蒸汽的成本可以通过方程(17.3)计算。然后，根据焓值的比值，从高压蒸汽成本中按比例分配中压和低压蒸汽成本。这个想法似乎有道理；然而，也存在根本性的缺陷。该方法及其局限性可以通过下面的例子予以说明。

示例 17.2　基于焓值的蒸汽成本计算

根据焓值法计算图 17.1 中蒸汽系统的蒸汽价格，该蒸汽系统由复杂蒸汽系统的主要部件组成：带除氧和补给的锅炉、背压汽轮机、冷凝式汽轮机、工艺蒸汽需求、蒸汽放空阀、减温器等。经济数据如表 17.1 所示。

解决方案：如果 BFW 条件被用作测量蒸汽中可用热量的基础，则蒸汽中可用的热量等于蒸汽和 BFW 之间的焓差。因此，MP 和 LP 的成本可以基于焓比计算为：

$$C_{MP}=\frac{h_{MP}-h_{BFW}}{h_{HP}-h_{BFW}}C_{HP} \tag{17.5}$$

$$C_{LP}=\frac{h_{LP}-h_{BFW}}{h_{HP}-h_{BFW}}C_{HP} \tag{17.6a}$$

或：

$$C_{LP}=\frac{h_{LP}-h_{BFW}}{h_{MP}-h_{BFW}}C_{MP} \tag{17.6b}$$

式中，C_{HP}为锅炉的蒸汽成本，如之前根据表 17.1 计算的，为 13.6 美元/klb。

因此，对于给定的 HP 和 MP 蒸汽的焓值：

$$C_{MP}=\frac{1202.5-189.3}{1350.0-189.3}\times 13.6=11.9(\text{美元/klb})$$

同样，低压蒸汽价格可以根据高压蒸汽的焓值和价格进行计算：

$$C_{LP}=\frac{1185.0-189.3}{1350.0-189.3}\times 13.6=11.7(\text{美元/klb})$$

C_{LP}也可以根据 MP 蒸汽计算为：

$$C_{LP}=\frac{h_{LP}-h_{BFW}}{h_{MP}-h_{BFW}}C_{MP}=\frac{1185.0-189.3}{1202.5-189.3}\times 11.9=11.7(\text{美元/klb})$$

17.4 基于做功的蒸汽定价

认识到基于焓值的方法的缺点，Kenney(1984)提出基于蒸汽与焓相比所具有的潜在功来对蒸汽进行估价。Kenney 指出，基于焓值的定价方法以热力学第一定律(能量守恒)为基础，而基于做功的定价则以热力学第二定律(熵)为基础。在热力学中，潜在功也被称为可用能(a)，这意味着可用的潜在功的量。

在与基于焓值方法的焓比进行直接比较时，在基于做功的方法中，使用低压下蒸汽的可用性与发电压力下蒸汽的可用性的比率：

$$C_{\mathrm{MP}}=\frac{a_{\mathrm{MP}}}{a_{\mathrm{HP}}}C_{\mathrm{HP}} \tag{17.7}$$

$$C_{\mathrm{LP}}=\frac{a_{\mathrm{LP}}}{a_{\mathrm{HP}}}C_{\mathrm{HP}} \tag{17.8a}$$

或：

$$C_{\mathrm{LP}}=\frac{a_{\mathrm{LP}}}{a_{\mathrm{MP}}}C_{\mathrm{MP}} \tag{17.8b}$$

示例 17.3　基于做功的蒸汽成本计算

根据相同蒸汽系统的基于做功的方法计算蒸汽价格(见图 17.1)。

解决方案：图 17.1 中 HP、MP、LP 的可用性(a)值分别为 524Btu/lb、365Btu/lb、297Btu/lb。因此，中压和低压蒸汽价格可计算为：

$$C_{\mathrm{MP}}=\frac{a_{\mathrm{MP}}}{a_{\mathrm{HP}}}C_{\mathrm{HP}}=\frac{365}{524}\times 13.6=9.5(\text{美元/klb})$$

$$C_{\mathrm{LP}}=\frac{a_{\mathrm{LP}}}{a_{\mathrm{HP}}}C_{\mathrm{HP}}=\frac{297}{524}\times 13.6=7.7(\text{美元/klb})$$

显然，与基于焓值的方法相比，蒸汽价格显示出更大的差异(见表 17.3)。基于焓值的蒸汽定价方法比基于做功的定价方法更重视低压蒸汽。原因是当考虑到潜在功时，低压蒸汽会根据蒸汽集管之间的潜在功贬值。对可用性感兴趣的读者，可以在 Kenney(1984)的研究中找到关于可用性主题的更详细的讨论。

表 17.3　基于焓值和做功两种蒸汽定价方法的比较

项目	HP/(美元/klb)	MP/(美元/klb)	LP/(美元/klb)
$h_{基础}$	13.6	11.9	11.7
$W_{基础}$	13.6	9.5	7.7

17.5 基于燃料当量的蒸汽定价

基于焓值和做功的蒸汽定价方法都以热力学定律为基础。Cooper(1989)认为蒸汽定价应该反映经济现实。由于蒸汽系统的运行成本主要由燃烧蒸汽产生的燃料组成，Cooper(1989)提出使用燃料当量(FE)的概念作为蒸汽定价的基础。在这种方法中，使用不同压力下蒸汽的 FE 比率来推导焓值和可用性比率下的蒸汽价格。

每个蒸汽集管的总 FE 是通过不同通道进入蒸汽集管中的所有 FE 的总和。每个蒸汽集

管的具体 FE 为总 FE 除以从该集管产生的蒸汽量，即：

$$FE_{\text{Header } i}=\left.\frac{\text{总 } FE \text{ 消耗}}{\text{总发生蒸汽}}\right|_{\text{Header } i} \tag{17.9}$$

FE 计算采用自上而下的方法。首先计算了基于 LHV 效率的 FE，用于蒸汽提升装置，如专用锅炉和废热锅炉。然后按照压力水平的顺序逐级下降，确定其他蒸汽集管的 FE。

蒸汽轮机通常与蒸汽集管相连。因此，在确定蒸汽价格时，将发电量考虑在内是合乎逻辑的。事实上，当涡轮机离线，而电机在线运行旋转设备时，电力是输入的，但节省了蒸汽燃料。当涡轮机在线而电机离线时，可以节省输入动力，但以牺牲蒸汽燃料为代价。为了反映燃料和电力的相对价格比较，发电的价格等效效率(η_{PEE})定义为价格比：

$$\eta_{\text{PEE}}=\frac{1\text{MW}\cdot\text{h 燃料价格(边际燃料)}}{1\text{MW}\cdot\text{h 电价(输入或输出)}} \tag{17.10}$$

因此，第 3 章方程(3.5)中定义的功率的燃料当量乘数可以根据 η_{PEE} 进行调整：

$$MFE_{\text{power}}=\frac{3.414}{\eta_{\text{PEE}}} \tag{17.11}$$

使用 PEE 的理由是涡轮机排汽的价值取决于相对于燃料价格的电价。换言之，电价越高，排汽的价值就越低，反之亦然。这一事实可以通过将涡轮机排汽(如 LP)的 FE 定义为：

$$FE_{\text{LP}}=FE_{\text{HP}}-FE_{\text{power}} \tag{17.12}$$

这里 FE_{power} 是：

$$FE_{\text{power}}=\frac{\Delta W\times MFE_{\text{power}}}{M_{\text{HP-LP}}}=\frac{MFE_{\text{power}}}{m_{\text{HP-LP}}} \tag{17.13}$$

式中，M 为涡轮机蒸汽流量，lb/h；ΔW 为由 M 的蒸汽速率产生的功率，kW·h；m 为比蒸汽速率[$m=M/\Delta W$，lb/(kW·h)]。上述方程可以很容易地扩展到具有 HP-MP 和 MP-LP 膨胀的蒸汽轮机。

示例 17.4　基于 *FE* 的蒸汽成本计算

对于相同的蒸汽系统，根据基于 FE 的方法计算蒸汽价格(见图 17.1)。

解决方案：为了确定蒸汽集管的燃料当量，必须确定产生蒸汽的实际方式。

17.5.1　高压蒸汽的 *FE*

有两条产生高压蒸汽的路径，即分别为锅炉 1 和锅炉 2。高压蒸汽的平均 FE 可计算为：

$$FE_{\text{HP}}=\frac{179+156}{216}=1.56(\text{MMBtu/klb})$$

17.5.2　中压蒸汽的 *FE*

为了计算 MP 集管的 FE，确定了三种流量：

① 路径 1：从 TG-1001 中输出 40klb/h 的 MP 的蒸汽速率为 35.6lb/(kW·h)；

② 路径 2：21klb/h 的放空阀；

③ 路径 3：为减温添加 3.5klb/h 锅炉给水。

为了计算路径 1 中发电的燃料当量，η_{PEE} 和 MFE_{power} 首先计算为：

$$\eta_{\text{PEE}}=\frac{6\text{ 美元/MMBtu}\times 3.414\text{MMBtu/(MW}\cdot\text{h)}}{90\text{ 美元/(MW}\cdot\text{h)}}\times 100\%=22.76\%$$

$$MFE_{\text{power}}=\frac{3.414}{\eta_{\text{PEE}}}=\frac{3.414}{0.2276}=15[\text{MMBtu/(MW}\cdot\text{h)}]$$

因此，路径 1 中 *MP* 排气的 *FE* 为：

$$FE_{\text{MP}}^{\text{P1}}=FE_{\text{HP}}-\frac{MFE_{\text{power}}}{m_{\text{HP-MP}\mid\text{TG-1001}}}=1.56-\frac{15}{35.6}=1.14(\text{MMBtu/klb})$$

对于路径 2，21klb/h 放空蒸汽的$FE_{\text{MP}}^{\text{P2}}=FE_{\text{HP}}=1.56$MMBtu/klb。这是因为放空是一个绝热过程，放空前后的焓保持不变。

对于路径 3，$FE_{\text{BFW}}^{\text{P3}}$约为 0.2MMBtu/klbBFW(见第 3 章的 3.5 节和 2.5 节详细信息)。因此，混合 MP 蒸汽的加权平均 *FE* 变为：

$$FE_{\text{MP}}^{\text{av}}=\frac{40\times1.14+21\times1.56+3.5\times0.2}{(40+21+3.5)}=1.22(\text{MMBtu/klb})$$

17.5.3 低压蒸汽的 FE

低压蒸汽价格可以用类似的方法计算。有三种途径可产生低压蒸汽：①来自 TG-1002 涡轮机的 70klb/h，比蒸汽速率为 26.8lb/(kW·h)；②来自 TG-1001 LP 输出的 10klb/h，比蒸汽速率为 22.9lb/(kW·h)；③来自放空阀的 11klb/h。低压蒸汽不需要 BFW 减温，因为低压蒸汽中的减温馏分非常少。

对于涉及 TG-1002 涡轮机的路径 1，70klb/h LP 排气的定价为：

$$FE_{\text{LP}}^{\text{P1}}=FE_{\text{HP}}-\frac{MFE_{\text{power}}}{m_{\text{HP-LP}}\mid_{\text{TG-1002}}}=1.56-\frac{15}{26.8}=1.0(\text{MMBtu/klb})$$

对于涉及 TG-1001 LP 输出的路径 2，10klb/h LP 输出的价格可为：

$$FE_{\text{LP}}^{\text{P2}}=FE_{\text{HP}}-\frac{MFE_{\text{power}}}{m_{\text{HP-LP}}\mid\text{TG-1001}}=1.56-\frac{15}{22.9}=0.9(\text{MMBtu/klb})$$

对于涉及放空阀的路径 3，放空蒸汽在 1.22MMBtu/klb 时具有与 MP 相同的 *FE*，因为放空是一个绝热过程。因此，混合 LP 蒸汽的加权平均 *FE* 为：

$$FE_{\text{LP}}^{\text{av}}=\frac{70FE_{\text{LP}}^{\text{P1}}+10FE_{\text{LP}}^{\text{P2}}+11FE_{\text{LP}}^{\text{P3}}}{(70+10+11)}=\frac{(70\times1.0+10\times0.9+11\times1.22)}{91}$$

$$=1.01(\text{MMBtu/klb})$$

17.5.4 中压和低压蒸汽的定价

通过计算高压、中压、低压蒸汽集管的 *FE*，以及给定的 13.6 美元/klb 的高压价格，中压和低压蒸汽的蒸汽价格可以根据 *FE* 的比率确定为：

$$C_{\text{MP}}=\frac{FE_{\text{MP}}}{FE_{\text{HP}}}C_{\text{HP}}=\frac{1.22}{1.56}\times13.6=10.6(\text{美元/klb})\tag{17.14}$$

$$C_{\text{LP}}=\frac{FE_{\text{LP}}}{FE_{\text{HP}}}C_{\text{HP}}=\frac{1.01}{1.56}\times13.6=8.8(\text{美元/klb})\tag{17.15}$$

17.6 基于成本的蒸汽定价

基于焓值、基于做功和基于燃料当量的定价方法的关键问题是：这些方法的蒸汽价格是否反映了真实成本？下面的例子可以最好地回答这个问题。

示例 17.5　基于成本的蒸汽成本计算

根据相同蒸汽系统的成本法计算蒸汽价格（见图 17.1）。

解决方案：为了确定真正的成本，必须评估生产蒸汽的实际方式。有三种流量对中压蒸汽集管有贡献，这三种流量之前已经确定。

17.6.1　MP 定价

对于路径 1，涉及 TG-1001 的发电，应考虑发电量，以反映输入电力在相同电量的情况下的减少。在基于成本的方法中使用实际电价，而不是使用 *PEE*。因此，对于涉及发电的路径，排出蒸汽的蒸汽价格为：

$$C_{\text{exhaust}}=C_{\text{HP}}-w\times C_{\text{P}}=C_{\text{HP}}-\frac{C_{\text{P}}}{m_{\text{w}}} \tag{17.16}$$

式中，w 为比发电量，MW · h/klb；m_w为涡轮机膨胀的特定蒸汽速率，klb/（MW · h）；C_P为电价，美元/（MW · h）；w 和 m_w可以使用蒸汽轮机建模方程（15.6）和方程（15.8）来计算。

因此，40klb/h MP 的价格（$C_{\text{MP}}^{\text{P1}}$）可计算为：

$$C_{\text{MP}}^{\text{P1}}=13.6-\frac{90}{35.6}=11.1(\text{美元/klb})$$

对于路径 2，21klb/h 放空蒸汽的价格（$C_{\text{MP}}^{\text{P2}}$）与 HP 相同，为 13.6 美元/klb。这是因为路径 2 中的 MP 是通过 HP 放空直接产生的。

对于路径 3，价格（$C_{\text{MP}}^{\text{P3}}$）为 2.5 美元/klb 的 BFW 成本。因此，混合 MP 价格的加权平均值变为：

$$C_{\text{MP}}^{\text{av}}=\frac{40C_{\text{MP}}^{\text{P1}}+21C_{\text{MP}}^{\text{P2}}+3.5C_{\text{MP}}^{\text{P3}}}{(40+21+3.5)}=\frac{40\times11.1+21\times13.6+3.5\times2.5}{64.5}$$
$$=11.4(\text{美元/klb})$$

17.6.2　低压蒸汽定价

低压蒸汽价格可以用类似的方法计算。如前所述，制造低压蒸汽有三种途径。低压蒸汽不需要 BFW 减温，因为低压蒸汽接近饱和。

对于涉及 TG-1002 涡轮机的路径 1，70klb/h LP 排气的定价为：

$$C_{\text{LP}}^{\text{P1}}=13.6-\frac{90}{26.8}=10.2(\text{美元/klb})$$

对于涉及 TG-1001 LP 输出的路径 2，10klb/h LP 输出的价格可为：

$$C_{\text{LP}}^{\text{P2}}=13.6-\frac{90}{22.9}=9.7(\text{美元/klb})$$

对于涉及放空阀的路径 3，11klb/h 的放空蒸汽价格与 11.4 美元/klb 的 MP 价格相同。因此，混合 LP 的加权平均价格为：

$$C_{\text{LP}}^{\text{av}}=\frac{70C_{\text{LP}}^{\text{P1}}+10C_{\text{LP}}^{\text{P2}}+11C_{\text{LP}}^{\text{P3}}}{(70+10+11)}=\frac{(70\times10.2+10\times9.7+11\times11.4)}{91}=10.3(\text{美元/klb})$$

17.7　不同蒸汽定价方法的比较

既然我们一直在快车道上行驶，让我们按下暂停按钮几分钟。目前需要回答的紧迫问题是：上述蒸汽定价方法有何不同？表 17.4 给出了通过这些方法确定的蒸汽价格的比较。总体而言，基于焓值的方法高估了低压蒸汽，而基于做功的方法低估了低压蒸汽。此为这些方法的关键特征，是由蒸汽特性的性质引起的：蒸汽在不同压力条件下的焓值相似，而做功值与压力条件显著不同。

表 17.4　蒸汽价格比较

项目	HP/(美元/klb)	MP/(美元/klb)	LP/(美元/klb)
$h_{基础}$	13.6	11.9	11.7
$W_{基础}$	13.6	9.5	7.7
$FE_{基础}$	13.6	10.6	8.8
$C_{ost基础}$	13.6	11.4	10.3

基于焓值的方法的根本缺点是根本没有考虑发电量。在另一个极端，基于做功的方法为任何潜在的发电提供了价值，即使没有涡轮机，这会导致低压蒸汽被低估。因此，基于焓值和做功的方法都不考虑蒸汽系统配置。这是错误的，因为蒸汽系统配置会影响蒸汽和电力的生产成本。使用高效锅炉和涡轮机的热电联产配置可以使蒸汽和电力比非热电联产系统便宜得多。

基于燃料当量的方法试图解决这些问题，并且与基于焓值和做功的方法相比，在提供误导性蒸汽价格方面不太可能存在固有危险；然而，如果要避免潜在的定价错误，使用基于成本的方法将更加谨慎。这是因为基于成本的方法可以提供反映真实成本的蒸汽和电力的计量价值，以及反映经济现实的最佳方法。

基于成本的方法的基本特征是在蒸汽定价时考虑了发电量。轴功率的估值往往会降低低压蒸汽的平均成本。这可以促使工艺装置优先使用低压蒸汽而不是高压蒸汽。同时，它将鼓励工艺装置考虑通过利用余热和发电设施投资于高压蒸汽的蒸汽发电设施，不仅会降低工艺装置的运营成本，还会降低整体能源成本。因此，反映真实成本的蒸汽定价将避免不良的投资。如果计量成本不能反映真实的经济状况，工艺装置等主管部门可能会决定安装新设施，这可能会“有利于”工艺装置，但不会使整个实体受益。

17.8　边际蒸汽定价

当基于最常见的生产进料速率和工艺条件确定平均蒸汽价格时，可以应用上述基于成本的蒸汽定价方法。因此，蒸汽价格可用于公司报告、流程领域的能源成本分配和预算编制，以及与员工沟通以提高认识。然而，平均价格是否可以作为评估运营改进和能源资本投资项目的依据？当涉及运营改进和实施能源项目的重要业务决策时，这一点尤其重要。在这些情况下，工艺蒸汽和功率需求可能会发生变化，这会影响锅炉和涡轮机的负载，从而影响特定的蒸汽成本。

在处理工艺蒸汽和电力需求的变化时，我们通常会考虑随着增量增加或减少蒸汽使用量，因此只对增量成本效应感兴趣。这种对运营支出($OpEx$)的边际影响最好用所谓的边际成本(MC)来描述(Makwana 和 Zhu，1998)，定义为：

$$C_{MC}=\frac{增量能源成本}{增量蒸汽消耗}=\frac{\Delta OpEx}{\Delta M_{steam}} \tag{17.17}$$

$\Delta OpEx$ 是可变能源成本的增量变化，包括燃料和锅炉给水成本，但不包括固定成本。

固定成本对边际价格没有影响，因为固定成本在 $\Delta OpEx$ 的计算中被抵消了。事实上，无论蒸汽生产发生多大的增量变化，固定成本都已经发生了。

根据定义，边际蒸汽价格与之前讨论的平均蒸汽价格不同：

$$C_{\text{Av}} = \frac{\text{总成本}}{\text{总蒸汽消耗量}} = \frac{\text{可变成本} + \text{固定成本}}{\sum M_{\text{steam}}} \tag{17.18}$$

让我们用下一个例子来说明边际蒸汽价格是如何确定的。

示例 17.6　边际蒸汽成本计算

如果 HP、MP 和 LP 的需求分别增加 10klb/h，则计算其边际价格。考虑图 17.1 中的蒸汽系统。

17.8.1　HP 的边际价格

图 17.1 中有两个锅炉。1 号锅炉较旧，效率为 75%，2 号锅炉较新，效率为 85%。因此，高压蒸汽产生有两条途径：一条来自旧锅炉，另一条来自更高效的锅炉。

路径 1：以 75%的效率通过 1 号锅炉将高压蒸汽增加 10klb/h。制造 10klb/h 高压蒸汽的增量燃料消耗可根据方程(17.9)和方程(17.20)计算：

$$\Delta Q_{\text{HP}} = \Delta m_{\text{HP}} \times (h_{\text{HP}} - h_{\text{BFW}}) \tag{17.19}$$

$$\Delta Q_{\text{fuel}} = \frac{\Delta Q_{\text{HP}}}{\eta_{\text{boiler}}} \tag{17.20}$$

式中，Δm_{HP}为增量蒸汽产生量，内部额外使用 5%～10%用于驱动水循环泵和锅炉风机。此处假定内部使用率为 7%。因此：

$$\Delta Q_{\text{fuel}}^{\text{P1}} = \frac{(1+0.07)\times 10\times(1350-189.3)/1000}{0.75} = 16.6(\text{MMBtu/h})$$

对于 10.2klb/h 的额外 BFW，其中 0.2klb/h 为额外排污，通过路径 1 的额外 HP 的边际价格为：

$$C_{\text{HP}}^{\text{P1}} = \left.\frac{\Delta OpEx}{\Delta HP}\right|_{\text{P1}} = \frac{16.6\times 6+10.2\times 2.5}{10} = 12.5(\text{美元/klb})$$

可以看出，只有可变成本包含在边际价格中，因为固定成本在 $\Delta OpEx$ 计算中被抵消了。

路径 2：以 85%的效率通过 2 号锅炉将高压蒸汽增加 10klb/h。与路径 1 类似，通过路径 2 的高压蒸汽的边际价格可以计算为：

$$\Delta Q_{\text{fuel}}^{\text{P2}} = \frac{(1+0.07)\times 10\times(1350-189.3)/1000}{0.85} = 14.6(\text{MMBtu/h})$$

$$C_{\text{HP}}^{\text{P2}} = \left.\frac{\Delta OpEx}{\Delta HP}\right|_{\text{P2}} = \frac{14.6\times 6+10.2\times 2.5}{10} = 11.3(\text{美元/klb})$$

显然，锅炉 2klb/h 的蒸汽可以比锅炉 1 便宜 1.2 美元。

应用挑战：对于该蒸汽系统，改造项目需要 40klb/h 的额外高压蒸汽，1 号和 2 号锅炉的蒸汽产生极限分别为 160klb/h 和 140klb/h。由于锅炉 1 和锅炉 2 的当前负荷均为 108klb/h。自然地，第一个 32klb/h 的 HP 需求将由锅炉 2 提供，因为它比锅炉 1 更有效率。因此，2 号锅炉生产的 32t/h 的边际价格为 11.3 美元/klb，而 2 号锅炉最后生产的 8t/h 的价格为 12.5 美元/klb。

如果节能项目可以减少 40klb/h 的高压蒸汽使用，会发生什么？哪个锅炉的蒸汽产量应该减少，减少多少？你如何看待减少蒸汽的价值？这些是要回答的问题。

17.8.2 中压蒸汽的边际价格

如前所述，有两种途径可以增加 MP 的使用量：放空阀和 TG-1001 的 MP 输出。此外，还有两种增加 HP 蒸汽的途径：锅炉 1 和锅炉 2。综合起来，有四条路径将燃料消耗与过程 MP 需求的变化联系起来。

让我们先定义一下命名法。HP-MP 放空的路线被命名为路径 3，路径 3→1 表示连接路径 3(HP-MP 放空)和路径 1(锅炉 1)的组合路径。类似地，路径 3→2 是连接路径 3(HP-MP 放空)和路径 2(锅炉 2)的组合路径。让我们依次看一下每条路径。

或者，可以通过 TG-1001 MP 输出提供额外的 MP。如果将该流动路径命名为路径 4，则路径 4→1 是连接路径 4(TG-1001MP 输出)和路径 1(锅炉 1)的连接路径。类似地，路径 4→2连接路径 4(TG-1001MP 输出)和路径 2(锅炉 2)。

路径 3→1：通过排放阀和锅炉 1 将 MP 增加 10klb/h。增量效应包括：

① 1 号锅炉的燃料消耗量增加了 16.6MMBtu/h；

② 锅炉给水的使用量增加了 10.2klb/h，其中 0.2 是额外的排污率。

因此，路径 3→1 的边际 MP 价格是：

$$C_{\mathrm{MP}}^{\mathrm{P3\to1}}=\left.\frac{\Delta OpEx}{\Delta MP}\right|_{\mathrm{P3\to1}}=\frac{16.6\times6+10.2\times2.5}{10}=12.5(\text{美元/klb})$$

$C_{\mathrm{MP}}^{\mathrm{P3\to1}}$与 $C_{\mathrm{HP}}^{\mathrm{P1}}$的值相同。这是巧合吗？不，这是因为对于路径 3→1，中压蒸汽 100%由放空阀通过锅炉 1 产生。

路径 3→2：通过排放阀和 2 号锅炉将中压蒸汽增加 10klb/h。由于 2 号锅炉的燃料消耗量增加了 14.6MMBtu/h，额外的 10klb/h 中压蒸汽消耗量使锅炉给水量增加了 10.2klb/h，因此遵循该路径的中压蒸汽的边际价格为：

$$C_{\mathrm{MP}}^{\mathrm{P3\to2}}=\left.\frac{\Delta OpEx}{\Delta MP}\right|_{\mathrm{P3\to2}}=\frac{14.6\times6+10.2\times2.5}{10}=11.3(\text{美元/klb})$$

路径 4→1：通过汽轮机 TG-1001 将中压蒸汽增加 10klb/h，1 号锅炉 TG-1001 为汽轮发电机。由于假设 MP 输出的极限为 60klb/h，因此允许在 MP 输出时有额外的 10klb/h 蒸汽速率。TG-1001 MP 发汽中的比蒸汽速率为 35.6lb/(kW·h)。增量效应如下：

① 2 号锅炉的燃料消耗量增加了 16.6MMBtu/h。

② BFW 速率增加 10.2klb/h，其中 0.2 是额外的排污速率。

③ TG-1001 增加了 0.281MW(=10/35.6)的发电量，因此电力输入减少了与电价为 90 美元/(MW·h)相同的数量。

总体增量运营成本可计算为：

$$\Delta OpEx=16.6\times6+10.2\times2.5-0.281\times90=99.8(\text{美元/h})$$

因此，边际 MP 价格为：

$$C_{\mathrm{MP}}^{\mathrm{P4\to1}}=\left.\frac{\Delta OpEx}{\Delta MP}\right|_{\mathrm{P4\to1}}=\frac{99.8}{10}=9.98(\text{美元/klb})$$

路径 4→2：通过 TG-1001 汽轮机和 2 号锅炉将中压蒸汽增加 10klb/h。总体增量运行成本可计算为：

$$\Delta OpEx=14.6\times6+10.2\times2.5-0.281\times90=87.8(\text{美元/h})$$

因此，边际 MP 价格为：

$$C_{MP}^{P4\to2}=\left.\frac{\Delta OpEx}{\Delta MP}\right|_{P4\to2}=\frac{87.8}{10}=8.78(\text{美元/klb})$$

显然，来自路径 4→2 的 MP 在路径 4→1、路径 3→2、路径 3→1 之后的所有路径中是最便宜的。

应用程序挑战：如果额外的 MP 需求为 40klb/h，会发生什么？应该遵循什么路径序列来满足额外的需求，需要多少成本？锅炉和 TG-1001 MP 输出的限制已在前面给出。如果 MP 使用量减少 40klb/h 会发生什么？如何在流动路径方面实现减少？

17.8.3 低压蒸汽的边际价格

有三条路径可增加低压使用量：路径 5(MP-LP 放空阀)、路径 6[TG-1001 LP 发汽，比蒸汽率为 22.9lb/(kW·h)]和路径 7[TG-1002 低压发汽，比蒸汽率为 26.8lb/(kW·h)]。加上 HP 集管处的两条路径，因此将有六条连接路径用于连接 LP 和锅炉，即路径 5→1，路径 5→2，路径 6→1，路径 6→2，路径 7→1 和路径 7→2。

路径 5→1 和路径 5→2 的边际价格可以直接得出：

$$C_{LP}^{P5\to1}=\left.\frac{\Delta OpEx}{\Delta LP}\right|_{P5\to1}=C_{HP}^{P1}=12.5(\text{美元/klb})$$

$$C_{LP}^{P5\to2}=\left.\frac{\Delta OpEx}{\Delta LP}\right|_{P5\to2}=C_{HP}^{P2}=11.3(\text{美元/klb})$$

这是因为这些路径中的低压蒸汽是由锅炉 1 和锅炉 2 通过高压放空至低压集管产生的。

路径 6→1 和路径 6→2 的边际价格可以确定为：

$$C_{LP}^{P6\to1}=\frac{\Delta OpEx}{\Delta LP}=\frac{16.6\times6+10.2\times2.5-10/22.9\times90}{10}=8.58(\text{美元/klb})$$

$$C_{LP}^{P6\to2}=\frac{\Delta OpEx}{\Delta LP}=\frac{14.6\times6+10.2\times2.5-10/22.9\times90}{10}=7.38(\text{美元/klb})$$

同样，路径 7→1 和路径 7→2 的边际价格可以确定为：

$$C_{LP}^{P7\to1}=\frac{\Delta OpEx}{\Delta LP}=\frac{16.6\times6+10.2\times2.5-10/26.8\times90}{10}=9.15(\text{美元/klb})$$

$$C_{LP}^{P7\to2}=\frac{\Delta OpEx}{\Delta LP}=\frac{14.6\times6+10.2\times2.5-10/26.8\times90}{10}=7.95(\text{美元/klb})$$

显然边际 LP 价格的计算确定了满足任何额外量的 LP 需求的最经济的流动路径，按成本最低的顺序排列依次为路径 6→2、路径 7→2、路径 6→1 和路径 7→1，而最差的路径是路径 5→1 和路径 5→2。

应用挑战：让我们假设改造项目带来的 40klb/h 的额外 LP 需求。我们如何才能满足这种额外的需求，为什么？假设 TG-1001 和 TG-1002 低压发汽流量限制分别为 40klb/h 和 100klb/h。锅炉和 TG-1001 MP 发汽的限制已在前面给出。

如果 MP 的使用量从图 17.1 中的基本情况减少了 40klb/h，会发生什么？我们如何在流动路径方面实施减少？为什么？

17.8.4 边际蒸汽价格备注

前面的讨论展示了边际蒸汽价格的特征。边际蒸汽价格的第一个特征是路径依赖性。

当增加或减少蒸汽使用量时，蒸汽系统中可能存在多个流动路径来容纳蒸汽。通过计算这些路径的边际价格，可以选择最经济的路径以适应工艺变化。此外，可以选择实现能源改善机会的最佳途径，并可以确定最具代表性的能源价格进行成本和效益分析。因此，边际蒸汽价格应用于运营改进和资本项目评估。

边际蒸汽价格的第二个特点是，所有增量蒸汽变化都必须追溯到燃料、锅炉给水和动力平衡，以便确定对运营成本的净影响。这就是边际蒸汽价格的本质。

17.9 冷凝水回收对蒸汽成本的影响

在一些应用中，如分馏塔的汽提蒸汽，由于冷凝水返回除氧器，蒸汽无法回收。在其他情况下，冷凝水会因疏水器故障或缺乏回收设施而损失。必须提供额外的新鲜水作为补偿，以弥补损失。补给水的成本主要有两项：一项是水处理成本，另一项是将新鲜水从局部温度加热到冷凝温度的预热成本。在之前的蒸汽成本计算中，生产经处理的补给水的成本均匀分布在锅炉产生的每磅蒸汽上，并向下级关联到中压和低压蒸汽中。

正如我们所知，一些蒸汽应用可以有冷凝水回流，但其他应用则没有，这些应用的蒸汽必须在成本上有所区别。对图 17.1 中的例子，处理和预热水的锅炉给水成本为 2.5 美元/klb，其中 0.6 美元/klb 是将冷水泵送和预热至脱气温度的成本。换言之，如果冷凝水损失，补给水的供应量为 2.5 美元/klb。蒸汽成本应相应修正，以反映冷凝水的真实成本。

17.10 结语

显然，计算平均蒸汽价格和边际蒸汽价格的基础是包括 BFW 和冷凝水平衡在内的整体蒸汽平衡，这已在第 16 章中进行了讨论。平均蒸汽成本的计算方法遵循自上而下的原则，而蒸汽平衡对应于最常见的生产场景和蒸汽系统配置。

在计算平均蒸汽成本时，重点是满足某个蒸汽集管的总蒸汽平均成本需求。为此，将单个成本加在一起，得出某个蒸汽集管的总成本。该集管的平均蒸汽成本等于该总成本与同一集管的蒸汽需求总量之比。平均蒸汽成本有助于公司报告、工艺装置的能源预算以及与员工的沟通。

在计算边际蒸汽价格时，重点是找到满足蒸汽集管增量蒸汽需求的最佳方法。为此，确定了可以完全或部分增加蒸汽需求的单独路径，并计算了这些路径的边际成本。结果，对各个路径进行了区分，从而可以识别出满足增量蒸汽需求的最佳路径。

符号对照表

a	可用性或动力潜力
C_{fix}	年化固定成本
C_{var}	可变成本
CapEx	资本支出
C_{M}	维护和人工成本
C_{O}	其他成本，包括环境控制
FE	燃料当量
MFE	燃料当量乘数
$OpEx$	能源运营支出
PEE	动力等效效率
Q	热含量

q	比热容
R	资本折旧系数
x	部分成本

参 考 文 献

Cooper D (1989) Do you value steam correctly? *Hydrocarbon Processing Journal*, July, 44-47.
Kenney WF (1984) *Energy Conservation in the Process Industry*, Academic Press, Inc.
Makwana Y (1998) Energy retrofit and debottlenecking of total site, PhD thesis (X. X. Zhu is the principal supervisor), UMIST, Manchester, UK.

18 蒸汽系统性能基准

对于现有的蒸汽系统，如果可以预先确定能效的最佳性能，这可以为监测和比较的目的奠定基准。通过应用本章中介绍的方法，可以很容易地确定性能差距。

18.1 引言

整个能量性能由过程能量性能(能量需求侧)和蒸汽/电力系统性能(能量供应侧)共同决定。在前几章中，讨论的重点是工艺能量的有效利用，这属于整体能量效率方程中的需求侧范畴。本章侧重于能量的高效生产和分配，即整体能量效率方程中的供应侧环节。能量供应由四个主要部分组成：蒸汽产生、分配、最终使用和回收(见图 18.1)。蒸汽系统基准测试的目的是提供这四个组成部分的性能指标，以便于确定与参考性能的差距。蒸汽系统基准的开发应提供以下方面的见解和理解：

① 蒸汽损失：锅炉排污、除氧、蒸汽分配、疏水阀和冷凝水排放损失。

② 设备性能：锅炉效率、涡轮机效率。

③ 系统性能：冷凝发电、蒸汽放空流量、排气。

④ 系统配置：蒸汽集管压力、汽轮机配置、最大热电联产效率。

⑤ 设备操作：蒸汽使用设备优化。

⑥ 热电联产的 R 曲线概念(促进工艺热集成)。

⑦ 工艺领域的能源成本分布。

⑧ 确定现场发电的投资机会。

⑨ 不鼓励低能效的能源项目。

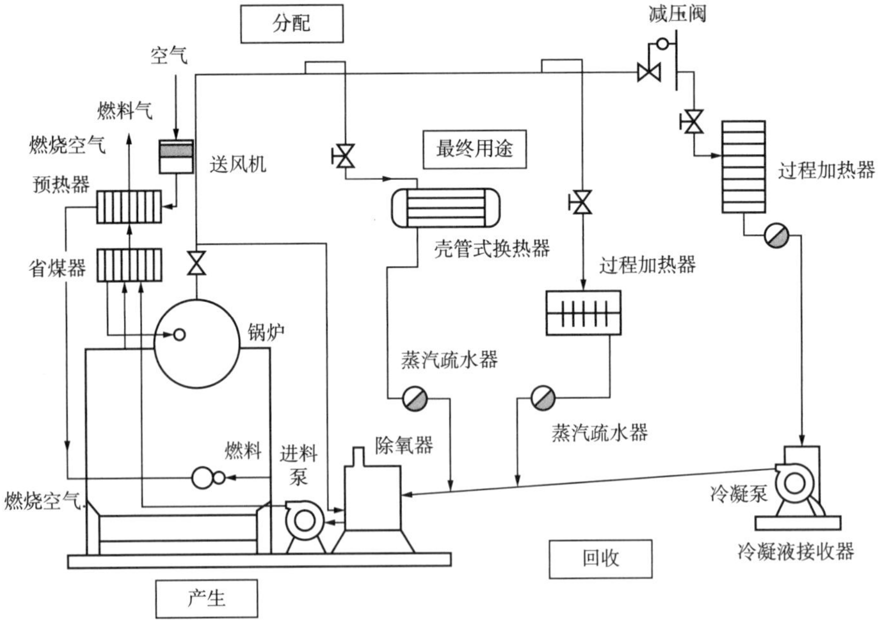

图 18.1 四大蒸汽组成：蒸汽产生、分配、最终用途和回收

18.2 基准蒸汽成本：将发电成本降至最低

对蒸汽发电的燃料成本进行基准测试是管理蒸汽系统的重要步骤。对于给定量的蒸汽生产，总燃料成本取决于锅炉效率、蒸汽压力、燃料类型和成本以及给水温度。该基准可以作为监测锅炉性能的跟踪工具。提供了基准计算(DOE，2012)，下面进行简要说明。

表 18.1 显示了在不同操作压力和不同给水温度下产生 1lb 饱和蒸汽所需的热输入，而表 18.2 列出了几种常见燃料的典型能量含量和锅炉燃烧效率。这两个表中的数据可用于确定锅炉或其他燃烧单元的可用热量的成本。计算还可以包括给水泵、风扇、燃料加热炉、燃料雾化器和吹灰用蒸汽等附件的运行成本、处理化学品以及环境和维护成本。

表 18.1 生产 1lb 饱和蒸汽所需的能量(DOE，2012) Btu[a]

操作压力/psi(表)	进料温度/℉				
	50	100	150	200	250
150	1178	1128	1078	1028	977
450	1187	1137	1087	1037	986
600	1184	1134	1084	1034	984

注：[a] 根据饱和蒸汽和给水的焓差计算。

表 18.2 燃料的能量含量和燃烧效率(DOE，2012)

燃料类型	能量含量/Btu	燃烧效率[a]/%	燃料类型	能量含量/Btu	燃烧效率[a]/%
天然气/MMBtu	1000000	85.7	渣油/gal	149700	89.6
天然气/1000ft^3	1030000	85.7	煤/t	27000000	90.3
馏分油/gal	138700	88.7			

注：[a] 燃烧效率基于配备给水省煤器或空气预热和烟气中 3%氧气的锅炉。

18.2.1 蒸汽生产成本

边际蒸汽价格应作为蒸汽生产的有效成本，因为该方法考虑了从生产、分配、使用点到冷凝水回收的整个周期。边际价格取决于从锅炉到使用点的路径，以及冷凝水是否回收。在改造项目中，当需要新的锅炉和涡轮机时，总投资成本应作为评估的基础。第 17 章提供了锅炉蒸汽成本和边际蒸汽价格的方法。

18.2.2 燃料选择

当锅炉可以处理多种燃料时，通过利用燃料价格的市场可变性，燃料选择可以非常有利于降低蒸汽产生成本。对不同燃料产生的蒸汽成本的计算应揭示燃料转换的动机。但是，必须考虑维护成本和排放法规。

18.2.3 热值

燃料是根据其总热值或更高的热值(HHV)出售的。如果在燃烧过程结束时，水仍以蒸汽的形式存在，则必须通过水的蒸发潜热来降低 HHV。这个降低的值被称为低热值(LHV)。燃烧燃料的计算应基于 LHV。

18.2.4 基准蒸汽成本

确保锅炉装置上安装了蒸汽流量计，并计算蒸汽成本以验证基准值。

示例 18.1　基准锅炉蒸汽成本

以 6 美元/MMBtu 的天然气为燃料的锅炉产生 600psi(表)的饱和蒸汽。锅炉给水供应量为 200℉，为 2.5 美元/klb。采用表 18.1 和表 18.2 中的数据计算基准蒸汽成本，单位为美元/100klb。如果锅炉给水温度为 250℉，会对蒸汽成本产生什么影响?

解决方案：蒸汽成本 = 6×1.034/0.857+2.5 = 9.74(美元/klb)

如果 BFW 温度为 250℉，蒸汽成本 = 6×0.984/0.857+2.5 = 9.39(美元/klb)

18.3　基准蒸汽和冷凝水损失

事实上，锅炉房产生的蒸汽通过广泛的蒸汽管道分配给最终用户。蒸汽分配的损失可能是锅炉燃烧燃料的 10%～30%，因此从用户的角度来看，锅炉的净效率比设计效率低 10%～30%。损失不一定归因于单一因素，而是多种因素综合作用的结果。通常会观察到由疏水器故障和冷凝水排放问题引起的主要蒸汽损失。蒸汽管道绝缘不良、法兰和阀门密封泄漏、旁通阀和/或放气阀打开等也可能导致蒸汽损失。例如，600psi(表)管线中的 1/4in 管线泄漏损失超过 1000lb/h 的蒸汽。高压蒸汽的边际成本为 11.9 美元/klb，除了可能引起的噪声和安全问题外，这种泄漏每年还可能花费 9.5 万美元。想象一下，如果整个工厂发生 20 多次可见和不可见的泄漏，会损失多少钱。通过使用一些简单的措施，如维护疏水器和监测蒸汽分配，以确定产生的蒸汽是否与消耗的蒸汽一致，可以带来显著的成本节约效益。

18.3.1　疏水器管理

蒸汽疏水器本质上是一种带有简单机构的控制阀，用于分离蒸汽和冷凝水。它的设计方式是打开以允许冷凝水通过，但当出现蒸汽时关闭(因此"被节流")。如果运行正常，疏水器的蒸汽损失可以忽略不计。然而，当疏水器发生故障时，阀门会卡在打开或关闭位置。打开位置的故障类似于蒸汽系统中有与疏水器内部排放通道大小相同的不可见孔，蒸汽从通道中泄漏。关闭位置的故障会导致冷凝水回流，并导致蒸汽加热炉无法正常运行。一套装置拥有数百个蒸汽疏水器，如果没有最佳的维护实践，其中许多可能会出现故障。这就是为什么最常见的能源浪费之一来自"损坏的"蒸汽疏水器的蒸汽泄漏，同时其也占据蒸汽能量损失的 10%～30%。根据行业标准，世界级的表现是疏水器的年故障率低于 5%。有承包商可以为现场进行常规蒸汽疏水器管理。

蒸汽疏水器的故障不仅会造成蒸汽损失，还会通过水锤对设备和安全造成损害。蒸汽疏水器故障可能会导致两种类型的水锤：一是当阀卡在打开位置时，热蒸汽气泡在冷凝水中破裂就会发生气穴现象；二是当阀卡在关闭位置时，冷凝水塞在蒸汽管道中会发生栓塞现象。有些栓塞往往在打开位置失效，而另一些栓塞往往在关闭位置失效。这种趋势也可能受到蒸汽系统特性的影响。

蒸汽损失和安全问题很容易证明有一个有效的蒸汽疏水器管理计划是多么合理。这是什么意思？由于蒸汽疏水器和管理程序的主题对许多人来说可能是神秘的，因此有必要进行一些详细的讨论。

蒸汽疏水器的目的是以最小的有用蒸汽损失去除蒸汽中的不凝物和冷凝物。在实现这一目标的同时，一个好的蒸汽疏水器应具有以下特性：在寒冷的天气中不会结冰，能够适应给定应用的全负荷范围，需要最少的维护，并能持续很长时间稳定工作。

因此，疏水器的选择和尺寸对管理计划至关重要。蒸汽疏水器的尺寸应适合启动或运行条件，具体取决于机组的启动频率。如果其尺寸适合操作条件，则应考虑额外的手动排水进行启动。影响蒸汽疏水器选择的因素有六个(Kenney，1984)：

① 预计冷凝水负荷；

② 疏水器两端的压差；

③ 启动负载；

④ 到达疏水器的冷凝液温度；

⑤ 需要排出空气或不凝气体；

⑥ 应用程序的适当安全系数。

重要的是要注意蒸汽疏水器的尺寸不应基于管道尺寸。第一，一个常见的问题是尺寸不合适的疏水器，由于过度循环和内部零件磨损以及过度蒸汽泄漏导致过早失效。因此，疏水阀的选择应以保证运行为主。第二，瞬态情况下的占空比变化。第三，关于设备要求。适当的安装和维护以及定期的供应商服务可以保持良好的疏水器性能和较长的使用寿命。

最后，一个完整的疏水器管理程序应考虑有效的冷凝液排放，而不会出现过多的蒸汽泄漏。这是捕获管理计划的关键部分，也是下一步讨论的重点。

18.3.2 冷凝水排放

蒸汽分配的主要问题是冷凝水的去除。如果疏水器工作正常，但仍发生了显著的蒸汽损失，则可能会在冷凝水排放位置(CDLs)进行充分的排水。其结果是由于疏水阀堵塞和排水管堵塞，冷凝水在系统中回流。水会落到管道的底部，这可能会导致水锤和降低传热效率。

优化CDLs需要找到在不浪费管道蒸汽的情况下去除冷凝水的方法。在标准蒸汽系统中，这意味着对蒸汽分配集管、示踪管线和设备上的CDLs(包括蒸汽疏水器和相关管道)进行有效管理。以下指南(Broughton，1994)可用于有效去除冷凝水：

① 蒸汽主管的方向和坡度：蒸汽主管的建议坡度为流量方向的1/200，如果坡度与流量相反，则为1/50。

② 排水点的位置：排水点之间的距离取决于线路尺寸、位置和启动频率。由于系统最初处于环境温度，因此在启动过程中会产生更多的冷凝物。如果管道的坡度朝向水流方向，则间隔通常为45~60m，如果坡度朝向水流，则间隔减小到30m。排水点在管道改变方向的地方最有效。应避免阻碍冷凝水沿管道底部自由流动至排水点的因素。如果无法避免堵塞，则应在可能收集冷凝物的地方设置排水管。

③ 排水罐：当必须在直管段内进行排水时，应提供大口径的排水罐，以确保冷凝水不会被蒸汽流拖过排水罐的开口。排水罐的正常尺寸应足够大，以防止冷凝水从其顶部溢出。

作为最佳实践，CDLs应每年检查一次。对于关键服务，如使用减温蒸汽的服务，应更频繁地检查火炬、涡轮机和工艺设备。如有排水系统故障应立即修复。

18.3.3 冷凝水回流

为了获得最大效率，冷凝水应尽可能多地返回锅炉。否则，冷的新鲜水将补充任何数量的冷凝水损失。此外，冷凝水回流将降低处理成本。冷凝水的价格与锅炉给水的价格相同。为了实现最大的冷凝水回流，可能需要冷凝水系统来收集来自各种蒸汽疏水器的冷凝水。但是，必须确保冷凝水不被污染。为此，应监测污染水平，以便随时检测。即便如此，如果距离太远，冷凝水的量太小，无法证明投资的合理性，则可能无法收集来自许多捕集器的冷凝水。

常见情况下，冷凝水损失为20%～30%；若损失超过50%，则属于过量，需采取措施减少。

18.3.4 蒸汽回收

对于多压力蒸汽系统，闪蒸蒸汽可以由高压冷凝液产生，并用作低压蒸汽。因此，对于低压蒸汽，管道的尺寸应能处理启动时产生的额外冷凝水，其应具有容纳产生的闪蒸蒸汽的能力。

18.3.5 建议

① 建议为主要用户和每个过程安装蒸汽流量计和累加流量计，以监测分配损失。为每个过程安装一个冷凝液回流累加流量计，用于识别冷凝液损失。

② 建议制订一个专门的蒸汽疏水器管理计划，包括CDLs管理，目的是在经济合理的情况下将蒸汽损失降至最低。应定期进行调查，以确定差距并制定改进措施，从而持续维持最低损耗水平。

③ 监测工具有助于跟踪一段时间内的实际损失。该工具可以根据蒸汽平衡进行开发，并考虑各种损失。这种监测工具的一个例子如图18.2所示，其中对CDLs的分布损失、泄漏和损失进行了累积估计。

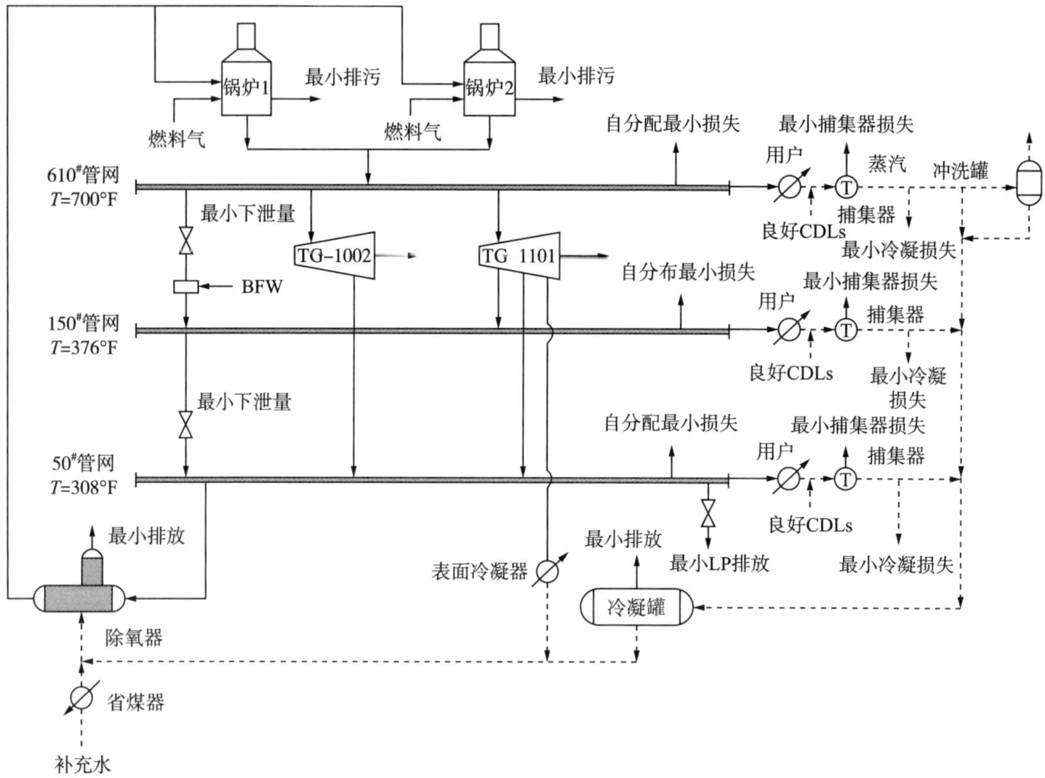

图18.2 监测蒸汽损失的基准示例

④ 减少这些损失的经济价值可以依据以下标准确定，蒸汽损失的成本与边际蒸汽价格相同，而冷凝水损失的成本则与锅炉给水相同。通常情况下，可以实现5%～10%的节能效

益。如果一个站点每年在能源运营成本上的总支出为 1 亿美元，则 5%~10%的节省相当于每年 500 万~1000 万美元。

经验已经证明，最小化蒸汽损失往往可以带来巨大的能量节约。

18.4 基准工艺蒸汽使用量和能源成本分配

蒸汽和电力用于现场的各种过程。建议每个工艺或成本中心分担整体能源运营成本，并将能源运营成本作为整体经济利润管理的一部分进行管理，因为对于大多数炼油厂来说，能源成本是仅次于原材料的第二大可变成本。以下内容说明了如何实现能量分配。

在进行能源成本分配时，锅炉蒸汽成本仅根据可变成本计算，不包括投资成本。低压蒸汽的成本是根据第 17 章中讨论的基于成本的方法从锅炉蒸汽成本中确定的。考虑图 18.3 中的蒸汽系统总能源成本汇总见表 18.3，燃料价格为 6 美元/MMBtu，电力价格为 90 美元/(MW·h)。附件的运行成本，如环境和维护成本可以包括在能源成本中。工艺装置的现场总轴功率为 20MW，其中 10.6MW 为现场发电，9.4MW 为电机输入电力。所有轴功率以 90 美元/(MW·h)的可变功率价格对工艺装置计费。

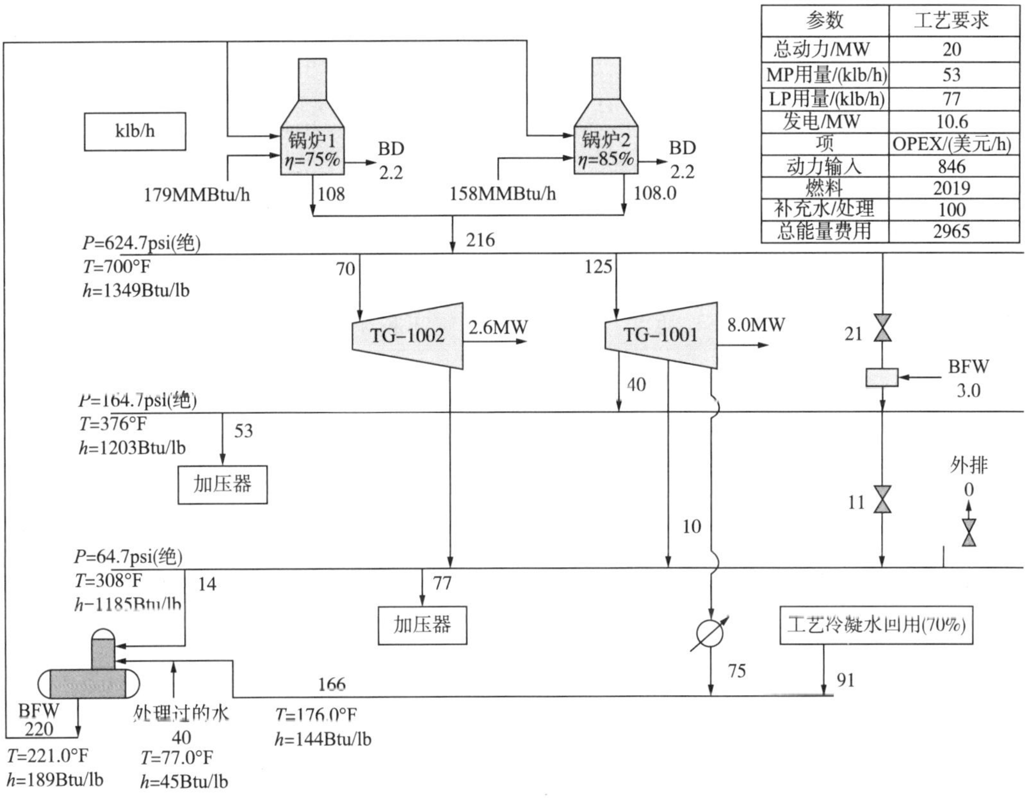

图 18.3　以蒸汽系统为例进行成本分配

虽然图 18.3 提供了平衡蒸汽流量的概述，但表 18.4 给出了作为成本中心 A、B、C 和 D 的四个工艺区域的分解蒸汽。一些蒸汽用途没有冷凝水回流，包括汽提蒸汽和没有冷凝水返回设施的位置。如表 18.5 所示，还可以获得功率汇总。

有必要区分有冷凝水回流和无冷凝水回流的用户的蒸汽成本。因为需要补充水、水处理和预热，冷凝水损失是巨大的，其成本与 BFW 相同，在本例中为 2.5 美元/klb。对于返回的冷凝水，需要泵送、预热和脱气低压蒸汽，其成本仅为 1.6 美元/klb。表 18.6 给出了蒸汽成本，反映了冷凝水的成本。

表 18.3　蒸汽和电力总成本汇总

总补充水	40klb/h	=100 美元/h
锅炉总燃料	337MMBtu/h	=2019 美元/h
输入总能量	9.4MW	=846 美元/h
蒸汽和动力总成本		=2965 美元/h
归因于电力的成本	20MW×90 美元/(MW · h)	= 1800 美元/h
归因于蒸汽的成本	2965 美元/h-1800 美元/h	=1165 美元/h

表 18.4　蒸汽汇总　　klb/h

A 区 MP(冷凝水回流)	20	D 区 LP(冷凝水回流)	19
A 区 LP(冷凝水回流)	10	D 区 LP(冷凝水损失)	8
B 区 LP(冷凝水回流)	25	所有工艺区域的总蒸汽消耗量	130
B 区 LP(冷凝水损失)	15	TG 涡轮机	195
C 区 MP(冷凝水回流)	17	锅炉产生的 HP	216
C 区 MP(冷凝水损失)	16		

表 18.5　功率汇总　　MW

成本中心	电力	机械动力	总功率
A	1.4	2.4	3.8
B	3.0	1.8	4.8
C	2.4	3.0	5.4
D	2.6	3.4	6.0
总计	9.4	10.6	20.0

表 18.6　冷凝水蒸汽成本调整　　美元/klb

项目	HP 成本	MP 成本	LP 成本
仅燃料成本	9.35	7.41	6.10
蒸汽成本(冷凝水损失)	11.85	9.91	8.60
蒸汽成本(冷凝水回流)	10.95	9.01	7.70
BFW 成本(冷凝水损失)= 2.5		BFW 成本(冷凝水回流)= 1.6	

根据冷凝水回收情况调整蒸汽成本后，建立了四个成本中心的能源成本分配，如表 18.7所示。总蒸汽和电力成本与表 18.3 中的总计费相同(差异可忽略不计)。因此，将总成本分配给所有成本中心，以分担锅炉房的能源成本。

表 18.7 成本中心的成本分配

成本中心	电/MW	电成本/（美元/h）	MP 蒸汽/（klb/h）	LP 蒸汽/（klb/h）	蒸汽成本/（美元/h）	蒸汽+电/（美元/h）
A	3.8	342.0	20.0	10.0	257	599
B	4.8	432.0	0.0	40.0	322	754
C	5.4	486.0	33.0	0.0	312	798
D	6.0	540.0	0.0	27.0	215	754
总计	20.0	1800.0	53.0	77.0	1106	2905

建议和备注：

① 对于因泄漏、绝缘不良等造成蒸汽损失的情况，应根据每个成本中心考虑与损失相关的成本。在冷凝水回收的情况下，重要的是要确保回收的冷凝水的质量适合用作补给水。

② 表 18.7 中的成本是成本中心的平均成本。对于基础需求增加和减少的蒸汽使用量，如第 17 章所述，边际蒸汽价格将用于成本中心的蒸汽增量成本。

③ 通过了解成本中心、主管、工程师和运营商的正确能源成本，将其作为整体利润优化计划的一部分。基准过程能源成本是激励成本中心优化其能源使用的一个非常强大的工具。

④ 同时，以正确的方式对能源成本进行基准测试将鼓励每个成本中心进行投资，这不仅会降低其自身的运营成本，还会降低整个站点的运营成本。在成本中心看来，能源会计系统往往在其自身的界区内表现良好，并导致对错误设备的投资以及整体运营成本的净损失。

18.5 蒸汽系统运行基准

优化蒸汽系统的第一项任务是确定最经济的方式来满足不断增加和减少的蒸汽和电力需求。这可以通过识别连接蒸汽集管的不同流路并根据边际蒸汽价格对其进行基准测试来实现。换言之，当增加或减少蒸汽使用量时，蒸汽系统中可能有多个流动路径可供使用。通过计算这些路径的边际价格，可以选择最经济的路径来满足操作中的工艺变化。

第二项任务是对蒸汽排放阀的流量进行基准测试。如果降压流量大于基准值，可能表明需要在电机和汽轮机之间进行驱动器切换，以最大限度地减少降压流量。然而，驱动器切换必须在燃料和电力成本之间进行平衡。以上两项任务的详细讨论和示例将在第 19 章中提供。

第三项任务是对蒸汽使用设备进行基准测试，包括蒸汽锅炉、涡轮机、蒸汽加热炉、汽提塔蒸汽速率、蒸汽发生器等。经验表明，许多蒸汽设备的操作没有得到优化。例如，分层传热，它减少了有效传热面积。过多的汽提蒸汽会导致分馏塔中的溢流，侵蚀的涡轮机叶片会降低涡轮机效率，以及许多其他例子。通过建立蒸汽使用设备的基准值，我们可以在早期阶段识别设备故障。在某些情况下，它还可以提高产品产量，同时降低能源成本。

打开的旁通阀、打开的蒸汽放气阀、从蒸汽疏水器中泄漏的蒸汽、可见的废冷凝水和系统水锤都是蒸汽消耗设备非最佳状态的迹象。打开的旁通阀通常表示设备存在限制，因此操作员打开旁通阀进行补偿。在涡轮机和蒸汽夹套伴热应用中经常可以看到放气器。这可能是一个迹象，表明操作员可能对安装的 CDLs 没有信心，因此他们排放有价值的蒸汽以实现所需的操作。

第四项任务是对那些不直接与蒸汽使用相关的工艺区域进行热回收基准测试；然而，工艺热回收可以有效地利用工艺热减少蒸汽的使用并增加蒸汽的产生。在大多数情况下，提高工艺热回收率可最大限度地节省能源。工艺热回收的基准可以通过夹点分析来确定，这已在第 9 章、第 10 章和第 11 章中进行了讨论。

18.6 蒸汽系统效率基准

无论蒸汽系统能优化多少，一个相关而重要的问题是：蒸汽系统能达到的最大效率是多少？答案将由下面讨论的热电联产效率的概念提供。

蒸汽系统配置意味着蒸汽集管的数量及其压力和温度、蒸汽轮机驱动器和发电机的数量及其运行范围和效率、涡轮机与蒸汽的连接集管、降压流量、锅炉给水预热和冷凝水回收系统。高效的蒸汽系统配置具有以下特点：

① 冷凝水损失最小；

② 最小化阀门减压速率；

③ 通过工艺废热最大化锅炉给水预热；

④ 最小冷凝汽式发电量；

⑤ 优化驱动机选型。

工艺需要燃料、蒸汽和动力形式的能量，而蒸汽系统的主要目的是产生蒸汽以满足不同压力水平下的工艺蒸汽需求。如果蒸汽系统没有热电联产，将从电网全额购买电力，以满足工艺电力需求。同时，高压蒸汽通过阀门排放产生。热电联产的原理是基于高压蒸汽到低压蒸汽的压力膨胀来发电，这可以通过蒸汽轮机来实现。热电联产水平的衡量标准是蒸汽提供的功率与工艺热量的比率(Kenney，1984；Kimura and Zhu，2000)。此比率命名为 R 比率，表示为：

$$R = \frac{\sum W_{\text{gen. onsite}}}{\sum Q_{\text{process}}} \tag{18.1}$$

式中，$W_{\text{gen. onsite}}$为蒸汽系统的发电量；Q_{process}为蒸汽提供的工艺热。

蒸汽系统的热电联产效率定义为：

$$\eta_{\text{cogen}} = \frac{\sum W_{\text{gen. onsite}} + \sum Q_{\text{process}}}{\sum Q_{\text{fuel}}} \tag{18.2}$$

或：

$$\eta_{\text{cogen}} = (R + 1)\frac{\sum Q_{\text{process}}}{\sum Q_{\text{fuel}}} \tag{18.3}$$

显然，热电联产效率是 R 比率和蒸汽系统配置的函数。尽管蒸汽系统以实现最小成本为目标进行操作，但最大效率提供了系统在给定配置下所能达到的最佳效率的量度。

考虑改进图 18.3 中的蒸汽系统，使系统以最大的能源效率运行。为了实现这一点，改变了三件事：2 号锅炉的负荷增加到接近 160klb/h 的最大极限；TG-1001 中的冷凝流量减少到最小操作极限；减压流量减少到零。如图 18.4 所示，在这种最大效率运行模式下，R 比率可以计算为：

$$\sum W_{\text{gen. onsite}} = 2.6 + 3.2 = 5.8\ (\text{MW})$$

$$\sum Q_{\text{process}} = 53 \times \Delta h_{\text{MP}} + 77\Delta h_{\text{LP}} = 45.4 + 70.2 = 115.6\ (\text{MMBtu/h})$$

式中，Δh_{MP}和 Δh_{LP}分别为 MP 和 LP 蒸汽的潜热。

$$R=\frac{5.8\times3.414}{115.6}=0.17$$

$$\eta_{cogen}=(0.17+1)\frac{115.6}{222}\times100\%=61\%$$

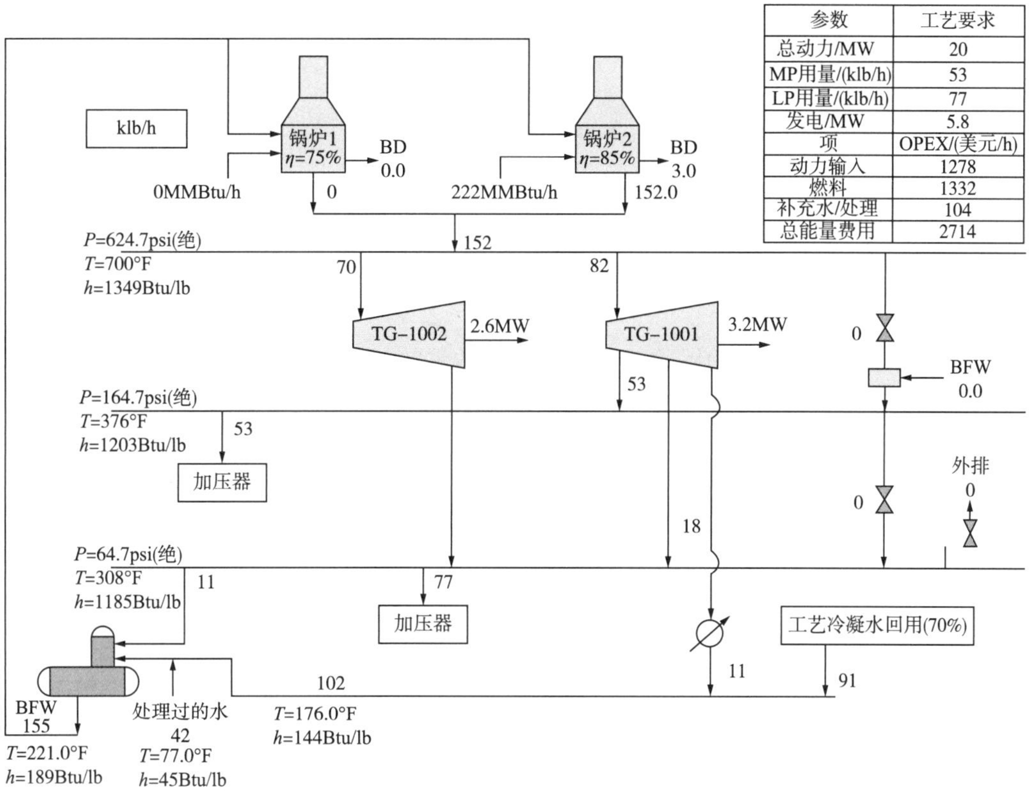

图 18.4　最大能效运行模式

图 18.3 中基于当前运行的 R 比率和热电联产效率可计算为：

$$R=\frac{10.6\times3.414}{115.6}=0.31$$

$$\eta_{cogen}=(0.31+1)\frac{115.6}{336}\times100\%=45\%$$

因此，热电联产效率的差距为 16%(61%-45%)。以 MMBtu/h 计算，它值多少钱？我们可以使用净能量输入进行比较：在当前和最大有效运行模式下，燃烧燃料分别为 336MMBtu/h 和 222MMBtu/h，而功率输入分别为 9.4MW 和 14.2MW。输入电力的热耗率为 9.09MMBtu/MW · h。因此，两种情况下的燃料当量可计算为：

$$FE_{current}=336+9.4\times9.09=421.4(\text{MMBtu/h})$$

$$FE_{max\ eff}=222+14.2\times9.09=351.1(\text{MMBtu/h})$$

当前运行模式比最大有效模式多消耗 70.3(421.4-351.1)MMBtu/h 的能量，这是非常显著的。当前操作效率低下的原因是什么？

与最大有效运行模式相比，当前运行模式花费 114MMBtu/h(336-222)的额外燃料以产生 4.8MW(10.6-5.8)的增量动力。由于动力是通过 TG-1001 中的冷凝路径产生的，因此没有来自涡轮机排气的过程热量。故仅发电就可获得 14.4%(4.8×3.414/114×100%)的效率。与其他两个具有背压发电的流路相比，这是非常低效的，其中涡轮机抽汽用于工艺热。因此，冷凝发电降低了热电联产效率。一般来说，发电冷凝越多，蒸汽系统的热电联产效率就越低。

您可能会问：对于给定的工艺蒸汽和电力需求，可以实现最佳热电联产效率的蒸汽系统配置是什么？在前面的讨论中，我们知道最大热电联产具有最大背压发电和最小冷凝的特点。为了实现这一点，定义理想的 R 比率，它表示为：

$$R_{\text{ideal}} = \frac{\sum W^{\text{max BP power}}_{\text{min Cond power}}}{\sum Q_{\text{process}}} \tag{18.4}$$

R_{ideal}的热电联产效率达到最大值，即：

$$\eta^{\text{max}}_{\text{cogen}} = (R_{\text{ideal}} + 1)\frac{\sum Q_{\text{process}}}{\sum Q_{\text{fuel}}} \tag{18.5}$$

在 R_{ideal}的指导下，现有的涡轮机将被更高效的涡轮机取代，在相同的蒸汽速率和条件下，它们可以比效率较低的涡轮机产生更多的动力。这样一个例子如图 18.5 所示，它是从图 18.4 发展而来的。

图 18.5 中蒸汽系统的 R_{ideal}和 η_{max}计算如下：

$$R = \frac{(3.6+3.7)\times 3.414}{115.6} = 0.21$$

$$\eta_{\text{cogen}} = (0.21+1)\frac{115.6}{222}\times 100\% = 63\%$$

参数	工艺要求
总动力/MW	20
MP用量/(klb/h)	53
LP用量/(klb/h)	77
发电/MW	7.3
项	OPEX/(美元/h)
动力输入	1143
燃料	1332
补充水/处理	104
总能量费用	2579

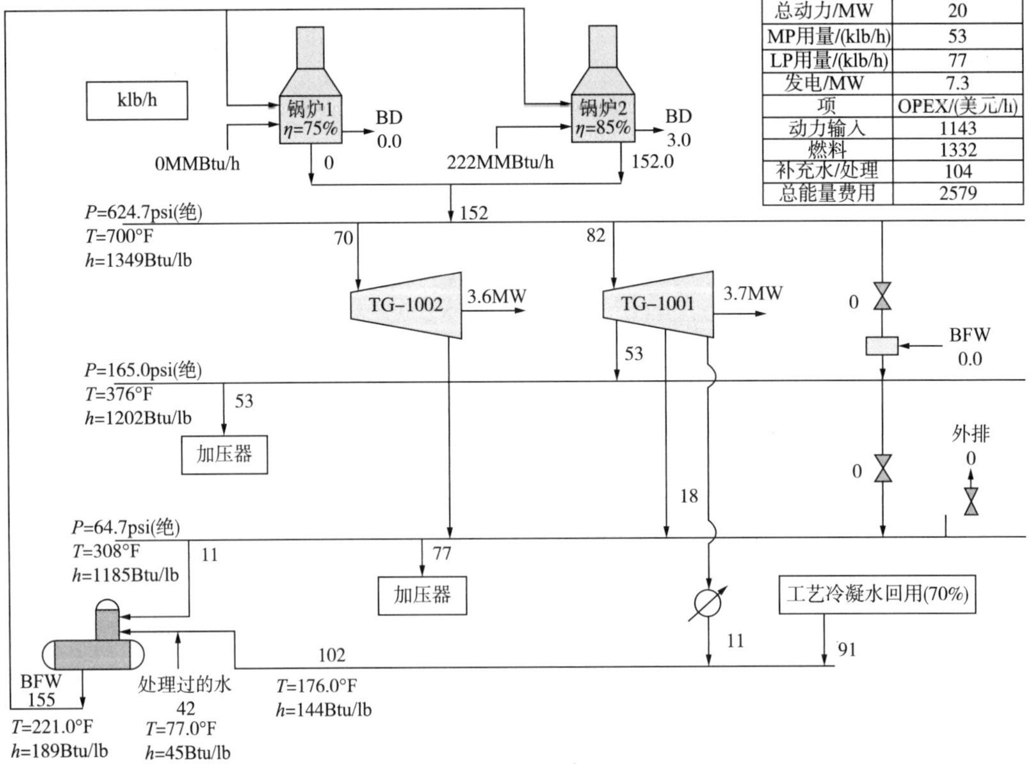

图 18.5　使用最先进的涡轮机实现最高能效

与图 18.4 中的蒸汽系统运行相比，仅改善了 2%（63%－61%）。输入功率为 12.7（20−7.3）MW 的改进蒸汽系统的净燃料当量为：

$$FE_{\text{ideal}}=222+12.7\times9.09=337(\text{MMBtu/h})$$

与图 18.4 中蒸汽系统 351MMBtu/h 的净燃料当量相比，使用最高效的涡轮机只能实现 14（=351−337）MMBtu/h 的节能。这表明优化的现有蒸汽系统可以实现与理想蒸汽系统配置接近的热电联产效率，因此该蒸汽系统在新涡轮机上的投资是不合理的。然而，对于具有非常大的减压率和昂贵的电力的情况，涡轮机投资是合理的。类似的评估可以应用于锅炉的潜在投资。

备注：

① 简单计算的 R 比率分析可以为实现给定蒸汽系统配置的最大效率和热电联产效率提供指导。一般来说，背压发电提高了热电联产效率，而冷凝式涡轮机则相反。

② 理想的 R 比率分析可以为使用更高效的设备重新配置蒸汽系统提供高水平的效益评估。

③ 对于锅炉蒸汽压力为 610psi（表）或更低的蒸汽系统，在大多数情况下，具有最大热电联产效率的运行模式相当于最小能量损失模式。最大热电联产效率模式有几个特点：第一，最显著的特点是背压式涡轮机的最大发电量，而冷凝式涡轮机的发电量最小。第二，减压阀的最小蒸汽速率以及最小蒸汽损失。然而，当经济运行与节能运行相冲突时，也可能有例外。当输入电力相对于现场发电非常昂贵时，就会发生这种情况。这对于具有高发电效率的系统尤其适用，如具有 1500psi（表）锅炉蒸汽的蒸汽系统或在蒸汽涡轮机顶部具有燃气涡轮机的联合循环系统。在电价昂贵的情况下，最大限度地实现现场发电（包括冷凝式涡轮机）可能更经济。如果可能的话，电厂希望通过向电网输出电力来抓住机会。相比之下，当电力相对于现场发电更便宜时，炼油厂希望进口尽可能多的电力，并选择电机作为工艺驱动器，但要运行背压式汽轮机来平衡蒸汽系统。问题是我们如何识别这种机会？第 19 章提供了分析方法。

符号对照表

FE	燃料当量
Q	热负荷
R	功率热比容
W	功率
η	效率

参 考 文 献

Broughton J（1994）*Process Utility Systems：Introduction to Design，Operation and Maintenance*，Institution of Chemical Engineers（IChemE）.

DOE（2012）Energy tips：Benchmark the fuel cost of steam generation，January，DOE.

Kenney WF（1984）*Energy Conservation in the Process Industry*，Academic Press，Inc.

Kimura H，Zhu XX（2000）R−Curve concept and its application for industrial energy management，*Ind. Eng. Chem. Res.*，39，2315−2335.

19 蒸汽和动力优化

管理蒸汽和动力系统的最终目标是以最低的成本满足工艺能源需求。系统中可用的流动路径提供了主要的自由度，以满足增加的蒸汽和动力需求。电力和燃料采购是额外的选择，应与蒸汽系统中现有的流动路径进行比较，以最大限度地降低能源运行成本。基于蒸汽平衡的优化方法可以在优化整个蒸汽和动力系统方面发挥重要作用。

19.1 引言

在一个由工艺装置组成的场景内，蒸汽管道的互联结构可能非常复杂。无论蒸汽系统的复杂性如何，总体目标都是以年度公用工程账单中显示的最低运营成本满足蒸汽和电力需求。蒸汽系统优化可以显著降低整体运营成本并提高利润，同时降低总燃料消耗和温室气体排放。

优化蒸汽系统的特点是什么？主要特征可概括如下：

① 最小蒸汽和冷凝水损失；

② 通过阀门的最小减压速率；

③ 通过工艺余热进行的最大锅炉给水(BFW)预热；

④ 优化的蒸汽集管压力和集管温度的良好控制；

⑤ 优化的蒸汽设备负载；

⑥ 现场发电和电力进出口之间的最佳权衡。

前三项在第 18 章中进行了详细讨论，后三项是本章的重点。

19.2 优化蒸汽集管压力

优化蒸汽集管压力可以显著提高涡轮机的发电效率，因为涡轮机的入口压力和背压是影响发电的关键参数。其结果是减少了制造相同动力所需的蒸汽使用量。优化集管压力的总体方向是提高高压集管压力并降低冷凝压力。中压蒸汽(MP)和低压蒸汽(LP)集管压力取决于 HP-MP 涡轮机和 MP-LP 涡轮机之间的发电权衡。

在如图 19.1 所示的一个蒸汽系统中，当前高压集管压力为 625psi(绝)，温度为 700℉，这已被炼油厂的机械工程师认为是一个适宜区。当锅炉房的新主任上任时，他知道高压集管压力是降低运行成本的关键运行参数，因此要求机组工程师进行评估。工程师回来后给出了评估结果：如果高压集管能够在设计条件下运行，即 650psi(表)和 750℉，则可以在不需要额外高压蒸汽的情况下额外产生 1MW 的功率。净收益可能是值得的，每年节省 48 万美元的公用工程成本。由于知道风险很高，监理人员发布了一个检查项目，以检查高压蒸汽集管和相关设备的压力额定值和管道材质性质完整性。检查发现蒸汽管道中有几个项目需要升级，这些项目是在检修期间修复的。之后，蒸汽集管压力能够增加到 650psi(表)，并实现了效益。

19.3 优化蒸汽设备负荷

能量可以通过不同的途径分配到过程中。因此，能源供应优化是指通过成本最低的途径分配能源。例如，一方面，蒸汽可以由减压阀、减压蒸汽涡轮机提供，也可以从附近的发电厂的电网购买。另一方面，工艺泵或压缩机可以由蒸汽轮机或电动机运行。这些不同的提供

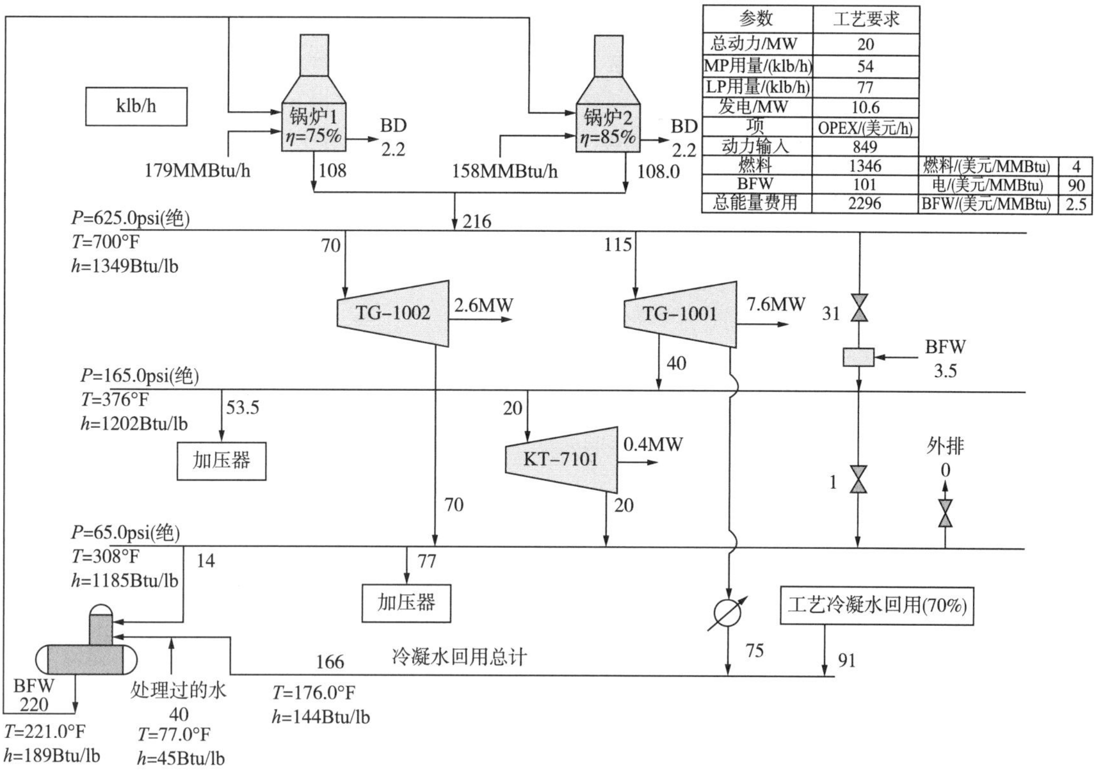

图 19.1 基础蒸汽系统配置和成本

能量的途径在提高能源效率和降低成本方面提供了自由度。

必须优化蒸汽设备(如专用锅炉和涡轮发电机)的负载。当有多个锅炉可用时，优化锅炉负荷将减少燃料消耗，而优化涡轮发电机的负荷将减少给定发电的蒸汽消耗。当改变蒸汽负荷时，必须遵守允许的极限值，因为它们可能会影响设备的可操作性和可靠性。锅炉和涡轮发电机的负荷优化应根据锅炉和涡轮的效率曲线进行。该策略允许最快的动态响应，同时始终趋向于最经济的稳态操作位置。

考虑蒸汽系统的运行，其负荷剖面如图 19.1 所示，但高压集管压力如前所述增加。该炼油厂的运行政策是使两台锅炉在同等负荷下运行。然而，锅炉房的新主任想知道日前的负荷情况是否尽可能好。他要求机组工程师计算锅炉和涡轮机的效率，如表 19.1 所示。如果你是工程师，你想向主任提出什么装载建议?

表 19.1 蒸汽设备效率和限制

项目	比燃料率/(MMBtu/klb)	最大限值/(klb/h)
锅炉 1 发生蒸汽	1.7	160
锅炉 2 发生蒸汽	1.5	140
项目	比蒸汽率/(klb/MW)	最大限值/(klb/h)
TG-1001		
HP-MP 烟机	32.6	70
HP-凝结水烟机	10.5	100
TG-1002	25.0	80
KT-7101	56.9	20

根据表 19.1 中计算出的锅炉的特定燃料和汽轮机的蒸汽流量，工程师建议定向增加 2 号锅炉的容量，同时减少 1 号锅炉的功率。各种涡轮机路径的蒸汽速率应根据特定的蒸汽速率进行调整。更进一步地，工程师对蒸汽系统的负荷变化进行了模拟，以了解这些变化的影响。他与主管分享了结果，如图 19.2 所示，表明仅在满足最低负荷限制的情况下改变锅炉负荷每年可节省 360000 美元的成本。这一价值主张使监督人员和操作人员相信，锅炉负荷应根据锅炉效率来确定，这与当前等负荷的锅炉运行规定非常不同。

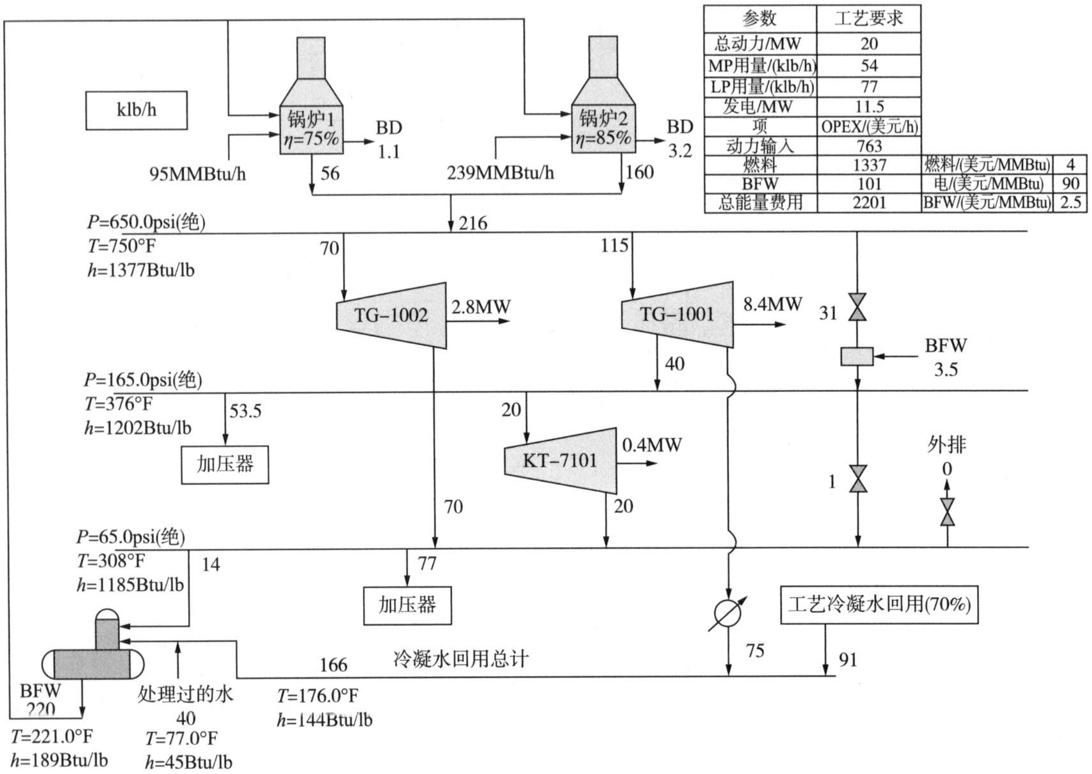

图 19.2　优化的锅炉负荷每年可节省 360000 美元的成本

除了改变锅炉负荷外，工程师还建议改变涡轮机的负荷，如图 19.3 所示。仅涡轮机负载优化每年就可节省 78.7 万美元的增量成本，这是非常显著的。

概括一下，我们已经确定了同一蒸汽系统的三个变化：

① 增加 HP 集管压力每年可节省蒸汽成本 48 万美元。

② 优化锅炉负荷每年可节省 36 万美元的成本。

③ 优化涡轮机负载每年可节省 78.7 万美元的成本。

因此，这三项变化带来了约 163 万美元/a 的总效益，这已占了蒸汽系统总节约成本的 8%，更不用说其他可用的机会了。

19.4　优化现场发电与电力进口

对于允许向电网输入/输出电力的炼油厂，它增加了考虑何时输入或输出以及输出多少的额外自由度。电价可能因市场供求平衡而有所不同。如果电价相对高于现场发电成本，那么更多的现场发电是正确的做法，反之亦然。对于一些加工厂来说，当电网处于某种

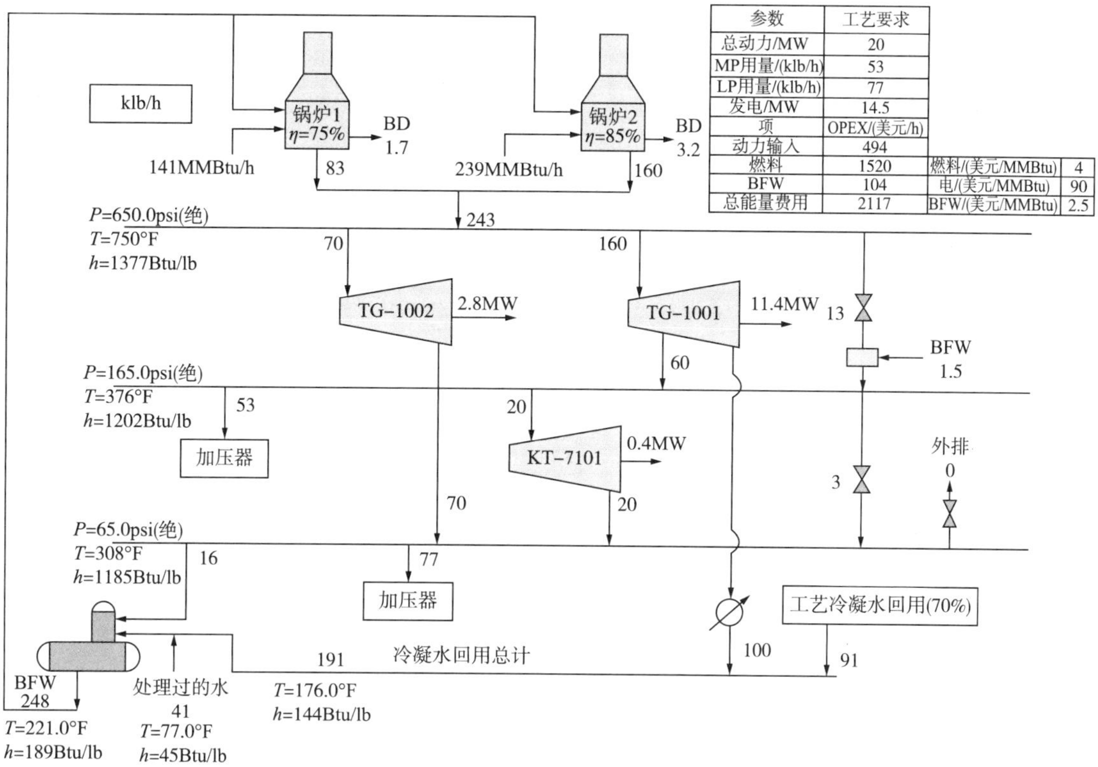

图 19.3　优化的涡轮机负载每年可节省 78.7 万美元的成本

供应状态时，就有机会输出电力。因此，现场发电量的变化可能是影响运营成本的一个重要参数。

让我们重新审视图 19.2 中的蒸汽系统，目的是评估现场发电变化对成本节约的影响，并揭示现场发电与电力输入和输出之间的基本原理。为了评估影响，工程师进行了两项更改：

① 增加 TG－1001 的发电量：如果冷凝路径的蒸汽速率被推到极限(图 19.4)，与图 19.2 所示相比，TG-1001 可产生 2.4MW 的功率，但需消耗锅炉中额外燃烧的燃料。净成本节约为每年 33 万美元。

② 通过将蒸汽速率提高到 80klb/h 的极限来增加 TG－1002 的发电量(图 19.5)。TG－1002 发电量为 0.4MW，锅炉中额外的燃料超过了电力输入减少带来的好处。因此，这一变化导致每年 40 万美元的净成本增加。

因此，百万美元的问题是：为什么一台涡轮机的发电量增加会减少成本，而另一台涡轮机会增加成本？你可能足够聪明地说：这是因为两台涡轮机的发电效率不同。答案是部分正确的，因为他没有考虑到燃料和电力的价格。换言之，如果燃料价格比 4 美元/MMBtu 便宜得多，而电价比 90 美元/(MW·h)贵得多，那么增加两台涡轮机的发电量可以节省成本。那么，什么是最基本的定量解释呢？

19.4.1　市场功率等效效率和热耗率

从质量上讲，如果与电力进口相比，现场发电更具成本效益，那么现场发电可能是有利的，反之亦然。事实是，各种蒸汽轮机具有不同的发电效率。一台涡轮机可能会使电力比进口电力便宜，而其他涡轮机可能无法实现。由于蒸汽是由锅炉中燃烧的燃料制成的，因此电

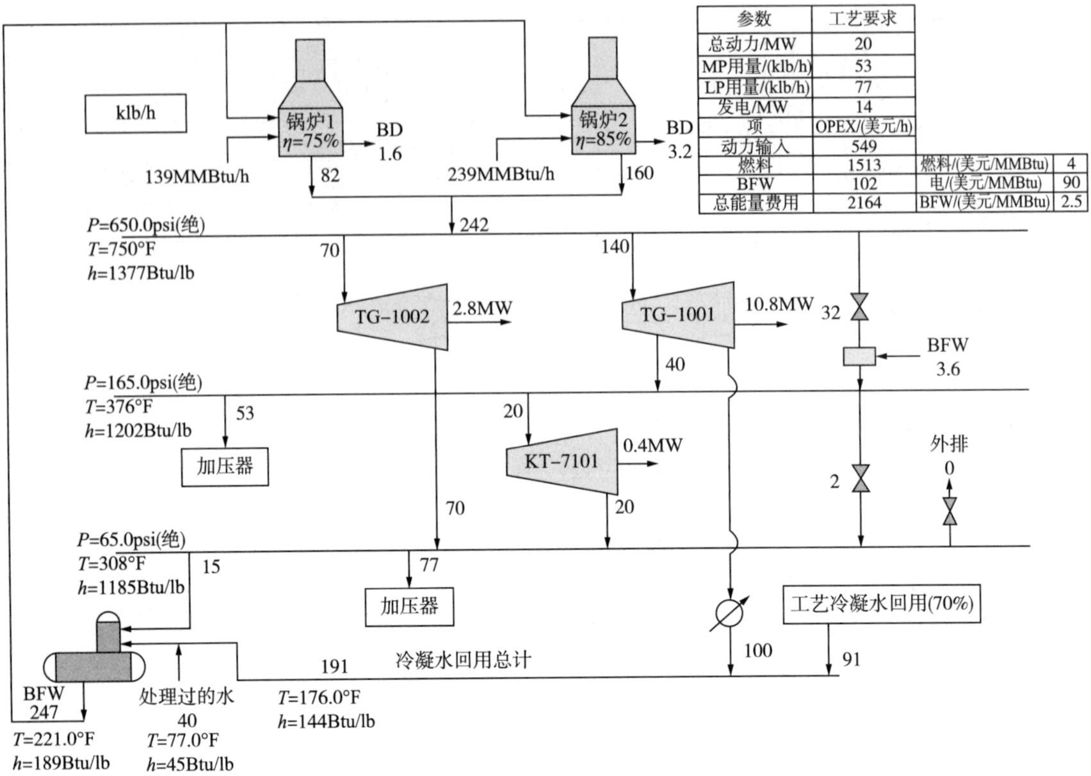

参数	工艺要求		
总动力/MW	20		
MP用量/(klb/h)	53		
LP用量/(klb/h)	77		
发电/MW	14		
项	OPEX/(美元/h)		
动力输入	549		
燃料	1513	燃料/(美元/MMBtu)	4
BFW	102	电/(美元/MMBtu)	90
总能量费用	2164	BFW/(美元/MMBtu)	2.5

图 19.4 增加 TG-1001 的发电量每年可节省 33 万美元的成本

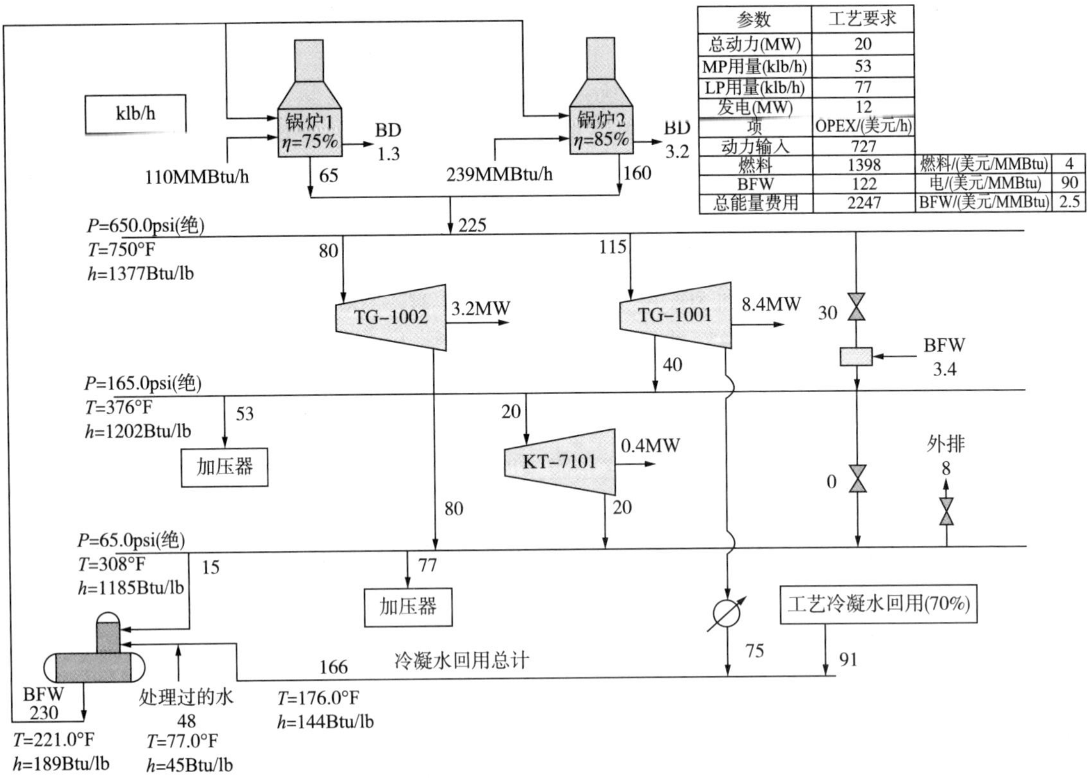

参数	工艺要求		
总动力(MW)	20		
MP用量(klb/h)	53		
LP用量(klb/h)	77		
发电(MW)	12		
项	OPEX/(美元/h)		
动力输入	727		
燃料	1398	燃料/(美元/MMBtu)	4
BFW	122	电/(美元/MMBtu)	90
总能量费用	2247	BFW/(美元/MMBtu)	2.5

图 19.5 增加 TG-1002 的发电量导致每年 40 万美元的成本增加

力与燃料的相对价格与现场发电成本的比较更相关。此外，现场发电成本是涡轮机效率、锅炉效率和燃料成本的函数。有了这种定性的理解，我们准备解决将现场发电与电力进口进行比较的问题。

为了反映燃料和电力的相对价格比较，此处使用第 17.5 节中定义的发电价格等效效率（PEE）概念来表示燃料与电力的价格比：

$$\eta_{\mathrm{PEE}}=\frac{1\mathrm{MW}\cdot\mathrm{h}\text{燃料价格(边际燃料)}}{1\mathrm{MW}\cdot\mathrm{h}\text{电价(输入或输出)}}$$

或，

$$\eta_{\mathrm{PEE}}^{\mathrm{import}}=\frac{C_{\mathrm{f}}}{C_{\mathrm{p}}} \tag{19.1}$$

式中，C_{f} 为边际燃料价格，美元/（MW·h）燃料；C_{p} 为输入或输出电力价格，美元/（MW·h）电力。以下讨论的重点是电力输入，这可以应用于电力输出的情况。

为了理解方程（19.1）中定义的价格比的物理含义，我们可以将燃料和电力价格修正为每 1 美元可以购买多少 Q_{fuel}（MW·h），而每 1 美元则可以购买多少 W_{power}（MW·h）。因此，方程（19.1）中的价格比可以重新定义为：

$$\eta_{\mathrm{PEE}}^{\mathrm{import}}=\frac{1/Q_{\mathrm{fuel}}}{1/W_{\mathrm{power}}}=\frac{W_{\mathrm{power}}}{Q_{\mathrm{fuel}}} \tag{19.2}$$

方程（19.2）将价格比转换为动力与燃料的比率。方程（19.2）中的表达式与发电效率的表达式相同，因此$\eta_{\mathrm{PEE}}^{\mathrm{import}}$可以称为进口发电效率，将其与现场发电效率进行比较。

动力进口的燃料当量可根据公式（17.11）计算，修正版本为：

$$FE_{\mathrm{PEE}}^{\mathrm{import}}=\frac{3414}{\eta_{\mathrm{PEE}}^{\mathrm{import}}} \tag{19.3}$$

在电力工业中，发电所需的燃料当量也称为发电热耗率。由于燃料和电力价格是市场驱动的，方程（19.3）中的表达式可以命名为电力进口的市场热耗率。根据市场热耗率的定义，可以将其与现场发电的热耗率进行比较。

蒸汽系统中可能有几个涡轮机用于发电。对于某些涡轮机，可能存在多个提取点。每个涡轮机抽汽都是具有特定蒸汽速率（$m_{\mathrm{steam},i}$）的发电路径，并与锅炉效率（$\eta_{\mathrm{boiler},j}$）相连。根据方程（15.11），现场发电效率为：

$$\eta_{\mathrm{PEE},ij}^{\mathrm{on\text{-}site}}=\frac{3414}{m_{\mathrm{steam},i}\times FE_{\mathrm{inlet\ steam},ij}} \tag{19.4}$$

其中，

$$FE_{\mathrm{intel\ steam},ij}=\frac{h_{\mathrm{inlet\ steam},i}}{\eta_{\mathrm{boiler},j}}$$

式中，$m_{\mathrm{steam},i}$为涡轮机路径 i 的比蒸汽发电率；$h_{\mathrm{inlet\ steam},i}$为通向涡轮机路径 i 的蒸汽入口的焓；$\eta_{\mathrm{boiler},j}$为锅炉 j 的效率。

现场发电的热耗率可以定义为：

$$FE_{\mathrm{PEE},ij}^{\mathrm{on\text{-}site}}=\frac{3414}{\eta_{\mathrm{PEE},ij}^{\mathrm{on\text{-}site}}} \tag{19.5}$$

式中，$\eta_{\mathrm{PEE},ij}^{\mathrm{on\text{-}site}}$和$FE_{\mathrm{PEE},ij}^{\mathrm{on\text{-}site}}$是来自涡轮机抽汽装置 i 和锅炉 j 的现场发电的发电效率和热耗率。

引入电力进口和现场发电的发电效率和热耗率，使我们准备好回答之前从图 19.4 和图 19.5 中提出的基本问题：在燃料与电力的价格比为多少的情况下，现场发电比电力进口更经济？

考虑我们之前讨论的三个选项：电力进口、TG-1001 冷凝路径的发电和 TG-1002。确定这些选项的偏好变成了计算 *PEE* 和加热速率的问题。

对于电力进口，我们有：

$$\eta_{\text{PEE}}^{\text{import}}=\frac{C_{\text{f}}}{C_{\text{p}}}=\frac{4\text{ 美元/MMBtu}\times 3.414\text{MMBtu/(MW}\cdot\text{h)}}{90\text{ 美元/(MW}\cdot\text{h)}}=0.152$$

这意味着进口电力的等效发电效率为 15.2%。因此，进口电力的热耗率为：

$$FE_{\text{PEE}}^{\text{import}}=\frac{3414}{\eta_{\text{PEE}}^{\text{import}}}=\frac{3414}{0.152}=22460[\text{Btu/(kW}\cdot\text{h)}]$$

这意味着进口电力需要相当于 22460Btu 的燃料才能产生 1kW · h 的电力。

对于 TG-1001 冷凝路径，发电效率和热耗率分别为：

$$\eta_{\text{PEE}}^{\text{on-site}}=\frac{3414}{m_{\text{steam}}\times(h_{\text{steam}}/\eta_{\text{boiler},1})}=\frac{3414\text{Btu/(kW}\cdot\text{h)}}{10.5\text{lb/(kW}\cdot\text{h)}\times(1377\text{Btu/lb}/0.75)}=0.177$$

$$FE_{\text{PEE},ij}^{\text{on-site}}=\frac{3414}{\eta_{\text{PEE},ij}^{\text{on-site}}}=\frac{3414}{0.177}=19288[\text{Btu/(kW}\cdot\text{h)}]$$

对于 TG-1002，

$$\eta_{\text{PEE}}^{\text{on-site}}=\frac{3414}{m_{\text{steam}}\times(h_{\text{steam}}/\eta_{\text{boiler},1})}=\frac{3414\text{Btu/(kW}\cdot\text{h)}}{25.0\text{lb/(kW}\cdot\text{h)}\times(1377\text{Btu/lb}/0.75)}=0.074$$

$$\text{FE}_{\text{PEE},ij}^{\text{on-site}}=\frac{3414}{\eta_{\text{PEE}}^{\text{on-site}}}=\frac{3414}{0.074}=46135[\text{Btu/(kW}\cdot\text{h)}]$$

使用 1 号锅炉作为基础的原因是，2 号锅炉在图 19.2 中的锅炉负荷优化后已达到极限。

显然，从热耗率的角度来看，TG-1001 冷凝路径优于功率导入，而功率导入选项位居第二，TG-1002 是三个选项中最差的。这就解释了为什么增加 TG-1001 冷凝路径的发电量会降低运营成本(见图 19.4)，而增加 TG-1002 的发电量则会使运营成本上升(见图 19.5)。

这些关于电力进口的讨论可以扩展到电力出口。如果炼油厂被允许向电网输出电力，那么问题就变成了：在燃料与电力的价格比是多少的情况下，输出电力是有益的？与电力进口类似，回答这个问题是使用方程(19.3)计算电力出口的热耗率和使用方程(19.4)计算现场发电热耗率。

到目前为止，我们讨论了电力进出口及其 *PEE* 和热耗率。事实上，电力进口的 *PEE* 和热耗率与电力出口的相同。为了避免混淆，我们使用了市场力量等效效率和电力进出口的市场热耗率。

毕竟，作为最简单的结论，当来自特定涡轮机流动路径的现场热耗率超过市场热耗率时，现场发电超过了电力进口。在这种情况下，在观察蒸汽平衡的同时，最大限度地提高通过该涡轮机路径的发电量。如果可能的话，多余的电力会被输出到电网。

19.4.2 电价的切入点

如果燃料价格保持在 4 美元/(MMBtu · h)，那么在与 TG-1001 冷凝路径竞争时，电价的切入点是什么？这可能是一个有趣的问题。由于在电价的切入点，来自冷凝路径的发电量等于进口的电力。因此，切割点的条件可以表示为：

$$\eta_{\text{PEE}}^{\text{import}}=\eta_{\text{PEE,Cond}}^{\text{on-site}} \tag{19.6}$$

由于$\eta_{PEE,Cond}^{on-site}=0.177$，

$$\eta_{PEE}^{import}=\frac{C_f}{\hat{C}_p}=\frac{4\text{ 美元/MMBtu}\times 3.414\text{MMBtu/(MW}\cdot\text{h)}}{\hat{C}_p\text{美元/(MW}\cdot\text{h)}}=0.177$$

求解$\hat{C}_p$收益率：

$$\hat{C}_p=\frac{4\times 3.414}{0.177}=77[\text{美元/(MW}\cdot\text{h)}]$$

这导致了一个有意思的结果，只要电价高于 77 美元/(MW·h)，且燃料价格为 4 美元/MMBtu，TG-1001 冷凝路径的发电量将超过电力进口，反之亦然。当燃料价格发生变化时，电价的切入点也会相应变化。

19.5 最大限度地减少蒸汽排放和排气

在许多蒸汽系统中，蒸汽排放被用来满足低压集管中的蒸汽需求，因为由于产量不时变化，需求可能会增加。然而，通过泄压阀提供蒸汽的压力为失去电力潜力的代价。在操作中可以使用两个主要手段来最大限度地减少减压流量，即负载优化和驱动器切换。如果在执行这两个步骤后仍然存在过量的减压流量，则可以考虑安装新的涡轮发电机。

在工艺装置中，蒸汽系统在夏季和冬季运行时分别将压力从 610psi(表)降至 150psi(表)和从 150psi(表)降至 60psi(表)，并且在夏季还有 60psi(表)的排气操作。

为了捕获通过这些减压阀的蒸汽的能量损失，工艺装置考虑安装一个带有多次抽汽的新汽轮机，以捕获 HP-MP 和 MP-LP 减压量。蒸汽轮机将根据可用的减压流量在不同的负载下运行。平均而言，使用减压蒸汽流可以产生至少 4MW 的电力，这减少了电力进口，并节省了 300 万美元/a 的成本和 3600MMBtu/h 的燃料当量。蒸汽轮机的安装成本为 700 万美元，因此简单的投资回报期略高于 2 年，这可能是一个很好的投资项目。

在另一个工艺装置中，蒸汽系统在大量低压放空的情况下运行。为了防止有价值的冷凝水因低压排气而损失，安装了一个冷凝器来冷却低压蒸汽，并将低压冷凝水送回除氧器。尽管这种解决方案节省了冷凝水，但并没有解决 LP 长期问题。后来发现，驱动器开关可以帮助减少低压通风口。在锅炉房中，有三台强制通风(FD)风机，目前由中低压抽汽涡轮机运行，但风机有备用电机驱动器。出于可靠性原因，电厂可接受的运行政策是使用蒸汽轮机。工程师希望确定驱动器开关的值，以最大限度地减少低压蒸汽转储。

当切换到一个 FD 风扇的电机时，涡轮机 100t/d 的 MP 使用量被消除，LP 排放量也减少了同样的量。净收益来自节省的 HP 蒸汽，因为每年有大量 HP 减压，价值约 89 万美元。这一重大价值引发了对现行运营政策的质疑，该政策是多年前制定的，当时公共电网的电力供应不可靠。但现在电网的可靠性已经显著提高。在过去的五年里，它只出过一次差错。

经过讨论和审议，修改了运行政策，使三台锅炉在线时，一台 FD 风机可以电动驱动。这种做法的原因是，在电力供应中断的情况下，蒸汽负荷可以由剩下的两台锅炉处理。几个月后对这一变化进行了评估。由于电机运行良好，公用工程主管决定两台 FD 风机由电机运行，一台风机由涡轮机运行。由于经营政策的变化，上述大部分收益都被获取了。

19.6 优化蒸汽系统配置

蒸汽系统的主要目的是产生蒸汽，以满足不同压力水平下的工艺蒸汽需求。如果蒸汽系统没有热电联产，将完全从电网购买电力，以满足工艺电力需求。同时，高压蒸汽通过阀门

排放产生。然而，如果在蒸汽集管之间放置了蒸汽涡轮机，则可以同时对动力和蒸汽热量进行调节。这是一种单独由蒸汽系统产生的热电联产。另一种热电联产是燃气和蒸汽轮机联合系统。我们使用热电联产(CHP)一词来概括上述两种热电联产系统。问题是：我们如何评估热电联产系统的热电联产效率？

影响热电联产的参数是蒸汽系统可提供的功率与工艺热的比率(Kenney，1984)。这个比率被命名为 R 比率，表示为：

$$R = \frac{\sum W_{\text{on-site}}}{\sum Q_{\text{process}}} \tag{19.7}$$

式中，$\sum W$ 为蒸汽系统的最大发电潜力；$\sum Q$ 为直接蒸汽供应的工艺热的总和。

热电联产效率定义为：

$$\eta_{\text{cogen}} = \frac{\sum W_{\text{on-site}} + \sum Q_{\text{process}}}{\sum Q_{\text{fuel}}} \tag{19.8}$$

或，

$$\eta_{\text{cogen}} = (R+1)\frac{\sum Q_{\text{process}}}{\sum Q_{\text{fuel}}} \tag{19.9}$$

显然，热电联产效率是 R 比率和热电联产系统配置的函数。尽管 CHP 系统是以实现最小成本为目标运行的，但最大效率提供了系统在给定配置下所能达到的最佳效率的衡量标准。热电联产系统的热电联产计算通过以下示例进行说明。

示例 19.1　评估热电联产效率

考虑图 19.1 中的蒸汽系统。任务：

① 计算当前运行的热电联产效率。

② 确定最有效的操作模式。

③ 比较两种操作模式。

④ 将最高效率的运行模式与最低成本的运行模式进行比较。注意，本例的燃料和电力价格分别为 6 美元/MMBtu 和 70 美元/(MW·h)。

19.6.1　计算当前运行的热电联产效率

$$\sum W = 2.6+7.6+0.4 = 10.6(\text{MW}) = 36.2(\text{MMBtu/h})$$

$$Q_{\text{MP}} = 53\times\Delta h = 53\times(1202-189)/1000 = 53.7(\text{MMBtu/h})$$

$$Q_{\text{LP}} = 77\times\Delta h = 77\times(1185-189)/1000 = 76.7(\text{MMBtu/h})$$

$$R = \frac{36.2}{53.7+76.7} = 0.28$$

$$\eta_{\text{cogen}} = (0.28+1)\frac{(53.7+76.7)}{158+179}\times100\% = 49\%$$

19.6.2　计算最大热电联产效率

为此，必须进行以下更改：

① 将流量压缩到最小限度。

② 最小减压流量和零低压排气。

③ 通过背压提取增加发电量。

④ 更高效的锅炉产生蒸汽。

完成上述任务后，蒸汽系统负荷如图 19.6 所示。

然而，这些变化带来的热电联产效率的提高是什么？让我们计算一下。

$$\sum W = 2.7+3.1+0.4 = 6.2(\mathrm{MW}) = 21.2(\mathrm{MMBtu/h})$$

$$Q_{\mathrm{MP}} = 53\times\Delta h = 53\times(1202-189)/1000 = 53.7(\mathrm{MMBtu/h})$$

$$Q_{\mathrm{LP}} = 77\times\Delta h = 77\times(1185-189)/1000 = 76.7(\mathrm{MMBtu/h})$$

$$R = \frac{21.2}{53.7+76.7} = 0.16$$

$$\eta_{\mathrm{cogen}} = (0.16+1)\frac{(53.7+76.7)}{226}\times 100\% = 67\%$$

因此，最大热电联产效率（见图 19.6）和当前运行（见图 19.1）之间的热电联产效率差距为 18%（67%-49%）。以 MMBtu/h 计算，它值多少钱？它能说明什么吗？

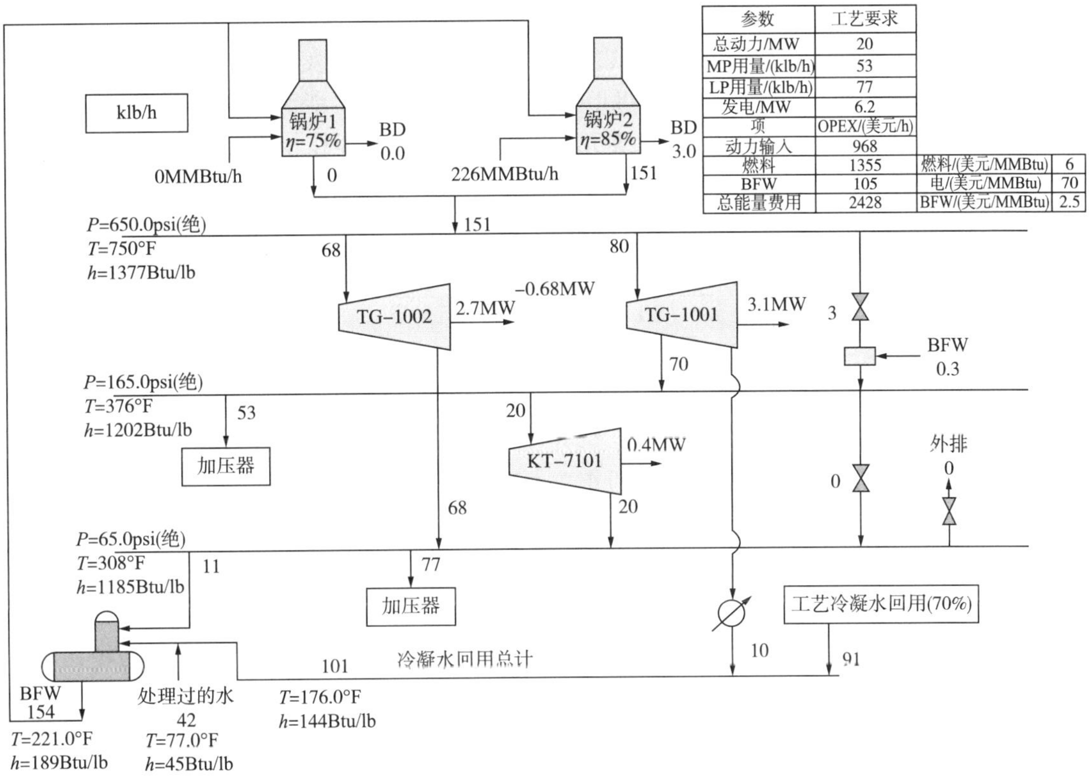

图 19.6　最大能效运行模式

19.6.3　将当前运行与最大热电联产效率运行进行比较

我们可以使用总的净能量输入进行比较。对于当前和最大有效运行模式，燃烧燃料分别为 337MMBtu/h 和 226MMBtu/h，而电力进口分别为 9.4(20-10.6) 和 13.8(20-6.2) MW。假设燃料当量（*FE*）为 9.09MMBtu/(MW・h)（对于电力进口），两种情况下的燃料当量可计算为：

$$FE_{\mathrm{current}} = 337+9.4\times 9.09 = 422.4(\mathrm{MMBtu/h})$$

$$FE_{\text{max eff}} = 226 + 13.8 \times 9.09 = 351.4 (\text{MMBtu/h})$$

因此，当前运行模式比最大有效模式多消耗 71(351.4−422.4)MMBtu/h 的能量，这是非常显著的。从上述最大效率的特征来看，造成这种差距的原因不言自明。特别地，导致当前低效操作的单个最大因素是大的冷凝流量。这是因为冷凝路径的发电效率仅为 20%(见下文计算)，远低于 85%的锅炉蒸汽效率。换言之，65%的热量在表面冷凝器上损失。

$$\eta_{\text{PEE}}^{\text{on-site}} = \frac{3414}{m_{\text{steam}} \times (h_{\text{steam}} / \eta_{\text{boiler,2}})} = \frac{3414\text{Btu/(kW·h)}}{10.5\text{lb/(kW·h)} \times (1377\text{Btu/lb}/0.85)} \times 100\% = 20\%$$

在最大有效运行模式下，冷凝路径流量减少到最小限度。现场发电量的减少由电力进口的增加来补偿。电力进口的热耗率为 9.09MMBtu/(MW·h)，基于典型燃煤发电厂 37.6%的发电效率。相比之下，这种进口发电效率远高于冷凝发电效率。这就是为什么减少冷凝发电量可以提高蒸汽系统的能源效率。

19.6.4 最大有效操作=最小成本操作?

迫在眉睫的问题变成了：最大效率的运营模式也是最小成本的模式吗？答案不是简单的"是"或"否"，而是有一个必须满足的充分条件。

对于图 19.1 中的当前运行，锅炉燃料为 337MMBtu/h，6 美元/MMBtu，进口功率为 9.4MW，70 美元/(MW·h)，BFW 为 40klb/h，2.5 美元/klb，总能源成本为 2430 万美元/a，而图 19.6 中的最大运行成本为 2130 万美元/a。因此，与当前操作相比，最大效率模式每年节省 300 万美元的能源成本。这背后的根本原因可以用之前介绍的 PEE 概念来解释。

功率输入的 *PEE* 可以基于方程(19.1)计算为：

$$\eta_{\text{PEE}}^{\text{import}} = \frac{C_f}{C_p} = \frac{6\text{美元/MMBtu} \times 3.414\text{MMBtu/(MW·h)}}{70\text{美元/(MW·h)}} \times 100\% = 29\%$$

冷凝路径的 *PEE* 仅为之前计算的 20%。因此，从经济上讲，电力进口胜过冷凝路径。

到目前为止，我们可以安全地得出这样一个结论：最大有效操作是最经济的操作并不总是正确的，只有当$\eta_{\text{PEE}}^{\text{import}} > \eta_{\text{PEE}}^{\text{on-site}}$时才正确。简单地说，充要条件可以表述为：当 *PEE* 高于现场发电效率时，最大效率运行模式也是最小成本运行模式。在这种情况下，将蒸汽系统的优化问题转化为简化问题，以最大限度地提高热电联产效率。

这可以解释为什么图 19.3 中的最低成本操作有利于最大冷凝流量，其中燃料价格为 4 美元/MMBtu，电价为 90 美元/(MW·h)。这是因为上述条件不适用于该操作——用于功率输入的 *PEE* 为 15.2%，这比冷凝路径的 *PEE* 更差。因此，在这种情况下，冷凝路径在成本上胜过电力进口，但以热电联产效率为代价。

19.7 开发蒸汽系统优化模型

能源供应优化是指通过优化锅炉和涡轮机，以最低成本产生蒸汽和电力。同时，能源供应优化也是对电力进口与现场发电的优化。总体目标是实现最低的能源运营成本。蒸汽系统优化有几种方法，包括：基于经验的、基于最大热电联产的和基于数学优化的。无论使用何种方法，其基础都是蒸汽平衡模拟。接下来讨论了蒸汽系统仿真和优化的数学建模。

19.7.1 创建蒸汽平衡模拟模型

尽管第 16 章讨论了建立蒸汽平衡的细节，而第 15 章给出了蒸汽设备建模方程，但此处的目的是将所有相关方程结合起来，为蒸汽系统开发一个完整的模拟和优化模型。对于特定的应用，用户可以通过提供蒸汽系统的特定配置和条件来修改模型。

19.7.1.1 对于锅炉(包括废热锅炉)高压蒸汽生成子系统

对于复杂的蒸汽系统，锅炉(i)可以燃烧不同的燃料(r)。燃料可以是燃气、液化石油气和天然气。锅炉可能具有不同的效率。即使对于相同的锅炉，效率也取决于蒸汽的产生和产生的蒸汽的条件(温度和压力)：

$$M_{\text{BFW},i}=M_{\text{steam},i}+M_{\text{blowdown},i} \tag{19.10}$$

$$Q_{i,r}=\frac{M_{\text{steam},i,r}\times(h_{\text{steam},i,r}-h_{\text{BFW},i})}{\eta_{i,r}} \tag{19.11}$$

$$\eta_{i,r}=f(M_{\text{steam},i,r},\ M_{\text{fuel},i,r}) \tag{19.12}$$

19.7.1.2 对于蒸汽集管子系统

蒸汽通过锅炉蒸汽、PRV(减压阀)蒸汽、汽轮机抽汽、工艺废热锅炉蒸汽和闪蒸罐回收蒸汽进入集管(j)。工艺蒸汽的产生和使用取决于进料速率和工艺条件。蒸汽离开集管，进入汽轮机、工艺流程、PRV以及由泄漏造成的蒸汽损失和疏水阀损失。对于闭环平衡，集管的蒸汽输入必须等于输出：

$$M_j^{\text{in}}=\sum_i M_{\text{boiler }i,\ j}+\sum_s M_{\text{PRV }s,\ j}+\sum_k M_{\text{turbine }k,\ j}+\sum_l M_{\text{WHB }l,\ j}+\sum_m M_{\text{FS }m,\ j} \tag{19.13}$$

$$M_j^{\text{out}}=\sum_n M_{\text{process }n,\ j}+\sum_s M_{\text{PRV }s,\ j}+\sum_k M_{\text{turbine }k,\ j}+\sum_q M_{\text{Loss }q,\ j} \tag{19.14}$$

$$M_{\text{process }n,j}=f(\text{进料量，工艺条件，损失}) \tag{19.15}$$

$$M_{\text{WHB }l,j}=f(\text{进料量，工艺条件}) \tag{19.16}$$

$$M_j^{\text{in}}=M_j^{\text{out}}\qquad j=\{\text{VHP, HP, MP, LP}\} \tag{19.17}$$

19.7.1.3 对于发电子系统

动力由蒸汽轮机(k)、理论蒸汽率($m_{\text{turbine }k}$)和等熵效率($\eta_{\text{turbine }k}$)产生。等熵效率取决于入口和出口蒸汽条件以及蒸汽速率($M_{\text{turbine }k}$)。对于给定的总电力需求，可以通过现场发电来确定电力进口：

$$W_k=\frac{M_{\text{turbine }k}}{m_{\text{turbine }k}/\eta_k} \tag{19.18}$$

$$\eta_k=f(M_{\text{turbine }k},\ T_{\text{in}},\ P_{\text{in}},\ P_{\text{out}}) \tag{19.19}$$

$$W_{\text{power}}^{\text{on-site}}=\sum_k W_k \tag{19.20}$$

$$W_{\text{power}}^{\text{import}}=W_{\text{total}}^{\text{demand}}-W_{\text{power}}^{\text{on-site}} \tag{19.21}$$

19.7.1.4 对于冷凝水和除氧子系统

冷凝水回流和处理水与低压蒸汽一起进入除氧器，为锅炉提供BFW。低压蒸汽被注入除氧器，用于去除处理水和冷凝水中的氧气和其他溶解气体(α)：

$$M_{\text{BFW}}=M_{\text{Cond}}+M_{\text{TW}}+M_{\text{LP}}^{\text{D}}(1-\alpha) \tag{19.22}$$

$$M_{\text{LP}}^{\text{D}}\times(h_{\text{LP}}-h_{\text{TW}})\times(1-\alpha)=M_{\text{BFW}}\times(h_{\text{BFW}}-h_{\text{TW}})-M_{\text{Cond}}\times(h_{\text{Cond}}-h_{\text{TW}}) \tag{19.23}$$

19.7.1.5 蒸汽减温器

减温器用于通过BFW使减温蒸汽饱和，因为饱和蒸汽优先用于工艺用途：

$$M_{\text{Sat},j}\times h_{\text{Sat},j}=M_{\text{Sup},j}\times h_{\text{Sup},j}+m_{\text{BFW}}\times h_{\text{BFW}} \tag{19.24}$$

$$M_{\text{Sat},j}=M_{\text{Sup},j}+m_{\text{BFW}} \tag{19.25}$$

19.7.1.6 从排污中回收蒸汽

闪蒸罐可用于从锅炉排污或高压冷凝液中回收蒸汽。在前一种情况下，回收的低压蒸汽(M_{FS}^{LP})来自汽包的顶部，而底部则被送往下水道：

$$M_{FS}^{LP} \times h_{FS}^{LP} = M_{BD} \times h_{BD} - M_{bttm} \times h_{Cond}^{LP} \tag{19.26}$$

$$M_{FS}^{LP} = M_{BD} - M_{bttm} \tag{19.27}$$

19.7.1.7 对于蒸汽减压阀

减压阀(PRV)用于在较低压力下补充蒸汽需求，以实现操作灵活性。PRV 的建模基于阀门特性，这些特性以如下所示的一般形式表示。在大多数应用中，阀门位置是在线测量的。因此，以下方程可以转换为减压蒸汽流量和阀门位置之间的关系(见第 15.6 节)：

$$m_j = K_1 C_v P_i \text{(对扼流)}，\text{当} \frac{P_o}{P_i} \leqslant 58\%\text{时} \tag{19.28}$$

$$m_j = K_2 C_v \sqrt{(P_i + P_o)(P_i - P_o)} \quad \text{(对非扼流)} \tag{19.29}$$

19.7.1.8 初始点和收敛标准

建议的换向策略是使用锅炉总蒸汽生成量作为初始试验速率，并重复进行，直到满足收敛标准：

$$\frac{|M_{LP,i+1}^{D} - M_{LP,i}^{D}|}{M_{LP,i}^{D}} \leqslant \varepsilon \tag{19.30}$$

ε 是一个很小的数值，比如 0.001。

19.7.1.9 总运行成本

蒸汽系统的总成本可以根据燃烧的燃料、使用的处理水和进口的电力，从收敛的蒸汽平衡中反算出来，可以表示为：

$$C_T = \sum_r \sum_i C_{fuel\ r} Q_{boiler\ i,\ j} + C_{BFW} \sum_k M_{BFW,\ k} + C_{power}^{import} W_{power}^{import} - C_{power}^{export} W_{power}^{export} \tag{19.31}$$

19.7.1.10 应用备注

你不必对上述方程组感到害怕。当你遵循自上而下的方法来建立从锅炉到每个蒸汽集管、汽轮机和减压阀、除氧器和排污扩容器的蒸汽平衡时，你会发现任务很简单。第 16 章详细讨论了蒸汽平衡的自上而下方法。在设置蒸汽平衡的过程中，你可以应用上面的一些方程来对设备和子系统进行建模。蒸汽平衡可以在电子表格环境中轻松进行。

19.7.2 建立优化标准和约束条件

19.7.2.1 目标函数

目标函数用于优化，以使所有潜在的自变量(或操纵变量)都可用于优化，从而将总体运营成本降至最低。

最小化目标函数 f：

$$f = \sum_r \sum_i C_{fuel\ r} Q_{boiler\ i,\ r} + C_{BFW} \sum M_{BFW} + C_{power}^{import} W_{power}^{import} - C_{power}^{export} W_{power}^{export} \tag{19.32}$$

19.7.2.2 限制条件

优化蒸汽系统是为了知道改变运行成本要转动什么旋钮。首先，蒸汽系统应避免任何可预见的损失，如疏水阀损失、泄漏和绝缘不良。第 18 章详细讨论了这个问题。其次，可以优化蒸汽集管的压力。这通常在一段时间内完成一次，并且在优化后将它们保持为优化值。

一旦以良好的顺序管理了上述任务，最小化蒸汽系统的运行成本就变成了在设备限制内优化蒸汽设备的负载，如专用锅炉和涡轮发电机。同时，必须优化电力进口/出口与现场发电之间的平衡，包括优化设备装载和驱动选择。负载优化是指在一定范围内的连续优化；但是驱动器的选择因为涡轮驱动器切换到马达而是离散的(驱动器开启或关闭)优化。

受以下限制：

锅炉受到限制：

$$M_{\min r} \leqslant M_{\text{boiler},r} \leqslant M_{\max r} \tag{19.33}$$

涡轮发电机受到限制：

$$M_{\min k} \leqslant M_{\text{turbine},k} \leqslant M_{\max k} \tag{19.34}$$

涡轮机驱动器被限制为打开或关闭：

$$z_k M_{\min k} \leqslant M_{\text{turbine},k} \leqslant z_k M_{\max k} \quad z=(0,\ 1) \tag{19.35}$$

动力输入采用连续的涡轮发电机和离散的涡轮驱动器进行建模：

$$W_{\text{power}}^{\text{driver}} = \sum_k z_k W_k^{\text{driver}} \tag{19.36}$$

$$W_{\text{power}}^{\text{gen}} = \sum_k W_k^{\text{gen}} \tag{19.37}$$

$$W_{\text{power}}^{\text{import}} = W_{\text{power}}^{\text{demand}} - W_{\text{power}}^{\text{driver}} - W_{\text{power}}^{\text{gen}} \tag{19.38}$$

以及方程(18.10)~方程(18.30)。

19.7.2.3 应用备注

整个方程[方程(19.10)~方程(19.38)]形成了蒸汽和动力的优化模型。这种优化策略允许最快的动态响应，同时始终趋向于最经济的稳态操作位置。此外，蒸汽边际价格将根据优化模型自动确定(Varbanov et al.，2004)。

符号对照表

C_f	边际燃料价格
C_p	进口或出口电价
C_v	阀孔板系数
f	目标函数
FE	燃料当量
h	焓
m，M	质量流量
P_i，P_o	控制阀进出口压力
PEE	价格等效效率
Q	热负荷
R	功率热比
W	轴功
z	二进制变量

希腊字母

α	除氧蒸汽排放率
ε	一个极小数
η	效率

参 考 文 献

Varbanov P, Perry S, MakwanaY, Zhu XX, SmithR (2004) Top-level analysis of site utility systems, *Chemical Engineering Research and Design*, Trans IChemE, Part A, 82(A6), 784-795.

第五部分　改造项目的评估和实施

20　确定外设施区环境的真实收益

能源改善项目通常从工艺层面确定，并根据边际蒸汽价格和当地能源和水平衡来估计效益。在选择实施的能源项目时，必须在 OSBL(界区外)的前提下，即在整个现场的蒸汽、电力、燃料平衡的前提下对这些项目进行评估，以确定降低运营成本和温室气体排放的真正收益以避免投资决策失误。

20.1　简介

通常，实施收益改进思路的决策是根据内部工艺界区(ISBL)进行评估的。在某些情况下，与评估预测相比，实施的节能项目产生的效益要少得多，所需资金也要高得多，这并不奇怪。原因是，只有在年底公用工程介质清账时，才能在全厂节能效益中体现工艺层面的节能。

因此，至关重要的是，必须根据蒸汽、动力和燃料的总体平衡来评估改进措施。通常情况下，节能项目可能会影响蒸汽边际价格，从而影响能源项目可能产生的净效益。在极端情况下，节能项目可能会导致燃气和蒸汽过剩。

本章讨论了一种基于 OSBL 条件的方法。该方法对项目经济性评价和项目选择具有深远影响。不合理的项目评估可能导致投资决策失误：不好的项目被选择，好的项目被丢弃。令人遗憾的是，这在能源优化评估中屡见不鲜。为了避免错误的投资决策并确定节能项目的真实效益，必须评估增量对蒸汽、电力、锅炉给水(BFW)和燃料平衡的影响。下面举例说明。

20.2　正在评估的能源改进方案

在全厂的能源优化项目中，产生了五个能源改进思路，并在独立的基础上进行了评估。表 20.1 给出了这些改进思路的效益和投资。评估结果是基于 ISBL 获得的。

思路 1：锅炉风机驱动开关。

有三台锅炉强制通风机，由中压至低压(MP-LP)抽汽涡轮机作为驱动力，目前有备用电机。由于电价相对较低，电机驱动比涡轮机更经济。根据蒸汽边际定价，如果一台风机换成电机，每年的收益将为 738144 美元。如果三个风机转换为电机，每年将节省 220 万美元的成本。

思路 2：减少制氢装置中的高压蒸汽。

制氢装置(HGU)中的转化炉通过碳与蒸汽反应从天然气中制备氢气。设计的反应温度为 825℃，而由于反应冷却器中的设备完整性问题，运行温度为 800℃。较低的反应温度导致较高的蒸汽与碳的比率(S∶C)，因此制造相同量的氢气需要更多的蒸汽。在进料组成保持相对恒定的情况下，可以通过设计将反应温度提高到 825℃来降低 S∶C 比。最初估计，解决这一问题的成本非常高。在未知修复收益的情况下，解决方案是将反应器温度降低到800℃，并将其保持在这个低温下。多年来，该操作条件一直没有受到质疑，设备问题仍未解决，但以增加蒸汽速率为代价。

表 20.1 单独项目经济性测算结果

项目	一个锅炉风机的驱动器开关	减少 HGU 中的高压蒸汽	K301 电动化	HCU 中的超低压汽提蒸汽	F304 超中压发电机对流改造	合计
节汽/(Mt/d)	100 中压	200 高压	625 中压	-150 低压	85 中压	
电力使用/kW	160	不适用	2000	无	无	
净能源成本节约/(美元/a)	738144	1800000	4051800	-1026000	703800	6267744
资本成本/美元	无	550000	6000000+	不适用	1900000	2450000

注：边际蒸汽价格：HP=25 美元/t，MP=23 美元/t，LP=19 美元/t，电=65 美元/(WM·h)，360d/a。

在能源优化项目中，设备问题再次被提出。为了证明修复它的合理性，建立了反应器温度和蒸汽碳比之间关系的模型，从而可以估计提高反应器温度的效益。计算表明，如果反应温度可以提高到 825℃，高压(HP)蒸汽将减少 200t/d，从而每年节省 180 万美元的成本。为了给出更现实的投资估算，进行了详细的设备检查。修复设备问题的成本估计约为 50 万美元，比预期的要便宜得多。

思路 3：K-301 压缩机在转化炉中的电动化。

目前，重整过程中的循环气压缩机 K-301 由凝气式汽轮机 KT301 驱动，以中压蒸汽作为入口蒸汽，排出常压冷凝水。发电效率非常低，导致涡轮机消耗大量蒸汽，平均每天约 625t 中压蒸汽，每年成本 510 万美元。将现有涡轮机改为调速电机需要 2MW 的电力，每年花费 110 万美元。但是，与蒸汽和效率提升相比，电力成本相对较低，因此，改用电机将带来每年 400 万美元的净效益。然而，2MW 的大型电机的价格很高，设备安装成本为 600 万美元。

思路 4：HCU 分馏改造汽提蒸汽。

加氢裂化装置(HCU)中确定了一个提高产量的方案，作为能源优化项目的一部分。发现大量柴油由于主分馏效率低而进入未转化的油中被分离。为了回收损失的柴油，将安装一个新的汽提塔，估计价值为 1200 万美元/a，汽提塔将需要低压汽提蒸汽 150t/d，每年成本为 100 万美元。相关管道的改造也是 HCU 改造项目的一部分。

思路 5：增加 F304 蒸汽产生量。

F304 是重整装置的加热炉，内有两台火焰加热器，带有常用的对流段。目前，F304 每天产生 1300~1900t 温度约为 390℃ 的烟气，这高于行业的平均值 220℃。一项改造思路是增加对流段的表面积，从而多产生约 85t/d 的 MP 蒸汽，每年产生效益 703800 美元。投资约为 190 万美元。

20.3 一种评估能源改进方案的方法

表 20.1 中的评估结果显示了基于 ISBL 水平的改进思路的巨大收益。如果项目选择的决定是在 ISBL 所处的范围内，由于与相对较低的投资相比，收益较大，因此可以选择这些选项进行实施。为了避免失败的投资决策并确定这些思路的真实收益，对蒸汽、功率、锅炉给水和燃料平衡的影响进行了详细评估，如下所示。

20.3.1 步骤 1：预先确定实施顺序

一旦选择了改进思路进行评估，首先要做的就是确定潜在的实施顺序，因为不同的项目实施顺序会对 OSBL 产生不同的影响。作为一项一般性指导方针，应考虑在早期阶段首先实施无成本和低成本的快速改进。资本项目根据收益和投资进行排名，然后按优先顺序排列。在确定实施顺序时，还考虑了其他指标，如易于实施和周转时间表。

此示例问题，改进思路将按照以下顺序实施：

锅炉风机驱动改为电机是第一个实施项目，因为它可以在不投入资金成本的情况下产生巨大的效益。其后，形成了两个实施顺序作为基础用于 OSBL 评估。

实施顺序一：提高 HGU 中的反应温度→K301 的电机驱动器→HCU 改造→F304 改造。

实施顺序二：提高 HGU 中的反应温度→HCU 改造→F304 改造。K301 机动化项目不在本序列中，因为它与 F304 改造是存在矛盾的，这一点稍后将明确。

这两个实施顺序的以下推演将决定哪些选项应该在哪个序列中实现以及为什么要实现。

20.3.2 步骤 2：建立蒸汽平衡的基本情况

用于该评估目的的基本公用工程(蒸汽、电力、水和燃料)平衡应代表典型的运行生产工况。典型生产工况对应于平均的进料速率和成分、产品速率和质量以及工艺条件。在此运行工况下，公用工程消耗可能是最具代表性的。此外，效用平衡必须达到高的平衡精度，以避免误导性的投资决策。

此例蒸汽平衡如图 20.1 所示。蒸汽平衡的主要特点是，在低压排放量相对较大的情况下，高压蒸汽排放量较大，以满足中压需求。在这种情况下，通过低压排放，这意味着当低压蒸汽管道较长时，低压蒸汽被冷凝，然后冷凝水被送回除氧器以保存冷凝水。因此，低压排汽比低压放空好，因为低压放空会使冷凝液流失到大气中。

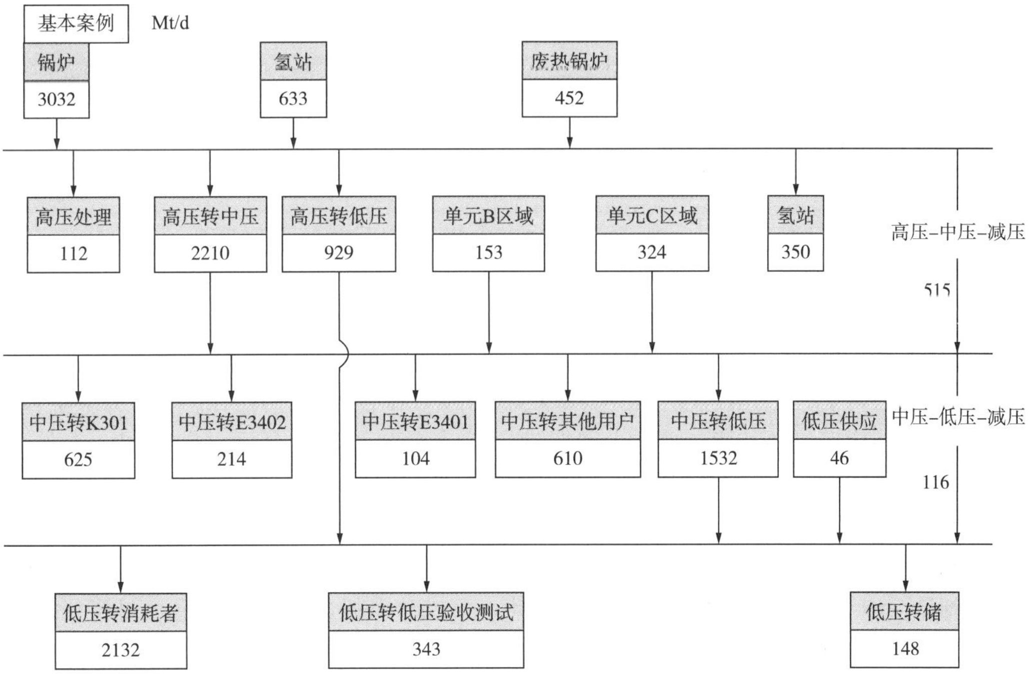

图 20.1 以基础蒸汽平衡为例

20.3.3 步骤3：评估运营变化（快速反应）

在锅炉房发现了一个快速反应的机会，即锅炉FD风机的驱动开关。此机会用于说明如何在蒸汽平衡的背景下评估操作机会。其他可能影响蒸汽平衡的操作变化将以类似的方式进行评估。

尽管风机驱动需要中压蒸汽作为汽轮机的驱动蒸汽，但该中压蒸汽是通过高压蒸汽减温减压产生的。因此，风机汽轮机的关闭将导致HP减温减压量降低。同时，停用风机汽轮机将减少低压蒸汽的产生，因为风机汽轮机具有低压抽汽功能。在当前运行中，低压排放量为148t/d，完全可以将其改为电机驱动，因为汽轮机需要100t/d的中压蒸汽。图20.2中加粗的数据表示的是将一个蒸汽驱动改为电驱动之后的新蒸汽平衡。

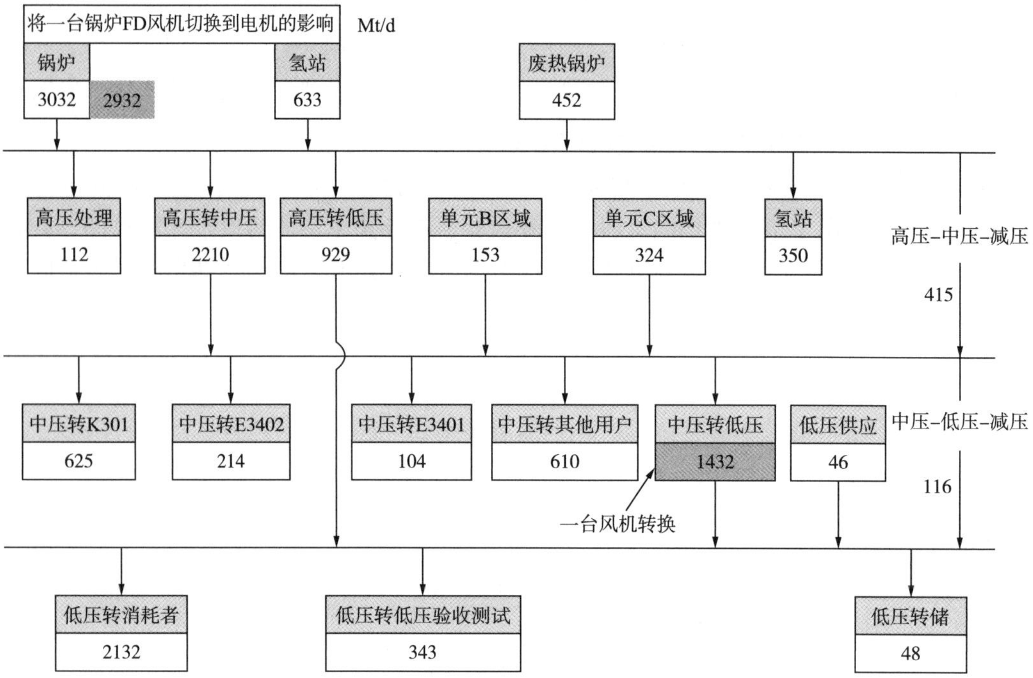

图20.2 一台锅炉风机驱动开关的影响

从图20.2中可以看出，将一个驱动器改成电机驱动后每年可以产生810144美元的效益。可见图20.2中蒸汽平衡的节能效益高于表20.1中ISBL评估的节能效益。原因是，在ISBL评估中，MP蒸汽价格被用作效益计算的基础，而真正的效益来自HP的节约，这只能从整体蒸汽平衡中体现。

当考虑第二台FD风机的驱动器改为电机驱动时，其收益不是单个驱动器开关的两倍。原因在于将第一台风机执行驱动改为电机驱动后，LP的过剩量只有48t/d。因此，与第一台风机的100t/d相比，第二台风机的HP节省量仅为48t/d，但这仍然是有效益的。

两台风机的驱动开关每年可节省114万美元，第二台风机每年可节省33.5万美元。实施第二个驱动器开关后的蒸汽平衡如图20.3所示。显然，这样的改造是可行的。根据当前LP的过剩量，应尽早将一台风机改为电机驱动。第二台风机的驱动器改造也是可行的，但这取决于供电的可靠性。

以往电力供应跳闸非常频繁，因此运营部门要求各装置在关键单元中使用蒸汽汽轮机，而不是电机。然而，在过去的5年里，电力供应非常可靠，只发生了一次跳闸。通过了解使用电机而非汽轮机的好处，电厂技术人员审查了当前的操作实践，并向电厂管理层建议将一个风扇启动驱动改为电机驱动。如果第一次实施顺利，一年内没有跳闸，第二个风机可以将汽轮机启动切换到电机启动。

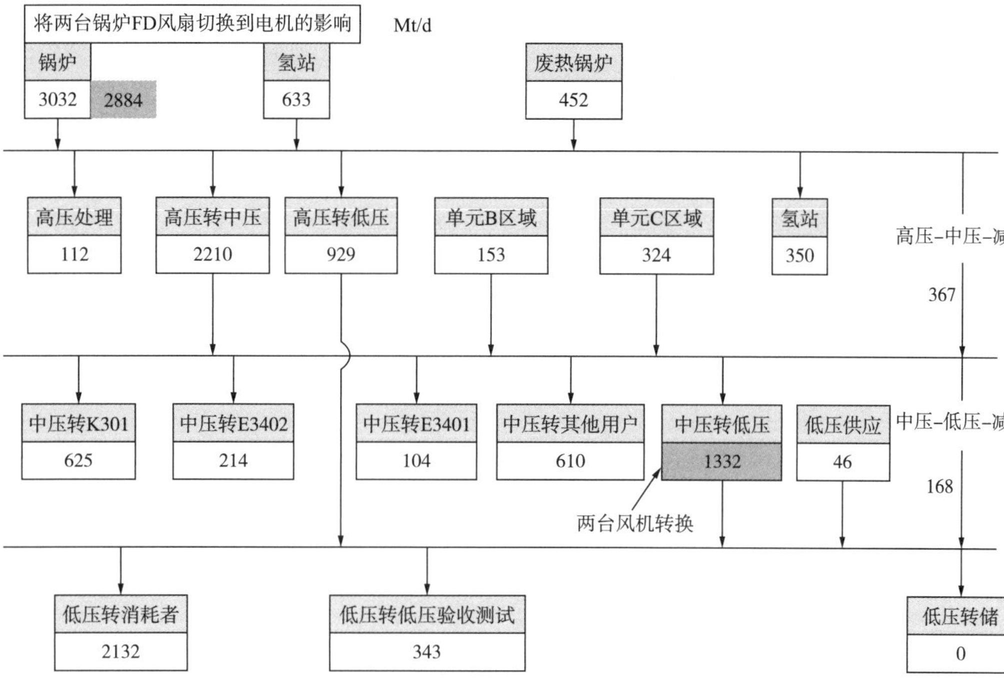

图 20.3　两台锅炉风机驱动开关的影响

20.3.4　步骤 4：评估能源资本项目的顺序 1 中的选项

实施运营优化的蒸汽平衡成为评估能源资本项目的基础。图 20.2 是评估 HGU 改造汽提蒸汽的基础，实施 HGU 能源方案所产生的平衡将成为评估 K301 电机方案等的基础。

20.3.4.1　减少制氢装置(HGU)中的高压蒸汽使用

这需要通过设备改造工作来恢复反应冷却器的换热能力，可以使反应温度提高到 825℃。从蒸汽平衡的角度来看，该方案将减少 200t/d 的锅炉 HP 发电量。该方案在蒸汽平衡中进行了评估，如图 20.4 所示，该项目的实施预计将在锅炉风机驱动开关的基础上每年节省 180 万美元的能源运营成本。资本成本估计约为 50 万美元，是一个很有前途的项目。

20.3.4.2　HGU 蒸汽减少后压缩机 K301 的电动化

当压缩机 K301 驱动更换为电机时，可能会对蒸汽平衡产生连锁反应，因为停用汽轮机可能会减少 625t/d 的 MP 使用量。评估该方案的蒸汽平衡基础如图 20.4 所示。

在制氢装置中实施锅炉驱动器切换和蒸汽减少选项后，高压蒸汽用量为 415t/d，主要供应 KT301 涡轮机。因此，通过停用 KT301 汽轮机来实现 K301 驱动器的机动化，将节省 415t/d 的高压蒸汽。同时，210(=625-415)t/d 的过剩中压蒸汽将减温减压至低压蒸汽，并最终进入低压蒸汽管网。K301 汽轮机改为电机驱动后的蒸汽平衡如图 20.5 所示。改造后锅炉燃料每年节省 370 万美元，但电机需要 2MW 的电力，这是以每年 110 万美元的电力成本为代价的。因此，每年可节省 260 万美元的能源。安装设备的总投资在 600 万美元，不包括拆除成本和停机期间的损失等其他相关成本，该项目应被视为边缘项目，因为如果考虑其他成本，实际成本可能远高于 600 万美元。这需要对基础设施和停机损失进行更详细的评估。

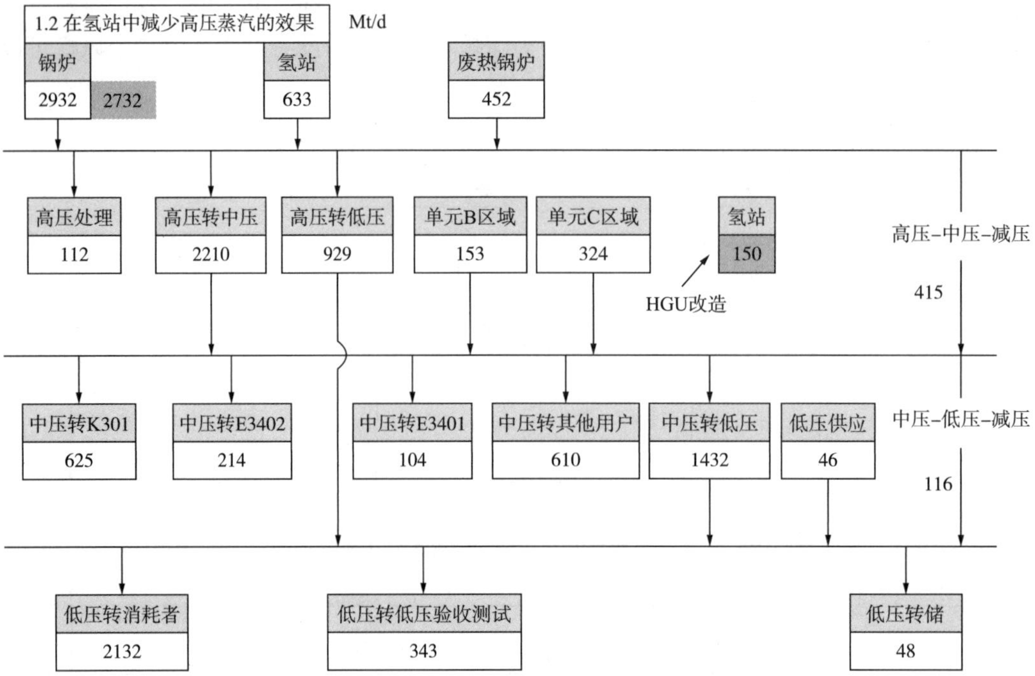

图 20.4 氢厂降低高压蒸汽的方法

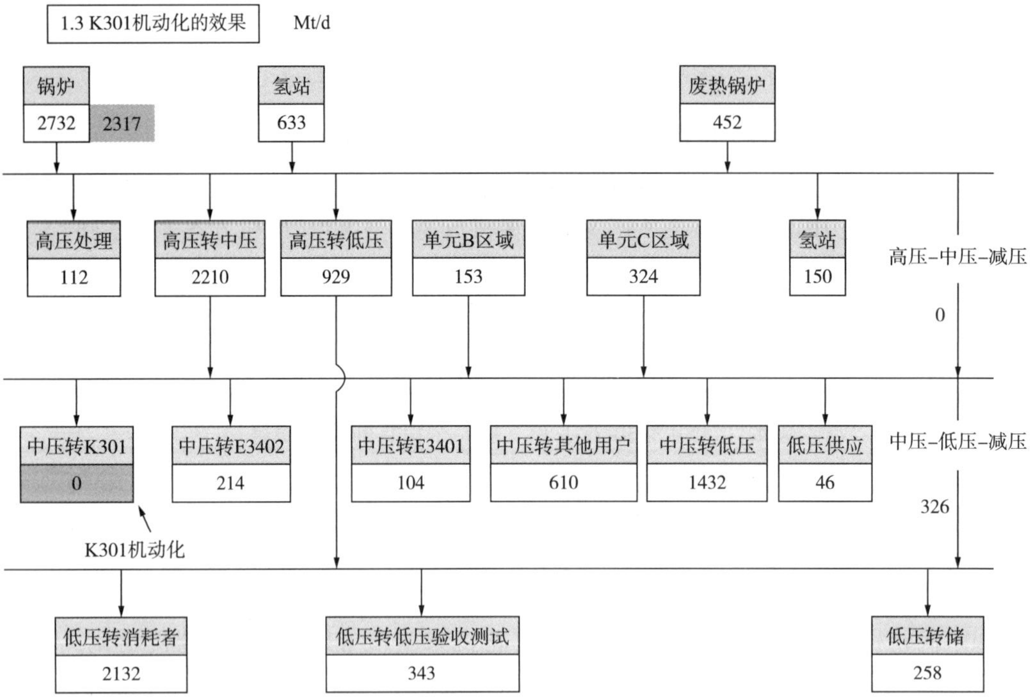

图 20.5 实施 K301 电机选项的效果

上述基于 OSBL 的评估给出了 K301 汽轮机改造项目的效益估算值，与从单独基础上获得的 400 万美元/年的净效益相比(见表 20.1)，显然，单独评估具有误导性，因为它对效益估算偏高，而这是无法实现的。如果决策是在单独评估的基础上作出的，可以为实施工作开绿灯。

从图 20.5 中可见蒸汽平衡的几个关键结果：

① 与 KT301 汽轮机所需的 625t/d 的中压蒸汽相比，该方案将获得部分收益。总收益的获取受到可用 HP 排放量的限制，平均为 415t/d。有必要进行统计分析，分析实际减温减压量的平均值和变化，为更现实的效益估计提供基础(见第 21 章)。

② 如果实施 K301 电机改造，蒸汽平衡将受到明显的影响。首先，高压蒸汽的减温减压将成为其他蒸汽节能项目的瓶颈。其次，将有大量的中压蒸汽过剩，这些过剩蒸汽会通过减温减压至低压蒸汽，最终会导致低压蒸汽过剩。

20.3.4.3 HGU 改造和 K301 电动机项目后的 HCU 改造

预计将对 HCU 进行改造，以回收更多的柴油产品。在这种情况下，将安装汽提塔，需要 150t/d 的汽提低压蒸汽。额外的低压蒸汽可以通过使用过剩的低压蒸汽来实现。因此，对锅炉没有额外的要求。这一结果与单独评估(表 20.1)形成鲜明对比，单独评估表明，供应 150t/d 的低压蒸汽的成本为每年 100 万美元。

对蒸汽平衡的增量影响如图 20.6 所示。这种蒸汽平衡优于图 20.1 中的基本蒸汽平衡，因为锅炉负荷减少了 23%。此外，HP 减温减压变为 MP 减温减压。然而，仍然存在大量的 MP 放空和 LP 放空，这是低效的根源。减少低压放空的根本解决方案是考虑为工艺装置中的高压-低压抽汽汽轮机使用电机驱动。这些机会应该进一步调研。

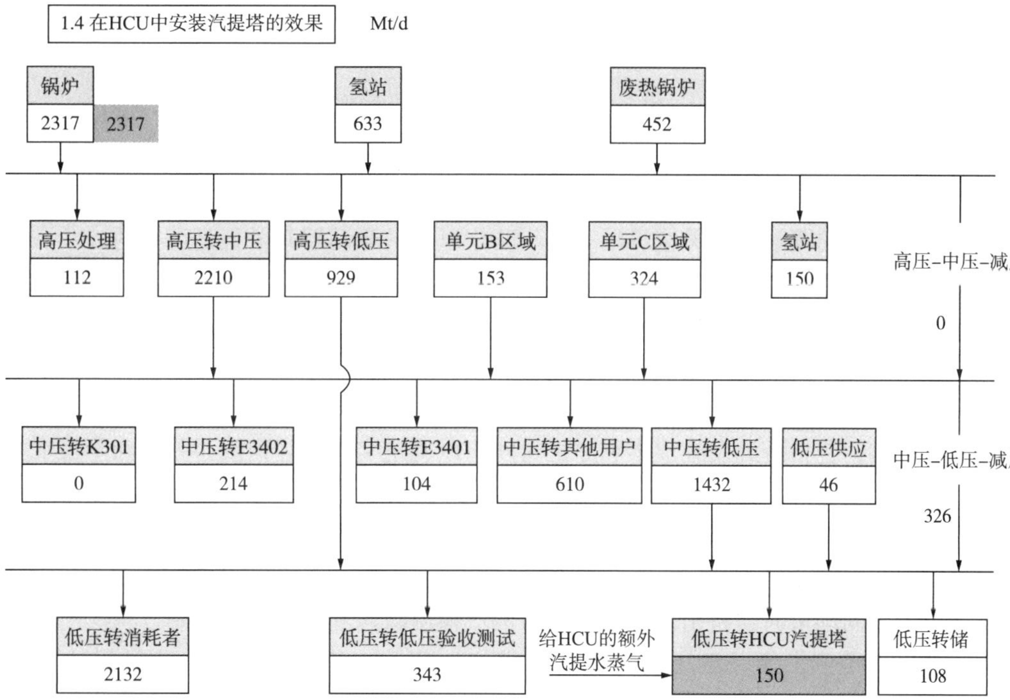

图 20.6 使用 HCU 汽提高压的效果

20.3.4.4 继 HGU/K301 电动机/HCU 改造之后的 F304 改造

尽管单独评估表明 F304 改造会产生更多的 MP 蒸汽，但蒸汽评估(见图 20.7)确定 F304 改造在该实施顺序中没有效益。F304 改造产生的多余中压蒸汽(85t/d)将没有合适的用途，最终通过中压减温减压器进入低压蒸汽管网。这次蒸汽评估的另一个重要发现是 F304 改造和 K301 汽改电是相互矛盾的。换言之，在 K301 改为电机方案实施后，不应考虑 F304 多产蒸汽的改造，反之亦然。

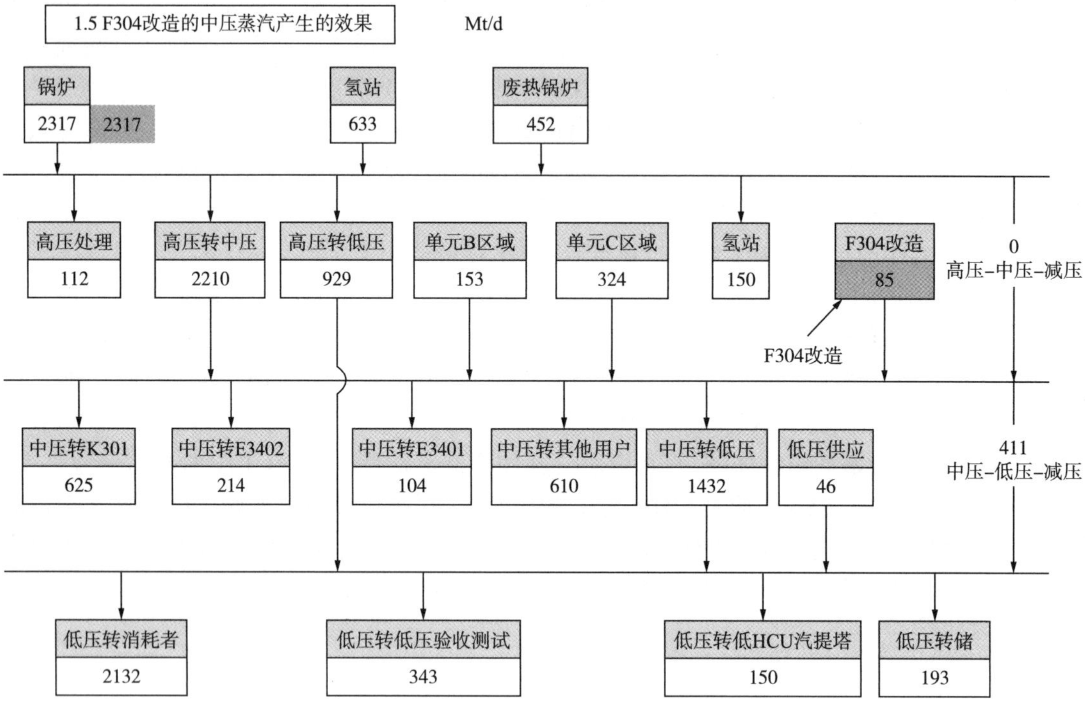

图 20.7　HGU/K301/HCU 改造后 F304 改造效果

20.3.4.5　实施顺序 1 的总结表

表 20.2 总结了顺序 1 的评估结果，如下：

一台锅炉风机的驱动器开关应尽早实施。两个风扇的驱动器开关也是可行的。

强烈推荐 HGU 改造项目，因为它可以以较小的资金成本降低运营成本。然而，在恢复反应冷却器的换热能力后，需要停用 HGU 蒸汽再沸器。

按照此实施顺序，在 HCU 改造中为新汽提塔提供低压汽提蒸汽将不产生任何成本。

为 K301 压缩机安装的一台电机处于临界状态。为了证明实施的合理性，应进行更详细的资本成本评估，包括基础设施成本和停机时间，以确定实施的任何阻碍因素和隐藏成本。

最后但同样重要的是，K301 电机选项与 F304 改造发电方案在中压范围内相互排斥。换言之，F304 改造在 K301 电动化之后没有产生任何价值。在此选项之前，将通过下面讨论的实现序列 2 对其进行评估。

在该实现序列结束时，将出现大量的中压蒸汽减温减压和低压蒸汽过剩。

我们可以从蒸汽平衡基础上的选项评估得知，其一，从蒸汽平衡中获得的效益预估反映出效益。但实际的收益可能与单独计算的收益有很大不同。其二，实施节能方案可能会对蒸汽平衡产生重大影响，在做出项目选择决策时必须考虑到这一点。

20.3.5　步骤 5：评估能源项目的顺序 2 选项

下面为采用实施序列 2 的路线。该顺序从操作变化开始，即锅炉风机的驱动器开关，然后在加氢装置中减少蒸汽，这与前面讨论的顺序 1 相同。因此，重点放在实施顺序中的剩余选项上：在 HCU 改造中提供额外的低压蒸汽，以及 F304 改造产生 MP 蒸汽。

20.3.5.1 锅炉驱动器开关和 HGU 改造后的 HCU 改造

在锅炉驱动器切换和 HGU 蒸汽减少后，蒸汽平衡(见图 20.4)的特点是 48t/d 时有少量低压蒸汽放空。因此，为了适应 HCU 中 150t/d 的额外 LP 使用，102(=150-48)t/d LP 必须由额外的锅炉 HP 发电提供，该发电通过减温减压连接，因此每年的额外成本为 916133 美元。如果在序列 1 结束时进行 HCU 改造，这与无成本解决方案不同。

从蒸汽平衡的角度来看(见图 20.8)，存在大量的 HP 和 MP 减温减压量，这成为低效率的来源。让我们来看看 F304 对流改造项目是否有助于减少这种低效现象。

表 20.2 实施顺序 1 的各能源项目总结

项目实施 顺序 1	一个锅炉风扇的驱动开关	在 HGU 中减少高压蒸汽	K301 动力化	HCU 额外消耗的低压汽提蒸汽	F304 改造额外的中压蒸汽发电机
节约的增额成本/(美元/a)	810144	1796630	2611800	0	0
增加资本成本/美元	无	550000	6000000+	不适用	1900000
增量的回报/a	不适用	0.3	>2.3	快(定性)	没有反馈
累计节能/(MMBtu/h)	9.1	30	55.5	55.5	55.5
累计结余成本/(美元/a)	810144	2606774	5218574	5218574	5218574
蒸汽平衡评论	从图 20.2 得： 1. 将减少锅炉高压蒸汽 100t/d 2. 将减少低压蒸汽转储	从图 20.4 得：将减少锅炉蒸汽 200t/d，并对剩余部分的蒸汽平衡没有影响	从图 20.5 得： 1. 会增加中压蒸汽的释放和低压蒸汽的转储 2. 关闭高压-中压涡轮机和打开中压涡轮机可以减少中压蒸汽的排放	从图 20.6 得：HCU 低压剥离蒸汽将减少低压蒸汽转储	从图 20.7 得：将增加中压蒸汽输出和低压蒸汽转储
建议	实施	实施	边界	最有可能的	取消
实现备注	需要修改操作员的操作规程	机械作业结束后检查反应冷却器的裂缝	1. 需要进行更详细的资本成本估算 2. 收益取决于可用的 HP 降低量。因此，需要对 HP 排放进行统计分析 3. 过大的低压排冷量限制会使冷凝器对低压冷却的好处过小	1. 柴油回收的高值为 HCU 改造提供了理由 2. 从低压蒸汽转储中提供额外的低压蒸汽	如果实施 K301 电机项目，不利于实施 F304 改造

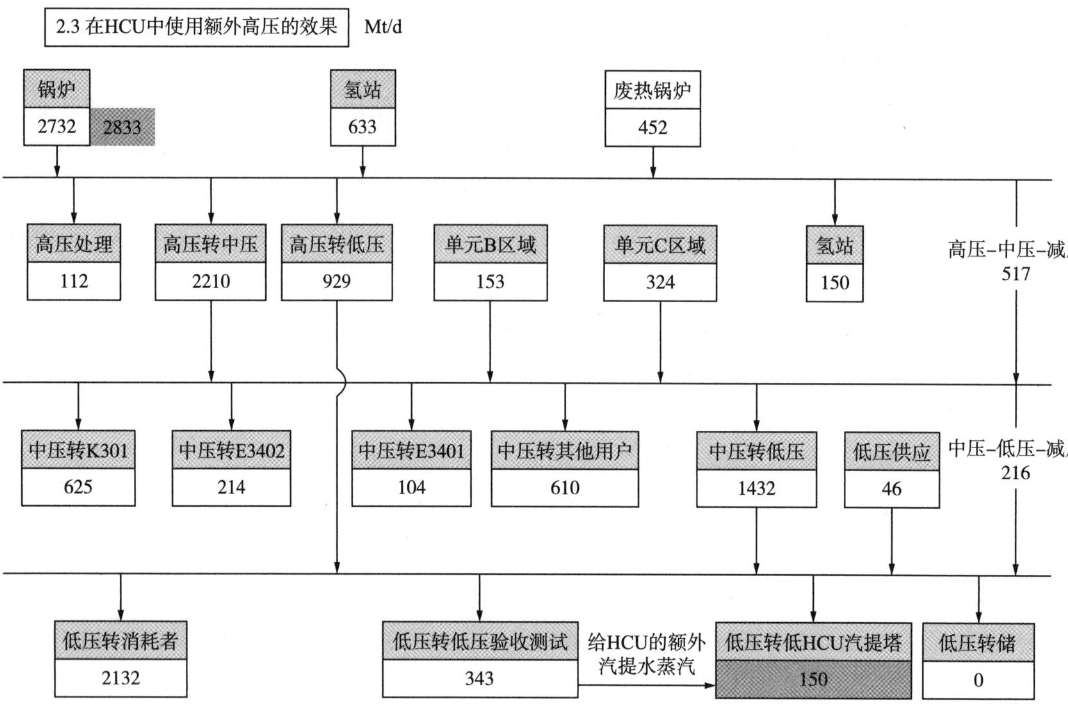

图 20.8 在 HCU 中使用额外高压蒸汽的效果

20.3.5.2 F304 改造以产生更多 MP

在这个序列的最后，F304 对流段的改造将每年产生 765000 美元的效益。这是因为来自 F304 的 85t/d 的 MP 产生将减少相同数量的锅炉蒸汽产量(图 20.9)。F304 产生的 MP 越多，锅炉减少的 HP 就越多。

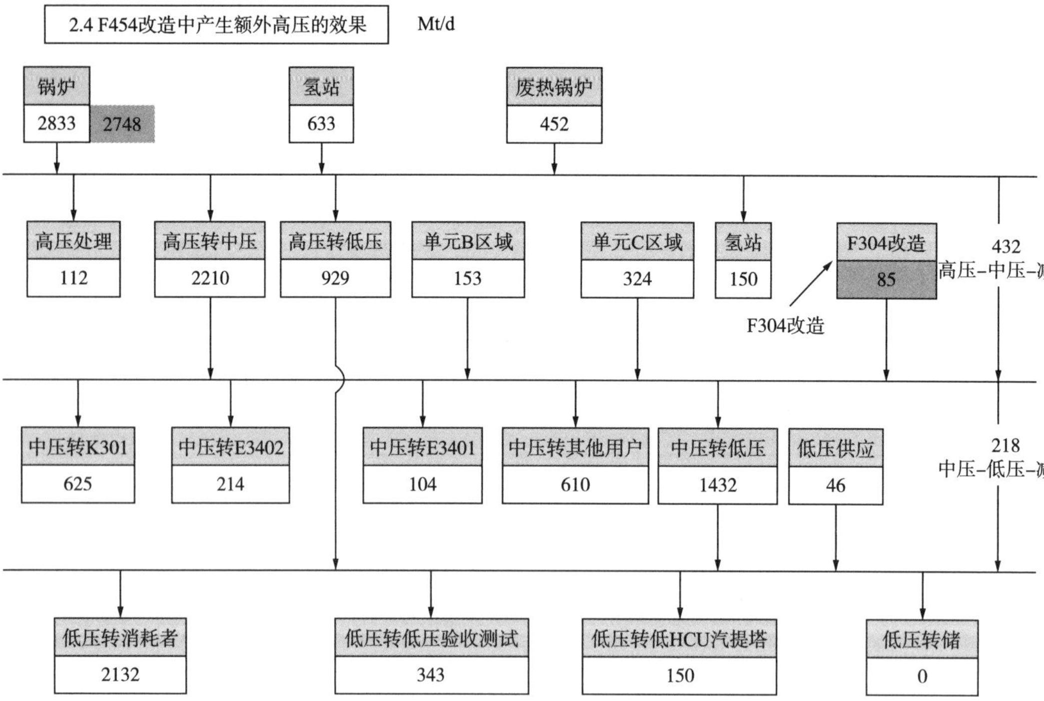

图 20.9 HGU/HCU 改造后额外生成 F304 中压蒸汽的影响

20.3.5.3 实施顺序 2 的总体总结

顺序 2 的评估结果详见表 20.3，结果如下：

HCU 中新汽提塔的额外低压汽提蒸汽每年将花费近 100 万美元。

鉴于实施 K301 电动化改造项目的高资本和不确定性，F304 相对便宜，且易于实施。如果选择 F304 改造，将选择顺序 2 进行实施，图 20.9 给出了实施后的蒸汽平衡。

从蒸汽平衡的角度来看，在该实施顺序结束时，没有低压蒸汽放空，而是大量的高压蒸汽和中压蒸汽放空。在这种情况下，MP 和 LP 的边际价格与 HP 相同。将促使优化工艺蒸汽使用，以减少中压蒸汽和低压蒸汽使用。

表 20.3 单独蒸汽项目实施顺序 2 明细

项目实施顺序 2	一个锅炉风机	在 HGU 中减少高压蒸汽	在 HCU 中额外增加低压汽提蒸汽	额外中压蒸汽发电机的 F304 改造
增量净成本节约/(美元/a)	810400	1796630	-916133	765000
增量资本成本/美元	无	550000	不适用	1900000
增量回报/a	不适用	0.3	快(定性)	2.5
累计节能/(MMBtu/h)	9.1	30	19.3	28.3
累计节约净成本(美元/a)	810400	2606774	1690642	2455642
蒸汽平衡评论	从图 20.2 可得： 1. 将减少锅炉高压蒸汽 100t/d 2. 将减少低压蒸汽转储	从图 20.4 得：将减少锅炉蒸汽 200t/d，并对剩余部分的蒸汽平衡没有影响	从图 20.8 得：HCU 低压汽提蒸汽需求将提高高压蒸汽和中压蒸汽下泄流量	从图 20.9 得：将减少高压蒸汽回流 85t/d，其余部分蒸汽平衡相同
建议	实施	实施	最有可能的	有可能的
评论	需要修改操作员的操作规程	机械作业结束后检查反应冷却器的裂缝	1. 柴油回收的高价值证明了 HCU 改造的合理性 2. 额外低压蒸汽花费将近 100 万美元	额外的中压蒸汽生成与高压蒸汽具有相同的价值

20.4 可行性评估和实施决策

根据蒸汽平衡的上述评估以及不同实施顺序的影响，确定了每个顺序的利弊。应进行可行性分析，以确定隐藏的成本、设备完整性问题以及操作和可靠性问题。可行性评估的细节将在第 22 章中讨论。如果可行性分析显示收益显著，则工厂管理层做出批准项目实施决策的可行性很大，工厂工程师可以继续与工程供应商合作，提供 FEED 包。

作为最后建议，必须在 OSBL 中根据对蒸汽、燃料和水平衡的潜在影响来评估能源改进想法，以获得真实的效益和资本成本。此外，该评估基于蒸汽平衡的平均值，没有考虑变化。例如，HP 减温减压量可以决定 K301 电动化项目的真实效益。该减温减压量的平均值决定了该电动化项目的经济效益。较大的变化可能表明，在大部分时间内，减温减压量不够高，无法实现 K301 电动化的最大收益。仅凭这一事实就可能扼杀该项目。关于统计分析的详细讨论将在第 21 章中给出。

21 从工艺变化中确定真实效益

操作条件可能会随时间变化。基于平均值估算的经济评估必须进行修正以考量波动因素，从而获得更准确的效益估算。

21.1 简介

在第 20 章中，K301 电动化被确定为一个有可能提高能源效率和降低能源成本的项目。有人得出该项目合理性的关键参数是每年的 HP 减温减压量。这是因为汽轮机驱动器通过高压蒸汽减温减压接收中压蒸汽，然后在大气条件下排出。因此，汽轮机的停机将减少中压蒸汽的进气量，从而减少高压蒸汽。当然，当驱动器更换为电机时，减温减压量降低，锅炉节省的燃料就越大。在之前的评估中，平均 HP 减温减压量被用作效益计算的基础。当使用平均值时，有一个基本假设，即减压阀始终在同一位置打开，并在平均值下提供恒定的流速。平均值的使用可以作为技术经济评估的第一个测试。如果改进思路不能通过测试，那么这个选项可能会被取消。然而，对于 K301 电动化，该选项通过了测试，但建议根据 HP 减温减压量的统计变化进行第二次测试。

原因是平均值的使用并不能解决变化，可能会显著影响改进的经济评估。事实上，由于生产率及天气的变化，减温减压量会发生变化，因此使用 MP 的设备(包括运行 K301 压缩机的汽轮机)的 MP 要求也会发生变化。HP 减温减压如何变化可以通过测量分布式控制系统中显示的减压阀来回答。

若肉眼可见变化显著，则减压阀多久能产生一次大于平均值的流量？高平均速率可能是不频繁出现的峰值 MP 需求的结果。因此，减压阀开启频率高于平均值是 K301 电动化项目合理性的决定性因素。如果 年中绝大多数时间的减温减压流量高于平均值，那么真实的效益将接近基于平均流量的估计值。否则，真实效益可能会低得多，因此实施 K301 电动化项目的机会非常渺茫。不管是哪种情况，下面将举例说明计算过程。

如果蒸汽速率的在线数据类似于正态分布，则易于确定蒸汽速率的平均值、分布频率、标准偏差以及下限和上限。

21.2 收集整个运营周期的在线数据

在线数据是对 HP 减温减压流量的直接测量，此数据可以从历史记录中获得；图 21.1 给出了每年 360 个数据点。数据表明，减温减压蒸汽速率变化很大。这可能是由于季节性产品要求导致的运营模式变化所引起。

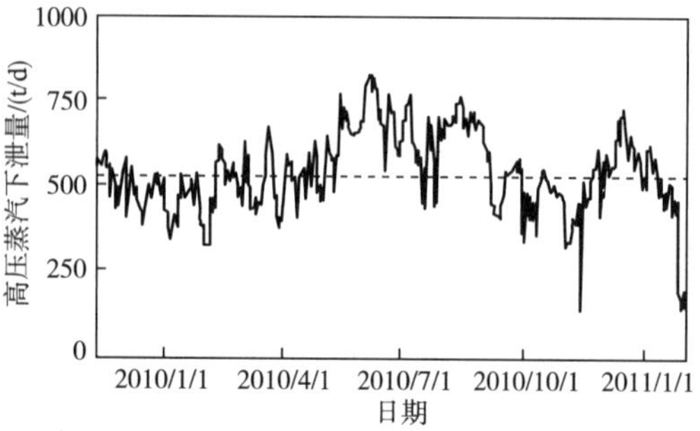

图 21.1 高压蒸汽下泄量的在线数据

应该收集整个运营周期的数据，以获得真实的平均流量。如果以一个季节的数据为基础，平均流量只能代表这个季节，而不能代表另一个季节。然而，汽轮机驱动器实际上跟踪了多年的整个运行周期中的 HP 减温减压流量。使用一个季节的平均流量可能低估或高估了真实的平均流量。

为了解不同速率下的减温减压流量频率，图 21.1 中的在线数据被表示为流量区间及各区间内蒸汽速率的频次计数。请注意，所有间隔的计数加起来为 360，等于图 21.1 中的总数据点。图中的剖面类似于钟形正态分布。假设正态分布符合实际分布，可以易于确定 HP 减温减压平均值、流量分布和方差。这些参数的计算将在以下步骤中进行解释。

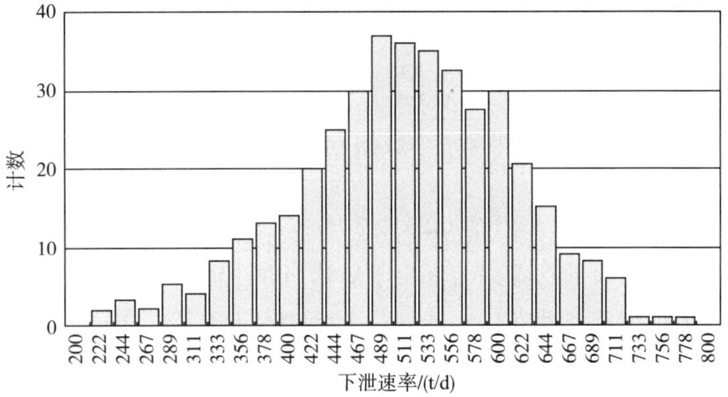

图 21.2　高压蒸汽下泄量的频率图

21.3　正态分布与蒙特卡罗模拟

正态分布是最常见的，因为它代表了流程行业的典型变化模式：大多数数据接近代表正常操作的平均值，而一小部分数据对应于异常操作。因此，正态分布被广泛用于描述聚集在单个平均值周围的真实数据的变化情况，成为复杂现象的简化表模型。正态分布可以用概率密度函数描述为：

$$f(x)=\frac{1}{\sigma\sqrt{2\pi}}e^{-1/2[(x-\mu)/\sigma]^2} \tag{21.1}$$

式中，μ 为平均值或平均值，σ 为标准差，σ^2 为方差。正态分布的概率密度函数具有钟形曲线的特征，如图 21.3 所示。

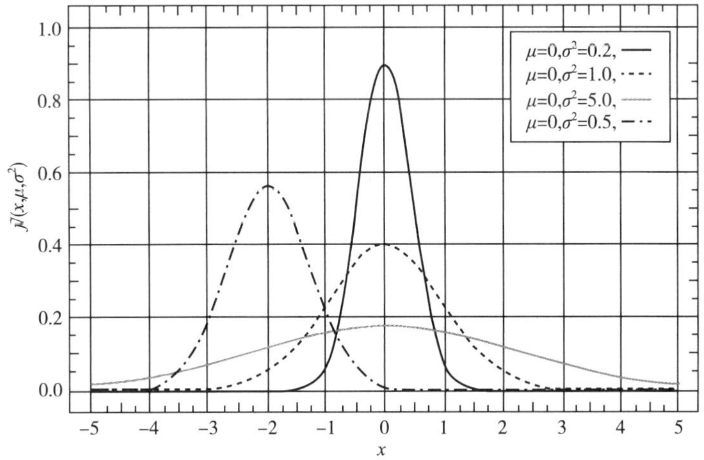

图 21.3　正态分布的概率密度函数

平均值决定了分布峰值相对于 y 轴的位置。如果平均值为零，则轮廓的中心线与 y 轴重叠。标准偏差决定分布轮廓的宽度。一个大的 σ 表示以短而胖的轮廓为特征的宽的变化，而一个小的 σ 表示与长而瘦的轮廓相对应的窄的变化。

以减温减压蒸汽率为例，介绍如何创建一个符合真实数据的正态分布模型。

21.3.1 步骤 1：计算平均值和标准差

从历史记录中获得的 HP 减温减压流量的平均值可以计算为：

$$\mu = \frac{1}{N}\sum_{i=1}^{N} x_i = 515(\text{t/d}) \tag{21.2}$$

式中，N 为数据点的总数；x_i为第 i 个数据点的减温减压率。标准偏差计算为：

$$\sigma = \sqrt{\frac{1}{N}\sum_{i=1}^{N}(x_i - \mu)^2} = 85(\text{t/d}) \tag{21.3}$$

需要再次强调，样本数据必须涵盖操作中的整个变化周期。例如，一个生产周期可以是一年，如果它涵盖了生产季节性变化，并且这个周期逐年重复。在这种情况下，应收集典型生产年份的数据，并将其用作计算平均值和偏差的基础。在计算 μ 和 σ 之前，必须从样本数据集中删除由于仪器误差导致的虚假异常值数据。

21.3.2 步骤 2：通过蒙特卡罗模拟生成正态分布

基于计算的平均值和标准偏差，蒙特卡罗模拟可用于生成模拟正态分布的随机数，其中峰值为平均值，扩散由标准偏差定义。蒙特卡罗模拟可以很容易地在 Excel 电子表格中进行。在电子表格的数据手册中，在主菜单中选择“工具”，然后在下拉菜单中单击“数据分析”。在对话框中，选择“随机数生成”，将打开一个数据输入窗口。要生成一个蒙特卡罗模拟运行，请在“变量数”中输入 1；否则，输入 2 进行两次运行，依此类推。当指定“随机数的数量”时，建议为蒙特卡罗模拟输入 5000，因为数据点的数量太少可能会产生误差。然后选择“正态分布”。通过输入方程(21.2)和方程(21.3)计算得出的均值(平均值)和标准差，生成正态分布的数据集，该数据集具有与规定相同的平均值和标准差。

在某些情况下，运行参数的在线可信任性不可用，但根据经验可以知道最小和最大运行极限。在这种情况下，正态分布的样本数据集可以通过以下方程计算：

$$x = x_{\min} + Rand(\,) \times (x_{\max} - x_{\min}) \tag{21.4}$$

式中，$Rand(\,)$是 0 和 1 之间的随机数生成器。建议生成一组相对较大的数据，通常包含 5000 个数据点。然后，您可以根据后续步骤对 x 进行统计评估。

另一种常见的情况是了解一个变量的趋势，它是其他自变量的函数。如果自变量是正态类型，则因变量具有联合正态分布的特征。

考虑一个因变量 z，它等于 $a \cdot x + b \cdot y$，其中 x 和 y 是自变量。

在线时，数据可用，那么可以计算 x 和 y 的 μ 和 σ。假设 $x \sim f(\mu_x,\ \sigma_x^2)$ 和 $y \sim f(\mu_y,\ \sigma_y^2)$。那么 z 对应于二元正态联合分布，如 $z = a \cdot x + b \cdot y \sim f(\mu_z,\ \sigma_z^2)$，$\mu_z$和$\sigma_z$为：

$$\mu_z = a\mu_x + b\mu_y \tag{21.5}$$

$$\sigma_z^2 = a^2\sigma_x^2 + b^2\sigma_y^2 + 2abR\,\sigma_x\sigma_y \tag{21.6}$$

式中，R 是 x 和 y 之间的相关系数。

这可以在电子表格中轻松完成。首先，使用蒙特卡罗模拟分别基于 x 和 y 的 μ 和 σ 生成 x 和 y。在基于 $z = a \cdot x + b \cdot y$ 生成 z 的数据后，可以通过方程(21.2)和方程(21.3)计算数据

集 z 的μ_z和σ_z。这样计算更简单，因为不需要计算相关系数 R。否则，方程(21.5)和方程(21.6)用于计算μ_z和σ_z，其中 R 是基于 x 和 y 的相关性估计的。

21.3.3 步骤 3：从蒙特卡罗模拟生成直方图

生成直方图是一个重要步骤，因为蒙特卡罗模拟的数据将被用于图形展示。为此，根据模拟数据确定蒸汽排放速率的下限和上限，分别为 200 和 800。然后减温减压率的间隔(或电子表格中命名的区间集)计算为：

$$x_i - x_{i-1} = x_{\min} + (x_{\max} - x_{\min})/M \tag{21.7}$$

式中，M 为间隔的总数。

可以在电子表格中使用函数“frequency(x，bins)”计算每个区间内数值的蒙特卡罗模拟数据点的频率(发生百分比)或数量，其中 x 是蒙特卡洛模拟的 5000 个数据点，bins 是方程(21.7)中计算的区间集。本例中使用了 26 个区间，最小值和最大值分别为 200t/d 和 800t/d，函数频率(x，bin)将计算属于每个区间的减温减压率的计数(发生次数)。由于蒙特卡罗模拟生成 5000 个数据点，所有间隔的计数加起来将达到 5000。为了生成类似于图 21.2 的直方图并进行相似比较，需要缩放以将计数数量从 5000 减少到 360，与在线数据点相同。为此，将 360/5000 的缩放因子应用于每个间隔的计数。

如图 21.4 所示，基于 26 个间隔作为 x 轴，频率作为 y 轴，为示例问题生成直方图。使用直方图，我们将原始数据从图 21.1 所示的分散数据转移到图 21.2(基于在线数据)和图 21.4(基于正态分布)中的有组织数据，从中我们可以直观地看到运行中的排放速率可能会有多大变化。简单地说，直方图可以让我们看到全年排放速率的运行变化。

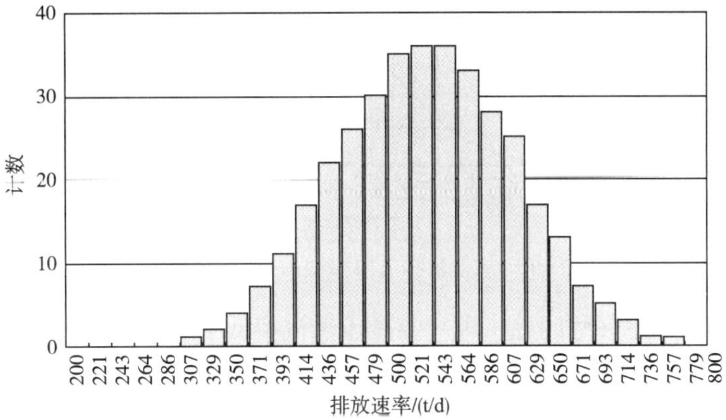

图 21.4 蒙特卡罗模拟结果柱状图

直方图显示，排放速率的不确定性很大，从 200t/d 到 800t/d 不等。但在许多情况下，我们希望知道高于或低于某个值，或在特定极限之间的概率。对于这个示例问题，排放速率低于 300t/d 的频率是决定 K301 电动化项目经济回报的阈值。此问题将在步骤 4 中予以回答。

21.3.4 步骤 4：累积概率和百分比

使用基于正态分布假设的蒙特卡罗模拟的目的是预测该示例问题的减温减压流量低于 300t/d 的频率(百分比)。此百分比是一个重要的参数，可能决定 K301 电动化项目的成败。但首先，让我们来看看累积概率。

例如，如何确定减温减压量低于 415t/d 的计数百分比(发生次数)。如图 21.5 所示，该累积概率被确定为 415t/d 左侧蒸汽速率的累积计数占整个剖面总计数的百分比。对 415t/d

左侧的减温减压量计数(见图 21.5)进行累积求和，然后将累积总和除以总计数(本例为 360)，得出累积概率或百分比。

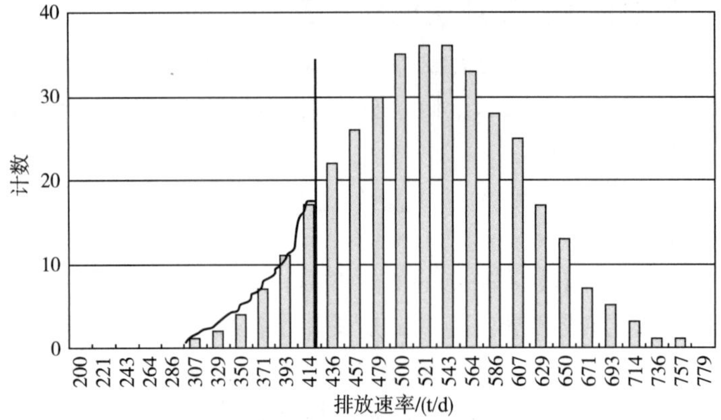

图 21.5　基于蒙特卡罗模拟计算的累积概率

如此，可以在正态分布的直方图旁边建立一个累积概率曲线，如图 21.6 所示。将累积概率曲线与直方图一起显示的目的是将减温减压的百分比显示在减温减压曲线的左侧。

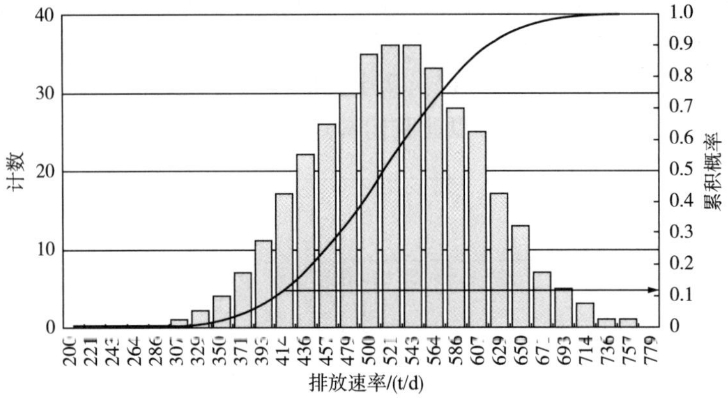

图 21.6　基于蒙特卡罗模拟的累积概率曲线

现在，可以回答以下一些问题，即减温减压蒸汽率低于一定值的频率的系列问题。

问题 1：蒸汽流量低于 415t/d 的时间占多大比例?

答：12%(见图 21.6)。这可以使用电子表格中的 PercentRank(数组，415)直接计算，其中数组是从蒙特卡罗模拟中获得的 5000 个数据点。

问题 2：蒸汽流量大于 650t/d 的时间占多大比例?

答：5%。在电子表格中被计算为{1-PercentRank(数组，650)}。650t/d 或更高的排放速率用于峰值需求。

问题 3：蒸汽流量在 415~650t/d 的时间百分比是多少?

答：是 83%，按[1-(12%+5%)]计算。

问题 4：K301 电动化项目的真实收益是什么?

答：2.16 百万美元/a(0.83×2.6)，该数值可作为 K301 电动化的收益计算基准。2.6 百万美元/a 的收益数据出自第 20 章，其计算基于 415t/d 的泄压平均值，假设在 100%的时间内可用 415t/d 的高压蒸汽排放量。

问题 5：减温减压流量的 90%置信区间是多少？

答：这个问题是关于排放速率的扩散或变化的。下限和上限分别为 5%和 95%，区间为 90%。可以使用 Percentile(数组，p)计算极限，其中 p 是累积概率。在本例中，Percentile(数组，0.05)= 375t/d，而 Percentile(数组，0.95)= 650t/d。这意味着排放速率在 90%的时间内在 375t/d 和 650t/d 之间变化。显然，变化区间较大。

结果的准确性将取决于数据点的数量、分布尾部的距离以及统计模型的真实性、输入分布代表真实不确定性或变化的程度。重新运行几次蒙特卡罗模拟可了解模拟运行之间的结果可能有多大差异。

21.3.5 步骤 5：验证

图 21.7 将在线数据的观测分布与蒙特卡罗模拟创建的正态分布进行了比较，正态分布非常吻合。然而，可见有几个实际分布点扭曲了正态性。如果使用正态分布对在线数据进行建模是正确的，则可能会引起关注。在得出任何结论之前，建议工艺工程师查看数据，以了解为什么会出现这些异常数据：是仪器错误还是其他原因？应该通过查看生产数据(如进料速率和天气变化)来确定是否有任何原因导致异常情况。在大多数情况下，这些异常数据是由检测错误引起的。

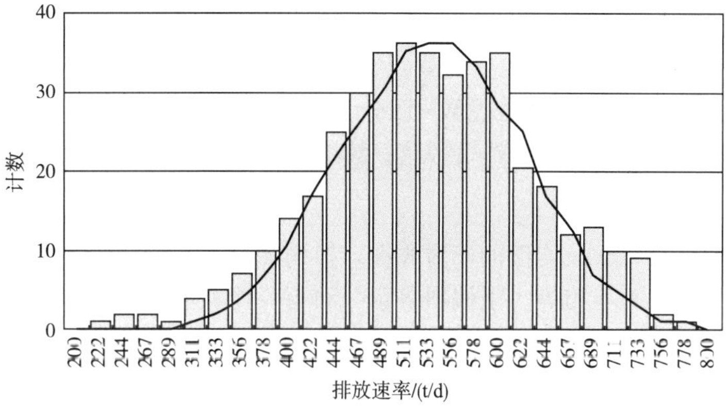

图 21.7 在线数据与正态分布的比较

如果异常不是由坏数据引起的，那么根本问题就变成了：使用正态分布来模拟实际分布是否合理？一般来说，正态分布与在线数据完全吻合的情况很少见。只要变化模式模仿正态分布的钟形曲线，使用正态分布对真实数据的变化进行建模就是合理的。正态分布的使用确保能够根据方差来确定真实的收益。

统计方法(如 F 检验、t 检验和 χ^2 检验)可以用来证明使用正态分布对在线数据建模的合理性。通常，F 检验用于确定数据集是否遵循正态分布。t 检验用于确定均值或平均值，假设一组小样本数据点和一个大数据池之间存在共同方差。此外，通过假设小样本数据点集和大数据池之间的共同均值，可以应用 χ^2 检验来确定小样本数据集的方差。详见 Schmuller (2009)。

21.4 正态分布基本统计汇总

对于更通用的应用程序，可了解更多关于统计度量的信息。简而言之，基本统计数据包括平均值、标准差、四分位数、标准误差和置信区间。每个参数的物理含义如下。

21.4.1 中心趋势：平均值和中位数

平均值是最重要的度量参数，它描述了分布的峰值位置。其计算与方程(21.2)中表示的算术平均值相同。

中位数是蒙特卡洛模拟数据从低到高排序时的中间值。换句话说，50%的数据低于中位数。如果有偶数个数据点，则中值是中间两个点的平均值。在电子表格中，样本平均值=平均值(数组)和样本中值=中值(数组)。

极值可能对平均值有很大影响，但中值仅取决于中点。此属性使中值可用于描述偏斜分布的中心。在概念上，均值和中位数是不同的。如果分布是对称的(如正态分布)，则平均值和中值是相同的。

21.4.2 价差：标准差

这是第二个最重要的度量标准，因为它是色散的度量标准：均方根形式的偏差[见方程(21.3)]。换句话说，标准偏差描述了数据的分散程度。

另一种衡量价差的方法是电子表格中的四分位数。如果数据从最低到最高排序，则可以在电子表格中建立四分位数：

最小值=四分位数(数组，0)或=最小值(数组)

第1个四分位数或第25个百分位数=四分位数(数组，1)

中位数或第50个百分位数=四分位数(数组，2)或=中位数(数组)

第3个四分位数或第75个百分位数=四分位数(数组，3)

最大值=四分位数(数组，4)或=最大值(数组)

21.4.3 不均匀分布：偏斜

偏斜描述了分布相对于平均值的不对称性。换句话说，当一个分布是偏斜的时，它在平均值以上和以下的概率并不相等。正偏斜表示分布有一个较长的右尾(向大于平均值的值倾斜)。负偏斜表示分布向左偏斜。在电子表格中，偏斜度=偏斜(数组)。

21.4.4 标准误差

它是对样本平均值与总体真实平均值之间不确定性的度量参数，是样本平均值和总体平均值之间的差异：来自同一总体的不同样本的平均值的标准差。例如，如果重复对相同总体的蒙特卡罗模拟，并且每次都记录样本平均值，则样本平均值的分布将类似于正态分布。标准误差是对多个平均值分布的标准偏差的良好估计。假设样本足够大($n \geqslant 50$)，标准误差可以计算为：

$$\mathrm{StdErr}=\frac{\sigma}{\sqrt{N}} \tag{21.8}$$

在电子表格中，StdErr=Stdev(数组)/Sqrt[计数(数组)]，其中计数给出样本数据的数量。

21.4.5 真平均值的置信区间

置信区间可以代替标准误差来描述样本平均值的不确定度。样本平均值只是对总体平均值的估计。这个估计的准确性不确定。然而，置信区间的概念可以让人们感觉良好，其解释为：可以95%确信，总体的真实平均值介于下限和上限之间。事实上，所有样本的总体情况很少为人所知。从这个意义上说，标准误差可能比置信区间更好地衡量平均值的不确定性。

原则上，样本量越大，置信区间越小(或对估计越有信心)。例如，建议在蒙特卡罗模拟中生成足够多的数据点(至少 5000 个)。

95%置信区间是以这样一种方式产生的区间，即真实总体平均值在其内部的概率为 95%。对于 95%置信区间(双侧)，置信上限和置信下限计算如下：

$$U_{95\%}=\text{均值}+1.96\text{StdErr}=\mu+1.96\frac{\sigma}{\sqrt{N}} \tag{21.9}$$

$$L_{95\%}=\text{均值}-1.96\text{StdErr}=\mu-1.96\frac{\sigma}{\sqrt{N}} \tag{21.10}$$

为了获得 90%或 99%的置信区间，上述方程中的 1.96 应分别替换为 1.645 或 2.575。

类似地，50%置信区间的上限和下限可以推导为：

$$U_{50\%}=\mu+0.674\frac{\sigma}{\sqrt{N}} \tag{21.11}$$

$$L_{50\%}=\mu-0.674\frac{\sigma}{\sqrt{N}} \tag{21.12}$$

符号对照表

L	置信区间的下限
M	间隔数
N	样本数据点的数量
StdErr	标准误差
U	置信区间的上限
R	相关系数

希腊字母

μ	正态分布平均值
σ	正态分布中的标准差

参 考 文 献

Schmuller J (2009) *Statistical Analysis with Excel® for Dummies®*, 2nd edition, John Wiley & Sons, Inc.

22 改造可行性评估

可行性评估的目的是确定改造的技术和操作限制。更重要的是，评估应致力于通过利用设计裕度中的备用容量以及工艺设计、设备限制和工艺条件的相互作用，找到有希望降低资本成本的方法。这里介绍的有效方法和指南可以帮助工程师找到降低关键设备改造水平的方法，这是实现成功改造项目主要的决定因素。

22.1 简介

前几章阐述了有助于从成本和效益以及对公用工程系统的影响方面识别和评估改进思路的方法。如果一个选项在评估中幸存下来，那么在设计实施之前，还有一个步骤可以确定关键约束条件并确定克服这些约束的方法。这一步骤被称为可行性评估，这是本章的叙述重点。

在可行性评估期间，将根据严格的工艺和设备模拟，对改进方案进行更详细的评估，并对成本和效益进行更准确的估计。传统的可行性评估方法是研究改造方案，而不广泛利用改造、工艺条件、工艺重新设计、热集成和设备约束之间的相互作用。因此，传统的方法可行性评估适应性窄，侧重于评估的负面部分，即确定阻碍因素。

相比之下，本章将介绍一种可行性评估方法，该方法对可行性采取更积极的观点，重点是寻找克服关键限制的创新方法。本章的目的不是提供一本可行性评估手册，而是介绍方法并分享关键经验教训。这些经验教训是从进行大量可行性评估研究的经验中获得的。

22.2 可行性评估的范围和阶段

改造设计通常比基础设计更具挑战性。对于工程公司的基础设计来说，可以使用标准设计模板。设计师根据新的进料速率、产品规格和工艺条件，按照标准设计程序对模板进行调整。在改造可行性研究中，设计者必须发挥创新思维，在最大限度减少现有设备改动的同时，实现潜在效益的提升。此外，实践经验和工程判断在可行性评估中也起着至关重要的作用。

可行性项目研究的本质是调查改造对现有工艺和关键设备的影响，并确定现有设备中的关键约束条件。在可行性评估之前，通常在思路产生阶段使用前几章中讨论的方法来确定改进方案。可行性评估需要回答的关键问题是：从经济、技术和运营的角度来看，实施这些选择是否可行？

在可行性评估中，通常要经过两个阶段才能找到答案。第一阶段被称为可行性范围研究，而第二阶段是可行性研究，之后是改造设计阶段。

22.2.1 可行性范围界定研究

通过过程模拟实现的可行性范围界定研究是在整个过程的背景下对改进思路的初步评估，主要目标是进行成本和效益分析，并确定主要设备是否能够适应改进思路。主要设备包括加热炉、反应器、主分馏塔和分离器、压缩机、专用泵和主要换热器。通常，范围界定研究不涉及相关辅助设备，如接收器、汽包、换热器、泵、管道、仪表、安全阀等。

在范围界定研究中，将确定改进方案的替代方案，并对其效果进行评估，目的是缩小替代方案的范围并找到最佳方案。为什么需要在范围界定研究中考虑替代方案？

事实上，有许多方法可以实现改进。这些替代方案可以在能源研究阶段确定，但对主要设备的影响尚待确定。例如，分离器的再沸负荷可以通过提高进料温度、降低回流比、安装侧线再沸器等方式来降低。每种方案都有优缺点，必须对其进行识别和比较，以选择进入改造设计阶段的最佳方案。否则，如果将备选方案的评估留给设计阶段，可能会非常耗时，因为设计是一个迭代过程，需要付出巨大努力才能正确进行严格的模拟。如果从改造设计阶段开始，替代设计变得不可行且不具有成本效益，这可能会浪费时间。

在范围界定研究中，成本估算的误差范围约为±30%。该研究的主要成果包括建立过程模拟，评估变化的影响，以及进行高水平的成本和效益估计。

22.2.2 可行性研究

可行性研究的目的是确定要实施的改造，这些改造可能面临的限制，以及克服这些限制的方案。在这一级别的可行性评估中，由于考虑了所有主要和次要设备，因此在过程模拟中考虑了比范围界定研究还要多的细节。此外，将识别和评估改造对工艺和设备以及基础设施的潜在影响。

为了识别设备约束，必须在模拟中对设备细节进行建模。需要提供塔的几何形状和内部数据，以便获得塔负荷，例如，在最大容量操作下的喷射溢流和在优化操作下的溢流。压缩机和涡轮机采用性能曲线建模，这些曲线可预测压头、速度和效率。设计性能曲线必须“调整优化”以模拟测试运行数据。这允许对不同负荷和/或工艺条件下的性能进行更真实的预测。

在某些情况下，在范围界定阶段，改进思路看起来很有希望，但可能无法通过可行性研究，因为主要设备可能会对改进想法带来限制。这些约束或限制称为行业中的阻碍因素。

成本估算的准确度大约为20%。可交付成果包括基本工程设计，以及需要改造的现有设备和新设备的改造和规范的工艺流程图。

22.2.3 改造设计阶段

改造设计阶段又可分为两个阶段：概念改造设计和最终改造设计。在概念改造设计中，将获得包含改造的工艺重新设计。届时将提供一份完整的PFD，同时还有工艺条件、热量和物料平衡以及公用设施要求，这些都是可行性研究之外的额外可交付成果。此阶段成本估算的准确度约为10%~20%。

最终改造设计提供了P&ID(管道和仪表图)，并生成了一个完整的基础设计工艺包，包括完整的工艺设计、工程设计信息、所有新设备和现有设备的数据表、公用设施明细、完整的液压系统以及管道和仪表。工艺设计和设备评估基于设备额定模拟进行。

22.3 可行性评估方法

22.3.1 传统的可行性评估方法

传统的可行性评估更多地从识别阻碍因素而不是寻找克服它们的机会来研究改造方案。主要原因是传统方法不能同时优化工艺重新设计、设备性能和操作更改，从而降低投资和操作成本。因此，改造方案的资金成本往往很高。

22.3.2 可行性评估的系统方法

基础设施的重大变化和关键设备的安装，如新的反应器、主分馏塔和/或气体压缩机，可能会成为改造项目的主要投资成本组成部分。在某些情况下，通过利用现有工艺的设计裕度并优化现有设计和设备中的可用自由度，可以减少甚至避免对主要设备的改造。改造方法(Zhu 和 Martindale，2007)的目标是实现最低投资成本，如图 22.1 所示，稍后将对此进行解释。应用这种可行性评估方法可以得出三类结果：首先，将为每个改造思路提供备选方案。其次，任何潜在的限制，无论是在工艺条件还是设备上，都将被标记出来。最后，通过利用工艺条件、设备性能、工艺重新设计和热集成之间的相互作用，将获得克服或放宽这些限制的解决方案。这种方法提供了一条途径，帮助工程师找到一个具有挑战性的问题的答案：如何使改造方案发挥作用？换言之，如何使改造方案在技术上和经济上可行？

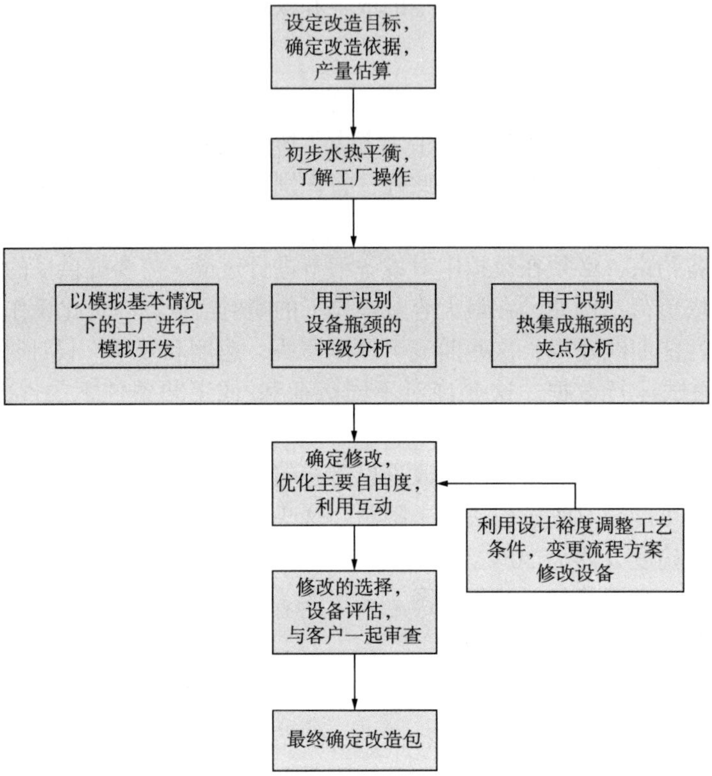

图 22.1　改造方法(Zhu and Martindale，2007)

该方法由四个核心部分组成，即过程模拟开发、设备评级分析、热集成分析和机会交互优化。该方法已应用于许多过程能源改造项目(Zhu et al.，2011)，具有以下共同特征：

① 明确的目标、范围和依据。

② 降低资本投资和运营成本以实现目标。

③ 增加了改造批准的可能性。

过程模拟开发的目的是从关键操作参数及其相互作用的角度，更好地了解工厂的设计和运行。过程模拟可以模拟工厂工程师一致认同的基本情况下的工厂运行或试运行。因此，模拟可以提供设备额定值的规范。

设备评级分析的关键作用是评估设备性能并确定设备的备用容量和限制。闲置产能的利用率通常可以使产能扩展高达 10%~20%，并以较低的资金成本适应改造项目。当设备达到硬性限制时，例如，分馏塔达到溢流淹没极限，压缩机达到流量极限，加热炉达到热通量极限，更换或安装新设备的成本可能很高。可行性研究的重要部分是找到克服这些限制的方法，这将在后续步骤中完成。

第三步是应用热集成方法(第9章和第10章)、过程集成法(第11章)、分馏能力图(第12章)和效用优化(第19章)来利用相互作用，从而确定过程条件、设备、过程重新设计的变化，以及公用工程系统，目的是将工厂瓶颈从更昂贵的设备转移到更便宜的设备。通过利用相互作用，可以利用设备的备用容量，并将设备推向其真正的极限，以避免更换现有设备或安装新设备。这是这种改造方法的一个主要特点。

一个简单的例子是分馏塔进料预热。塔再沸器可能达到负荷极限。采用塔进料预热器，可减少所需的再沸负荷。塔评估可以显示增加进料预热和减少底部再沸对分离的影响。如果塔的效果可以接受，这种改造可以避免用更大的表面取代现有的再沸器或安装新的再沸器。如果塔需要制冷剂进行冷却，进料冷却会将冷凝器中较冷的公用工程使用转移到进料冷却器中较暖的水平。因此，添加新的进料冷却器使制冷压缩机得到更多的容量，有效减少了塔内的蒸汽和/或液体流量，并且可以降低冷凝器中的制冷负荷。

第四步是综合优化，驱动因素是优化工艺条件，以利用现有设备中可用的备用容量。工艺重新设计提供了另一个主要的自由度，因为它可以增加热回收并放宽设备的限制条件。综合优化可以在大大降低资金成本的情况下，找出实现改造目标的协同机会。

工艺再设计包括工艺流程方案再设计和设备内部再设计。工艺流程方案的重新设计可能会改变通过设备的物料流，有助于利用设备的备用容量，以放宽其他主要设备的限制条件。设备重新设计的一个方法是改变塔内件，可以使现有的塔以比安装新塔相对更低的成本而提高处理能力。

22.3.3 过程模型和产量估算

必须指出的是，过程模拟模型和产量估计模型在利用过程条件和产量之间的相互作用方面可以发挥关键作用。工艺条件变化对设备和公用工程的影响可以在工艺模拟模型中进行评估，而工艺条件改变对产量的影响可以通过产量估计模型进行评估。同时拥有产量估算模型和过程模拟模型，使工程师能够有效地进行假设分析，以确定最佳的改造解决方案。

然而，很少有产量估算模型可用于运营工厂。这也是作者建议由技术许可方进行关键技术改造项目的原因之一——因为他们具有产量估算能力。选择供应商进行改造项目的标准是所需的工艺和操作知识、产量估计能力和设计经验，以及技术开发和实施改造项目业绩。

22.4 初始项目基础和数据的重要性

在大多数情况下，可行性评估是在有限的时间内进行的。当工厂管理层批准一个可行性项目时，他们希望尽快行动，以便快速获得效益。然而，可行性评估无法及时产生正确的结果，或者无法充分解决关键问题，因此并不成功的情况时有发生。在大多数此类情况下，它可以追溯到一个来源：未能正确定义基础和正确获取数据。因此，可行性评估走上了错误的道路，直到为时已晚，无法满足项目的最后期限。

诚然，在初始阶段，获得正确的基础和数据可能需要大量的时间和精力。人们可能会对项目支出和时间节点感到担忧，因为可行性项目通常面临紧张的时间节点和预算。然而，在找到实现目标和要求的方法之前，首先要确定目标和要求是值得花费时间的。简单地说，就是“三思而后行”。其好处是避免了项目过程中的返工。

获得正确的项目设计基础意味着我们需要确定并认可：

① 加工目标：可能有不同的加工目标，如产量增加、技术升级、原料和/或产品的变

化、能源减少、环境法规。

② 原料和产品规范。

③ 作为基础的操作案例：效益估算的正常操作案例和设备尺寸的控制案例。

④ 公用工程供应。

⑤ 经济标准。

⑥ 范围、可交付成果和时间表。

项目基础数据包括以下内容：

① 基础定义中约定的选定案例场景的工厂数据。

② 设备数据表。

③ PFD 和 P&ID。

④ 初步功能说明。

⑤ 基础情况下的公用工程系统平衡。

⑥ 改造历史。

由于获得复杂改造项目的设计依据和数据的重要性，可以使用以下指南：

良好的内部和外部沟通是获得正确基础和数据的关键。为了实现这一点，需要指派一名专门的协调员——他可以提出正确的问题，并从工厂人事管理、营销工程师、商业规划师、工艺工程、维护工程师、公用工程师和能源工程师那里提取与他们的职责相关的所需信息。

具有不同职责的工程师将提供他们的基础数据输入：如果需要，过程工程师将需要生成测试运行数据，并解释过程步骤和假设功能描述。商业工程师将提供来自商业规划现实的意见，并帮助制定项目目标和产品规范。公用工程师将提供公用工程和基础设施的数据，并将当地工厂的情况作为与新假设设施相关的重点。

为需要改造的工艺单元指派一名经验丰富的项目工程师，该工程师能够在开发工艺模拟时提供输入和反馈意见，并为提供工艺设计的工程供应商准备能够有效总结设计基础的表格和图表。工程师应专职负责收集数据、数据提取和核对。该工程师应继续参与可行性评估和改造设计。

尽早提出所有可能的方案(好的或坏的)。如果没有正确的答案(原因和解决方案)，不要给管理层提供方案。

22.5 正确把握项目经济性

至关重要的是，必须提供正确的项目经济数据，以确保改进方案的合理性，并在备选方案之间进行选择，具体包括以下内容：

① 进料和产品价格，包括副产品。

② 公用工程成本，包括燃料、电力、蒸汽和冷却水。

③ 设备投资成本估算的依据。

④ 投资回报率的标准，即简单回报率、净现值(*NPV*)和内部收益率(*IRR*)。

22.5.1 燃料价格的不确定性

要使项目经济性合理，存在着重大挑战。这不仅意味着“认可经济数据”，还需要知道“如何正确处理”。第一个挑战是：用于评估改善方案效益的能源价格是多少？在 20 世纪 90 年代末，天然气的价格约为 3 美元/MMBtu；2007 年，价格大约是原来的两倍；在 2012 年，美国的天然气价格又回落至 3 美元/MMBtu 以下，但在亚洲仍然很高。2007 年为提高热回收率而进行的能源改造设计现在可能在经济上是不合理的。然而，谁能预测未来呢?

为了处理第一个不确定性，可以使用成本范围分析方法(Zhu and Martindale，2007)来确定一个平坦的成本范围，其中不同热回收水平的总成本(能源加资本)相似并接近最小总成本。在这个统一的成本范围内，能源价格对总成本不敏感，因为这种影响被资本成本抵消了。然后选择在该统一成本范围内的最大热回收水平作为改造项目的基础。这种方法有效地缓解了由于能源成本的变化而使设计变得次优的风险。

22.5.2 蒸汽价格的选择

第二个挑战是选择正确的蒸汽价格。在大多数公司中，报告的锅炉蒸汽成本是平均成本。企业将包括燃料、电力、水、化学添加剂、劳动力、维护、折旧、利息和行政管理费用在内的总运营成本，除以产生的蒸汽总量得到平均成本。然后，中压蒸汽和低压蒸汽的成本通常基于它们相对于锅炉蒸汽的焓值来确定。然而，这些价格并不能反映蒸汽运行的真实成本。以这些蒸汽价格作为基础可能会导致对能源项目效益的错误估计。因此，许多好的能源项目可能会被拒绝，坏的项目可能会批准实施，这是失误投资后悔的主要原因。因此，我们如何确定正确的蒸汽价格?

为了应对这一挑战，基于边际分析的方法可以指示使用点的真实蒸汽成本。边际价格法(第 17 章)之所以能够提供真实的蒸汽成本，是因为它基于节省或产生的蒸汽的最后增量。边际蒸汽价格的确定依赖于整体蒸汽和电力平衡模型，该模型考虑了蒸汽平衡的影响。

22.5.3 资本成本估算

第三个关键挑战是实现准确的资本成本估算。典型节能项目的资本成本包括换热器、塔、压缩机、加热器和冷却器的成本。对资本成本的估算不当可能导致投资成本和公用工程成本之间的次优权衡。一个重要方面是对单个工艺流的传热系数的估计，因为传热系数决定了换热器的尺寸和表面积。建议根据经验建立各种不同工艺的传热系数数据库，用于可行性评估。准确的资本成本的另一个方面是使用安装系数进行改造。一般来说，改造中的安装系数可能比基础设计中使用的安装系数高出数倍。这是因为在改造方案中，拆除、管道和其他基础设施成本可能是成本构成的主要部分。此外，还应考虑因停产或减产而受到的影响。

常见错误是改造项目的资本成本估计与现实相比过低。主要原因是它不包括安装和系统外界区(OSBL)成本，这可能与系统内界区(ISBL)成本一样高。此主题在第 22.6 节中进行了讨论。

22.5.4 经济分析

改造项目早期阶段的经济分析主要用作筛选工具。当项目定义更明确时，可以完成更详细的经济分析。不同的经济方法用于评估投资效益，包括简单回报率、净现值和内部收益率。

一个投资项目包括花费一笔投资(I，以美元为单位)，然后随着时间的推移获得回报。如果一个能源项目现在投入资金来实施，该工厂希望从随后的净节能效益中获得投资回报(B，以美元/a 为单位)。简单的回收方法是将回收时间(P_B，以年为单位)计算为:

$$P_B = \frac{I}{B} \tag{22.1}$$

投资成本通常是安装设备的成本。净收益是项目利润的年度增长，基于增加的收益减去增加的成本。回报通常以年为单位，2~3 年通常是能源改造项目的合理投资阈值。一些公司将4~5年作为能源项目选择的回报标准。然而，这一回报指标没有考虑净现值所占的货币时间价值。

*NPV*方法包括分配特定于项目的回报率(r，单位为%)，然后计算预期收入流的现值(R_i，单位为美元)。它提供了投资现值的指示(I)，考虑了投资成本，同时实现了当前投资的未来收入。*NPV*只是未来现金流的现值减去投资价格，并将通货膨胀和回报考虑在内。由于投资最初是支出的，因此计入负收入。*NPV*公式表示为：

$$NPV=-I+\frac{R_1}{(1+r)}+\frac{R_2}{(1+r)^2}+\frac{R_3}{(1+r)^3}+\cdots+\frac{R_N}{(1+r)^N} \tag{22.2}$$

式中，R_1是第一年收入，R_2是第二年收入，依此类推。N是投资(I)、收入(R_N)的最后一年。该分析使用最小可接受投资回报率r。该*NPV*指标被定义为预期回报(r)的现值与产生回报所需的初始投资之间的差额。如果净现值为正，则净现值将为业务增加价值。如果是负数，投资将从业务中减去价值。

*NPV*分析需要完成两项任务。首先，必须估计投资和收入。对于改造项目，所需的总资本成本即为投资。总成本应包括所有可能的主要资本成本相关项目，如设备、安装、基础设施、停机时间等。收入是未来预期的净收益。其次，必须确定适当的回报率。公司进行的大多数投资都是用以前活动的利润而不是借款的留存收益来融资的。因此，一旦一家公司批准并承担了一项投资，它就不能以牺牲批准的投资为代价执行其他投资，而且利率必须考虑到公司内部的资金价值。由于这些因素，10%~20%的利率通常用于评估项目的净现值。

如果我们假设收益随着时间的推移而恒定，则方程(22.2)将简化为：

$$NPV=-I+R\times\sum_{i=1}^{N}\frac{1}{(1+r)^i}=n\times R-I \tag{22.3}$$

式中，n是将N年的收益转换为现值的因子，

$$n=\sum_{i=1}^{N}\frac{1}{(1+r)^i}=\frac{1}{r}\left[1-\frac{1}{(1+r)^N}\right] \tag{22.4}$$

通常，n取值5~10。例如，如果$N=10$，$r=10\%$，则$n=6.14$。如果$N=20$，$r=10\%$，则$n=8.51$。如果$N=10$，$r=15\%$，则$n=5.02$。

改造项目每年减少1000万美元的净运营支出($\Delta Opex$)，资本支出($CapEx$)为3000万美元。假设资本最初用于支出，则按10%的贴现率计算，10年内运营支出节省的现值(PV)为：

$$PV(\Delta Opex)=6.14\times\Delta Opex=6140(\text{万美元})$$

$$NPV=PV(\Delta Opex)-CapEx=6140-3000=3140(\text{万美元})$$

该项目应基于*NPV*方法进行，因为它具有较高的*NPV*。然而，简单的回报期是3年，这将使该项目处于临界状态。

对于上述改造项目，如果资本支出在未来3年分四期支出，最初为1000万美元(零年)，第一年为8百万美元，第二年为7百万美元，第三年为最后5百万美元，

$$PV(CapEx)=1000+\frac{800}{(1+10\%)}+\frac{700}{(1+10\%)^2}+\frac{500}{(1+10\%)^3}=2680(\text{万美元})$$

$$NPV=PV(\Delta Opex)-PV(CapEx)=3460(\text{万美元})$$

在某些情况下，当基础设计通过设计变更得到改善时，这些变更可能会导致运营成本和资本支出的减少。在这些情况下，资本支出取负值。因此，资本支出节省也有助于净现值的增加。

例如，一个改进的思路使运营成本每年减少 300 万美元，资本支出每年减少 500 万美元。假设运营成本节省在 10 年内以 10%的贴现率分布，并且资本支出节省是最初获得的。

$$PV(\Delta Opex)=6.14\times\Delta Opex=1840(\text{万美元})$$

$$NPV=PV(\Delta Opex)-\Delta CapEx=1840-(-500)=2340(\text{万美元})$$

内部收益率方法类似于净现值。不同之处在于，内部收益率方法不是假设投资回报率可接受，而是用 $NPV=0$ 求解方程(22.3)，以确定回报率(r)或 IRR。换句话说，内部收益率是投资的所有现金流(包括正和负)的净现值等于零的利率，

$$0=-I+\frac{R_1}{(1+IRR)}+\frac{R_2}{(1+IRR)^2}+\frac{R_3}{(1+IRR)^3}+\cdots+\frac{R_N}{(1+IRR)^N} \tag{22.5}$$

如果根据方程(22.5)确定的内部收益率超过了公司所需的回报率，则该项目是可取的。否则，如果内部收益率低于要求的回报率，则应拒绝该项目。

当问题是一家公司是否应该投资一个项目时，在做出投资决策时，NPV 是一个比简单的回报率和 IRR 更强的指标。这是因为净现值决定了投资的现值，而不仅仅是实现投资所需的时间。因此，净现值已成为最常见的投资决策方法。IRR 方法只有在与 NPV 一致的情况下才能得到利润最大化的答案。

投资回收法表明在投资实施和盈利之前，投资项目将运行多少年。投资回收期的问题在于如何在项目之间做出决定。回收方法会选择回收更快的项目——它可能很快就能赚一小笔钱，但这显然不是一个好的选择。然而，选择 NPV 更清楚——选择 NPV 较高的项目，因为它具有最高的价值，并为公司带来最大的利益。

在进行改造研究时，工程师们有很多未知的事情。如果对设备、基础设施、下游工艺、公用工程系统和罐区的影响未知，情况尤其如此。一些不确定的问题可以通过处理各种情况(场景)，然后为它们分配概率来处理。结果给出了概率加权经济情景分析。

22.6 OSBL 成本的重要性

确定了一个更换驱动器的机会，即用电机更换循环气体压缩机的蒸汽轮机驱动器。原因是与现场产生的高压蒸汽相比，电网的电力要便宜得多。根据在 ISBL 内安装新电机的成本估算，它显示出不到两年的良好回报期。但这真的是一项好投资吗？

工厂管理层要求评估这个选项。我对工艺装置进行了实地考察，并前往可以安装新电机的位置。向工艺工程师提出的一个问题是：5MW 的电力将从哪里供应？答案是附近有一个变电站。然后我问了一个触及底线的问题：变电站是否有足够的备用容量来容纳额外 5MW 的电力供应？工艺工程师无法回答这个问题，他不得不打电话给现场的电工。答案是一个大大的否定！这一事实立即扼杀了该项目，因为建造一个新的变电站，加上电缆线路、支撑结构和所有连接件，将花费数百万美元。这对所有参与的人来说都是一个意外，因为它曾被列为一个很好的项目。当我发现事情的真相时，我既感到得意，又感到内疚，但我觉得我要为扼杀这个项目负责。

经验教训是，OSBL 成本可能是改造项目的主要成本组成部分。它应该在初期纳入在成本估算中，因为这可以避免后期的返工和意外。

22.7 超出设计裕度的优化空间

对于流程行业的许多人来说，设计利润率是一个神奇的词，因为它意味着巨大的潜力：

众所周知，在该行业，通过积极的运营和很少的投资成本，可以从设计利润率中挤出高达10%~20%的额外产能。这一事实提高了工厂管理层对改造项目的极高期望：以最少的投资最大限度地利用现有资产。

为了了解工厂的设计裕度和限制条件，建议对关键设备进行评级调查，结果可以显示在图表中，其中列出了哪些设备受到限制，哪些设备具有备用容量。

例如，产品分馏塔的设计通常以 80%~85%的喷射溢流为极限，为改造提供了大约10%~15%的备用容量。对于反应馏出物用于进料预热的工艺，如果这种热回收率很高，则进料加热器通常设计为具有大的备用容量，用于启动、控制和运行结束。该备用容量可作为改造中的正常容量加以利用。对于许多工艺泵和压缩机，它们是根据额定流量(正常流量的110%)进行设计的；因此，10%的备用容量可用于改造。对于厂外公用工程和锅炉房，设计裕度适用于锅炉给水泵、储罐泵等。有许多这样的例子表明，设计裕度可用于改造。

有些设计裕度是隐藏的，但可以被发现。例如，许多工艺炉是基于辐射通量或管壁温度(*TWT*)极限来设计的。如果关注的加热炉在低于设计极限的情况下运行，则该差值为通过熔炉的额外容量提供了空间。对于反应，如果性能降低是可以接受的，则可以避免在改造中添加新的反应器。这些实例包括减少的转化率、减少的催化剂使用周期以及在所需运行周期下苛刻度的降低。

然而，凡事都有两面性。人们必须记住，当在改造中利用设计裕度时，相关设备将接近操作极限。有些事情可能需要妥协。例如，如果分馏器操作过于接近溢流条件，则由于分馏效率降低，产品质量可能受到影响。如果塔提供粗分离并且产物在工艺装置内再循环，则这种风险是可以接受的。在接近通量或 *TWT* 极限的情况下运行的加热炉留给安全运行的空间较小。然而，可以通过采用更好的监测和控制以及先进的过程控制技术来管理这种风险。底线是，你必须知道你想实现什么目标，需要什么才能实现，以及如何降低风险。

22.8 确定并放宽工厂限制

寻找放宽工厂限制的方法是可行性评估中最重要的任务之一。问题是：现实中可以做些什么来克服工厂的限制？让我们来论述这个重要的话题。

设备的三个一般限制是压力、温度和材质，因为每个设备都有这些参数的限制。如果确定设备将在高于设计极限的压力下运行，则有必要对现有设备进行改造，使其能够在更高的设计条件下进行使用或更换；然而，无论是设备的改造还是更换都需要高昂的成本。这与工作温度将超过设计极限的情况类似。如果工艺条件可以改变，则约束条件可以得到解决。然而，如果发现冶金材料少于新单元设计所需的量，可能是一个严重的障碍，需要尽早引起冶金学家的注意。在某些情况下，如果冶金学家认可，并且工厂采取了例行检查措施，设备仍然可以使用。

对于燃烧式加热器，限制可能是热通量(*TWT*)。前者适用于压降大于 20psi 的加热器，这是最常见的。后者适用于低压降加热器。当必须增加加热器负荷以处理比设计大得多的负荷时，现有加热器可能不足以满足限制。安装一个新的加热器可能非常昂贵。避免这种情况的最有效方法是通过工艺热回收增加进料预热。

对于分离/分馏塔，主要的限制是塔板负荷。通常情况下，塔体的设计采用 80%~85%的射流驱替。在改造的情况下，塔可以苛刻运行，淹没限制可以放宽到 90%甚至 95%。如果可以放宽分割限制，则可以在塔溢流限制下将额外处理量提高到 10%~20%。如果改造产能扩张的目标仍然无法实现，可以使用更高效的塔板部分或全部更换旧塔板。虽然成本很高，但它比增加一座新塔便宜。

对于反应器来说，催化剂体积不足是进行改造的主要限制。增加空速可能是有效的，但需要缩短更换周期。替代方案是更换现有反应器或安装新反应器，但成本高昂。改变反应器内部构件可以有效地解决这个问题。流量分布不均是另一个常见的约束条件，可以通过交替荷载来解决。第三个限制是由于新的催化剂或增加的流速而增加的压降。此时，减少上游的压降可以有效解决这种限制。

对于压缩机，当其流量或压头达到容量极限时，直接解决方案是减少气体流量。可供选择的解决方案包括通过换挡或在转子上添加叶轮或串联添加压缩机来提高速度。最糟糕的是更换主压缩机，这是非常昂贵的。同样，对于泵来说，主要的制约因素是流量或扬程不足。最简单的解决方案是用更大尺寸的叶轮代替现在的叶轮。另一种解决方案是增加第三个泵，其中两个泵并联运行。

对于换热器，最常见的限制是换热面积不足。在解决这一限制时，将换热面积添加到现有换热器可能会有所帮助，但面积添加通常只能达到20%。除此之外，可能还需要并行添加一台。尽管并联一台可以降低压降，但它可能会导致流量分布问题。对于再沸器，用UOP 高通量管替换管束可以提高传热能力。用增强型传热管(如 UOP 高冷凝管)代替管束适用于冷凝工况。安装带有新基础的换热器单元是最后的手段。

上述约束条件出现在 ISBL 中。然而，重要的是要确定界区外的限制，如厂外公用设施、布局、管道、变电站等。例如，一个改造项目需要额外的高压蒸汽用于工艺用途，但现有蒸汽系统可能达到高压蒸汽发电的锅炉容量限制。安装一台新锅炉可能会扼杀改造项目。另一个改造项目需要安装一个新的换热器，这从 ISBL 的条件来看是合理的；然而，在换热器中连接两个工艺流的管道距离太长，使得成本过高。最近的一个改造项目确定了在重整装置中安装一台 5MW 的新电机来运行回收气体压缩机获益颇丰，但这被认为是不可行的，因为新电机的电力需求超出了附近变电站的容量。安装一座新变电站是一项耗资数百万美元的工程。可能会出现许多 ISBL 和 OSBL 限制，此处未详细列出。

22.9 工艺条件、产量和设备之间的相互作用

在运行中，操作员可以通过在不断变化的条件下考虑复杂的相互作用来保持工厂的最佳运行，如进料质量、产品方案、工艺热回收换热器性能、加热器性能和可靠性、催化剂失活和调节。重点介绍一些关键参数及其相互作用的示例：

① 对于分馏塔来说，关键的操作条件是操作的温度和压力、蒸汽与液体的比例、进料温度、回流速率和回流循环工作。这些参数对能量使用和分馏效率有显著影响。

② 对于反应器，关键的操作参数是温度和压力、空间速度以及潜在的 H_2/HC。这些参数极大地影响产品产量。

③ 对于热交换器，关键的操作参数是 U 值，它会影响传热负荷。

④ 对于工艺加热器，热通量和管壁温度是关键的操作参数，它们不仅影响燃料效率，还影响产量和可靠性。

⑤ 加热器、反应、分馏和热回收系统之间存在复杂的相互作用。

在改造中，也可以通过利用这些参数和相互作用来减少新设备和改造现有设备所需的资本投资。举例如下：

① 改变现有的反应器内部构件以增强混合和蒸汽分布，可以避免添加新的反应器。

② 对具有增强传质能力的现有分馏塔内部构件进行更改可以避免添加新塔。

③ 强化塔的进料预热可以节省现有的再沸器。

④ 提高分离器的压力可以节省现有的再循环气体压缩机。

⑤ 在主分馏塔的底部添加几层塔板可以节省一个新的分馏塔。

⑥ 提高工艺热回收率可以节省进料加热器。

⑦ 在许多工艺中，压缩机的投资金额非常高。在改造情况下，如果发现新的操作条件高于节流点，则改变操作压力或降低循环气体流量可以避免更换压缩机。

发现改造机会需要对工艺设备有很好的理解，并具备利用它们进行有意义操作的技术技能。而技能来自经验和创造力。

22.10 虚假的余量误导

在一家炼油厂，发现了安装三台蒸汽轮机发电的机会。根据一家咨询公司的估计，由于蒸汽系统中的减温减压量较高，汽轮机可以产生大量的电力，并且由于高电价而产生非常显著的效益，总体上有不到2年的投资回收期。工厂技术工程师对这一发现感到非常兴奋，并将其报告给管理层批准。作为公司资本审批过程中的一种常见做法，管理层要求在对大型资本项目做出决定之前进行单独审查。

审查发现，由于减温减压蒸汽量是决定效益的关键参数，我的第一个问题是如何在机会评估中估计蒸汽减温减压量，蒸汽平衡是在什么生产基础上建立起来的？

工厂技术经理提议用于估计新汽轮机效益的基本蒸汽平衡应根据最常见的生产模式来建立。这是因为以这种方式产生的蒸汽平衡可以用作进行评估的基础，以避免对效益的低估或高估。通过对全年在线数据的分析，发现处理量差异很大，其特点是：20%的时间用于超负荷生产，70%的时间用于正常生产，其余时间的进料率较低。因此，选择正常生产作为开发蒸汽平衡的基础。在这个阶段，发现外部顾问使用的基本蒸汽平衡是根据最大生产率开发的！显然，新蒸汽轮机的效益被高估了。

这一发现让管理层松了一口气。如果为实施这些选择开绿灯，将导致投资失败。经验教训是，在评估产量和/或能源改善的效益时，通常使用最大容量模式作为基础，可能会导致高估效益。最佳实践应使用正常操作模式来提供更现实的效益估计。在改造评估中，最大容量可被视为确定新设备规模的基础。因此，建议进行多次审查，以检查关键参数。重要的不仅仅是找到差异，而是寻找差异背后的原因。

22.11 长期准备燃气

当燃料气产量大于消耗量时，工艺装置处于燃料气长期使用状态。当多余的燃料气无法出售时，可能不得不进行燃烧，这将破坏能源改善，也会对环境产生二氧化碳排放。当能源效率提高时，燃料气可能会长期使用。

有一个真实的燃气过剩的故事，是由几个大型节能项目的实施而引起的。因为该工厂的燃料气平衡不佳，燃料气长期工况没有提前预测。工厂燃料气平衡模型中，燃料气的产量被低估，但燃料消耗量被高估！在燃料气长期使用期间，该工厂不得不降低主要工艺装置的进料速率，而影响经济利润率。不能长期以降量操作来降低燃料气，因此工厂不得不向火炬输送大量燃料气。在安装了两台燃气轮机进行发电后，最终获得了燃料气平衡。

从这一惨痛事件中吸取的教训是，工厂燃料气平衡需要准确地模拟单个过程中产生的燃料气量以及单个加热器和锅炉的消耗量。平衡模型应考虑进料速率和工艺条件的变化以及天气变化。这种变化可能非常显著，因此燃料气产量变化的建模是建立工厂燃料平衡的主要依据。

良好的燃料气平衡的主要特征是能够在进料和产品、加工条件和季节的变化下将燃料气平衡至97%。例如，处理重质进料可能会对燃料气生产产生重大影响，从而影响燃料气平衡。剧烈的季节性天气变化也会产生类似的影响。

在模拟燃料气平衡时，了解燃料气的速率和成分是很重要的。随着进料和产品的变化，不同工艺装置产生的燃料气体的相对比例可能会发生变化，从而导致整体燃料气体组成发生变化。不同的燃料气体组成具有不同的热值。例如，具有较高 $C_3/C_4/C_5$ 含量的燃料气体具有比仅包含 C_1 和 C_2 的燃料气体高得多的热值。

因此，重要的是，工厂要有一个良好的燃料气平衡，以便审查进料变化和节能项目的影响。

如果燃料气平衡模型预测工厂将长期使用燃料气，则应制定解决方案路线图，详细说明工厂在短期和长期内规划。减少燃料气产量必须找寻根本原因，并通过运营变化和资本项目确定减少燃料气生产的最佳选择。

首先要考虑的是操作变化，从增加塔压力、降低塔顶温度和降低反应苛刻度开始，然后作为最后手段降低进料速率。另一种选择是使用更多的燃气或蒸汽，这可以提高所需产品的产量并提高产品质量。

如果运营优化无法使燃气长期恢复平衡，也应制定资本项目计划。包括取消塔顶冷却限制，可以最大限度地减少液化石油气在燃气中的损失。这可以通过使用先进的传热设备进行更好的冷却来实现。

燃料气过剩的情况也提供了从燃料气中回收有价值的产品的机会。例如，炼油厂可能会考虑从加氢处理气体中回收氢气。H_2 回收的选择包括基于 H_2 纯度要求的变压吸附(PSA)和膜系统。或者，乙烷和乙烯可以从某些燃料生产来源回收，如流化催化裂化(FCC)干气。燃料气长期方案可以提供安装热电联产设施的机会，作为一个长期投资项目，以产生蒸汽和电力，这可能会减少工厂对外部电力的依赖，或者产生多余的电力，这些电力可以以溢价出售给电网。

总的来说，防止燃料气过剩是最好的策略。在燃料气大于使用量的情况下，必须提前制定缓解路线图，以便工厂在短期、中期和长期内都有选择，并能够成功地将燃料气过剩情况转变为盈利机会。

22.12 两个用于转移瓶颈的改造案例

22.12.1 案例1：炼油厂改造项目

Zhu(2011)报道了2010年对一家北美炼油厂进行的成功改造可行性评估。全球经济仍处于衰退之中，但市场上的柴油需求有所增加。炼油厂想抓住市场机会，但很难从投资者那里获得贷款。炼油厂管理层决定调查加氢裂化装置产能扩张15%的可能性，以最低投资成本实现20%的扩能目标。如果可行希望快速实现改造。因此，进行了一个可行性项目来研究这种可能性。

在启动会议上，工厂管理层强调了改造目标，即必须用最少的资金来实现将产量提高

15%的目标，因为在经济衰退期间很难获得大量投资。

在该项目中，能源优化被用作化解瓶颈降低高额改造费用的实施方案，从而优化工艺条件和设计。实际上，实现和实施这种协同作用是困难的，因为人们需要注意实际可行性的每一个细节。

评估首先考察了与设计裕度相关的机会。通过优化工艺条件并将设备推向绝对极限，工厂可以利用大部分备用产能，并通过一些小的修改将工厂产能提高 10%。然而，超过 10%的扩能，从详细的模拟中确定了几个主要的限制，包括主分馏塔前的进料加热器流量限制、主分馏塔中的喷射溢流限制和加氢裂化装置中的反应器空间速度限制。

采用了改造方法(Zhu and Martindale，2007)，并应用 UOP 专有工具来确定将瓶颈从昂贵设备转移到更便宜设备的方法。首先，通过在主分馏进料加热器之前的进料预热回路中添加两个换热器，进料预热效率增加了 20%，从而避免了对现有进料加热器进行高投资改造的需要。

同时，确定了通过安装液力涡轮机从高压分离器液体中回收液体压力能的机会。其他节能机会包括为两个只有辐射段的反应器装料加热器安装一个用于产生高压蒸汽的组合对流段。当烟囱温度高于 1000℉时，大量的烟道气热量被辐射到大气中。

这些改进突破了加热器的生产能力瓶颈，从而使生产能力以最低的资本需求实现增加 15%产能。

然而，除了突破工艺加热器中的瓶颈之外，还有其他方面需要考虑，以实际实现 15%的产量增长。首先，最初的反应器内部构件已经无法提供均匀的气体/液体流量分布，更不用说适应处理量的增加了。因此，选择了新的最先进的反应器内部构件。其次，由于分馏塔进料比以前蒸发更多，产品的冷流特性是不可接受的。这是通过指定一种可以处理冷流特性的新型催化剂来解决的。最后，在评估了脱丁烷塔和主分馏塔的蒸汽/液体平衡和水力学后，很明显，这些塔可能无法处理 15%的处理量的增长。采用了新的分馏器内部构件，以实现高液体速率。

经过上述改造，节能量约为 100MMBtu/h，资本回收期不到 2 年。总体能源研究实现了能源节约，并实现了每年 1400 万美元的预期处理量增长。更重要的是，该工厂可以用最少的资本投资实现 20%的产能扩张。适当应用夹点分析来探索热集成和工艺变化之间的协同作用，对于突破瓶颈降本增效至关重要。

22.12.2 案例 2：乙烯装置改造项目

Lee 等(2007)报道了一个成功的亚洲乙烯装置改造项目。这个改造案例经历了可行性评估和改造设计的每一个阶段。最初，工厂管理层有一个两阶段的产能扩张改造规划，即第一阶段增加 10%(将在即将到来的检维修中实施)，第二阶段增加 20%。20%扩能的极限是由裂解炉的容量设定的。

先前的一项可行性研究在没有利用工艺条件与设计和设备变化之间的相互作用的情况下得出结论，除其他改造外，还需要一个新的裂解加热炉和相关设备，更换裂解气压缩机(CGC)的低压外壳，重新启动 CGC 涡轮机，一个新脱丙烷塔和相关设备以及重新启动乙烯和丙烯压缩机/涡轮机，以实现新的生产能力。这项改造建议因高投入被工厂拒绝了。新规划是以最低成本改造乙烯和丙烯制冷压缩机，并将工厂产能提高 20%，这是由裂解炉的限制设定的。

在新的改造研究(Alanis and Sinclair，2002)中，进行了一项同时考虑工艺变化和热集成的夹点分析研究，以确定可以减少制冷剂压缩机轴功率的工艺设计变化。夹点和塔器分析揭示了工艺流程和公用工程系统之间的相互作用。通过利用这些相互作用，可以更有效地使用现有设备。一个优秀案例是蒸馏塔进料调节。塔分析可以发现塔进料的热调节是有益的。进料预热将制冷恢复到比再沸器更低的水平，或者相反，进料冷却将冷凝器中较冷的公用设施用途转移到进料冷却器中较热的水平。在这两种情况下，添加新的进料换热器可以在制冷压缩机中获得更大的容量，有助于减少塔内的蒸汽和/或液体流量，并且还可以停用冷凝器和/或再沸器。

应项目团队的要求，压缩机制造商建议，在保留现有外壳的情况下，通过内部改造可实现的最大容量增加10%～15%的目标。压缩机制造商还建议重新启动压缩机第二级和第三级排放压力的可行操作区域。确定了一些工艺设计和操作变化，以减少压缩机的负载。经过与压缩机制造商进行多次探讨，以确定在不更换丙烯压缩机的情况下实现±20%的目标生产率所需的最佳设计和操作变更。

最终工艺包中的其他主要改造包括对一些塔进行再改造，重新启动乙烯压缩机，重新启动乙烷和丙烯压缩机涡轮机，以及安装两个新的换热器和三个新的设备，作为降低丙烯压缩机负荷的工艺改造的一部分。

一方面，涡轮机供应商表示，安装所需的涡轮机改造需要 13 个月的交付时间，这可能为时已晚，无法纳入最初的运行计划。另一方面，市场对乙烯的需求强劲。因此，工厂所有者决定将工厂运行周期推迟 1 年，并采取单阶段改造策略，将工厂产能提高 20%，以便下一运行周期内实施改造计划。

大部分改造是在 2005 年的检维修实施的。2006 年初，在没有关闭工厂的情况下，还安装了管线甩头以进行剩余的改造。该工厂目前正以 4.7Mt/a 的生产目标全面运行。经济上的成功也非常令人满意。工厂工程师估计，从增产和节能中获得的年利润总额为 1610 万美元，回收期为 15.7 个月。

22.13 结语

从成功的改造项目中吸取了什么教训？以下是一些重要的经验教训：

根据工艺和设备限制重新定义加工目标。

通过利用工艺条件、工艺和设备设计的相互作用，避免更换关键设备和安装新的昂贵设备。

使用设备额定值来确定设备限制和备用容量，并利用备用容量获得额外容量。

将夹点分析与流程模拟相结合，以识别可能将瓶颈从昂贵设备转移到廉价设备的过程变化。

与设备供应商合作，找到低廉的方法来保留或改造关键设备。

修改原始设计，建立新的工艺操作条件，以最经济的方式适应变化。

符号对照表

CapEx	资本支出
I	投资
IRR	内部收益率
NPV	净现值

Opex	运营支出
PV	现值
R	收入
r	回报率

参 考 文 献

Alanis FJ, Sinclair IJC(2002). Understanding process and design interactions: the key to efficiency improvements and low cost revamps in ethylene plants, Fourth European Petrochemicals Technology Conference, June 26-27, Budapest, Hungary.

Lee JJ, Ye BH, Jeong HY, Alanis FJ, Sinclair I, Park NS (2007) Reduce revamp costs by optimizing design and operations, *Hydrocarbon Processing*, April issue, 77-81.

Zhu X, Maher G, Werba G(2011). Spend money to make money via revamp, *Hydrocarbon Engineering*, September issue, 33-38.

Zhu XX, Martindale D(2007). Energy optimization to enhance both new projects and return on existing assets, NPRA, San Antonia.

23 创建具有可衡量结果的优化理念

工艺工程师负责确保产品符合规格标准，机械工程师负责保障设备可靠性。一个好的能源管理系统可以为工艺工程师、机械工程师和操作员提供工具和推动力，通过制定有效的策略、实施针对性措施来控制运营成本，最终实现降本增效。

23.1 简介

在许多组织中，削减能源运营成本是一项持续开展的工作。然而，“樱桃采摘”一直是主导方法。换言之，降低成本的项目通常是从独立的评估中选择的，而没有从产量、能力和可靠性角度研究协同机会。这类项目通常收益有限，投资回报期长。

为了实现更大的利益并确保可持续性，需要一种系统的方法，具体包括解决方案方法论、支持机构和具体活动。应用这种方法的目的是识别节能项目，捕捉工艺操作中的隐藏机会，减少蒸汽系统和厂外公用工程中的各种损耗，并优化公用工程系统的运行。

23.2 全站点能源优化策略

提高工艺中的能源效率需通过多种方式实现，从很少或没有投资成本的操作优化到优化工艺、回收更多的热量，或者采用从根本上提高操作效率的新工艺技术。为了管理和维持改进效益，必须建立一种持续改进理念，并由绩效矩阵、关键指标、角色和责任等推动者提供支持。接下来将讨论由五个步骤组成的战略，以实现最佳能源效率(Sheehan 和 Zhu，2009)。

23.2.1 第一步：通过尽职调查最大限度地减少浪费和损失

事实上，锅炉产生的蒸汽通过大量的蒸汽管网分配给最终用户。蒸汽输送的损失可能高达锅炉燃烧燃料的 10%～30%。因此，从用户的角度来看，锅炉的净效率可能会降低 10%～30%。

损失不是单一因素引起的，而是多种因素综合作用的结果。通常会观察到由疏水器故障和冷凝水排放问题引起的主要蒸汽损失。蒸汽管道保温不良、法兰和阀门密封不严、旁通阀和/或放气阀打开等也可能导致蒸汽损失。例如，600psi(表)管线中的 1/4in 管线泄漏损失超过 1000lb/h 的蒸汽。除了噪声和安全风险外，价格为 11.9 美元/klb 的蒸汽每年还可能导致价值 9.5 万美元的泄漏。通过采取简单的措施，如维护疏水器和监测蒸汽分布，以判断产生的蒸汽是否与消耗的蒸汽一致，可以带来显著的成本节约效益。

除分配损失外，由于工艺冷却、保温不良、冷凝水排放损失、蒸汽通过阀门排放的压力损失、循环回流等原因，还可能出现其他形式的能量损失。要检测损失，必须了解单个工艺中产生的能量与使用的能量。第 3 章中的基准方法可用于确定能源性能的总体差距，并使用不同的方法确定单个损失。过程能量损失可以使用第 8 章中讨论的能量损失评估方法进行检测，而蒸汽损失的识别在第 18 章中讨论。尽管这些解决方案可能差异很大，但通过最大限度地减少损耗来提高能效的典型效果在 3%～5%，在某些情况下甚至更高。

23.2.2 第二步：通过优化运行有效利用能源

应尽早采取行动，缩小整体能源性能差距，以优化操作。这是因为操作优化可以用很少的投资快速实施。优化操作是指通过探索协同相互作用，使关键设备紧密运行并接近其设计极限，以最节能的方式运行流程。简单地说，优化操作就是最大限度地利用现有设备。同时，设备必须在其可靠性范围内运行，以避免“设备滥用”。否则，可能会导致不可预测的设备故障。

通过在早期实施操作优化，可以增强工程师实施其他改进想法的信心。更重要的是，所获得的收益增加了财政预算，可用于支付其他节能投资项目。

为了确定工厂或机组的运行情况，有必要提升能源监测能力，以便将当前的能源使用情况与反映当前运行情况的消耗目标进行比较。只有这样，才能进行一些分析，以确定偏离目标的原因，并采取适当的补救措施。优秀的能源监测解决方案应该允许用户快速观察情况并评估多个单元的相对性能；通过深入了解最关键领域能源指标的更多细节来确定方向；基于确定偏离目标原因来决定一组可能的动作；根据充分知情的决定迅速果断地采取行动。行动可以是最佳实践，也可以是基于可用资源和控制工具的控制。优化运营成功的关键是关键指标的概念，第 4 章提供了详细信息。

关键能源指标(*KEI*)和目标可以很容易地实现到能源仪表板中，该仪表板可以在计算机屏幕上显示当前和目标之间的性能差距。差距水平表示偏差的严重程度，偏差构成了为每个 *KEI* 分配“红绿灯”的基础：即绿色表示当前性能在目标范围内是可接受的；黄色表示间隙出现并需要注意的警告标志；红色表示一个尽早采取行动的警告标志。关键指标监测的一个例子是霍尼韦尔的能源仪表板(Sheehan and Zhu，2009)。对于操作员和工程师来说，此工具对于监测什么、关注什么以及采取什么行动都非常有价值。

对于每个关键指标，都基于在线数据和模拟建立技术目标，作为与当前绩效进行比较的基础。每个关键指标的目标和当前绩效之间的差异定义了绩效差距。不同的差距水平表明了紧急程度和严重程度。

然后应用评估方法(第 5 章~第 7 章用于能源运行；第 9 章~第 10 章用于热回收系统；第 12 章~第 14 章用于工艺运行；第 16 章~第 19 章用于公用系统运行)来确定根本原因——潜在原因包括工艺运行效率低、维护不足、操作实践、程序和控制不足或缺乏，低效的能源系统设计和过时的技术。通过手动调整、最佳实践或自动控制系统，将评估结果转化为具体的改进措施，以实现目标。最后，对结果进行跟踪，以衡量所取得的改进和效益。

一个大型多变量控制策略的例子被应用于乙烯复合体，涉及 17 个多变量控制器，这些控制器通过总体优化策略连接在一起，其中包括使用非线性蒸汽裂解模型来预测产品产量。该控制项目的结果是，在多个约束条件下同时操作该过程，使客户能够将进料速率比之前的最佳速率提高 3%。此外，通过减少分馏塔中的蒸汽消耗和最大限度地减少熔炉中的过量 O_2，使能耗降低 3.25%。结果是得到了投资回收期不超过 5 个月的回报。

在大多数加工厂中都存在更有效地优化操作加工装置的机会。很少或无资本投入解决方案可以将能源效率提高 2%~5%。

23.2.3 第三步：通过提高热回收率实现低资本投资

为了提高过程能源效率而进行的监测和控制通常会使过程克服多个设备的限制。为了达到下一个能效水平，需要进行改造，以提高工艺装置内部和整个工艺装置的热回收率。事实上，首先实施操作解决方案的关键价值之一是更清楚地突出流程中的设备限制。一旦确定了改进热集成的特定单元，就可以通过应用第 9 章中讨论的方法来确定热回收机会。然后应用网络紧缩方法(第 10 章)来确定最有效的能源改造项目。该方法不仅考虑了改进热回收的价值和成本，还考虑了产品产量、操作灵活性方面的影响，尤其是在开工、停工、维护和操作控制方面。

为提高热回收率而重新设计的一个典型例子涉及一个 20 世纪 70 年代的老式柴油加氢处理装置，该装置有一个联合进料换热器、进料加热器、一个反应器和一个汽提塔。在对该装置进行评估后，确定了增加四个换热器的改造，以从工艺中回收更多热量并产生蒸汽。安装四台换热器的投资成本估计为 300 万美元，但每年可节省 450 万美元的能源。

改进工艺装置热回收的项目通常可以将能源效率提高 5%~10%。

23.2.4 第四步：通过工艺革新和先进技术实现高资本投资

改善热回收是为提高能源效率而实施的最常见的资本项目类型。然而，最近的工作已经确定了其他不太常见的领域，这些领域可能会提供重要的机会，包括工艺设计的变化和先进工艺技术的使用，如增强型换热器、大容量分馏器内部构件、新的反应器内部构件、动力回收涡轮机、改进的催化剂和其他设计特征，详见第 11 章。

工艺变化的一个例子来自加氢裂化工艺的工艺流程优化。第 11 章详细讨论了这个例子。最初的设计特点是一个普通的汽提塔，它接收两种成分差异很明显的进料，一种来自冷闪蒸罐，另一种来自热闪蒸罐；这两种进料源于反应馏出物，在混合之前经过一系列分离。工艺顺序造成的效率低下可以简单地描述为：分离、混合，然后再次分离。这种设计特征可以在许多其他加工厂中看到。

为了避免这种低效的设计特征，建议使用两种汽提塔，即接收热闪蒸罐液体作为进料的热汽提塔和用于冷闪蒸罐液体的冷汽提塔。此外，冷汽提塔塔底产物不通过主分馏塔进料加热器，而是直接进入主分馏塔。只有热汽提塔塔底产物进入主分馏塔进料加热器。所提出的两个汽提塔设计的净节省量为 110MMBtu/h，使分馏塔加热器负荷减少 42%，或加氢裂化装置总能量减少 23%。这一改进意义重大。

另一个例子是现有电厂的功率回收。电力回收通常代表着经济能源优化的良好机会。对于产量为 60000bbl/d 的 FCC(流体催化裂化)装置，高温下的 FCC 催化剂再生烟气通过废热锅炉单独用于蒸汽生成。功率回收涡轮机(PRT)很快被确定为一种显著提高能源效率的方法，因为烟气可以同时用于蒸汽和发电。可以通过安装与蒸汽涡轮机相结合的 PRT 来实现进一步的回收利用。其目的是从再生器烟气中发电，但也从高压蒸汽排放中发电，以产生 FCC 装置所需的中压蒸汽和低压蒸汽。与不包括 PRT 并使用冷凝式汽轮机驱动主鼓风机的基本情况相比，这一新方案可以实现 1400 万美元/a 的净能源效益，并在不到 3 年的时间内实现回报。

可以应用各种先进技术，这些技术在实施成本和投资回报方面各不相同。由于资金有限，因此需要对每一种解决方案进行仔细评估；因此，有必要只选择能够与现有流程集成的最优方案，以提供最高的资本回报。尽管这些解决方案可能差异很大，但能效的典型提高幅度在 3%~7%。

23.2.5 第五步：优化公用工程以降低发电成本

除在这个过程中更有效地使用能源外，另一个常见的策略是更有效地生产能源。在这一步骤中，所有的能源用户和生产商以及商业选择都被组合在一个系统中，并且它们之间的相互作用被优化，以最大限度地提高整体能源效率。许多制造厂都有自己的现场工业发电厂，主要为工艺装置提供蒸汽和电力，但也可能在产能过剩时向电网供电。供需优化是通过对公用工程工厂的模拟来实现的，该模拟可以从生产计划中获取一组过程预测需求，并确定锅炉和涡轮机的配置和运行状况以满足需求，同时考虑天然气和电力合同的分级定价。关于效用评估和优化的详细讨论见第16~19章。

当电价随季节变化，在某些情况下是从白天到晚上变化，公用工程系统优化的机会是显而易见的。首先，优化现场发电和电网采购的选择可以降低数百万美元的运营成本。其次，当有大量蒸汽通过下泄阀时就存在机会，可以通过最小化下泄率来降低发电成本。降低公用工程单元能源成本的另一个关键机会是通过保持备用容量处于热备用状态，在不浪费能源的情况下，平衡过程中不断变化的能源需求与公用工程单元的充足供应。

因此，效用优化器可以确定最有效和最经济的操作来供应能量以满足过程需求。实现这一总体目标有几个主要选项，包括驱动器选择、公用工程设备负载分配、蒸汽压头压力控制、蒸汽排放率最小化、发电与采购以及合同管理。

对于锅炉和涡轮机的负荷分配，锅炉和涡轮机效率曲线被用作以最低成本的方式在所有锅炉和涡轮机之间分配总热量需求的基础。然而，它也旨在保持有效的蒸汽生产。与压力控制相结合，这种策略可以实现最快的动态响应，同时始终趋向于最经济的稳态位置。涡轮机基于性能曲线进行建模，性能曲线可以在蒸汽压力控制模式下运行，其中一组涡轮机旨在最大限度地提高发电量，同时保持蒸汽压力；或者在保持总发电功率目标的同时使蒸汽消耗处于最小化的发电模式中。

在天然气和电力采购方面，该工厂可能面临合同管理问题，更好的合同管理每年可以节省数百万美元。这是因为工厂可以签订合同，选择固定金额、固定成本或捆绑结构、不同价格。对于捆绑结构，基本金额以固定价格固定，而额外金额可以以高于基本价格的价格提供。有了更好的预测，工厂将提前预测燃料和电力的短缺量，并提前签订采购合同，从而根据合同条款大幅降低采购成本。

应用效用优化解决方案的一个例子是在韩国的一个石化工厂。该工厂有三台燃油锅炉和三台背压式蒸汽轮机，为工艺装置提供蒸汽和电力，还向国家电网提供多余的电力。该解决方案使用了燃烧控制、三个集管的蒸汽集管压力控制以及锅炉和涡轮机的设备负荷分配。实施的结果显示二氧化碳和氮氧化物排放量显著减少(>10%)，锅炉效率提高，总体效益超过300万美元/a。

能源供应系统的优化通常可以将能源效率提高2%~3%，而公用工程优化的主要驱动力是降低成本。

23.2.6 五个步骤的潜在节约汇总

表23.1综合了上述五个步骤的所有潜在节约机会，提供了通过采用综合能源管理计划可以实现的100000bbl/d典型炼油厂效益水平的观点。最新的研究表明，预计将减少15%的能源，对于能源效率排名第四的炼油厂来说，这一比例将上升到30%。与温室气体排放量减少相关的碳信用额度在180000~360000Mt/a之间。

表 23.1 不同节能类别的典型节能

节能方案	能源改进/%	节能/(百万美元/a)	CO_2 减少/(Gt/h)
步骤 1：最大限度地减少损失	3~5	2.2~3.7	36~60
步骤 2：优化操作	2~5	1.5~3.7	24~60
步骤 3：提高热回收率	5~10	3.7~7.5	60~120
步骤 4：先进的工艺技术	3~7	2.2~5.2	36~84
步骤 5：公共设施优化	2~3	1.5~2.2	24~36
合计	15~30	11.1~22.3	180~360

23.3 现场能源优化策略的案例研究

虽然许多公司都在考虑能源改进，但很少有公司采取全面的方法来检查不断变化的工艺条件和工艺设计，以及实现这一目标所需的技术。之前讨论的五步方法表明，总能源减少15%~30%是可以实现的。此案例研究表明，该方法可用于确定通过实施节能优化大幅提高盈利能力的能源资本项目。我们将讨论如何通过相对低廉的资本项目提高现有设施的能源效率。这些改进节省下来的资金可以用于资助更高费用的资本项目，从而减少额外的投资。

23.3.1 确定原油和低压装置的低价改进方案

工艺能量优化从定义进料和产品配置、工艺配置和操作条件方面的基础开始。模拟基础情况以模拟现有操作。对基础情况进行收缩分析，目的是确定改进方案，然后确定每个选项的成本和收益，并确定约束条件。

对于炼油厂的原油预热装置，确定了三种有益的改造方案。改造 1 和改造 2 为柴油循环泵的每个进料预热换热器添加了一台新的换热器。改造 3 增加了柴油产品冷却换热器的换热面积。在实施这些更改之前，至关重要的是要确保现有泵能够处理增加的柴油循环流量，并且产品切割点满足要求。改造可以在原油加热器中节省 4700 万 BBu/h 的燃料，相当于每年节省 230 万美元的燃料成本。该项目安装成本仅为 220 万美元，因此该项目可快速收回成本。

然而，这些改造不能单独实施，因为它们会导致进料蒸发和加热器控制阀前的闪蒸(见表 23.2)。为了评估这些改造对进料汽化的影响，计算了作为进料温度函数的泡点(BP)。如图 23.1 所示，图 23.1 显示了实际进料温度和压力，而切割线表示作为进料温度函数的泡点。如果实施三种改造，线上方的三角形表示可能会发生严重的进料汽化。这一事实也在表 23.2中得到了证实，表 23.2 显示了加热器入口温度和泡点处的压力。

表 23.2 加热器入口温度和泡点处的压力

项目	基础情况	改进后
加热器入口温度(FIT)/°F	430	461.7
泡点时的加热器入口压力/psi(绝)	185.9	216.1

有几种替代方案可用于避免控制阀处的进料闪蒸。投资最少的方法是降低预热机组的压降。其他选择包括更换现有脱盐器增压泵的叶轮或在脱盐器泵之后添加额外的泵。显然，首先是定期清洁换热器，以减少换热器中的压降。其次，每个换热器的设计都应根据其速度和压降进行审查。特别是使用螺旋折流板换热器(见图 23.2)可以显著降低最后两个换热器的

压降。螺旋折流板换热器在壳体侧提供了平滑的流动模式，从而降低了压降。在这种情况下，螺旋折流板换热器、定期清洁换热器以及增加增压泵的叶轮尺寸的组合避免了对昂贵的预闪蒸罐的需要。

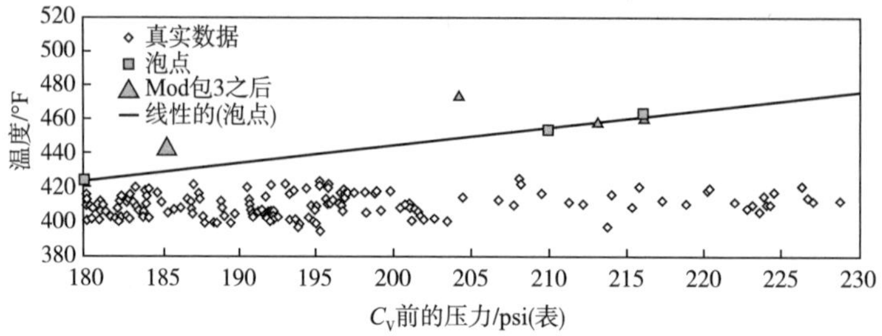

图 23.1　需要额外的 60lb/in^2 的压力来适应 462℉

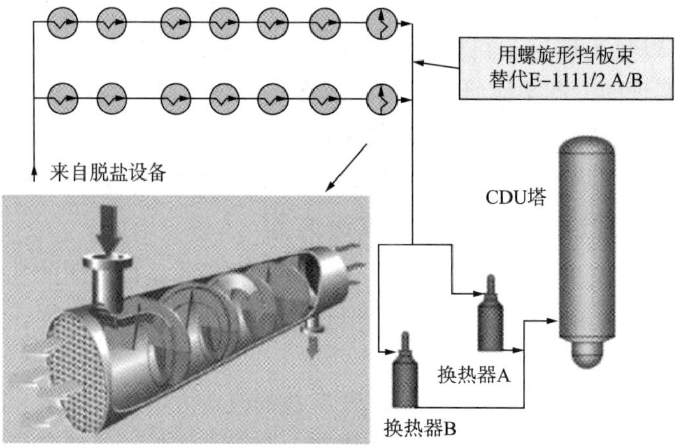

图 23.2　螺旋折流板换热器的使用

23.3.2　其他节能优化方案

23.3.2.1　重整装置节能优化方案

为炼油厂的重整装置确定了几个节能优化方案。第一种是为石脑油加氢处理(NHT)段的进料预热换热器增加新换热器，从而降低 NHT 进料加热器的负荷。第二种是在稳定剂进料和底部之间添加一个新的换热器。第三种是用 Packinox 换热器取代低效的重整进料预热换热器，以实现 NHT 和重整装置之间更好的热平衡，并降低现有的重整空气冷却器的负荷。第四种是重新安装更多的重整加热炉省煤器。这些改造加起来将节省 147MMBtu/h 能量。这些改造可以为 660 万美元的投资成本产生每年 710 万美元的效益。

23.3.2.2　延迟焦化装置改进

对延迟焦化装置进行了两次改造。由石脑油分离器的轻循环瓦斯油提供的额外再沸和由脱丁烷塔的重循环瓦斯油进行的另一次再沸。这些改造节省了 1270 万 Btu/h 或 60 万美元/a，投资成本为 100 万美元。另一个潜在的节能项目是跨单元热联合。这包括在减压装置处产生中压蒸汽以用于焦化装置，在焦化装置处节省 40000lb/h 的高压蒸汽，从而每年减少 230 万美元的能源成本。但管道距离很长，成本可能过高。

23.3.2.3　加氢裂化装置(HGU)改进

对加氢裂化装置进行了改造，以节省燃烧热负荷并提高产量。确定了减少反应器和分馏塔加热器燃料的优化方案。安装四个换热器，使用反应馏出物热量预热反应器进料和分馏进料，可将加热器总负荷减少 20%。通过上述改造，节省能量接近 108MMBtu/h，投资回收期不到 3 年。

23.3.3 优化技术项目

一旦这些速效项目得以实施并开始产生效益，这些项目就可以再投资于利用最新技术实现更大能效节约的中高资本项目。实例包括增强型换热器、高容量分馏器内部构件、高效反应器内部构件以及高选择性和高活性催化剂。具体而言，还确定了工艺改造项目，以实现 20%的产能扩张，以下列出了一些主要项目：

① 使用大容量塔板更换 CDU 蒸馏中的塔内件；

② HCU 主分馏塔和脱丁烷塔使用新的内部构件；

③ 反应器内构件的更换；

④ 柴油加氢处理新增汽提塔；

⑤ 使用新型 HCU 催化剂以获得更好的冷流性能。

23.3.4 结果总结和结论性意见

节能与工艺技术知识之间的协同作用对取得这些成果至关重要。选择了 24 个能源改善项目，这些项目可减少 400MMBtu/h 能量，或节省总能源使用的 17%，并可节省 1900 万美元/a 的运营成本，总投资为 3600 万美元（见表 23.3）。此外，这些项目还可减少 28.5 万 t/a 的二氧化碳排放，为现场创造超过 500 万美元的二氧化碳信贷。更重要的是，这些项目能够以最低的资本投资实现 20%的产能增长。图 23.3显示了 5 年的实施情况。到第 5 年底，该工厂将在节省 400MMBtu/h 的能源后，成为石油炼制行业中能源绩效排名前 25%的业内领先者。处理量增加带来的利润提高超过 8000 万美元/a。

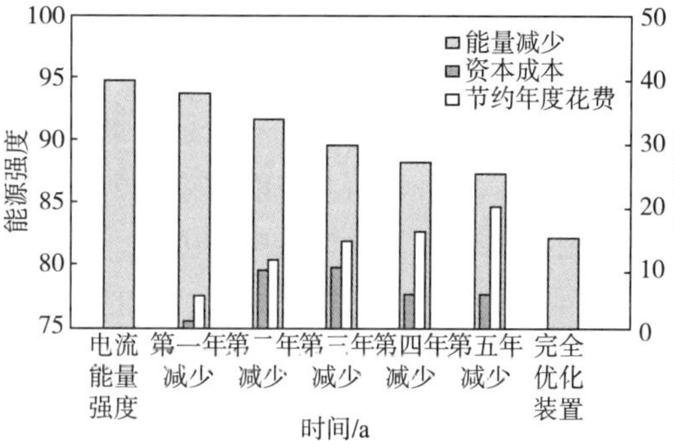

图 23.3 节能五年实施计划

表 23.3 每个工艺单元的成本和效益分析

项目	改进次数	燃料储存/(MMBtu/h)	二氧化碳减少/(Mt/a)	节约成本/百万美元	资本成本/百万美元	简单回报/a	NPV[a]/百万美元	能源减少/%
原油蒸馏装置	3	47.1	33552	2.3	2.2	1.0	11.6	2
催化裂化装置	8	108.6	77362	5.3	13.5	2.5	18.3	4
延迟焦化装置	3	12.7	9047	0.6	1.0	1.7	2.6	1
重整装置	4	147.5	105073	7.1	6.6	0.9	36.0	6
加氢处理单元	2	23.3	16598	1.1	0.6	0.5	6.0	1
蒸汽和动力系统	4	61.2	43596	3.0	12.1	4.0	5.9	3
总计	24	400.4	285228	19.4	36.0	1.9	80.4	17

注：[a]NPV＝6×成本节约－资本成本[见方程(22.3)]。

本案例研究展示了如何通过制定工艺和相对廉价的能源项目之间的整合方案，为能源资本项目和工艺/技术改进实现有效的投资回报。这些举措所节省的资金可用于升级工艺设计和技术，从而从资本项目中节省更多资金。

23.4 建立能源管理体系

有必要建立一个有效的能源管理系统，以推动提高能源效率的措施实施。仅仅有来自管理层的意见和来自人员的动力是不够的。几年前，在一家化工厂，一项能源计划以积极的态度拉开了序幕。审计显示，情况逐月明显改善。管理层预计改进的将持续。相反，改进陷入停顿。几个月后，这一趋势趋于平稳，并逐渐向上。

过程如下：最初快速改进来自纠正一些简单的问题，如泄漏、疏水器、隔热等，这些都是常识性的。然而，在完成明显的改善后，改善曲线趋于平稳，并稳定在不可接受的水平。过了一段时间后项目陷入沉寂，因为没有准备继续深入挖掘隐藏的机会，因此没有分配资源。

经验教训是，只有确定正确的方向，提供足够的资源，并提供激励因素，规划方案才能产生良好的结果。因此，有必要建立一个具有明确定义的角色和责任、指标和计量、工具、审查和实施的能源管理系统。简单地说，能源管理系统涉及问责制、工作流程、指标、审计和沟通等。为了实现可持续性，能源管理体系必须与现有的技术管理结构相结合，以进行持续改进，这一点非常重要。接下来逐一介绍这些组成部分。

23.4.1 责任

对于具有多个工艺单元的工厂，能源管理系统的关键要素是找到一位热衷于降低能源成本，具有技术水平和沟通技能的能源协调员或能源经理。该人员应来自工厂内部，以便了解组织、流程和现有管理体系中的人员。能源协调员的职责是管理能源管理工作流程，促进项目实施，处理单元间和场外问题，并推动组织中的优化理念。

大型现场可能需要一个由工艺工程师、经验丰富的操作员和控制工程师组成的能源团队，所有这些人员都被分配到多个职责中。操作员的职责是识别现场可见的任何低效操作，如炉膛空气调节器开度、旁通阀开度、燃烧、蒸汽泄漏、法兰过热等。工艺工程师的职责是进行机会评估，并提出改进方案，以推动其通过规划部门的审查流程。控制工程师是为改进思路制定控制策略，并协助机组控制工程师在分布式控制系统(DCS)中实施。

23.4.2 工作流程

能源管理系统有两个主要领域，即能源资本项目和能源运营改进。由于工作的性质，这两个领域的工作流程不同。例如，能源资本项目应遵循技术经济审查流程：定义(流程变化)—评估(成本/效益评估)—选择(选项优先级)—执行(选项实施)。相反，对于操作改进，工作流程应基于操作流程：定义(关键指标、目标和限制)—监控—差距分析(当前与目标)—实施/控制。

工作流程将定义时间表、里程碑、可交付成果和责任。一个完善的工作流程可以确保去伪存真。在将工作流程与现有技术管理结构整合之前，应在试验中对其进行测试以进行修正。

有了明确的能源管理工作流程，就像比赛有了方向。我们经常在能源管理计划中观察到一些情况，这些情况是由一些强势个性的人驱动的，而没有明确的工作流程。当这个人离开时，流程就会受到影响，将对能源计划造成重大干扰。

23.4.3 记分卡和跟踪

工厂的成功运营取决于目标的意识和一致性。能源系统必须作为整体业务和运营计划的一部分进行开发。这首先要分享降低能源成本的年度目标，包括核心点和基准。必须进行跟踪，以审查实现目标的进展情况，可能包括与工厂管理层的月度审查和内部网站的过程能源绩效报告记分卡。

使用记分卡来显示目标的能量表现，可以增强一致性和意识，同时跟踪进度可以提高动力。将绩效记分卡从工厂级别深入工艺领域级别，直到设备级别，这是授权的关键。类似于球队在获胜时会再接再厉。但当输球时，球队会找到根源，解决问题，赢得下一场比赛。记分卡的本质是判断球队是赢是输。霍尼韦尔的能源仪表板(Sheehan and Zhu，2009)就是这样一种用于加工厂的记分卡和跟踪工具。

23.4.4 文件

除记分卡和跟踪外，为整个组织的管理系统建立一个公司范围的集成文档系统是至关重要的。当在管理系统中创建一个新的子系统时，它将应用于整个公司。集成文件系统与公司内部网络相结合，可以整合整个公司的管理体系过程。

23.4.5 技术指标体系

关键指标确定了持续监测的基础。必须制定关键指标的技术目标，并在整个组织内实施。许多工业设施有潜力提高其系统的效率，但很难做到这一点，因为没有衡量能效改善和创造价值的指标。由于缺乏能源绩效指标，因此很难为改进建立价值结构。实际上，关键能源指标和目标的审查应是过程绩效审查的一部分，这是将能源管理系统与现有管理结构整合的关键部分。由于关键指标和目标的制定是能源管理系统的一项重要工作，因此需要管理支持以获取资源和技术能力。

23.4.6 为改进方案制定商业案例

重要的是要为改进方案制定好的业务案例。无论一个方案在技术上有多好，你都需要做大量的准备工作，因为如果你的方案得到实施，你将不得不回答许多问题，并处理许多可能出现的效果问题。许多好方案在萌芽期就夭折了，因为它们无法通过评估。这种失败通常是由于缺乏技术经济评估和沟通。为了避免这种情况，列出了一些必须做的事情。

首先，需要开发技术和经济优势来构建业务案例。因此，在初期阶段，必须确定方案带来的好处，即它的价值。其次，应该在流程专家的帮助下确定实现该方案需要什么。需要进行必要的评估，以粗略估计实现方案所需的投资成本。

即使提出了一个具有优越的技术和经济效率的方案，审批的大门可能不会自动打开。需要进行适当的沟通。这意味着需要征求操作、工程、维护和控制领域技术专家的意见。此反馈将为实现方案可行性提供必要的保障。一旦通过了基于技术优点的评审，就需要推销方案以获得管理层的认可。尽管管理层表达了支持提高能效的强烈呼声，但管理层不会提供盲目的检查。应该记住这样一个事实，即工厂的业务目标是生产理想的产品并实现较大的经济利润。要成功说服管理层，需要将方案与关键业务驱动因素联系起来，并向组织展示实施方案的价值。

23.4.7 公司能源审计

能源审计旨在帮助电厂人员确定回收期较短的运营和资本项目。审核可以分阶段进行。第一阶段是对整个现场和每个主要过程进行基准测试，以确定它们所处的位置。第 3 章讨论了基准测试方法。评估结果显示了实际绩效，可与合作目标或同行绩效进行比较，得出总体绩效差距。如果基准测试是从公司进行的，则可以在工厂提供所需数据的情况下在场外进行。

如果总体差距足够大，则需要进行第二阶段审计或具体审计，以确定根本原因和过程改进方案。本书对审计方法进行了说明。能源利用方式可分为两类：基于设备的能源利用方式和基于系统的能源利用方式。前者包括炉膛审核(第 5 章)、换热器审核(第 7 章和第 8 章)和分馏塔审核(第 12 章)。后者包括能量损失审计(第 6 章)、分馏系统审计(第 13 章)、热回收审计(第 9 章)、蒸汽平衡审计(第 16 章)和蒸汽系统审计(第 18 章)。为了估计改进后的真实值，可以使用第 20 章和第 21 章中的方法。最后但并非最不重要的一点是，必须确保修改方案可行且经济可行；必须进行可行性评估(第 22 章)，以确定关键约束，并确定以最小影响克服这些约束的方法。

如果具体审计由公司组织的团队进行，公司应提供审计标准和工作流程，描述评估主题以及进行评估、报告和文件编制的要求。

审核的第三阶段是审查电厂选择的能源项目，并确定项目优先顺序，尽管项目的最终批准将由电厂管理层进行。功过成败将在整个公司进行分享并总结经验和教训。可开发常见任务，包括换热器清洗优化、疏水器维修和维护、优化塔能量和产量权衡的控制策略、公用工程合同管理、火炬气减排、关键指标体系等。

一个成功的公司审计的关键是工厂人员和首席审核员做好准备。首席审核员需要让工厂工程师了解将要审核的内容以及审核过程。同时，首席审核员需要确保其他审核员对议程和时间进度保持一致。此外，工厂工艺工程师需要以有组织的方式准备和提供工厂的性能数据。如果工厂人员不了解审核过程的任何部分，应事前澄清。

23.5 能源运行管理

操作成功需要正确运行设备(安全、可靠和经济)。这是通过充分的知识和经验、良好的培训和工具实现的。成功的关键要素之一是提高操作员的监控能力，以便了解要关注的内容、限制和目标。

23.5.1 运行监控系统关键指标、限制和目标

为了使工艺装置保持在理想的运行范围内，为所有工艺变量制定了临界限值、标准限值和正常限值等运行范围(Gillard，2001)。临界极限主要是可靠性变量。炉管表面温度就是一个例子：一方面，如果温度超过一定范围，就会导致炉管破裂。另一方面，如果熔炉在标准限值之外运行，结果将不经济。炉膛烟气含氧量就是一个例子。使用典型的过程控制算法统计设置正常限值。在每次交接班时审查限值，以确定超出范围的操作，并确定返回操作范围的措施。这是流程工业中的常见做法。

作为对经营极限的延伸，主要经营变量根据其对利润、效率和可靠性的影响被定义为关键指标。定义关键指标的目的是用少量操作参数来描述工艺和能源性能。关键指标可以简单

的是操作参数，如所需的产品速率、塔顶回流比、塔溢流、反应温度、泵的回流、换热器 *U* 值、炉膛热通量、通过排放阀的蒸汽排放速率等，所识别的参数至关重要，对过程和能量性能具有显著影响。关于关键指标的详细讨论见第 4 章。

关键指标在现实中的应用遵循三个步骤：确定关键指标、设定目标和确定弥补差距的方案。监控运营中关键指标的主要目标使运营商能够专注于重要问题。每个指标都与许多参数相关——有些与过程相关，有些与能量相关。通过这种方式，使能量优化与过程条件和约束相联系。

对于每个关键指标，都制定了目标，作为与当前业绩进行比较的基础。每个关键指标的目标和当前绩效之间的差异定义了绩效差距。不同的差距水平表明了紧急程度和严重程度。

① 最佳工厂目标：该目标是根据现有设施可实现的最佳性能确定的。这是使用基于历史数据的统计方法确定的，这些数据反映了过去的最佳表现。当通过改进操作和升级现有设备来提高性能时，将更新目标。

② 最佳潜在目标：该目标表示假设设备处于最佳状态，工艺装置以最佳方式运行时的优化性能。这些目标有助于识别改进过程和控制性能的潜力。

③ 同类最佳目标：这个目标将运营结果与最先进的技术进行比较，这种差异被称为技术差距。工艺和能源系统的技术更新可以使能源性能发生重大变化，但通常资本成本相对较高，实施周期较长。

然后使用差距分析来确定根本原因——潜在原因包括工艺操作效率低下、维护不足、操作实践、程序和控制不足或缺乏、能源系统设计效率低下以及技术过时。

23.5.2 操作培训——关键指标、限度和目标

通常的做法是师带徒，这可能是最简单、成本最低的在职培训的方法。然而，它可能对操作的更基本方面的培训无效，因为效果取决于教学能力和经验丰富的操作员的投入。随着理解能力的提高，操作方法也会演变，并将其添加到现有的培训材料中。特别是，来自不同操作员的知识和经验可能会传递给新操作员，并导致相同工艺和设备的操作差异。

因此，有必要制定一种更系统的方法。在笔者领导一个工厂大型能源项目的 5 年里，团队为工厂操作员开发了一个培训模式。我们的总体目标是为操作员配备每个工艺单元的能源改进所需的知识和技能。这种培训模式的核心是关键指标以及如何正确应用这些指标。这更像是训练人们如何驾驶汽车，而不是设计和制造汽车。经验表明，如果关键操作参数能够在接近目标的情况下操作，则工艺装置可以实现理想的产量和能源性能。因此，培训模式侧重于理解关键指标、操作限制和目标以及关系。同时，霍尼韦尔仪表板被用作在线工具，以实现对关键指标的监控。

因此，为此次培训确定了培训目标：

① 了解关键指标及其限制和目标；

② 使用监测工具来衡量关键指标；

③ 使用 DCS 板进行实际操作培训；

④ 达成共识，实现运营一致性。

在开始培训机组工程师和操作员之前，已传达了这些目标。作为课堂培训的后续行动，在经验丰富的操作员的监督下，在控制室进行了实践培训。目的是帮助仪表板操作员开发心理模型，以调整/优化课堂上学习的 KI。同时进行了讨论和集思广益，运营商提出了许多改

进意见。方案产生后，对其进行筛选，然后选择一些最优方案进行实施。为了在DCS中实施，选择了经验丰富的操作员在DCS仪表板中进行调整，以显示如何在DCS中实现改进，而能源仪表盘工具显示关键指标的变化，培训师解释调整背后的基本原理。

最后一步是测试。为了确保学习质量，使用了在线测验来验证对培训的理解。如果操作员未通过任何测验，则要求其复习相关培训材料并再次进行测验，直到问题得到正确回答。记录测验的总体成绩。此外，还制定了培训所需技能清单。操作员需要通过某些实践活动来证明其熟练程度：例如，在调整塔回流比的同时观察塔顶产品规格——必须由一位有经验的操作员根据检查清单确认。这不仅提供了理论知识，还提供了对实地专门知识的验证。

将上述KI训练模型提供给一个过程单元进行试验。结果非常理想。这种通过关键指标进行的具体培训有助于为实现高性能的过程能源使用和产量奠定基础。事实证明，通过课堂、DCS和能源仪表盘工具进行的培训相结合能够有效地实现培训目标成效显著。

在培训过程中发现操作员有不同的方式来运行相同的流程和设备。这种操作规程和程序的不一致可能导致性能不佳。KI培训有助于确定所有班组使用的最佳实践和程序，从而制定标准操作程序，使机组持续运行。通过这些培训课程，我们还认识到，运营商经常在业务和技术问题上进行良好沟通。人们往往会忽视这样一个事实，即董事会运营商是最终用户，并控制着这些单元。因此，由于多年的工作经验，他们有许多提高绩效的想法。通过上述培训，使运营商保持在沟通循环中，让他们觉得自己的意见和表现受到了重视，这是非常有效的，公司很可能会从这些运营商那里获得有价值的见解。

由于该KI培训模式在工艺装置中的成功，工厂管理层决定将该培训模式推广到其他工艺装置和其他操作区域。还建立了奖励机制，奖励对持续能源改进作出重大或有价值贡献的运营商。

23.6 能源项目管理

每家公司都有明确的工作流程、程序和资本项目管理指南。我们无意在这里重复它们。相反，以下强调了资本项目管理可能产生的某些重要问题。

资本项目管理的典型工作流程包括四个阶段。第一阶段是“评估”：技术人员可以在很高的水平上就改进方案优劣达成共识。第二阶段是“定义”：进行成本效益分析，以±50%的准确率大致了解成本效益。一旦一个方案经历了这两个阶段，它就面临“选择”，这是第三个阶段。在此阶段，将对所有想法进行更详细的评估，并获得更准确的±30%的资本成本估计。这些方案将根据其NPV和投资回报率以及其他标准进行比较，如流程周转时间表、风险因素、预算等。对于选定的方案，第四阶段“实施”将开始。联系工程承包商实施资本项目，该项目将包括工艺设备、控制系统架构和相关软件应用程序的变更。

改造能源项目在与工艺相关项目竞争中被选中面临严峻挑战。基本建设项目评估的目标是实现最低投资成本。实现这一目标的关键是探索每种改进方案的替代设计方案，并找到克服工艺/设备限制的解决方案。发现这些机会需要对这些互动有很好的理解，并具备利用它们进行有意义使用的技术技能。

项目回顾（Gillard，2001）：应该对所有项目进行回顾，看看它们是否实现了承诺的结果，并看看哪些进展顺利，哪些进展不顺利以及为什么。应注意避免部门间的纠纷。重点应该放在学习、避免错误和下次做得更好上。审查应回答以下问题：

① 交付的项目的平均资本效率是多少？

② 项目是否实现了批准时承诺的经济回报？

③ 项目是否如期完成？

④ 成本估算与实际成本相比如何？

⑤ 项目绩效的偏差是否是由所使用的经济假设（原料成本、产品价值、所需产能）、项目技术性能、成本或进度的差异造成的？

⑥ 维修周期间实施的项目的成功与检维修之外的项目相同还是不同？

⑦ 对于存在性能问题的项目，根本原因是什么？

23.7 从研发思路到实施的整体工作流程

这些举措的潜在好处是巨大的，但鉴于所描述的解决方案范围广泛，公司需要具备什么样的能力才能提供这些解决方案？这就是一个有效的工作流程在实现目标中发挥关键作用的地方。

通过上述能效战略，我们可以将其转化为一种解决方案方法，从研发思路到评估，再到最终实施。图 23.4 显示了一种能源解决方法（Sheehan and Zhu，2009），其中举例说明了这一方法的工作原理。

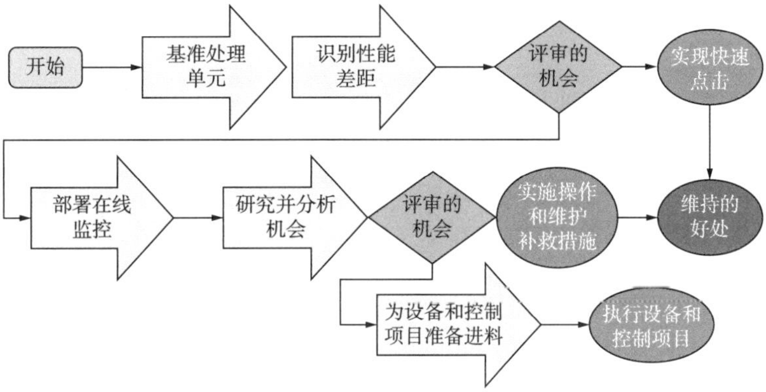

图 23.4　工作流程方法

新工作流程的目标是实现内部能力与工程供应商之间的整合，并提供一种机制，使工业工厂能够获得有保障的可持续效益。

第一步是对流程单元进行基准测试，并确定绩效差距。此步骤有助于将分析重点放在最佳方案上。它还可以带来可以立即实施的操作优化。能源监测应用软件用于监测设施，确定性能差距，并为详细的研究和分析步骤提供支撑。关键指标体系和目标应构成监测和控制的基础，为持续改进提供手段。

一旦确定并分析了最佳方案，工厂就会选择要实施的项目。同时，一些先进的控制和优化应用程序以及其他操作和维护解决方案将在不需要资金投入的情况下实现。应尽早实施业务改进，因为这可以立即产生效益。节省下来的资金可以用于能源项目以及用于后期的资本项目。操作优化通常是根据技术目标对实际性能的在线监测来确定的，并且通过优化工艺条件来获得效益。如果向操作员提供足够的技术指导以进行优化，则可以节省许多小成本。

工厂选择实施的资本项目通常经过进料阶段，以完成工程并确认资本成本。下一步是选择一个承包商来实施资本项目，该项目将包括对工艺设备、控制系统架构和相关软件应用程序的更改。

过程的最后一步是保持已实施的能源项目的效益。必须建立能源管理系统，以持续监测、维护和改进已实施的能源项目的绩效。

参 考 文 献

Gillard CF (2001) Creating plant operating excellence with measurable results, *Hydrocarbon Process*, April Issue, 57-70.

Sheehan BP, Zhu XX (2009) Improving energy efficiency, PTQ, Q2, 29-37.